普通高等教育"十二五"规划教材

小城镇市政工程规划

主　编　许飞进（南昌工程学院）

副主编　张春明（云南艺术学院）

中国水利水电出版社

www.waterpub.com.cn

内 容 提 要

　　本书从小城镇的定义开始,较为全面地阐述了小城镇用地竖向规划、给水工程规划、排水工程规划、电力工程规划、通信工程规划、燃气工程规划、供热工程规划、小城镇工程管线综合规划、环境卫生设施工程规划、综合防灾系统规划、防洪工程规划、消防规划、抗震防灾规划、人防工程规划、市政工程常用软件介绍等知识,既有全面性和前瞻性,又有实用性和可操作性,教材内容的设置方便读者自学。

　　本书是应用型高等院校城乡规划专业的主要教材,也可以作为城镇规划专业、城镇建设和相关市政工程专业的教学用书;也适用于建筑学、土木工程、给水排水、建筑环境与设备等相关专业的教学用书;同时也可以作为上述相关专业设计人员和管理人员的参考书。此外,本书也可作为相关课程的实践教学参考资料。

图书在版编目(C I P)数据

小城镇市政工程规划 / 许飞进主编. -- 北京 : 中国水利水电出版社, 2014.4
普通高等教育"十二五"规划教材
ISBN 978-7-5170-1861-2

Ⅰ. ①小… Ⅱ. ①许… Ⅲ. ①城市建设-市政工程-城市规划-高等学校-教材 Ⅳ. ①TU99

中国版本图书馆CIP数据核字(2014)第067658号

书　　名	普通高等教育"十二五"规划教材 **小城镇市政工程规划**
作　　者	主编　许飞进(南昌工程学院) 副主编　张春明(云南艺术学院)
出版发行	中国水利水电出版社 (北京市海淀区玉渊潭南路1号D座　100038) 网址:www. waterpub. com. cn E-mail:sales@waterpub. com. cn 电话:(010)68367658(发行部)
经　　售	北京科水图书销售中心(零售) 电话:(010)88383994、63202643、68545874 全国各地新华书店和相关出版物销售网点
排　　版	北京时代澄宇科技有限公司
印　　刷	北京嘉恒彩色印刷有限责任公司
规　　格	184mm×260mm　16开本　26印张　633千字
版　　次	2014年4月第1版　2014年4月第1次印刷
印　　数	0001—2000册
定　　价	**52.00元**

前言

我国目前正处于经济迅速发展的时期，城镇的扩建，各种新区、技术开发区、工业园区的建设如火如荼，而市政管线综合工程正是这些开发区、工业园区的基础设施建设项目之一，受到业内的极大重视。2013 年 9 月，国务院下发的《国务院关于加强城市基础设施建设的意见》(国发〔2013〕36 号) 中进一步指出：城市基础设施是城市正常运行和健康发展的物质基础，对于改善人居环境、增强城市综合承载能力、提高城市运行效率、稳步推进新型城镇化、确保 2020 年全面建成小康社会具有重要作用。加强城市基础设施建设，有利于推动经济结构调整和发展方式转变，拉动投资和消费增长，扩大就业，促进节能减排。可见，未来的几年，将是市政工程规划技术、方法和手段迅猛发展的时期，城市规划人员不仅必须掌握城市规划的基础理论，而且也应该掌握市政工程规划的基本知识，具备综合规划设计的能力，为城市建设做出自己应有的贡献。

为提高市政工程规划设计的技术水平，编者根据市场需要，在市政工程规划多年教学与实践的基础上，结合市政工程规划的新技术、新方法和新规范，编写本书。本书有以下几个特点：

(1) 系统完整。从就业来看，城市规划专业本科生毕业后多在一线从事规划设计及管理，且城市规划专业实用知识涵盖面较广。在本书的选编上，知识点侧重应用型，基本覆盖市政工程规划主要知识领域。为了方便市政工程设计，本书增加了用地竖向规划章节。另外，由于时代发展，计算机软件的盛行，同时充分将专业软件的运用计算体现在本书中。

(2) 实践性强。本书紧密结合工程实践，将不同层面的市政工程规划案例贯穿教学始终，本书适用于县城关镇、重点镇、中心镇及一般镇的规划设计。所举案例为鄱阳湖生态经济区范围内的已审批通过的实践项目，具有借鉴作用。同时，吸收新规范、新标准和新成果。

(3) 信息量大。本书内容较为丰富，所提供的数据适合县及乡镇各层次规划设计中使用。并提供完整的规划案例，便于自学。

(4) 图文并茂。将理论知识与图式语言结合，易懂易学。每章增加重点、难点、思考与练习等，便于加深对章节内容的理解。

本书由许飞进 (南昌工程学院) 任主编，张春明 (云南艺术学院) 任副主编，各章节编写情况如下：

章次	题目与字数	作者及单位
第一章	绪论	许飞进（南昌工程学院）
第二章	小城镇用地竖向规划	许飞进
第三章	小城镇给水工程规划 主要负责第六节全部内容	吴宁（南昌工程学院） 许飞进
第四章	小城镇排水工程规划 主要负责第四节全部内容	吴宁 许飞进
第五章	小城镇电力工程规划	游佩玉（南昌工程学院）
第六章	小城镇通信工程规划	游佩玉
第七章	小城镇燃气工程规划 附录	丁芸（南昌工程学院） 许飞进
第八章	小城镇供热工程规划	丁芸
第九章	小城镇工程管线综合规划 主要负责第三、四、五节全部内容	游佩玉 许飞进
第十章	小城镇环境卫生设施工程规划	朱燕芳（南昌工程学院）
第十一章	小城镇综合防灾系统规划	朱燕芳
第十二章	小城镇防洪工程规划 主要负责第二节全部内容	朱燕芳 许飞进
第十三章	小城镇消防规划	朱燕芳
第十四章	小城镇抗震防灾规划	朱燕芳
第十五章	小城镇人防工程规划	朱燕芳
第十六章	小城镇市政工程常用软件介绍	张春明（云南艺术学院）
第十七章	小城镇市政工程规划案例	许飞进

本书是江西省教育厅教改项目《以应用型人才培养为主线的城市规划专业核心课程的改革与实践》（JXJG－12－18－23）、江西省教育厅科技课题重点项目《环鄱阳湖地区典型村镇聚落规划建设研究》（GJJ 10031）、江西省科技厅自然科学基金项目《环鄱阳湖地区村镇聚落规划建设特色的协同缀合研究》（20132BAB206040）课题研究成果的一部分。在本书的编写过程中，得到了江西交通职业技术学院王玉花副教授的大力支持，王玉花在整个编写过程中提出了较好的意见和建议。

此外，由于篇幅所限，本书中的完整的市政工程实践案例的彩图电子版本、市政工程设计的相关图例已处理后上传到土木在线网站（http：//www.co188.com/）、学问社区网站上（http：//www.51xuewen.com/index.htm）和百度文库网站（http：//wenku.baidu.com/）上，感兴趣的读者可以下载，故在本书中彩图全部省略，仅保留文字说明和少量黑白图片。书中所使用的 LOOP、鸿业 HYCPS8 城市规划软件、鸿业 HY‒SZGX 市政管线软件、湘源软件以及其他一些小软件，这些软件在行业中较为通用，在上述网站中皆有下载。在本书中，市政工程软件运用仅做简单介绍，细节及过程可到百度文库等网站下载详细的使用说明，敬请读者留意。

由于编者水平有限，市政工程知识跨度大，每位编写者对小城镇市政工程的理解不一致，编书时间周期长，规范更新较多，书中难免有不足之处，敬请读者批评指正。

作者

2013 年 10 月

目录

第一章 绪 论

教学目的：对小城镇的定义及其范围的限定是小城镇市政工程规划的基础。通过本章学习，掌握小城镇的定义与分类，了解小城镇市政工程的内容，为之后工程规划打下基础。

教学重点：小城镇的定义，小城镇与城市和镇的关系，小城镇基础设施与市政工程。

教学难点：小城镇市政工程的现状调查、小城镇的分类。

第一节 小城镇的概念与分类

一、城市与镇

城镇是人类社会发展到一定阶段的产物，是一种有别于乡村的居住和社会组织形式。城镇集人类物质文明与精神文明之大成，是一定区域经济、政治、科学技术与文化教育的中心。在人类发展史上，城镇的产生，被认为是人类文明的象征。市和镇统称为城镇，又称城市。

（一）设市城镇

按照《中华人民共和国宪法》（以下简称《宪法》）和《中华人民共和国地方各级人民代表大会和地方各级人民政府组织法》（以下简称《组织法》）规定，我国城镇建制行政等级分省级（直辖市）、地级（省辖市）和县级三个层次。

1. 直辖市

直辖市由中央政府直接管辖，是与省、自治区同级的地方行政建制，有权制定地方性法规。我国现有直辖市有北京、上海、天津、重庆。

2. 地级市

地级市隶属于省或自治区领导，可以辖县或代管县级市。截至 2001 年年底，全国共有地级市 265 个。根据《组织法》的规定，地级市中的省会城镇和经国务院批准的较大的市，有权制定地方性法规和规章，在管理上享有较大的自主权。

3. 县级市

县级市是指行政地位相当于县一级的设置在城镇的地方行政建制。到 2001 年年底，全国共有县级市 393 个，大多为市区非农业人口 20 万以下的小城镇。

在改革开放进程中，部分省会城镇和计划单列市升为副省级市。副省级市在行政序列上仍由所在省的省政府领导。

（二）建制镇

建制镇是县以下的一级地方行政建制单位。建制镇属于城镇的范畴。通常把建制镇简称为镇。

根据民政部1984年颁布的建制镇设置标准，总人口在2万人以下的乡，乡政府驻地非农业人口超过2000人，或总人口2万人以上的乡，乡政府驻地非农业人口占全乡总人口的10％以上，才可撤乡设镇。

从20世纪80年代中期，我国建制镇迅速发展。到2001年，我国建制镇共有20358个，建制镇总人口达到12979.98万人。

（三）集镇

集镇是乡村一定区域内经济、文化、科技、服务的中心。集镇绝大多数是乡人民政府所在地，设有一定规模的文化教育福利服务设施，有定期的集市贸易场地和相对集中的乡镇工业，是一个农工商综合发展的经济和社会的综合体。到2001年，我国共有集镇23507个。

二、小城镇的性质与定义

1. 小城镇的性质

费孝通先生从社会学的角度下的结论是：小城镇指的是"一种正在从乡村性的社区变成多种产业并存的向着现代化城市转变中的过渡性社区"。

小城镇往往指较小规模的城市性质的居民点，可是具体规模因人口密度和经济结构而大不相同。如同其他国家一样，我国的居民点分为城乡两大类：一类是城市居民点，指的是"以非农产业和非农业人口聚集为主要特征的居民点"。另一类是乡村居民点。市区和镇区以外的地区一般称为乡村，设立乡和村的建制。乡村的居民点又有集镇和村庄之分。集镇通常是乡人民政府所在地或一定范围的农村商业贸易、行政服务中心。村庄又有自然村和行政村两个不同的概念，自然村由若干农户聚居一地组成，为行政便利，把一、两个较大的自然村或几个较小的自然村划作一个管理单元，称为行政村。行政村又分为村民小组，村民小组与自然村有密切关系，但也不是完全对应。一般北方平原地区村庄规模较大，南方丘陵地区村庄规模较小。小城镇，作为城乡过渡性社区所依附的居民点也同时具有城市和村庄的特点，值得注意的是，它们正在逐步失去其乡村的特点，而向城市过渡。因此在考虑小城镇的定义时，应该考虑到发展的特点。

2. 小城镇的定义

目前，对小城镇的看法不一，有以下观点：

（1）认为小城镇属城市性质，指小城市和建制镇。虽然小城市规模从多少万人以下算起仍有争议，但主张小城镇不应包括集镇，因为集镇是农村性质的。这一观点强调了小城镇的发展方向，即逐步成为城市居民点，而轻视了我国小城镇的现状特点和发展过程特征，因此带有明显的理想主义倾向。

（2）认为小城镇即为设立行政建制的镇，是建制镇的代名词。主张小城镇不包括设市城市和集镇。因为设市城市已经成为城市，而集镇如果有条件城市化，则首先必须设立镇的建制。这一观点强调的是行政建制的意义和城乡的不同性质归属，轻视了小城镇的经济功能和社会功能。

（3）认为小城镇指建制镇和集镇。因为建制镇的主体是实行镇管村体制的，它们基本上是由传统的乡集镇发展而来，因此与乡集镇之间并无明显的界限，所不同的仅仅是名称、发展阶段和城乡性质的归属，更何况我国的地区差别很大，所以小城镇理应包括集镇。又由于小城市多由县城发展而来，因此县城与小城市之间无明显界线。县城虽然也是建制镇，但与县城以下的建制镇，其影响范围、功能性质、行政级别都有较大差异，因而小城镇不应包括设市城市和县城。这一观点较之前两种强调了动态的发展过程，但仍未充分考虑小城镇在城乡居民点体系中的地位及其经济和社会作用。

（4）认为小城镇指居民点体系的中间部分，是一种区别于大中城市和村庄的早已客观存在的聚落。对小城镇的定义不应拘泥于城乡的划分、行政的层次，而应突出它的经济、社会和环境的功能。这些功能要求小城镇不仅仅是作为城市化和城市发展战略的一部分，同时也是农村的中心，是农村发展战略的一部分。更重要的是小城镇发展要促进城乡的共同繁荣。因此，小城镇的定义不是最重要的，无须作人为划分，关键是如何在不同的阶段与地区选取不同的发展重点。

本章中小城镇定义为广义，一般指上述建制镇和集镇的总称。按城乡二元的划分，前者属城市范畴，后者为乡村范畴。客观上它处于城乡过渡的中介状态。从实体形态的角度看，我国的小城镇可泛指较小的城市、建制镇（县人民政府驻地镇或简称县城关镇和实行镇管村体制的建制镇）以及集镇。

本书的小城镇主要指的是县城镇（城关镇 2 万～8 万人）、中心镇（含县级市下的街办 1 万～4 万人）和一般镇（0.2 万～2 万人）三个等级的建制镇，包括规划期上升为建制镇的集镇（乡）。

第二节　小城镇市政工程的特点

一、基础设施与市政工程

基础设施又称基础结构，英文为 infrastructure，日文为"基盘设施"。基础设施泛指由国家或各种公益部门建设经营，为社会生活和生产提供基本服务的一般条件的非营利行业和设施。基础设施不直接创造社会最终产品，但又是社会发展不可缺少的生产和经济活动，被称为"社会一般资本"或"间接收益资本"。

世界各国对城市基础设施的看法各不相同，但多数经济学家将基础设施分为生产性基础设施和社会性基础设施两大类。生产性基础设施是为物质生产过程服务的有关成分的综合，是为物质生产过程直接创造必要的物质技术条件。社会性基础设施是为居民的生活和文化服务的设施，是通过保证劳动力生产的物质文化和生活，而间接影响再生产过程。

1985 年 7 月，中国城乡建设环境保护部等单位在北京召开的有一百多名专家学者参加的"城市基础设施学术讨论会"，给城市基础设施的定义为："城市基础设施是既为物质生产又为人民生活提供一般条件的公共设施，是城市赖以生存和发展的基础。"由此定义，可见城市基础设施的范畴甚广，通常将此分为广义与狭义（或称为常规的）的城市基础设施两类。

1. 广义的城市基础设施的分类

广义的城市基础设施分为城市技术性基础设施和城市社会性基础设施两大类。城市技术性基础设施含能源系统、水资源与给排水系统、交通系统、通信系统、环境系统、防灾系统等。城市社会性基础设施包含行政管理、金融保险、商业服务、文化娱乐、体育运动、医疗卫生、教育、科研、宗教、社会福利、大众住宅等。

2. 城市技术性基础设施

(1) 能源系统通常含电力、燃气、热力三部分。电力包括电力生产、输配电、变电等。燃气包括天然气、液化石油气的输储配,人工煤气的生产、输配等。热力包括热力的生产、输送等。

(2) 水资源与给排水系统包括水资源的开发、利用与保护,自来水的生产、输配,雨水的收集与排放,污水的收集、处理与排放等。

(3) 交通系统通常从功能上分对外交通、市内交通两部分。对外交通为城市的航空、铁路、公路、水运以及管道运输等。市内交通包括城市道路、桥涵、交通集散场所、公共客货运交通、货物流通存储及交通指挥管理等。

(4) 通信系统含邮政、电信、广播、电视四部分。邮政包括邮件传递、报刊发行及邮政储蓄等。电信包括长途和市内电话、微波通信、无线寻呼、信息网络等。广播包括广播、节目制作、信息发布等,电视包括电视节目制作、电信信号发射与接收等。

(5) 环境系统包含环境卫生、园林绿化、环境保护等。环境卫生包括环境清理,废弃物收集与处理等。园林绿化包括公共绿地、生产绿地、防护绿地等。环境保护包括环境监测、环境治理等。

(6) 防灾系统包含消防、防空袭、防洪(汛、潮)、防震、防风、雷电及泥石流、滑坡等自然灾害。

3. 狭义的城市基础设施的分类

我国城市建设中所提及的城市基础设施为城市人民提供生产和生活所必需的最基本的基础设施,是狭义的,以城市技术性基础设施为主体,含有交通、水、能源、通信、环境卫生、防灾六大系统。具有很强的工程性、技术性等特点。这种狭义的城市基础设施也称为市政公用设施工程,简称市政工程。

二、小城镇市政工程与小城镇市政工程规划

在小城镇中,城镇道路交通、给水、排水、燃气、供热、供电、通信、环卫、防灾的规划设计,施工建设的筹划和监督管理是由城镇政府及其职能部门直接负责的,因而称为小城镇市政公用设施工程,简称小城镇市政工程。

小城镇市政工程规划是以给水、排水、能源、通信、环卫、防灾六大系统为主的小城镇基础设施规划。主要包括以下内容:小城镇道路交通与道路竖向规划、小城镇给排水工程规划、小城镇能源工程规划(含电力、燃气、热力)、小城镇通信工程规划、小城镇工程管线综合规划、小城镇环境卫生工程规划、小城镇综合防灾规划。

需要说明的是,在许多院校的城乡规划专业教学中,一般城市道路与交通单独作为一门课程进行教学，故在本书中侧重用地竖向规划内容。

第三节　小城镇市政工程系统的相互关系

一、市政工程与小城镇建设的关系

小城镇给水、排水、电力、通信、燃气、供热、环境卫生、防灾等各项工程是小城镇建设的主体部分，是小城镇经济、社会发展的支撑体系。小城镇各项工程的完备程度直接影响小城镇生活、生产等各项活动的开展。滞后或配置不合理的小城镇市政工程将严重阻碍小城镇的发展。适度超前，配置合理的小城镇市政工程不仅能满足小城镇各项活动的要求，而且有利于带动小城镇建设和小城镇经济发展，保障小城镇健康持续发展。因此，建设完备、健全的小城镇市政工程系统是小城镇建设最重要的任务。

二、小城镇专业工程的相互关系

除小城镇道路交通工程外，其他的小城镇各专业工程之间存在着彼此相吸与相斥关系。为了小城镇工程设施的综合利用与管理，在保证设施安全使用与管理方便的前提下，有些设施可集中布置。

小城镇给水工程与排水工程组成小城镇水工程系统，它们是一个不可分割的整体。但是，根据水质和卫生要求，小城镇取水口、自来水厂必须布置在远离污水处理厂、雨水排放口的地表水或地下水源的上游位置。而且，原则上给水管道与污水管道不布置在道路的同侧，若实在有困难，也应有足够的安全防护距离。小城镇的垃圾转运站、填埋场、处理场等设施不应靠近水源，更不能接近取水口、自来水厂等设施。

小城镇电力工程设施与通信工程设施由于存在磁场与电压等因素，为了保证电讯设备的安全，信息的正常传递，小城镇强电设施必须与电讯设施有相应的安全距离，尤其是无线电收发讯区应有足够安全防护范围，以免强磁场的干扰。而且原则上电信线路与电力线路不能布置在道路的同侧，以保证电信线路和设备的安全。在有困难的地段，应考虑电信线路采用光缆，或采用管道敷设，并保证有足够的安全距离。

为了保证各类工程设施的安全和整个小城镇的安全，易燃、易爆设施工程、管线之间应有足够的安全防护距离。尤其是发电厂、变电所、各类燃气气源厂、燃气储气站、液化石油气储灌站、供应站等均应有足够的安全防护范围。原则上电力设施与燃气设施不应布置在相邻地域，电力线路与燃气管道、易燃易爆管道不得布置在道路的同侧，各类易燃易爆管道应有足够安全防护距离。此外，电力设施、燃气设施还须远离易燃、易爆物品的仓储区、化学品仓库等。

三、小城镇工程管线综合关系

小城镇各类工程管线是小城镇市政工程系统的物质输送纽带，连通各设施和用户。由于小城镇的地上空间、地下空间要保证满足小城镇生活、生产等各方面的需求，必须充分合理利用。因此，大部分工程管线都在小城镇道路的上部和下部空间中通行。在有限的通行空间中，要确保各种工程管线的通行安全，连接便利，互不干扰。因此，必须进行小城镇工程管线综合工作，从水平方向和垂直方向上，根据各种工程管线的使用、安全、技术、材料等因素、综合合理地布置各类工程管线、既保证本专业工程管线衔接，又便于各专业系统工程管线彼此交叉通过。既要保证本专业工程管线在道路路段上和道路交叉口处的连接，又要保证各种工程管线在路段和交叉口处的水平交叉时，能在竖向方面通过。

四、小城镇用地竖向规划与小城镇市政工程的关系

小城镇用地竖向规划工程使小城镇建设合理地结合和利用自然地形，综合确定小城镇建设用地的各项控制标高，统筹考虑小城镇防洪堤、排水干管出口、桥梁、道路交叉口的标高，以及道路纵坡、地面排水等各种因素，保证交通、排水、防洪等各种市政工程的正常、经济运行。同时小城镇用地竖向工程合理利用自然地形，形成具有个性特色的小城镇空间环境。

因此，要科学地布置小城镇市政工程，必须进行小城镇用地竖向规划，合理的小城镇用地竖向规划，一定要兼顾各项小城镇市政工程的技术要求。

思 考 与 练 习

(1) 试述小城镇市政工程在小城镇总体规划中的地位与作用。
(2) 试述县城关镇与其他乡镇在市政工程规划中的异与同。

知 识 点 拓 展

鄱阳湖生态经济区与环鄱阳湖地区的异与同

鄱阳湖生态经济区是以江西鄱阳湖为核心，以鄱阳湖城市圈为依托，以保护生态、发展经济为重要战略构想的经济特区。国家把鄱阳湖生态经济区建设成为世界性生态文明与经济社会发展协调统一、人与自然和谐相处的生态经济示范区和中国低碳经济发展先行区。国务院已于 2009 年 12 月 12 日正式批复《鄱阳湖生态经济区规划》，标志着建设鄱阳湖生态经济区正式上升为国家战略。这也是新中国成立以来，江西省第一个纳入为国家战略的区域性发展规划，是江西发展史上的重大里程碑，对实现江西崛起新跨越具有重大而深远的意义。38 个县（市、区）和鄱阳湖全部湖体在内，面积为 5.12 万 km^2。区域范围包含以下：

南昌市：南昌县、新建县、进贤县、安义县、东湖区、西湖区、青云谱区、湾里区、青山湖区

景德镇市：浮梁县、珠山区、昌江区、乐平市

鹰潭市：余江县、月湖区、贵溪市

　　九江市：九江县、彭泽县、德安县、星子县、永修县、湖口县、都昌县、武宁县、浔阳区、庐山区、瑞昌市、共青城市

　　新余市：渝水区

　　抚州市：东乡县、临川区

　　宜春市：丰城市、樟树市、高安市

　　上饶市：鄱阳县、余干县、万年县

　　吉安市：新干县

　　环鄱阳湖地区指的与鄱阳湖相连的县市及所属的乡镇，它是环鄱阳湖城市群的一部分。学者黄新建在《环鄱阳湖城市群发展战略研究》著作中认为，环鄱阳湖城市群含42个县（市、区）。规划范围涉及南昌、九江、上饶、鹰潭、抚州和景德镇六个设区市，具体包括南昌市9县（区）、九江市12县（市、区）、上饶市12县（市、区）、景德镇市4县（市、区）、鹰潭市3县（市、区）、抚州2县区共42个县（市、区），土地面积5.3190万km^2。鄱阳湖城市群主要侧重鄱阳湖周边城市及江西东北侧城市，其中上饶市含12县市；而鄱阳湖生态经济区则将新余市渝水区、吉安市新干县、宜春市的高安市、樟树市、丰城市纳入其中，其中上饶市仅包含鄱阳县、余干县和万年县。从中可看出《鄱阳湖生态经济区规划》更加注重生态与产业布局的整合，注重产业发展对城镇空间结构的影响。可见，二者不仅在区域范围上出现差别，而且在产业的发展方向上也有不同侧重点。

　　由于《鄱阳湖生态经济区规划》已上升为国家战略，本书编写组成员在市政案例中结合自身的实际调研和实践情况，研究中适当考虑鄱阳湖生态经济区的概念则更为符合国家层面、省市县层面发展的客观实际。此外，考虑生态经济区概念也是突破城乡规划的单一思维，更有利于解释乡镇发展中的相关问题。

第二章　小城镇用地竖向规划

教学目的： 小城镇用地竖向规划是小城镇给水工程、排水工程、综合管线规划等各项工程规划的基础。通过本章学习，掌握小城镇道路系统规划、道路竖向规划、土石方平衡的组成及布置形式、道路竖向设计的规划内容和步骤，为后述工程规划打下基础。

教学重点： 用地竖向、道路竖向设计的内容、步骤和方法。

教学难点： 用地竖向规划与道路竖向设计、土石方平衡。

第一节　概　　述

小城镇各项建设用地竖向规划设计的主要任务是利用和改造各项用地的自然地形，选择合理的设计标高，使之满足小城镇生产和生活的使用要求，适合小城镇建设的需要，协调解决好道路交通运输、地表排水、防洪排涝等方面的要求；因地制宜，为美化小城镇景观环境创造必要条件；同时应达到土方工程量少、投资省、建设速度快、综合效益佳的效果；并尽可能减少对小城镇原始自然环境的损坏；保护小城镇生态环境，增强小城镇景观效果。

在小城镇规划建设中，除了对各类建设用地、建筑物、道路等方面进行平面布置外，还需要根据实际地形的起伏变化、规划目的和设计规范确定用地地面标高，以便使改造后的地形适用于修建相应建筑物的要求，使规划拟建的建筑、道路、排水等设施的标高相互协调，相互衔接。同时，综合小城镇用地的选择，对不利于小城镇建设的自然地形加以适当改造，提出工程措施。以减少土石方工程量，节省建设投资。目前，我国小城镇用地的竖向规划普遍滞后于小城镇建设。一些乡镇在实际建设中，将山头推平，忽视竖向设计的作用，应该给予足够的重视。

小城镇用地的控制高程如不综合考虑、统筹安排，势必造成各项建设用地在平面与空间布局上的相互冲突和不协调，造成用地与建筑、道路交通、地面排水、工程管线敷设以及建设的近期与远期、局部与整体等方面的矛盾。只有通过用地的竖向规划才能避免和正确处理这些问题，达到工程合理、造价经济、景观优美的效果。

小城镇用地竖向规划的工作程序为：确定小城镇用地竖向规划的目标→用地竖向总体规划→用地竖向工程控制性详细规划→用地竖向工程修建性详细规划。

一、用地竖向规划概念

《城市用地竖向规划规范》（CJJ 83—99）（以下简称《竖向规范》）第2.0.1条文中，城市用地竖向规划指：城市开发建设地区（或地段），为满足道路交通、地面排水、建筑布置和城市景观等方面的综合要求，对自然地形进行利用、改造，确定坡度、控制高程和平衡土石方等而进行的规划设计。而小城镇用地竖向规划与此类似。

朱健达则认为：小城镇用地竖向规划是指小城镇开发建设用地（或地段）为满足道路交通、地面排水、建筑布置和小城镇景观等方面的综合要求，对自然地形进行利用、改造、确定坡度、控制高程和平衡土石方等方面进行的规划设计。

二、用地竖向规划的内容

小城镇用地竖向规划依据小城镇规划的阶段，一般分为总体规划和详细规划两个层次，其中总体规划阶段的竖向规划是详细规划阶段竖向规划建设的依据（图2-1）。

（一）总体规划的内容

小城镇总体规划阶段用地竖向规划的内容主要是配合小城镇建设用地的选择与用地布局方案，进行用地的地形、地貌、地质分析，充分利用与恰当改造地形，确定主要控制点的规划标高。主要内容如下。

（1）分析规划用地的地形、坡度，评价建设用地条件，确定小城镇建设的发展方向和规划建设用地。由主要街道组成的干道网，城市各个基本组成部分用地的布局，以及建筑分区。

（2）分析规划用地的分水线、汇水线、地面流向，分别定出它们的标高，用箭头表示用地的排水方向；确定防洪排涝以及排水方式。

（3）确定防洪（潮、浪）堤顶及堤内地面最低控制标高。

（4）确定无洪水危害内江河湖海岸最低的控制标高。

（5）根据排洪、通航的需要，确定大桥、港口、码头等点的控制标高。

（6）主要干道交叉点的控制点，干道的纵向控制坡度。

（7）确定小城镇其他主要控制点，如桥梁、干道与铁路平面交叉的道口、隧道等的控制位置和控制标高。

（8）分析小城镇雨水主干道进入江、河的可行性，确定道路及控制标高。

（9）选择小城镇主要景观控制点，确定主要景观点的控制标高。

（二）详细规划的内容

1. 控制性详细规划阶段用地竖向工程规划的主要内容

（1）确定主次干道路范围全部地块的排水方向。

（2）确定主次干道路交叉口、转折点的标高和它们的坡度、长度等技术数据。

（3）初步确定各项建设用地的平整标高；用地地块或街坊用地的规划控制标高。

（4）补充与调整其他用地的控制标高。

2. 修建性详细规划阶段用地竖向工程规划的主要内容

（1）进一步分析、核实各级道路的标高等技术数据：落实街区内外联系道路（宽3.5m以上）的控制标高，保证车行道及步行道的可行性。

（2）确定建筑室内外地坪规划控制标高。

（3）确定建筑物、构筑物、室外场地、道路、排水沟等的设计标高，并使相互间协调。

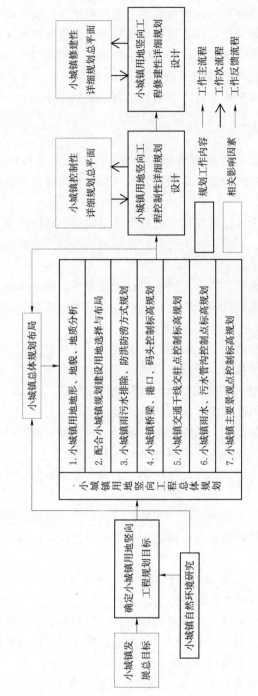

图 2—1　小城镇用地竖向规划工作图

（4）确定挡土墙、护坡等室内外防护工程的类型、位置、规模、估算土石方及防护工程量；确定土（石）方平衡方案。

（5）落实防洪、排涝工程设施的位置、规模及控制标高。

（6）确定地面排水的方式和相应的排水构筑物。

（7）结合建筑物布置、道路交通、工程管线敷设，进行街区内其他用地的竖向规划，确定各项用地的标高。

三、竖向规划的基本要求

（1）遵循"安全、适用、经济、美观"的基本建设方针，注意相互协调。有改造、整治用地任务的竖向规划，更应重视工程的安全性。过去由于规划和设计不考虑不周引起的滑坡、崩塌以及水土流逝、生态环境被破坏等灾难较多，必须引以为戒。

（2）必须从实际出发，因地制宜，随坡就势，充分利用地形地质条件，合理改造地形，减少土石方及防护工程量；结合期内在要求和各自特点，做好高程上的合理安排；重视保护小城镇的生态环境，增强小城镇的景观效果。既要使用地适宜于布置建（构）筑物，满足防洪、排涝、交通运输、管线敷设的要求，又要充分利用地形、地质等环境条件巧于布置，组织好通风、日照，创造良好的小城镇环境和景观。我们不能把竖向规划当作平整土地、改造地形的简单过程，而是为了使各项用地在高程上协调，平面上的和谐，要以获得最大的社会利益、经济效益和环境效能为目的。

（3）充分发挥土木潜力，节约用地，保护耕地。小城填用地竖向规划在满足各项用地功能要求的条件下，应避免高填、深挖，减少土石方、建（构）筑物基础、防护工程等的工程量。

（4）注意新技术、新方法的运用。

（5）小城填用地竖向规划应与城市用地选择及用地布局同时进行，使各项建设在平面上统一和谐、竖向上相互协调。

（6）有利于建筑布置及空间环境的规划和设计。小城填用地竖向规划应合理选择规划地面形式与规划方法，应进行方案比较，优化方案。使建筑布置及空间规划、景观规划尽可能达到最优化。

（7）竖向规划的严肃性。要满足各项工程建设场地及工程管线敷设的高程要求，同时小城填用地竖向规划对起控制作用的坐标及高程不得任意改动。

四、竖向规划的基本原则

（一）充分满足各项用地的选择要求

1. 建筑物的标高

（1）建筑物标高的确定，是以建筑物室内平面地坪与室外设计地坪标高的差值来确定的，一般要根据建筑物的使用性质来确定室内外标高的差值。

（2）建筑物的标高要与街坊地坪、道路地面标高相适应，建筑室外地坪标高一般要高于或等于道路中心线的标高。

2. 小城镇道路交通运输的标高与坡度

（1）从建筑用地与道路的关系来说，建筑物室外地坪标高一般应高于周围道路的标高，次要道路的标高要高于主干道的标高，标高差值可在 15～30cm。

（2）机动车道的纵坡一般小于 6%，困难时可达 8%；坡度超过 4%时，必须要限制坡长。有关坡度、坡长的控制要求详见表 2-5 和表 2-8～表 2-10。

（3）非机动车道纵坡值一般小于 2.5%，困难时可达 3.5%，但应限制坡长，具体要求详见表 2-6 和表 2-11。

（4）人行道的纵坡一般以小于 5%为宜，大于 8%时宜采用踏级。

（5）交叉口范围内的纵坡应小于或等于 3%，并应保证主要交通流的平顺。

（6）桥梁引坡一般应小于 4%。

（7）道路与江河、明渠、暗沟等排水设施相交时，道路需与过水设施净空高度的要求相协调，有通航要求的要保证通航桥下的净空高度。

3. 小城镇广场与停车场

（1）广场坡度一般在 0.3%～3%，以 0.5%～1.5%最佳。地形困难时，可建成阶梯式。与广场相连接的道路纵坡宜为 0.5%～2.0%。困难时纵坡不应大于 7.0%，积雪及寒冷地区不应大于 5.0%。此处参考《城市道路工程设计规范》（CJJ37—2012）（以下简称《道路规范》）。

（2）儿童游戏场坡度 0.3%～2.5%。

（3）停车场出入口应有良好的通视条件，视距三角形范围内的障碍物应清除。停车场的竖向设计应与排水相结合，坡度宜为 0.3%～3.0%

（4）草坪、休息绿地的坡度为 0.3%～10%。

道路与管线交叉应符合有关覆土深度的要求，具体见本书第九章相关内容。

（二）保证用地地面排水与城市防洪、排涝的要求

（1）力求使设计的地形和坡度适合污水、雨水的排水组织和坡度要求，避免出现凹地。根据总平面规划布置和地形情况划分排水区域，决定排水坡向以及排水管道系统。排水区域的划分要综合考虑自然地形、汇水面积和降水量大小等因素。一般要求地面设计坡度不应小于 0.3%，最好在 0.5%～1%。

（2）道路坡度一般不小于 0.3%，地形条件限制难以达到时应做锯齿形街沟排水。

（3）建筑室内地坪标高应保证在沉降后仍高出室外地坪 15～30cm。

（4）室外地坪纵坡一般不小于 0.3%。

（三）充分利用地形，在满足各项用地功能要求的条件下，减少土方工程量

（1）规划设计总平面图布置应该尽量结合自然地形，减少土、石方工程量。填方、挖方一般应考虑就地平衡，缩短运距。

（2）当工程项目附近有土源或余方有用处时，可不必过于强调填方、挖方平衡，一般情况下土方宁多毋缺，多挖少填；石方则应少挖为宜。

（四）充分考虑小城镇空间环境景观设计的要求

小城镇用地竖向规划应有明确的景观规划与设计设想，保护生态环境，增强小城镇景观效果。

小城镇景观特色的创造，最主要来源于对小城镇自然环境和地形的创造性利用。小城镇景观意象的五大要素都与自然地形有关，原有地形的特征点、标志性地物和风景以及历

史遗迹、文物的保留都是小城镇景观构架的重要组成部分。小城镇自然界线的保护、利用与塑造，更是小城镇景观中最直接的表达。尊重原有地貌的竖向规划，有助于形成优美而富有个性的小城镇景观。

（1）尽可能保留原有的地形和植被。

（2）建筑标高的确定应考虑建筑群体高低起伏、富有韵律感而不杂乱；必须重视空间的连续、鸟瞰、仰视及对景的景观效果。

（3）斜坡、台地、踏步、挡土墙等细部处理的形式、尺度、材料应细致、亲切宜人。小城镇公共活动区宜将挡土墙、护坡、踏步和梯道等室外设施与建筑和环境作为一个有机整体进行规划设计；地形复杂的山地小城镇，挡土墙、护坡梯道等室外设施较多，其形式和尺度应有韵律感；当公共活动区内挡土墙高于 1.5m、生活生产区内挡土墙高于 2m 时，应做艺术处理或绿化遮蔽。

（4）小城镇滨水地区的竖向规划应规划和利用好近水空间。目前，我国对水害的防治特别重视。但对小城镇滨水空间的利用情况却不甚理想，高高的防护堤往往使水面在小城镇中可望而不可即，生态岸线和滨水活动空间极少，未能充分发挥水体对小城镇生态环境改善的利用，不能满足人们的亲水、近水要求，但在亲水空间设计中应注意近水空间使用的安全性。

（五）充分结合实际，便利施工，符合工程技术经济要求

（1）挖土地段宜作建筑基地，填方地段作绿地、场地、道路比较合适。

（2）岩石、砾石地段应避免或减少挖方，垃圾、淤泥需挖除。

（3）人工平整场地，竖向设计应尽量结合地形，减少土方工程量，采用大型机械施工平整场地时，地形设计不宜起伏多变，以免施工不便。

（4）建筑和场地的标高要满足防洪要求。

（5）地下水位高的地段应少挖。

第二节　竖向规划的深度与表达

一、总体规划阶段的竖向规划

1. 概述

在小城镇用地分析评定时，就应同时注意竖向规划的要求，要尽量做到利用地形，地尽其用。要研究工程地质及水文地质情况，如地下水位的高低，河湖水位和洪水位及受淹地区。对那些防洪要求高的用地和建筑物不应选择低地，以免提高设计标高而使填方过多、工程费用过大。

竖向规划首先要配合利用地形，而不是要把改造地形、土地平整看做是主要目的。在小城镇干道选线时，要尽量配合自然地形，不要追求道路网的形式而不顾起伏变化的地形。要对自然坡度及地形进行分析，使干道的坡度符合道路交通的要求又不致填挖土方太多，不要为追求道路的过分平直而不顾地形条件。地形坡度大时，道路一般可与等高线斜交，避免与等高线垂直，也要注意干道不能没有坡度或者坡度太小，以免路面排水困难或

对埋设市政管线不利。干道的中心线标高宜低于附近居住区的用地标高，干道如沿汇水沟选线，对于排除地面水和埋设排水管均有利。

2. 地形条件与用地评定

小城镇各项工程建设总是要体现在用地上的。不同的地形条件对规划布局、道路走向、线性、各种工程的建设以及建筑的组合布置、小城镇的轮廓、形态等都有一定的影响。但是，经过规划与建设，也将对自然地貌进行某种程度的塑造，而呈现出新的地表形态。

为了便于建设与运营，多数村庄与集镇选择在平原、河谷地带或是低丘山岗、盆地等地方修建。平原大都是沉积或冲击地层，具有广阔平坦的地貌景观。山区由于地形、地质、气候等情况比较复杂，在用地组织和工程建设方面往往会遇到较多的困难。在丘陵地区，当然也可能会有一些棘手的工程问题，但在一些低丘地区，恰当的选择用地，通过因地制宜的细致规划，也可以有良好的建设效果。

在小地区范围，地形还可以进一步划分为多种形态，如山谷、山坡、冲沟、盆地、谷道、河漫滩、阶地等等。城市用地一般除了十分平坦而且简单的地形外，往往有着多种地形的组合。

地形条件对规划与建设的影响具体表现在以下方面：

（1）影响小城镇的规划的布局、平面结构和空间布置。如河谷地带、低丘山地和水网地区，往往展现不同的结构布局。随之，这些小城镇的市政工程建设也有着相应的特色，如水网地区河道纵横，桥梁工程就比较多，此外，利用地形结合建设，还可使城市轮廓丰富，空间生动，形成一定的城市的外观特征。

（2）地面的高程和用地各部位之间的高差是对制高点的利用、用地的竖向规划、地面排水及洪水的防范等方面的设计依据。

（3）地面的坡度对规划与建设有着多方面的影响。如在平底常要求不小于 0.3% 的坡度，以利于地面水的排除、汇集和网管设置。但地形过陡也将出现地面冲刷等问题。地形坡度的大小对道路的管线、纵坡的确定及土石方工程量的影响尤为显著。小城镇各项设施对用地的坡度都有所要求，一般适用坡度参考表 2-1 和表 2-2。

表 2-1　　　　　　　　　　　　小城镇建设用地使用坡度

项目	坡度/%	项目	坡度/%
工业	0.5～2	铁路战场	0.0～0.25
居住建筑	0.3～10	对外主要公路	0.4～3
主干道	0.3～0.6	次干道	0.3～8

表 2-2　　　　　　　　　　《竖向规范》中城市主要建设用地适宜规划坡度

用地名称	最小坡度/%	最大坡度/%
工业用地	0.2	10
仓储用地	0.2	10
铁路用地	0	2

续表

用地名称	最小坡度/%	最大坡度/%
港口用地	0.2	5
城市道路用地	0.2	5
居住用地	0.2	25
公共设施用地	0.2	20
其他	—	—

二、详细规划阶段的竖向规划

(一) 概述

详细规划阶段竖向规划的主要任务是在分析修建地段地形条件的基础上对原地形进行利用和改造，使它符合使用，适宜建筑布置和排水，这到功能合理、技术可行、造价经济和景观优美的要求。具体内容包括：研究地形的利用与改造，考虑地面排水组织，确定建筑、道路、场地、绿地及其他设施的地面标高，并计算土方工程量。

(二) 竖向设计步骤

详细规划阶段竖向规划的过程一般包括以下几个步骤。

(1) 了解熟悉与竖向规划相关的各种设计资料。

(2) 竖向设计应贯穿于详细规划设计的全过程。规划设计工作开始时，首先对基地进行地形和环境分析，研究其利用和改造的可能性；同时，用地的竖向处理和排水组织方案应结合建设地段的规划结构、总体布局、道路和绿地系统组织，建筑群体布置以及公共设施的安排等作出统一而全面的分析研究。

(3) 绘出现状等高线，初步确定排水方向。

(4) 详细规划研究总平面方案初步确定后，再深入进行用地的竖向高程设计。通常先根据四周道路的纵、横断面的设计所提供的高程资料进行规划地块内道路的竖向设计。在地形比较平缓、简单的情况下，内部道路可以不必按小城镇道路纵断面设计的深度进行设计，只需按地形、排水及交通要求，确定其合适的坡度、坡长，定出主要控制点（交叉点、转折点、边坡点）的设计标高，并注意和四周小城镇道路高程的衔接。地形起伏变化较大的小区主要道路则需要深入作出纵断面设计。在周边未提供资料情况下，也可先进行简单的土石方平衡计算来确定高程控制点。

(5) 根据建筑群布置及区内排水组织要求，考虑地形具体的竖向处理方案，一般采用设计标高或设计等高线来表达设计地形。

(6) 根据地形的竖向设计方案和设计的使用及排水、防洪、美观等要求，确定室内地坪及室外场地的设计标高。

(7) 计算土方工程量。如果土方工程量过大，或者填、挖土方不平衡，而填土或弃土困难，则应调整或修改竖向设计。要求土方工程量小、设计等高线尽量接近地面，并按技术要求绘制。如有必要，可绘简单的横剖面和纵剖面。

(8) 进行细部处理，包括边坡、挡土墙、台阶、排水明沟等方面的设计。

（9）合理选择规划地面形式与规划方法，应进行方案比较，优化方案。详细规划阶段的竖向设计往往需要反复修改、调整才能完善，尤其是地形复杂、有起伏地，测量的地形图往往和实际地形有相当大的出入，需要在设计之前仔细核对，甚至在施工中需要修改竖向设计。

（三）地形分析

地形分析主要包括地面高程、坡度、坡向、特征、脊线（分水线）、谷线（汇水线）、洪水淹没线（二十年一遇、五十年一遇和百年一遇）、制高点、冲沟、洼地等内容，见表2-3和表2-4。

表2-3　　　　　　　　　　　　　地面坡度与适用性分析

地面坡度	坡度	适用特性分析
平坡	3%以内	基本上是平地，建筑、道路布置不受地形坡度限制，可随意安排。当坡度小于0.3%时，应注意排水组织
缓坡	3%～5%	建筑群布置一般不受地形的约束，可平行于等高线或与之斜交布置，若垂直于等高线，则建筑物长度一般不宜超过30～50m，否则就需要结合地形做错层、跌落等处理。非机动车道尽可能不垂直于等高线布置；机动车道可随意选线，纵横自由布置。一定的地形起伏可使建筑及环境、绿地景观丰富多彩
	5%～10%	建筑、道路最好平行于等高线布置或与之斜交。若与等高线垂直或大角度斜交，则建筑需要结合地形设计，做跌落、错层处理。车行道需要限制其坡长
中坡	10%～25%	建筑布置受一定限制；道路需要平行或与等高线斜交迂回上坡，不宜垂直于等高线布置。如布置较大面积的平坦场地，填、挖土方量大。人行道如与等高线作较大角度斜交，也需要做台阶
坡陡	25%～50%	一般不做小城镇建设用地，如作为建设用地则施工不便、成本高。但山地、丘陵地区的小城镇，在用地紧张的时候可使用。建筑区的车行道必须与等高线成较小的锐角布置，建筑群布置受很大的限制
急坡	＞50%	通常不宜用作建设用地

表2-4　　　　　　　　　　　　　地形特征及其运用分析

形态特征	性质	运用
山地	开朗、平稳宁静、多向	广场、大建筑群、运动场、学校、停车场的合适场地
凸地（山丘、山堡）	向上、开阔崇高、动感	理想的景观焦点和观赏景观的最佳处，建筑与活动场所
凹地	封闭、汇聚幽静、内向	露天观演、运动场地，水面、绿化休息场所
山脊	延伸、分隔动感、外向	道路、建筑布置的场地，脊的端部具有凸地的优点，可提供运用
山谷	延伸、动感内向、幽静	道路、水面、绿化

（四）道路坡度及坡长的确定

1. 道路规划纵坡和横坡的确定

道路最小纵坡不应小于 0.3%；当遇特殊困难纵坡小于 0.3%时，应设置锯齿形边沟或采取其他排水设施。

（1）机动车车行道规划纵坡应符合表 2-5 的规定，海拔 3000～4000m 的高原城市道路的最大纵坡不得大于 6%。

表 2-5　　　　《竖向规范》规定小城镇机动车车行道规划纵坡及坡长

道路类别	最小纵坡/%	最大纵坡/%	最小坡长/m
快速路	0.2	4	290
主干路		5	170
次干路		6	110
支（街坊）路		8	60

（2）非机动车车行道规划纵坡宜小于 2.5%，大于或等于 2.5%时，应按表 2-6 的规定限制坡长。机动车与非机动车混行道路，其纵坡应按非机动车车行道的纵坡取值。

表 2-6　　　　《竖向规范》规定小城镇非机动车车行道规划纵坡与限制坡长　　　单位：m

坡度/%　车种	自行车	板车、三轮车
3.5	150	
3	200	100
2.5	300	150

（3）《竖向规范》规定小城镇道路的横坡应为 1%～2%。

（4）《城市居住区规划设计规范》（GB 50180—93）（2002 年版）中对居住区规划道路纵坡规定，见表 2-7。

表 2-7　　　　　　　居住区规划中道路纵坡规定

道路类型	最小纵坡	最大纵坡	多雪严寒地区最大纵坡
机动车道	≥0.2	≤8.0 $L≤200m$	≤5 $L≤600m$
非机动车道	≥0.2	≤3.0 $L≤50m$	≤2 $L≤100m$
步行道	≥0.2	≤8.0	≤4

注　L 为坡长（m）。

2. 《道路规范》中与竖向规划相关的规定见表 2-8 和表 2-9。

表 2-8　　　　　　《道路规范》规定机动车道最大纵坡

设计速度/（km·h⁻¹）		100	80	60	50	40	30	20
最大纵坡/%	一般值	3	4	5	5.5	6	7	8
	极限值	4	5	6		7	8	

表 2 - 9　　　　　　　　　　　　《道路规范》规定机动车道最小坡长

设计速度/（km·h⁻¹）	100	80	60	50	40	30	20
最小坡长/m	250	200	150	130	110	85	60

当道路纵坡大于《道路规范》规定的纵坡一般值时，纵坡最大坡长应符合表 2 - 10 和表 2 - 11 的规定。

表 2 - 10　　　　　　　　　　　《道路规范》规定机动车道最大坡长

设计速度/（km·h⁻¹）	100	80	60			50			40		
纵坡/%	4	5	6	6.5	7	6	6.5	7	6.5	7	8
最大坡长/m	700	600	400	350	300	350	300	250	300	250	200

表 2 - 11　　　　　　　　　　　《道路规范》规定非机动车道最大坡长

纵坡/%		3.5	3.0	2.5
最大坡长/m	自行车	150	200	300
	三轮车	—	100	150

3. 建筑物室内外标高差值

建筑物与室外设计地坪标高的差值确定。

住宅、宿舍：150～450mm。

办公、学校、卫生院等公建：300～600mm。

一般工厂车间、仓库：150～300mm。

沉降较大的建筑物：300～500mm。

有汽车站台的仓库：900～1200mm。

（五）竖向规划的表达

1. 竖向设计图的内容

（1）设计的地形、地物：建筑物、构造物、场地、道路、台阶、护坡、挡土墙、明沟、雨水井、边坡等。

（2）坐标：每幢建筑物至少有两个屋角坐标；道路交叉点、控制点坐标；公共设施及其他需要标定边界的用地、场地四周角点的坐标。

（3）标高：建筑室内、外地坪标高；绿地、场地标高；道路交叉点、控制点标高。

（4）道路的纵坡坡度、坡长。

（5）排水方向：室外场地的坡向。

2. 设计地形的表达

竖向设计图的内容及表现可以因地形复杂程度及设计要求的不同而异。在表达室外设计地形时，一般采用高程箭头方法或设计等高线法。

（1）高程箭头法（见图 2 - 2）。根据竖向设计原则，确定规划范围内各种建筑物、构造物的地面标高，道路交叉点、变坡点的标高，以及区内地形控制点的标高，将这些点的标高标注在相应的竖向规划图上，并以箭头表示各类用地的地面坡向和排水方向，这样的表示方式称之为高程箭头法。

高程箭头法一般适用于平地，地形平缓、坡度小的地段，或保留自然地形为主，对室外场地要求不高的情况下应用。用设计标高法表达竖向设计图，地面设计标高清楚明了；但不足之处比较粗略，确定标高要有丰富的经验，有些部位的标高不明确。

（2）设计等高线法（见图2-3）。用设计标高和等高线分别表示建筑、道路、场地、绿地的设计标高和地形，这种方式称为设计等高线法。

设计等高线法适用于地形有起伏的丘陵地段的规划设计。它的优点是能较完整的将任何一块规划用地或一条道路与原来的自然地貌作比较时，一目了然的看出设计的地面或道路的挖填方情况，以便调整。设计等高线低于自然等高线为挖方，高于自然等高线为填方，所填、挖的范围也清楚的反映出来；同时也便于土方量计算和确定建筑场地的设计标高；容易表达设计地形和原地形的关系和检查设计标高的正误。但由于设计图上等高线密布，施工时应用读图不够方便。为此，也可以应用设计等高线法进行设计，在完成地形设计、确定建筑标高后，根据设计等高线确定室外场地道路的主要控制点标高，在图上略去设计等高线而改用设计标高法的表示方法。

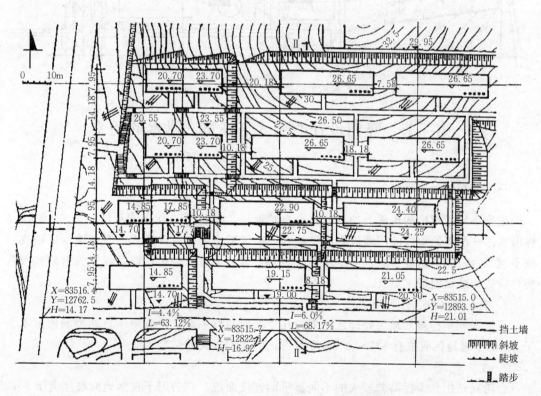

图2-2 某居住组团竖向设计图——高程箭头法

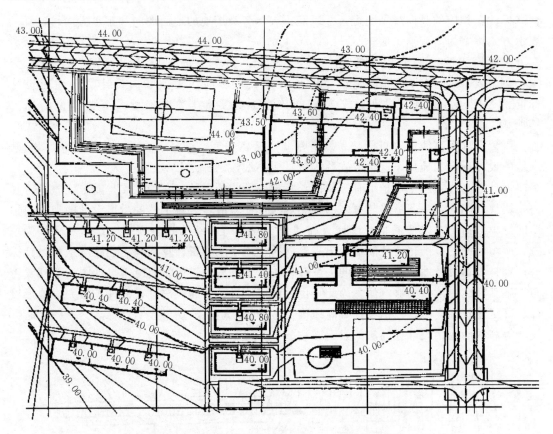

图 2-3　某居住组团竖向设计图——设计等高线法

第三节　竖向设计的形式与建筑、排水的关系

一、地面规划的形式

根据小城镇用地的性质、功能，结合自然地形，可将地面规划为平坡、台阶、混合 3 种形式。一般平原地区的用地规划为平坡式，山区用地规划为台阶式，而丘陵地区则规划成平坡与台阶相间的混合式，河岸用地有时为了客货运输和美化景观，规划为台阶式或低矮台阶式与植被组成平坡式。

1. 平坡式（图 2-4）

平坡式就是把规划地块处理成一个或几个坡向的整平面。它适用于自然地面坡度不大于 2％的平缓地区或虽有 3％～5％坡度但占地面积不太大的情况。

2. 台阶式

台阶式是由几个标高差较大的不同整平面连接而成。它适用于自然地面坡度大于 8％、用地宽度小、建筑物之间的高差在 1.5m 以上的地块。在台阶连接处一般设置挡土墙或护坡等构筑物。

台地划分及台阶的高度、宽度、长度与用地的使用性质、建筑物使用要求、地形关系

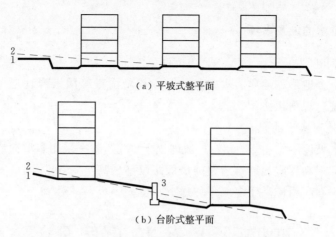

（a）平坡式整平面

（b）台阶式整平面

图 2-4 平坡式与台阶式平面图

不可分割，而高度、宽度又相互影响。因此，合理划分台地，确定台地的高度、宽度、长度，是山区、丘陵以至部分平原地区竖向规划的关键。

台地的长边宜平行于等高线布置；台地高度宜在 1~3m 或以其倍数递增；并与防护工程挡土墙的经济高度、建筑物的立面横向景观线及垂直绿化的要求相适应。台地的宽度在多层住宅或一般公共建筑用地一排建筑约需要 20m 宽，每增加一排建筑，需增加一个相应的建筑进深与规定的间距。

台地的高度、宽度、长度应结合地形，满足使用要求，同时应能满足建筑物自身长度、宽度、日照、通风、道路交通、管线敷设、绿化、防护、施工操作、维修、消防等方面的需要。

3. 混合式

混合式是平坡式和台阶式的结合。一般适用于丘陵地区，随其地形的起伏规划成平坡与台阶相同的混合式。

二、建筑与地形的竖向关系

1. 建筑布置的原则

（1）建筑布置应注意结合地形、利用地形，造就丰富错落的建筑形体，合理缩小房屋间距，恰当地组织出入口，节约用地、方便使用。

（2）建筑设计应结合地形条件。地形复杂、坡度较大的基地，建筑体量不宜过大过长。

（3）山地、丘陵地区的建筑群布置切忌追求对称、规整和平面形式，应结合地形自由灵活布置。

（4）地形起伏的建筑群布置，应考虑各建筑之间因高程不同形成各自的屋脊、檐口、门窗、阳台、地面等透视关系的秩序感，避免杂乱无章。

2. 建筑布置与地形的关系

在山地、丘陵地区的小城镇，建筑布置与地形的关系可分为建筑平行于等高线、与等高线斜交、垂直于等高线以及混合布置。

三、竖向与排水的注意事项

1. 城市用地的协调

城市用地应结合地形、地质、水文条件及年均降雨量等因素合理选择地面排水方式，并与用地防洪、排涝规划相协调。

2. 城市用地地面排水的规定

(1) 地面排水坡度不宜小于 0.2%；坡度小于 0.2% 时宜采用多坡向或特殊措施排水。

(2) 用地的规划高程应比周边道路的最低路段高程高出 0.2m 以上。

(3) 用地的规划高程应高于多年平均地下水位。

第四节　土石方工程量

土石方工程是竖向规划方案的合理性、经济性比较、评价的重要条件，同时也是修建性详细规划中工程费用估算的必备项目。土方工程量分为两类：一是场地平整土石方工程量，或称一次土方工程量；二是建（构）筑物基础和道路、管线工程余方工程量，也称二次土方工程量。

计算土石方工程量的方法有多种，常用方格网计算法和横断面计算法进行。这两种方法也是一般专业软件常用的方法，介绍如下。

一、方格网计算法

目前，小城镇建筑场地平整土石方工程量的计算一般采用土石方工程量计算专用软件进行（如湘源控规软件、鸿业土方软件等），而传统的做法是采用人工计算的方格网法（见图 2-5），步骤如下。

(1) 划分方格。方格边长取决于地形复杂情况和计算精度要求。地形平坦地段用 20～40m；地形起伏变化较大的地段方格边长多采用 20m；作土方工程量初步估算时，方格网可大到 50～100m；在地形变化较大时或者有特殊要求时，可考虑局部加密。

(2) 标明设计标高和自然标高。在方格网各角点标明相应的设计标高和自然标高，前者标于方格角点的右上角，后者标于右下角。如使用软件计算，则根据软件要求进行。

(3) 计算施工高程。施工高程等于设计标高减自然标高。"+""-"值分别表示填方和挖方，并将数值分别标在相应方格角点左上角。

(4) 作出零线。将零点连成零线即为挖填分界线，零线表示不挖也不填。

(5) 计算土石方量。根据每一方格挖、填情况，按相应图式分别代入相应的公式进行计算，分别标入相应的方格内（见图 2-6）。

(6) 汇总工程量。将每个方格的土石方量，分别按挖、填方量相加后算出挖、填方工程总量，然后乘以松散系数，才得到实际的挖、填工程量。松散系数即经挖掘后孔隙增大了的土体积与原土体积之比值。由图 2-5 所示，挖方总量为 385.82m³；填方总量为 337.94m³，挖填方接近平衡。

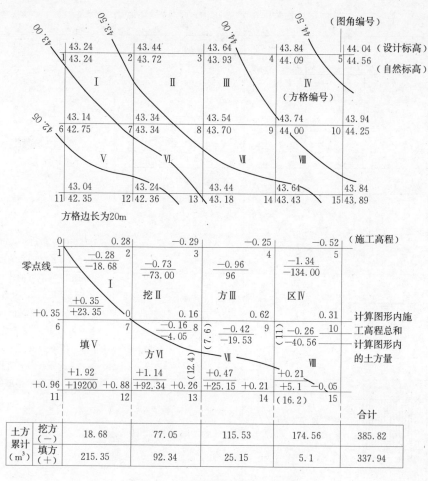

图 2-5 方格网法计算土石方量

二、横断面计算法

此法较简单，但精度不及方格网计算法，适用于纵横坡度较规律的地段，其计算图见图 2-7、图 2-8。

(1) 定出横断面线。横断面线走向，一般垂直于地形等高线或垂直于建筑物的长轴。横断面线间距视地形和规划情况而定，地形平坦地区可采用的间距为 40～100m。地形复杂地区可采用 10～30m，其间距可均等，也可在必要的地段适当增加或者减少。

(2) 作横断面图。根据设计标高和自然标高，按一定比例尺作出横断面团，作图选用比例尺，视计算精度要求而定，水平方向可采用 1:500～1:200；垂直方向可采用 1:200～1:100。常采用水平 1:500，垂直 1:200。

(3) 计算每一横断面的挖、填方面积。一般由横断面图用几何法直接求得挖、填方面积。

(4) 计算相邻两横断面间的挖、填方体积。

(5) 挖、填土方量汇总。将上述计算结果横断面编号分别列入汇总表并计算出挖、填方总工程量。

23

填挖情况	图式	计算公式	附 注
零点线计算	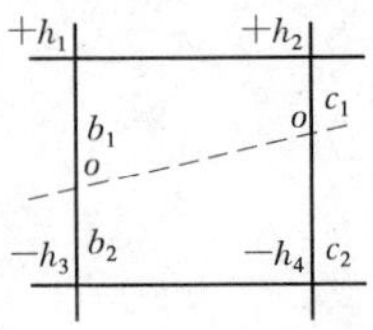	$b_1 = a \cdot \dfrac{h_1}{h_1+h_3}$ $b_2 = a \cdot \dfrac{h_3}{h_3 \cdot h_1}$ $c_1 = a \cdot \dfrac{h_2}{h_2+h_4}$ $c_2 = a \cdot \dfrac{h_4}{h_4-h_2}$	a 为一个方格边长，m； b、c 为零点到一角的边长，m； V 为挖方或填方的体积，m^3； h_1、h_2、h_3、h_4 为各角点的施工高程，m，用绝对值代入； $\sum h$ 为填方或挖方施工高程总和，m，用绝对值代入。 本表公式系按各计算图形底面积乘平均施工高程而得出的
正方形四点填方或挖方	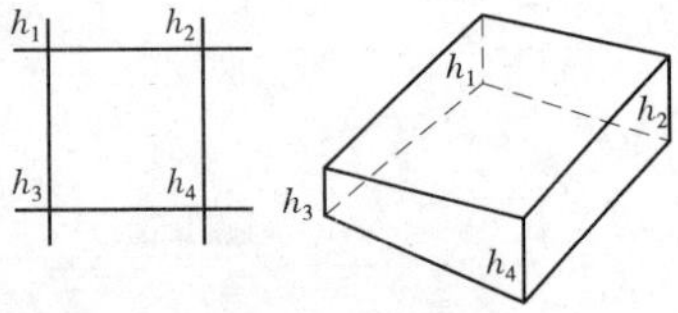	$V = \dfrac{a^2}{4}(h_1+h_2+h_3+h_4)$	
梯形二点填方或挖方	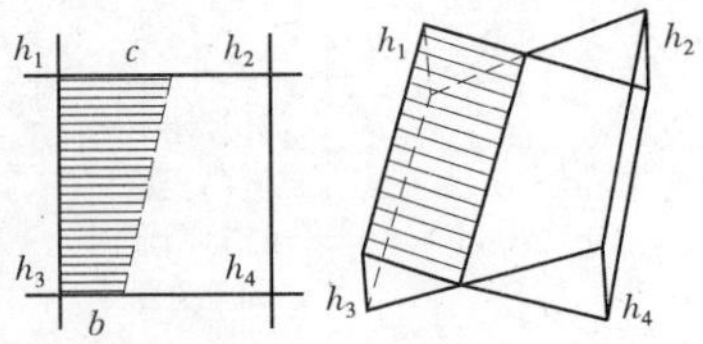	$V + \dfrac{b+c}{2}\cdot a \cdot \dfrac{\sum h}{4}$ $= \dfrac{(b+c)\cdot a \cdot \sum h}{8}$	
五角形三点填方或挖方	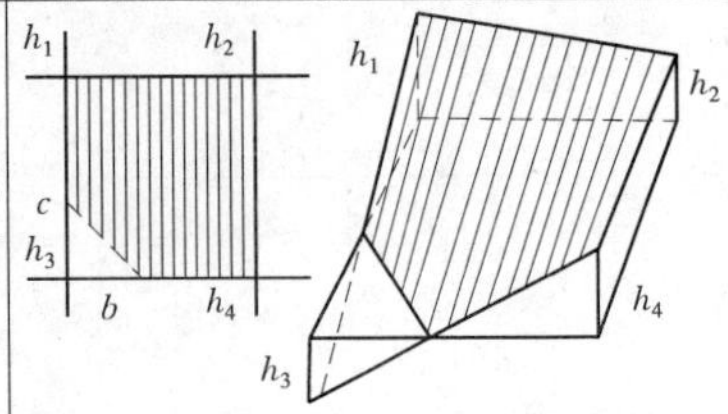	$V = \left(a^2 - \dfrac{bc}{2}\right)\cdot \dfrac{\sum h}{5}$	
三角形一点填方或挖方	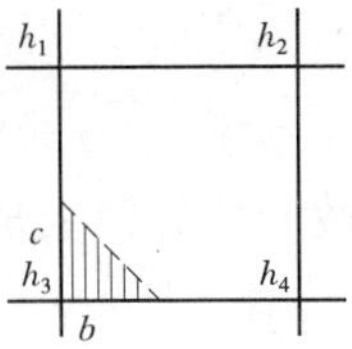	$V = \dfrac{1}{2}bc\dfrac{\sum h}{3}$ $= \dfrac{bc\sum h}{6}$	

图 2-6　方格网法计算公式

三、余方工程量估算

（1）一般多层民用建筑，无地下室的，基础余方可按每平方米建筑基底面积 0.1～0.3m³ 估算；有地下室的余方可按地下室体积的 1.5～2.5 倍估算。

（2）道路路槽的余方按道路面积乘以道路结构层厚度估算。路面结构层厚度一般为 20～50cm。

（3）管线工程的余方可按路槽余方量的 0.1～0.2 倍来估算。当有地沟时，按其 0.2～0.4 倍估算。

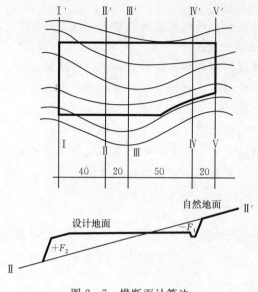

图 2-7　横断面计算法

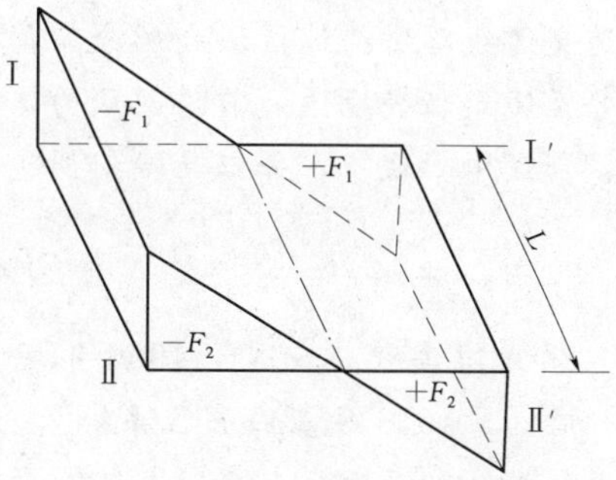

图 2-8　相邻两横断面挖填方量计算

思 考 与 练 习

(1) 什么是城市用地竖向规划?

(2) 竖向规划如何满足各项用地的使用要求?

(3) 在设计中,道路竖向与场地规划的关系是什么?

(4) 什么是松散系数?

知 识 点 拓 展

轨 道 交 通

《2013～2017 年中国城市轨道交通行业市场前瞻与投资战略规划分析报告》显示,据统计,轨道交通相关产业链规模可以达到数千亿元,共涉及相关行业达 20 多个,包括土建、机械、电气、电子及通讯业的技术密集型产业。不仅如此,城市轨道交通建设对引导经济发展有独到之处。

首先,城市轨道交通线路因其方便快捷、定时定向的特点通常会成为居民出行的首选,其强大的人口内聚和扩散效应为地下商业带来巨大客流和商机。例如车站商铺和广告灯箱经营、区间通信网络使用权租赁、移动视频招商等,能为城市服务业发展提供新天地;此外,若地下商业资源与地面著名商场、商业区实现无缝连接,那更将使前者的交通优势与后者的品牌优势有机结合,形成一个立体、辐射面广的城市商业圈。

其次，城市轨道交通建设还将引导城市经济向集约化发展模式转变。城市轨道交通建设对城市现有土地价格刺激明显，能带动沿线房地产开发，增加政府土地税收；利用地铁车辆段上盖物业，在其上兴建开发保障性住房和商业楼盘，不但可缓解城市低收入人群住房难问题，也为城市在保持总体规模不变的前提下，提供了更大开发空间，有助于避免城市规模的无序盲目扩张；此外，还可以引导人口、产业园区沿城市轨道交通线路所经过区域合理分布，形成不同类型组团，将城市中心地区过剩的资源疏导至城市新兴地区。前瞻网认为，城市轨道的发展和建立将带动城市空间格局的变化，形成中心城市，并以此辐射周边城市，带动城轨周边地区的经济增长。

高 程 的 换 算

85 基准高程. 我国于 1956 年规定以黄海（青岛）的多年平均海平面作为统一基面，称为"1956 年黄海高程系统"，为中国第一个国家高程系统，从而结束了过去高程系统繁杂的局面。

1985 国家高程基准＝1956 年黄海高程－0.029（m）

1985 国家高程基准＝吴淞高程基准－1.717（m）

1985 国家高程基准＝珠江高程基准＋0.557（m）

第三章 小城镇给水工程规划

教学目的： 小城镇给水工程是小城镇最基本的市政工程，直接关系着小城镇建设和发展及小城镇的文明，通过本章学习，掌握给水工程系统的组成及布置形式、小城镇给水工程规划内容和步骤、小城镇用水的分类及总用水量的估算、水源的选择和水源保护、净水工程规划、给水管网的布置、管段流量与管径确定、给水管网水力计算等方面的知识，为经济合理、安全可靠地供给小城镇居民地生活生产用水。

教学重点： 给水工程系统的组成及布置形式、小城镇给水工程规划内容和步骤、小城镇用水的分类及总用水量的估算、水源的选择和水源保护、净水工程规划、给水管网的布置、管段流量与管径确定、给水管网水力计算。

教学难点： 小城镇给水工程规划内容和步骤、小城镇用水的分类及总用水量的估算、给水管网的布置、管段流量与管径确定、给水管网水力计算。

第一节 概 述

小城镇给水工程具有保证小城镇取水、供水的功能，是小城镇重要的基础设施，也是小城镇规划的重要组成部分。

一、小城镇给水工程的内容深度与工作程序

（一）小城镇给水工程规划的内容深度

小城镇给水工程必须与小城镇的建设发展相协调，因此在工作内容深度上应该与小城镇的规划层次相一致，有利于提高小城镇规划和小城镇给水排水工程设施建设的合理性、可操作性。

1. 小城镇给水工程总体规划的内容深度

（1）确定用水量标准，估算小城镇用水总量。

（2）根据水源水质及水量情况，选择水源，确定取水位置及取水方式。

（3）根据小城镇发展布局及用地规划、小城镇地形，选择自来水厂、加压泵站、高位水池（水塔）位置和用地，输配水干管走向，估算干管管径。

（4）根据水源水质变化情况，确定自来水水质目标，选择水处理工艺形式。

（5）确定水源地卫生防护措施。

（6）确定小城镇节约用水目标和计划。

给水工程方案图纸要表达的内容有：水源及水源井、泵站、水厂、储水池的位置，给水分区和规划供水量，输配水干管走向、管径、主要加压站、高位水池位置。

2. 小城镇给水工程详细规划的内容深度

小城镇给水工程详细规划是在小城镇给水工程总体规划的基础上进一步编制的规划，并做出较为详细规定，作为给水工程设计的主要依据。同时，结合当地实际，对总体规划作出评价，其主要内容为：

(1) 计算用水总量，确定规划区供水规模。

(2) 确定供水水质目标，选定自来水厂大致位置。

(3) 确定集中供水、分区供水方式，确定加压泵站、高位水池（水塔）位置、标高、容量。

(4) 确定输配水管走向、管径，进行必要的管网平差。

(5) 选择输水管网管材及敷设方法。

(6) 对详细规划进行工程估算，预测投资效益。

(7) 对近期规划部分进行规划设计、工程估算、效益分析。

3. 规划图纸

(1) 区域给水工程总平面图。主要包括给水工程的现状和规划的总体情况，包括水源、取水点、输水干管走向、水厂及调节水池位置等。镇域城镇体系层面图纸比例一般在1：5000～1：50000；一般镇及中心镇的图纸比例通常在1：5000～1：20000、1：25000。以下各章节图纸比例除常用比例外，如无特殊要求，比例与此相同。

(2) 镇区给水管网现状与规划图。主要反映城镇中已建的给水管网的布置形式、位置、管径；净水厂位置、规模等；图纸比例，一般1：1000～1：10000。

一般镇及中心镇镇区总体规划成果的图纸比例通常为1：2000，根据规模大小可在1：1000～1：5000之间选择。大中城市多采用1：10000或1：25000，小城市（含县城关镇）可采用1：5000。

一般镇、中心镇及城关镇镇区控制性详细规划成果的图纸比例通常为1：1000～1：2000。

一般镇、中心镇及城关镇镇区修建性详细规划成果的图纸比例通常为1：500～1：2000。

以下各章节图纸比例除常用比例外，如无特殊要求，比例与此相同。

(二) 小城镇给水工程规划的程序

小城镇给水工程规划工作的具体程序为：搜集必须的基础资料——小城镇用水量预测——确定小城镇给水工程规划目标——小城镇给水水源工程选择——小城镇给水网络与输配设施规划——详细规划范围内给水管网规划。

(1) 搜集必须的基础资料。通过文献调查、现场踏勘等方式搜集相关的基础资料，如果资料难以一时收集齐全，可以分清主次，逐渐补充。在掌握详尽资料的基础上删繁就简，获取最必要的资料。为了了解实地的具体情况，应进行一定深度的调查研究和现场踏勘，增加现场概念，加强对小城镇及周边地区的水环境、水资源、地形、地质等的认识，为给水设施的选址、管网布局等规划方案奠定基础。

(2) 小城镇用水量预测。在对小城镇现状的研究，结合小城镇发展目标，确定小城镇用水标准；在此基础上，根据小城镇的发展规模，进行小城镇近远期规划用水量预测。

(3) 确定小城镇给水工程规划目标。在小城镇水资源现状研究的基础上，根据小城镇用水量预测、区域给水系统与水资源调配规划，确定小城镇给水工程规划目标。小城镇给水工程规划目标确定后，应及时反馈给小城镇计划主管部门和小城镇规划主管部门，以及区域水系统主管部门，以便合理调整小城镇经济发展目标、产业结构、人口规模，调整区域给水系统与水资源调配规划，协调上下游的城镇用水，以及农业、林业、渔业等部门用水。

（4）小城镇给水水源工程规划。在小城镇现状研究的基础上，依据给水工程目标、区域给水系统与水资源调配规划，以及小城镇总体规划布局，进行小城镇取水工程、净水厂等设施的布局，确定其数量、规模、技术标准，制定小城镇水资源保护措施。

小城镇水源设施有水质和用地方面的技术限制，与小城镇规划建设用地布局密切相关，因此，必须及时反馈给小城镇规划部门，落实水源设施的用地布局，并协调与本城镇或周边小城镇的污水处理厂、工业用地等用地的关系。

（5）小城镇给水网络与输配设施规划。根据小城镇现状、水源工程规划、总体规划布局进行小城镇给水网络和给水泵站、高位水池、水塔等输配设施的规划布局，并及时反馈给小城镇规划部门，落实各种设施用地布局，协调与其他建设用地的关系。

（6）详细规划范围内的给水管网规划。首先根据规划范围内的详细规划布局、供水标准，计算规划范围内的用水量。其次，根据用户用水量分布状况，布置给水管网，确定管径和敷设方式等。若规划范围内有独立的净水设施，本阶段工作也应包括该净水设施布局等内容。本阶段工作应及时向小城镇规划人员反馈，以落实给水管道与设施的具体布置。详规阶段的给水管网规划可作为详规该范围内的给水工程设计依据。

二、小城镇给水工程系统的组成及布置形式

小城镇给水工程系统由相互联系的一系列构筑物所组成，其任务是从天然水源取水，按照用户对水质的要求进行处理，然后将水输送给给水区，并向用户配水。

（一）小城镇给水系统的组成

按照工作过程，小城镇给水系统可分为三大部分：

（1）取水工程。包括取水构筑物和取水泵房，其任务是取得足够水量和优质的原水。

（2）净水工程（水处理工程）。包括水厂内各种水处理构筑物以及将处理后的水送至用户的二级泵站等，其任务为对原水进行处理，满足用户对水质的要求。

（3）输配水工程。指从水源泵房或水源集水井至水厂的管道或渠道，或仅起输水作用的、从水厂至小城镇镇区管网和直接送水到用户的管道，包括输水管道、配水管网、加压泵站以及水塔、水池等调节构筑物，基本任务是向用户供给足够的水量，并满足用户对水压的要求。

配水工程又分为配水厂和配水管网两部分。其中，配水厂是起调节加压作用的设施，包括泵房、清水池、消毒设备和附属建筑物；配水管网包括各种口径的管道及附属构筑物、高地水池和水塔等。

图3-1、3-2所示分别为以地下水为水源的给水系统和以地面水为水源的给水系统。

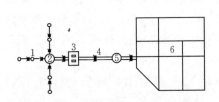

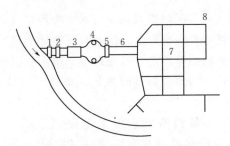

图 3-1 地下水水源给水系统示意图

1—管井群；2—水池；3—泵站；

4—输水管；5—水塔；6—管网

图 3-2 地面水源给水系统示意图

1—取水构筑物；2—一级泵站；3—处理构筑物；4—清水池；

5—二级泵站；6—输水管；7—管网；8—水塔

（二）小城镇给水工程系统的布置形式

小城镇给水系统的布置，应根据区域发展现状、小城镇总体规划布局、水源特点、当地自然条件及用户对水质的不同要求等因素确定。在有地形可供利用时，宜利用重力进行输配水系统规划。给水系统可以采用单水源供水，也可以采用多水源供水，应根据小城镇具体情况而定。常见的小城镇给水系统布置形式有以下几种。

1. 统一给水系统

即根据对水质要求最高的生活饮用水的水质标准，将小城镇的各类用水用统一的给水管网供给用户的给水系统，称为统一给水系统，如图 3-3 所示。

统一给水系统调度管理灵活，动力消耗较少，管网压力均匀，供水安全性较好。该系统较适用于中小城镇、工业区、大型厂矿企业，用户集中不需要长距离转输水量，各用户对水质、水压要求相差不大，地形起伏变化较小，建筑物层数差异不大的小城镇。

2. 分区给水系统

根据小城镇的用地布局特点将给水系统分成几个系统，每个系统都设置泵站和管网，既可使子系统独立运行，又能保持系统间的相互联系，以便保证供水的安全性和调度的灵活性。这种给水系统称为分区供水系统，如图 3-4 所示。这种给水系统比较适用于用水量大或带形小城镇延伸很长及小城镇被自然地形分割成若干部分或地形起伏、高差显著及远距离输水的情况。

它的主要优点是根据各区不同情况布置给水系统。可节约动力费用和管网投资，缺点是设施分散，管理不方便。

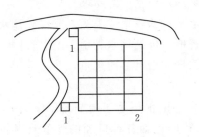

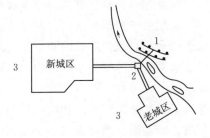

图 3-3 多水源统一给水系统

1—水厂；2—管网

图 3-4 分区给水系统

1—取水构筑物；2—水厂；3—管网

3. 分质给水系统

原水经过不同的净化过程，通过不同的管道系统将不同质量的水供给用户，这种给水系统称为分质给水系统，如图3-5所示。该系统适用于优良水质的水源较贫乏及小城镇或地区中低质水的用水量所占的比重较大时采用。如：优质的地下水或地面水经处理后供给居民和企事业单位作为生活饮用水，而中低质的水作为居民洗刷用水、部分工业企业生产用水及市政用水。它的主要优点是可以保证小城镇的水资源优质使用，水处理构筑物的容积较

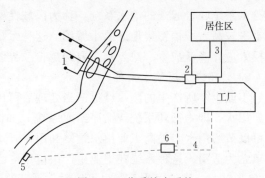

图3-5　分质给水系统

1—管井；2—泵站；3—生活用水管网；4—生产用水管网；
5—地面水取水构筑物；6—工业用水处理构筑物

少，投资省，且可节约药剂费用和动力费用，缺点是管线长，管理系统多，管理复杂，在旧镇区的实施难度大。

4. 分压给水系统

因用户对水压要求不同而采用扬程不同的水泵分别提供不同压力的水至高压管网和低压管网，这种给水系统称为分压给水系统。分压给水系统适用于城镇地形高差较大及各用户对水压要求相差较大的小城镇。

其中，由统一泵站内的低压和高压水泵分别供给低区和高区用水，称为并联分区；其特点是供水安全可靠，管理方便，给水系统的工作情况简单；但增加了输水管长度和造价。主要适用于小城镇沿河岸发展而宽度较小或水源靠近高压区时。

高、低两区用水统一由低压泵站供给，高区用水再由高区泵站加压，称为串联分区，如图3-6所示。它的优点是减小高压管道和设备用量，减少动力费用。缺点是管线长、设备多，管理复杂。主要适用于城镇垂直于等高线方向延伸、供水区域狭长、地形起伏不大、水厂又集中布置在小城镇一侧的情况。

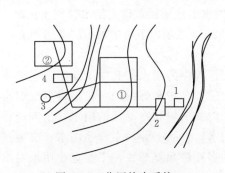

图3-6　分压给水系统

①—低区；②—高区；1—取水构筑物；
2—水厂；3—水塔；4—高区泵站

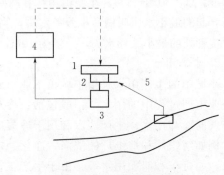

图3-7　循环给水系统

1—冷却塔；2—吸水井；3—泵站；
4—车间；5—新鲜补充水

5. 区域性给水系统

由于水源受到污染，几个小城镇或工业区集中在上游统一取水，沿线分别供水，或在

干旱或水源贫乏地区，小城镇或工业区只能远距离集中供水时，将若干小城镇或工业企业的给水系统联合起来的给水系统，称为区域性给水系统。该系统适合用于水源缺乏、城镇化水平较高、城镇密集地区的小城镇。这种系统能保证各个小城镇供水水质安全，并发挥规模效应，降低成本。缺点是需要跨越行政界线协调，实际操作存在一定困难。

6. 循环或循序给水系统

工业生产所产生的废水经过适当处理后可以循环使用，或用作其他车间和工业部门的生产用水，即为循环系统或循序给水系统，如图 3-7 所示。大力发展循环和循序给水系统可以节约用水，提高工业用水重复利用率，也符合清洁生产的原则，对水资源贫乏的小城镇尤为适用。这种系统在工业生产中应用广泛，许多行业的工业用水重复利用率可以达到 70％以上。城镇中水系统也可以看作循环给水系统。

第二节　小城镇总用水量的估算

小城镇用水分类可以分为两类，第一类是规划期内由小城镇给水工程统一供给的各类用水量总和，第二类为小城镇工程统一供给以外的所有用水量的总和。在市政工程规划中，小城镇总水量指第一部分用水量。在进行总水量预测和估算时，常按照不同的小城镇特点，采取合适的方法计算。

一、小城镇用水分类

通常在进行小城镇用水量预测时，根据用水的目的不同，以及用水对象为水质、水量和水压的不同要求，分为以下几类。

1. 综合生活用水（包括居民生活用水和公共建筑用水）

综合生活用水是指小城镇居民日常生活用水和公共建筑用水等。生活用水量的多少取决于各地的气候、居住习惯、社会经济条件、水资源丰富程度等各项因素。生活饮用水水质应无色、透明、无嗅、无味，不含致病菌或病毒和有害健康的物质，符合《生活饮用水水源水质标准》（CJ 3020—93）。小城镇用水管网必须达到一定的压力，才能保证用户使用。其中从地面算起的最小水压叫做最小服务水头，当按直接供水的建筑层数确定给水管网水压时，其用户接管处的最小服务水头，一层为 10m，二层为 12m，二层以上每增加一层增加 4m。

2. 生产用水

小城镇的生产用水是指小城镇工业、农业生产过程中的用水。其中工业用水主要指工业企业生产过程中的用水，一般包括：冷却用水，例如高炉和炼钢炉、机械设备、润滑油和空气的冷却用水；生产蒸汽和用于冷凝的用水，例如锅炉和冷凝器的用水；生产过程用水，例如纺织厂和造纸厂的洗涤、净化、印染等用水；食品工业加工食品用水；交通运输用水，如机车和船舶用水等。由于生产工艺过程的多样性和复杂性，工业企业用水对水质和水量要求的标准不一。在确定工业用水的各项指标时，应根据生产工艺的要求确定。大工业用水户或经济开发区宜单独进行用水量计算，一般工业用水量可根据国民经济发展规划，结合现有工业用水资料分析确定。

3. 市政用水

市政用水主要指街道洒水、车辆冲洗、绿化浇水等，应根据路面、绿化、气候和土壤等条件确定。

4. 消防用水

一般是从街道上消火栓和室内消火栓取水。消防给水设备，由于不经常工作，可与小城镇生活饮用水给水系统合在一起考虑。对防火要求高的场所，如仓库或工厂，可设立专用的消防给水系统。

5. 管网漏损水量

管网漏损水量指城镇管网在运行过程中由于各种原因的破坏而造成水量漏损。

6. 未预见用水

未预见用水是指在给水设计中对难以预见的因素（如规划的变化及流动人口用水等）而预留的水量。

小城镇总用水量包括综合生活用水、工业生产用水、市政用水、消防用水等，各类用水量的多少均需根据用水量标准确定。

小城镇由于各种因素的限制，除了在给水工程的统一供给以外，还可能会存在一部分分散式供水，如取自井水的居民生活用水，工业和公共设施自备水源供给的用水，农业灌溉及畜牧业用水等。这部分用水应在小城镇的水资源平衡时，结合小城镇实际情况予以充分考虑。本书论述的总用水量的预测为小城镇的统一给水工程的用水量，不包括各种自备水源。

二、用水量指标

用水量指标是指城市规划期内不同供水对象单位人口、单位用地面积或单位产值、单位产品等所采用的用水量定额。用水量指标的确定必须科学合理，既要符合当地实际，又需要具有一定的超前性。如果指标定的过高，将造成资源和设备的浪费，但指标定的过低，则不能满足需要，直接影响小城镇的发展和建设，因此，必须认真研究，慎重确定。规划时，小城镇用水量指标必须遵循国家有关规范，同时还应结合当地用水的实际情况和城镇的未来发展趋势来确定。在现代小城镇发展中，为提高供水规划的适应性，用水量指标应保持一定的弹性，即有一定的变化幅度。

小城镇集中式用水量应包括：生活用水量、工业用水量、消防用水量、浇洒道路和绿化用水量、管网漏水量和未预见水量。而镇域乡村居民点用水量基本上为生活用水量，农业用水量则包括引水灌溉、养畜、水厂养殖和放牧等用水量。

常用的用水量计算标准有两种：一种是单位人口用水量指标，另一种是单位建设用地的用水量指标。

（一）综合生活用水量标准

城镇中每个居民日常生活所用的水量范围和公共建筑娱乐场所、宾馆、商业、办公、学校等的用水量范围称为居民生活用水量标准。

1. 单位人口用水量指标

单位人口用水量指标是指小城镇居民平均日用水量或最高日用水量指标，属于单位人口用水量定额。单位常用 L/（人·d）生活用水量指标应根据小城镇当地的气候、生活习惯、水资源状况与公共设施水平、居民经济收入等，综合分析比较选定指标，见表 3-1。

表 3-1　　　　　　　　　小城镇人均综合生活用水量指标　　　　单位：L/（人·d）

地区区划	小城镇规模分级					
	一级镇		二级镇		三级镇	
	近期	远期	近期	远期	近期	远期
一区	190～370	220～450	180～340	200～400	150～300	170～350
二区	150～280	170～350	140～250	160～310	120～210	140～260
三区	130～240	150～300	120～210	140～260	100～160	120～200

（1）一区包括：贵州、四川、湖北、湖南、江西、浙江、福建、广东、广西、海南、上海、云南、江苏、安徽、重庆。

二区包括：黑龙江、吉林、辽宁、北京、天津、河北、山西、河南、山东、宁夏、陕西、内蒙古河套以东和甘肃黄河以东的地区。

三区包括：新疆、青海、西藏、内蒙古河套以西和甘肃黄河以西的地区。

（2）小城镇规模分级标准为：

一级镇：县驻地镇、经济发达地区 3 万人以上镇区人口的中心镇、经济发展一般地区 2.5 万人以上镇区人口的中心镇。

二级镇：经济发达地区一级镇外的中心镇和 2.5 万人以上镇区的一般镇、经济发展一般地区一级镇外的中心镇和 2 万人以上镇区人口的一般镇、经济欠发达地区 1 万人以上镇区人口县城镇外的其他镇。

三级镇：二级镇以外的一般镇和在规划期将发展为建制镇的集镇。

（3）用水人口为小城镇规划范围内的规划人口数。

（4）综合生活用水为小城镇居民日常生活用水和公共建筑用水之和，不包括浇洒道路、绿地等市政用水和管网漏失水量。

（5）指标为规划期最高日用水量指标。

（6）特殊情况的小城镇，应根据实际情况，用水量指标酌情增减。在小城镇规划中，采用不同性质用地的用水量指标，具有较好的适应性。但必须指出的是，不同性质用地的用水量指标是通用性指标，在应用时，应根据本小城镇的特点，结合现状水平，适当考虑近远期的发展，并视具体情况作以适当的调整。

（7）表 3-1 采用《小城镇规划——研究标准、方法、实例》（汤铭潭，2009 于机械工业出版社出版）中相关数据。

（8）表 3-2 适用于中心镇及一般镇规划。城市及县城关镇综合用水量指标见表 3-2。

表 3-2　　　　　　　　城市单位人口综合用水量指标　　　　单位：万 m³/（万人·d）

区域	特大城市	大城市	中等城市	小城市
一区	0.8～1.2	0.7～1.1	0.6～1.0	0.4～0.8
二区	0.6～1.0	0.5～0.8	0.35～0.7	0.3～0.6
三区	0.5～0.8	0.4～0.7	0.3～0.6	0.25～0.5

注　本表指标为规划期最高日用水量指标，指标已包括管网漏失水量。

2. 单位建设用地用水量指标

（1）小城镇单位居住用地用水量指标。小城镇单位居住用地用水量根据小城镇特点、居民生活水平、生活习惯等因素确定，并根据小城镇实际情况，选用表3-3中的数值。

表3-3　　　　　　　　小城镇单位居住用地用水量指标　　　　　单位：万 $m^3/$（ $km^2 \cdot d$ ）

地区区划	小城镇规模分级		
	一级镇	二级镇	三级镇
一区	1.00～1.95	0.90～1.74	0.80～1.50
二区	0.85～1.55	0.80～1.38	0.70～1.15
三区	0.70～1.34	0.65～1.16	0.55～0.90

注　表中指标为规划期内最高日用水量指标，已包含管网漏失水量。使用年限延伸至2020年。

（2）小城镇公共设施用地用水量指标。应根据现行国标《城市给水工程规划规范》，结合小城镇经济发展状况和商贸繁荣程度以及公共设施的类别等因素确定，其单位公共设施用地用水量可参见表3-4中的数值。

表3-4　　　　　　　　小城镇单位公共设施用地用水量指标　　　　单位：万 $m^3/$（ $km^2 \cdot d$ ）

用地代号	用地名称	用水量指标	用地名称	用水量指标
C	行政管理用地	0.50～1.00	教育机构用地	1.00～1.50
	文体科技用地	0.50～1.00	商业金融用地	0.50～1.00
	医疗保健用地	1.00～1.50	其他公共设施用地	0.80～1.20

注　1. 本表指标已包括管网漏失水量。

　　2. 小城镇其他用地用水量指标应根据小城镇具体情况确定，可参考表3-6中的数值。

　　3. 本表适用于中心镇及一般镇规划。

城市及县城关镇用水量指标见表3-5～表3-7。

表3-5　城市及县城关填公共管理与公共服务设施、商业服务业用地单位用水量指标

单位：万 $m^3/$（ $km^2 \cdot d$ ）

用地代号	用地名称	用水量标准	用地名称	用水量标准
A	体育文化娱乐用地	0.5～1.0	行政办公用地	0.5～1.0
	医疗卫生用地	1.0～1.5	教育用地	1.0～1.5
	其他公共设施用地	0.8～1.2		
B	旅馆、服务业用地	0.5～1.0	商贸金融用地	0.5～1.0
	其他商业服务业用地	0.8～1.2		

注　本表指标已包括管网漏失水量。

表3-6　　　　　　　　小城镇其他用地用水量指标　　　　　　单位：万 $m^3/$（ $km^2 \cdot d$ ）

用地代号	用地名称	用水量指标	用地代号	用地名称	用水量指标
W	仓储用地	0.20～0.50	T	对外交通用地	0.30～0.60
G	绿地	0.10～0.30	S	道路广场用地	0.20～0.30
E7	特殊用地	0.50～0.90	U	工程设施用地	0.25～0.50

注　本表指标已包括管网漏失水量。

表 3-7　　　　　　　**城市及县城关镇其他用地用水量指标**　　　单位：万 m^3 / （ km^2 · d）

用地代号	用地性质	用水量指标
W	物流仓储用地	0.2～0.5
G	绿地	0.1～0.3
H_4	特殊用地	0.5～0.9
S	道路与交通设施用地	0.3～0.6
G_3	广场用地	0.2～0.3
U	公用设施用地	0.25～0.5

（二）小城镇生产用水量指标

对于以工业为发展主要推动力的小城镇而言，工业用水量在小城镇总用水量中占有较大的比重，并且对于小城镇的重大工业项目选址及小城镇用水政策的制定都有影响。

1. 小城镇工业用地用水量指标

小城镇工业用地的单位用水量指标应结合《城市给水工程规划规范》（GB 50282—98），根据小城镇产业结构、主导产业、生产规模及技术等因素确定，其单位工业用地用水量可参见表 3-8 中的数值。

表 3-8　　　　　　**小城镇工业用地（生产设施用地）用水量指标**　　　单位：万 m^3 / （ km^2 · d）

用地代码	工业用地类型	用水量指标	用地代码	工业用地类型	用水量指标
M_1	一类工业用地	1.20～2.00	M_3	三类工业用地	3.00～5.00
M_2	二类工业用地	2.00～3.50			

注　本表指标已包括工业用地中职工生活用水及管网漏失水量。

2. 单位产品、单位设备、万元产值用水量指标

单位产品、单位设备、万元产值用水量指标主要适用于工业企业生产，由于生产门类、生产性质、生产设备和工艺、管理水平等的不同，工业生产用水量的差异很大。在一般情况下，应由工业企业生产部门提供。在缺乏具体资料时，可参照有关同类型工业企业的技术经济指标进行估算，此处略。

小城镇的畜牧业用水量指标也可参照相关资料进行（此处略），同时在镇域水源选择或水资源平衡时考虑。

（三）市政用水

用于街道保洁、绿化浇水等市政用水量随着小城镇建设的发展不断增加。规划设计时，应根据路面种类、城镇绿化情况和气候土壤状况等实际情况和相关部门规定进行计算。一般浇洒道路用水可按浇洒面积以 2.0～3.0L/ （ m^2 · d）计算；浇洒绿化用水可按浇洒面积以 1.0～3.0L/ （ m^2 · d）计算。

市政用水量可以由规划道路面积、浇洒道路用水量、道路浇洒次数、规划绿地面积、绿化用水量计算确定，可以采用生活用水量、工业用水量综合的百分数来估算，一般可以取 3%～5%。

（四）消防用水量标准

根据《室外给水设计规范》（GB 50013—2006），消防用水量、水压及延续时间等应按

国家现行标准《建筑设计防火规范》(GB 50016—2006)及《高层民用建筑设计防火规范》(GB 50045—95)(2005 年版)等设计防火规范执行。小城镇或居住区的消防用水量,可按照同时发生火灾的次数和一次灭火的用水量确定,见表 3-9。工厂、仓库和民用建筑在同一时间内的火灾次数见表 3-10。建筑物的室外消火栓用水量见表 3-11。

表 3-9　　　　　　　城镇、居住区同一时间内的火灾次数和一次灭火用水量

人数 N/万人	同一时间内的火灾次数/次	一次灭火用水量/ (L·s^{-1})
N≤1.0	1	10
1.0<N≤2.5	1	15
2.5<N≤5.0	2	25
5.0<N≤10.0	2	35
10.0<N≤20.0	2	45

注　城镇的室外消防用水量包括居住区、工厂、仓库、堆场、储罐(区)和民用建筑的室外消火栓用水量。当工厂、仓库和民用建筑的室外消火栓用水量按建筑物的室外消防栓用水量计算,其值不一致时,取大值。

表 3-10　　　工厂、仓库、堆场、储罐(区)和民用建筑在同一时间内的火灾次数

名称	基地面积/ha	附有居住区人数/万人	同一时间内的火灾次数/次	备　　注
工厂	≤100	≤1.5	1	按需水量最大的一座建筑物(或堆场、储罐)计算
		>1.5	2	工厂、居住区各一次
	>100	不限	2	按需水量最大的两座建筑物(或堆场、储罐)之和计算
仓库、民用建筑	不限	不限	1	按需水量最大的一座建筑物(或堆场、储罐)计算

注　采矿、选矿等工业企业当各自分散基地有单独的消防给水系统时,可分别计算。

表 3-11　　　　　工厂、仓库和民用建筑一次灭火的室外消火栓用水量　　　　单位:L·s^{-1}

耐火等级	建筑物类别		建筑物体积 V/m³					
			V≤1500	1500<V ≤3000	3000<V ≤5000	5000<V ≤20000	20000<V ≤50000	V>50000
一、二级	厂房	甲、乙类	10	15	20	25	30	35
		丙类	10	15	20	25	30	40
		丁、戊类	10	10	10	15	15	20
	仓库	甲、乙类	15	15	25	25	—	—
		丙类	15	15	25	25	35	45
		丁、戊类	10	10	10	15	15	20
	民用建筑		10	15	15	20	25	30
三级	厂房(仓库)	乙、丙类	15	20	30	40	45	—
		丁、戊类	10	10	15	20	25	35
	民用建筑		10	15	20	25	30	—

续表

耐火等级	建筑物类别	建筑物体积 V/m^3					
		$V \leqslant 1500$	$1500 < V \leqslant 3000$	$3000 < V \leqslant 5000$	$5000 < V \leqslant 20000$	$20000 < V \leqslant 50000$	$V > 50000$
四级	丁、戊类厂房（仓库）	10	15	20	25	—	—
	民用建筑	10	15	20	25	—	—

注　1. 室外消火栓用水量应按消防用水量最大的一座建筑物计算。成组布置的建筑物应按消防用水量较大的相邻两座计算；

2. 国家级文物保护单位的重点砖木或木结构的建筑物，其室外消火栓用水量应按三级耐火等级民用建筑的消防用水量确定；

3. 铁路车站、码头和机场的中转仓库其室外消火栓用水量可按丙类仓库确定。

小城镇中的工业与民用建筑物，其室外消防用水量，应根据建筑物的耐火等级、火灾危险性类别和建筑物的体积等因素确定。

（五）管网漏损水量

小城镇配水管网的漏损水量一般可按综合生活用水量、工业用水量、市政用水量总和的 10%～12% 计算。

（六）未预见用水

小城镇未预见用水应根据水量预测时难以预见因素的程度确定，宜采用综合生活用水量、工业用水量、市政用水量和管网漏损水量总和的 8%～12% 计算。

三、小城镇用水量预测

小城镇用水量预测指采用一定的理论和方法，有条件地预计小城镇未来某一阶段的可能用水量。一般以过去的资料为依据，以今后的用水趋势、经济状况、人口变化、水资源情况、政策导向等为条件。每种预测方式是对各种影响用水的条件作出合理的假定，从而通过一定的方法，计算出预期水量。但是由于小城镇用水量预测与计算涉及未来发展的诸多因素，在规划期内难以精确确定，所以预测结果常常与未来小城镇发展实际存在一定差距，一般采用多种方法相互校核。

小城镇用水量预测的时限一般与规划年限相一致，有近期（3～5 年）和远期（15～20 年）之分。在可能的情况下，应提出远景规划设想，对未来小城镇用水量规模作出预测，以便对小城镇发展规划、产业结构、水资源利用与开发、基础设施建设等各方面提出要求。

本部分主要介绍小城镇总体规划中小城镇用水量预测和计算的常用方法，这些方法对于小城镇的详细规划也有参考作用。

（一）小城镇总体规划用水量预测方法

1. 人均综合指标法

规划时，合理确定该城镇的人均用水量标准是关键。确定了用水量指标后，再根据规划确定的人口规模，就可以计算出该城镇的用水总量。计算公式如下式

$$Q = Nqk \tag{3-1}$$

式中：Q 为小城镇用水量；N 为规划期末人口数；q 为规划期限内的人均综合用水量标

准；k 为规划期限内使用统一供水用户普及率。

2. 单位用地指标法

单位建设用地面积用水量指标可以采用综合指标，也可以采用不同性质的分项指标，见表 3 – 12。在小城镇总体规划阶段，常采用单位建设用地综合用水量指标，比较简便。

表 3 – 12　　　　　地级市、直辖市及小城镇单位建设用地综合用水量指标

单位：万 m³/（km² · d）

区域	特大城市	大城市	中等城市	小城镇
一区	1.0～1.6	0.8～1.4	0.6～1.0	0.4～0.8
二区	0.8～1.2	0.6～1.0	0.4～0.7	0.3～0.6
三区	1.6～1.0	0.5～0.8	0.3～0.6	0.25～0.5

确定小城镇单位建设用地的用水量指标后，根据小城镇用地规模，推算出小城镇的用水总量。计算公式如下式

$$Q = q_0 F \tag{3-2}$$

$$Q = \sum q_i f_i \tag{3-3}$$

式中：q_0 为单位建设用地面积综合用水量指标；F 为小城镇规划建设用地面积；q_i 为不同性质用地的用水量指标；f_i 为不同性质用地面积。

3. 年递增率法

根据历来供水能力的年递增率，并考虑经济发展的速度，选定供水的递增函数，再由现状供水量，推求出规划期的供水量。其中常用复利公式来计算，假定每年的供水量都以一个相同的速度递增。

$$Q = Q_0 (1 + \gamma)^n \tag{3-4}$$

式中：Q 为预测年规划的小城镇用水总量；Q_0 为起始年份实际的小城镇用水总量；γ 为小城镇用水总量的平均增长率；n 为预测年限。

这种方法的关键是合理地确定递增速率。各城镇在对历年数据进行分析的基础上，考察增长的原因，以及未来增长的可能性，选用合理的递增速率。据有关资料，近阶段我国城镇用水增长速率，以年均 4%～6% 较为适当。

4. 分类求和法

小城镇用水可分别对各类城镇用水进行预测，获得各类用水量，再进行加和。分成居民生活用水、公共建筑用水、工业企业用水、市政用水、消防用水、未预见用水及管网漏失用水，计算公式如下式

$$Q = \sum Q_i \tag{3-5}$$

式中：Q_i 为小城镇各类用水量预测值。

5. 规划估算法

在具有较为完善的小城镇总体规划和相应的生活用水量、生产用水量和市政用水量的基础资料前提下，可以用规划估算法进行总体规划用水量的预测。该方法层次清楚，简单易行，为规划界目前常用的方法。该方法步骤如下。

（1）生活用水量估算：按小城镇规划期末人口规模及拟定的近远期用水量指标相乘进行计算。近远期用水量指标要结合国家现行规范，并体现小城镇的气候特点、经济发展水平和卫生习惯。

（2）工业生产用水量估算：根据小城镇的小城镇性质、经济结构、产业特点和发展态势，结合现状和规划资料，综合考虑用水量标准。估算时可用单位产品耗水量指标、单位设备每工作日耗水量或万元产值耗水量指标估算，也可运用年递增率法计算。

（3）市政用水量估算：按（1）、（2）两步骤总和的百分数估算，百分数的大小应根据实际情况确定，一般取 5％～10％。

（4）公共建筑用水量：按（1）、（2）两步骤总和的百分数估算，百分数的大小应根据实际情况确定，一般取 10％～15％。

（5）未预见水量：按（1）～（4）步骤总和的百分数估算，一般可取 10％～20％。

（6）自来水厂自用水量：按（1）～（5）步骤总和的百分数估算，一般取 5％～10％。

（7）小城镇总用水量则为（1）～（5）步骤的总和。

（二）用水量变化

用水定额是需水的平均数值，而无论生活用水还是生产用水，用水量都在经常发生变化。而小城镇供水规模应根据小城镇给水工程统一供给的小城镇最高日用水量确定。

在规划设计年限内，用水最高的一日的水量称为最高日用水量，最高日用水量是确定给水系统中各项构筑物规模的重要参数。在一年中，最高日用水量与平均日用水量的比值，称为日变化系数 K_d，其数值约为 1.1～2.0，主要取决于给水区的位置、气候、生活习惯及其给水设施的情况。

一天之内每个小时的水量也是不同的，在最高日用水量内，最高一个小时的用水量称为最高日最高时用水量，最高日最高时用水量和平均时用水量的比值称为时变化系数 K_h，其数值约为 1.3～2.5，主要取决于给水城镇的规模，一般城镇规模越大，时变化系数越小。

用水量的计算除依据用水量标准外，还要了解小城镇用水量的变化规律，以便准确地确定各种情况下的用水量。

第三节　水源选择和水源保护

一、水资源概述

（一）水资源的概念

水是人类及一切生物赖以生存的必不可少的重要物质，是工农业生产、经济发展和环境改善不可替代的极为宝贵的自然资源。水资源一词虽然出现较早，随着时代进步其内涵也在不断丰富和发展。人们从不同角度的认识和体会，造成对水资源一词理解的不一致和认识的差异。

《大不列颠百科全书》将水资源解释为："全部自然界任何形态的水，包括气态水、液态水和固态水的总量"，体现了水资源的可利用性。

联合国教科文组织（UNESCO）和世界气象组织（WMO）共同制定的《水资源评价活动——国家评价手册》中，定义水资源为："可以利用的或有可能被利用的水源，具有足够数量和可用的质量，并能在某一地点为满足某种用途而可被利用。"这一概念的核心主要包括两个方面，其一是应有足够的数量，其二是强调了水资源的质量。

也有学者认为水资源概念具有广义和狭义之分。广义上的水资源是指能够直接或间接使用的各种水和水中物质，对人类活动具有使用价值和经济价值的水均可称为水资源。狭义上的水资源是指在一定经济技术条件下，人类可以直接利用的淡水。

目前，关于水资源普遍认可的概念可以理解为人类长期生存、生活和生产活动中所需要的具有数量要求和质量前提的水量，包括使用价值和经济价值。

（二）小城镇水资源状况

随着小城镇经济的不断发展，现代化水平不断提高，乡镇企业异军突起，城乡工农业不断发展。同时小城镇区域化是当今小城镇的发展趋势，城镇密集区发展迅速，城镇间的距离越来越小，使得小城镇的水资源问题主要表现在以下几个方面。

1. 人口和经济实业集中带来的客观问题

人口和经济实业的集中，一是造成废弃物的排放集中，加剧了小城镇内外地表和地下水体的污染。河流沿岸城镇间的距离越来越小，流了几十、几百里的废污水根本来不及完成自净的过程，就到了下游小城镇供水的取水口。大部分城镇在使用被污染的水资源的同时又制造了新的废污水给更下游的城镇；二是集结导致了需求高度集中，加剧了季节性的水资源短缺。

2. 硬化工程集中带来的客观问题

房产和道路等硬化工程的集中导致了城镇在建时期的水土流失和水污染，同时城镇建成区可渗水面积减少，严重影响了地下土壤和地下水与外界的交流和自我净化调节，加上原来储水滞洪作用的河流、湖泊、渠道、库塘等载体被填平后，原有过水面积的减少又反过来加剧了洪涝灾害。

3. 缺失负责任的社会主体

目前，我国并没有克服水环境污染这一世界性的通病，也没有建立起对自然生态环境负责任的社会主体。

4. 政策法规不健全

现有的环保政策法规受行政区域的限制和行政小城镇现状市政基础设施落后、起点较低、工业企业三废污染较严重、基础资料缺乏，给给排水工程规划带来了较大的困难。

5. 水务工程的设计、施工方式有缺陷

主要表现在下水道、污水处理厂等工程建设方式不当；新材料在防洪墙、码头、地下管道等永久性工程中的不当运用。

6. 小城镇的缺水问题

随着经济的发展，小城镇缺水问题日益严重。作为连接小城镇和乡村的纽带的小城镇，其水资源状况对社会的发展起着不可忽视的作用，因此对小城镇水资源开发利用的现状及存在的问题的研究已经刻不容缓。

二、水源的分类

(一) 水源种类和特点

给水水源主要分为地下水源和地表水源两大类，在特殊地区还有其他特殊形式的水源。其中地下水源包括潜水（无压地下水）、自流水（承压地下水）、泉水等，地表水源包括江河水、湖水、水库水和海水等。不同类型的水源有不同的特点，未受污染的自然环境下各种水源水质特点如下。

1. 地下水水质特点

大部分地区的地下水由于受形成、埋藏和补给的影响，经过了地层渗滤，具有水质澄清、水质稳定、分布面广的特点。但地下水径流较小，有的矿化度和硬度较高，部分地区可能出现矿化度很高或其他物质如铁、锰、氯化物、硫酸盐、各种重金属或硫化氢的含量较高的情况。尤其是承压水，由于上部隔水层的阻隔，承压水与大气圈及地表水的联系不如潜水密切，其水位、水量、水质等受水文、气象因素变化影响不显著，动态相对稳定。承压水不易受污染，一旦被污染后，则很难处理。

一般情况下，采用地下水具有下列优点。

（1）取水条件及取水构筑物构造简单，便于施工和运行管理。

（2）通常地下水无需澄清处理。当水质不符合要求时，水处理工艺比地表水简单，故处理构筑物投资和运行费用也比较少。

（3）便于靠近用户建立水源，从而降低给水系统（特别是输水管和管网）的投资，节省了输水运行费用，同时也提高给水系统的安全可靠性。

（4）便于分期修建。

（5）便于建立卫生防护区。

但是开发地下水的勘查工作量较大。对于规模较大的地下水取水工程需要较长的时间进行水文地质勘探。

2. 地表水水质特点

大部分地区的地表水源流量较大，水量充沛，由于受地面各种因素的影响，通常表现出与地下水相反的特点。具体特点如下。

（1）江河水。江河水易受自然条件的影响，水中悬浮物和胶态杂质含量较多，浊度高于地下水。我国各地区江河水的浊度相差很大，同一条河流由于季节和地理条件的影响，相差也较大。江河水的含盐量和硬度较低。江河水易受工业废水、生活污水和其他各种人为污染，因而水的色、臭、味变化较大，有毒或有害物质易进入水体。其水温不稳定，夏季常不能满足工业冷却用水要求。

（2）湖泊及水库。湖泊及水库水，主要由河水供给，水质与河水类似。但由于湖或水库水流动性小，贮存时间长，经过长期自然沉淀，浊度低。湖水有利于浮游生物的生长，所以湖水含藻类较多，使水产生色、臭、味。湖水也易受到小城镇污水污染。由于湖水不断得到补给有不断蒸发浓缩，故含盐量往往比河水高。

（3）海水。海水含盐量高，所含各种盐类或离子的重量比例基本上一定。海水须经淡化处理才可作为居民生活用水。海水如果不经处理，只可作为工业冷却水或生活杂用。

　　地表水水量充沛，可满足大量用水的需求，因此，工业企业常利用地表水作为给水水源，尤其是我国华东、中南、西南地区，河网发达，以地表水作为给水水源的小城镇、村镇、工业企业更为普遍。随着乡镇企业和农村经济的发展，用水需求量逐年增加，同时由于每年排放的大量生活污水和工业废水，造成许多小城镇水源污染；而农田灌溉以往着重于地表水灌溉系统的建设和管理，地处河道下游和远离河道的地方不得不千方百计开发利用地下水，造成河水灌区土地次生盐碱化和渍涝灾害长期得不到解决，而下游地区因地下水超采，水源难以为继。

　　3. 其他水源

　　在水资源贫乏的地区，为了更好的利用水资源，还存在一些非常规水源，主要有微咸水、再生水和暴雨洪水。

　　(1) 微咸水。主要埋藏在较深层的含水层中，多分布在沿海地区。微咸水的含氟量只有海水的1/10。其水量充沛，比较稳定；水质因地而异，有一定变化。微咸水可作为农用灌溉、渔业、工业用水等。

　　(2) 再生水。再生水是指经过处理后回用的工业废水和生活污水。城镇污水具有水量大、就近可取、水量受季节影响小、基建投资和处理成本比远距离输水低等优点。小城镇污水经过处理后，可以用在许多方面，如农业灌溉、工业生产、城镇生活杂用、地下水回灌、景观用水等。再生水的利用应充分考虑对人体健康和环境质量的影响，按照一定的水质标准处理和使用。

　　(3) 暴雨洪水。暴雨洪水通常在干旱地区出现，时间集中，不能为农田和小城镇充分利用，且短时间大量积水，危害小城镇安全。暴雨洪水一般被小城镇管道收集后，经河道排入大海，成为弃水。但在严重缺水地区修建一定的水利工程，形成雨水贮留系统，一方面可以减少水淹之害，另一方面可作为小城镇水源。

　　(二) 水源选择的原则

　　水源选择的任务是保证提供良好而足够的各种用水。小城镇水源的选择对小城镇的规划和建设有决定性的影响，也直接影响小城镇给水系统的布置，应进行认真深入的调查、踏勘，结合有关自然条件、水资源勘测、水质监测、水污染控制规划、小城镇近远期发展规划等进行分析研究。在选择水源时，应符合以下原则：

　　(1) 水质良好。水质是水源选择时需要考虑的重要因素之一，小城镇供水系统应按生活饮用水的要求选择水源。水源水质应符合《地面水环境质量标准》(GB 3838—2002) 中一类水质标准以及《生活饮用水水源水质标准》(CJ 3020—93) 的要求；采用地下水源时，水源水质应符合《地下水质量标准》(GB/T 14848—93) 中一类水质的要求；采用海水时，水源水质应符合《海水水质标准》(GB 3097—1997) 中第一类海水水质的要求。若条件所限，需要利用超标准的水源时，应采用相应的净化工艺进行处理，处理后的水质应符合现行的《生活饮用水水质标准》(CJ 3020—93) 的要求，并取得当地卫生部门及主管部门的批准。

　　(2) 水量充足。水源的水量关系到供水系统的运行可靠性，是水源选择的另一个重要因素。小城镇选择地下水作为给水源时，不得超量开采，选择地表水作为给水水源时，其枯水流量的保证率不得低于90%。采用地表水源时，须先考虑天然河道和湖泊中取水的可能性，其次是可采用挡河筑坝蓄水库水，而后考虑需调节径流的河流。当水源的枯水流量不能满足上述要求时，应采取多水源调节或调蓄等措施。地下水径流量有限，一般不适用于水量很大的情况。

（3）便于防护。选用地表水源位置时，水源地应位于水体功能区划规定的取水地段或水质符合相应标准的河段，饮水水源地应设选在小城镇和工业区的上游。在选用地下水源时，水源地应设在不易受污染的富水地段。

（4）整体布局合理，多点供水。为了保证整个供水系统供水均衡，应分析用户的分布、地形地貌等因素，尽可能采用多水源多点供水。地形较好的小城镇，可选择一个或几个水源，集中供水，便于统一管理，并尽量采用重力输配水系统。如果地形复杂，布局分散，宜采取分区供水、或分区供水与集中供水相结合的形式。

采用多水源供水保证了整个系统的运行可靠性；均匀分布的多点供水可使管网压力分布均匀，泵站扬程及管网水压降低，从而降低能耗，减少爆管和管网漏水，使管网运行稳定。

（5）技术上可行，经济上合理。水源选择时，要全面考虑取水、输水、净水构筑物的建设、运行管理。给水取水构筑物应设在河岸及河床稳定的地段，并避开易于发生滑坡、泥石流、塌陷等不良地质区及洪水淹没和低洼内涝地区。一般应对多个水源方案进行技术经济分析比较，选择技术上可行，经济上合理，运行管理方便，供水安全可靠的水源。

（6）合理配置水资源。首先要了解当地各水域功能的划分，不同的水域担负着不同的功能，如航运、灌溉、水产养殖、排污等。对不同功能的水域，有关部门的整治目标不同。对具有多种功能的水体，要充分考虑到各部门间争水、水质污染等因素的影响，配合经济计划部门制定水资源开发利用规划，全面考虑统筹安排，正确处理与给水工程有关部门，如农业、水力发电、水产等方面的关系。特别是在对于水资源比较贫乏的地区，合理利用水资源，对于所在地区的全面发展具有决定性的意义。

（三）水源规划的思路

（1）优先利用地表水，多水源联合供水。小城镇有多个水源时，也可根据不同情况设立几个水源，应尽量去用具有良好水质的水源。首先考虑地下水，然后是泉水、河水或湖水。采取地下水水源还可以实行分区供水、分期实施。但地下水过量抽用，易导致地面沉陷，必须进行技术经济综合评定。

在一个地区，两个或两种以上水源的开采和利用有时是相辅相成的。水源最合理的开采和利用方式是地面水源和地下水源的协同发展。这对于用水量大、工业用水量占较大比例或水资源贫乏地区尤需重视，比如工业用水采取地表水源，饮用水采用地下水源。地下水源和地表水源相结合、集中和分散相结合的多水源供水及分质供水不仅能够发挥各类水源的优点，而且对于降低给水系统投资、提高给水系统工作可靠性有重大作用。

（2）合理开采地下水。由于地表水没有得到充分的利用，所以水资源主要依靠开采地下水，而地下水开采利用不合理，造成了地下水严重超采，地下水位持续下降，严重者可引起地面沉陷。为保持开采量与补给量平衡，可进行人工回灌，即以地表水补充地下水，以丰水年补充缺水年，以用水少的冬季补充用水多的夏季等。在小城镇建设规划范围内，也可确定一个合理的地下水开采警戒水位，由水务行政管理部门严加管理，如果低于此水位必须另开新水源。

（3）实现小城镇集中供水。在加快小城镇建设的同时，应首先实现社会化集中供水。现状中很多小城镇还是分散打井供水，结果却是井越打越多，越打越深，水量却越来越小，造成地下水枯竭。因此，在水资源配置上，必须改革旧的城镇水资源管理体制，切实按照国务院赋予水行政主管部门规定城镇供水的要求去做，实行城镇水资源统一管理，切实解决缺水、浪费、污染三者并存的问题，实现水资源开发、保护、利用、经营、管理一体化。

（4）坚持把节约用水放在首位，努力建设节水型城镇。在加快小城镇建设中，一定要大力调整产业结构，发展节水型工业和服务业，特别是出于地下水漏斗区的城镇不得新建耗水量大的项目；二是要积极推广节水技术，强化国家节水技术政策和技术标准的执行力度；三是要切实加强用水管理，有限保证城镇居民生活用水，对非生活用水继续实行计划和定额管理，超计划、超定额加价收费，并逐步扩大这项制度的实施范围，严格执行取水许可证制度。

总之，在加快小城镇建设中对水资源的优化配置要做到开源节流、保护和管理并举；小城镇建设和工农业生产布局要充分考虑水资源的承载能力，从而实现水资源供需平衡。

三、取水工程设施

取水工程是给水工程系统的重要组成部分。取水构筑物的作用是从选定的水源（包括地表水和地下水）取到所需的水量。在小城镇规划中，要根据水源条件确定取水构筑物的位置、取水量，并考虑取水构筑物可能采用的形式等。

（一）地表水取水构筑物

地表水源一般水量较充沛，分布较为广泛。因此，很多城镇生活用水及企业常常利用地表水作为给水水源。地表水取水构筑物位置的选择对取水的水质、水量、取水的安全可靠性、投资、施工、运行管理及河流的综合利用都有影响。所以，在选择地表水取水构筑物位置时，应考虑以下基本要求。

1. 设在水质较好地点

为避免污染，取水构筑物宜位于城镇和工业企业上游的清洁河段，在污水排放口的上游 100～150m 以上；取水构筑物应避开河流中的回流区和死水区，以减少进水中的泥沙和漂浮物；在沿海地区应考虑到咸潮的影响，尽量避免吸入咸水；污水灌溉农田，农作物施加杀虫剂等都可能污染水源，也应予以注意。

2. 具有稳定河床和河岸，靠近主流，有足够的水深

在弯曲河段上，取水构筑物位置宜设在河流的凹岸；如果在凸岸的起点，主流尚未偏离时，或在凸岸的起点或终点；主流虽已偏离，但离岸不远有不淤积的深槽时，仍可设置取水构筑物。在顺直河段上，取水构筑物位置宜设在河床稳定、深槽主流近岸处，通常也就是河流较窄，流速较大，水较深的地点，在取水构筑物处的水深一般要求不小于 2.5～3.0m。

3. 具有良好的地质、地形及施工条件

取水构筑物应设在地质构造稳定，承载力高的地基上；取水构筑物不宜设在有宽广河

漫滩的地方,以免进水管过长;选择取水构筑物位置时,要尽量考虑到施工条件,除要求交通运输方便,有足够的施工场地外,还要尽量减少土石方量和水下工程量,以节省投资,缩短工期。

4. 靠近主要用水地区

取水构筑物位置选择应与工业布局和小城镇规划相适应,全面考虑整个给水系统的合理布置。在保证取水安全的前提下,取水构筑物应尽可能靠近主要用水地区,以缩短输水管线的长度,减少输水管的投资和输水电费。此外,输水管的敷设应尽量减少穿过天然或人工障碍物。

5. 注意人工构筑物或天然障碍物

取水构筑物应避开桥前水流滞缓段和桥后冲刷、落淤段;取水构筑物与丁坝同岸时,应设在丁坝上游,与坝前浅滩起点相距一定距离处,也可设在丁坝的对岸;拦河坝上游流速减缓,泥沙易于淤积,闸坝泄洪或排沙时,下游产生冲刷泥沙增多,取水构筑物宜设在其影响范围以外的地段。

6. 避免冰凌的影响

在北方地区的河流上设置取水构筑物时,应避免冰凌的影响,取水构筑物应设在水内冰较少和不受流冰冲击的地点,而不宜设在易于产生水内冰的急流、冰穴、冰洞及支流出口的下游,尽量避免将取水构筑物设在流冰易于堆积的浅滩、沙洲、回流区和桥孔的上游附近;在水内冰较多的河段,取水构筑物不宜设在冰水混杂地段,而宜设在冰水分层地段,以便从冰层下取水。

7. 应与河流的综合利用相适应

选择取水构筑物位置时,应结合河流的综合利用,如航运、灌溉、排洪、水力发电等,全面考虑,统筹安排。在通航河流上设置取水构筑物时,应不影响航船通行,必要时应按照航道部门的要求设置航标;应注意了解河流上下游近远期内拟建的各种水工构筑物和整治规划对取水构筑物可能产生的影响。

8. 取水构筑物的设计最高水位应按 100 年一遇频率确定

城镇供水水源的设计最小(枯水)流量的保证率,一般采用 90%～97%。设计枯水位的保证率,一般采用 90%～99%。

地表水取水构筑物有多种形式,按水源可分为:河流、湖泊、水库、海水取水构筑物。取水构筑物可分为固定式和活动式。其中,固定式可用于不同取水量,全国各地都有使用,其又可分为岸边式、河床式、斗槽式,其中前两者应用较普遍,后者使用较少;活动式,适用于中、小取水量,用在建造固定式有困难时,多在长江中、上游和南方地区;流量和水位变幅较大,取水深度不够的山区河流采用低坝式和底栏栅式。选择取水构筑物时,在保证取水安全可靠的前提下,应根据取水量和水质要求,结合河床地形、水流情况、施工条件等,通过一定的技术经济比较确定。

(二)地下水取水构筑物

地下水取水构筑物的位置选择与水文地质条件、用水需求、规划期限、小城镇布局都有关系。在选择时应考虑以下情况:

(1)取水点要求水量充沛、水质良好,应设于补给条件好、渗透性强、卫生环境良好的地段。

（2）取水点有良好的水文、工程地质、卫生防护条件，以便于开发、施工和管理。

（3）取水点的布置与给水系统的总体布局相统一，力求降低取、输水电耗和取水井及输水管的造价。

（4）取水点应设在城镇和工矿企业的地下径流上游，取水井尽可能垂直于地下水流向布置。

（5）尽可能靠近主要的用水地区。由于地下水类型、埋藏深度、含水层性质不同，开采和取集地下水的方法和取水构筑物型式也不相同。主要有管井、大口井、辐射井、渗渠及复合井、引泉构筑物等，其中管井和大口井最为常见。地下水取水构筑物的型式及适用范围见表 3-13。

表 3-13　　　　　　　　　　地下水取水构筑物的型式及适用范围

型式	尺寸	深度	使用范围				出水量
			地下水类型	地下水埋深	含水层厚度	水文地质特征	
管井	井径 50～1000mm 常用 150～600mm	井深20～1000mm 常用300mm	潜水、承压水，裂隙水，溶洞水	200mm 以内，常用 70m 以内	大于 5m 或有多层含水层	适用于任何砂、卵石、砾石地层及构造裂隙岩溶裂隙地段	单井出水量 500～6000m³/d，最大可达 2 万～3 万m³/d
大口井	井径 2～10m 常用 4～8m	井深在 20m 以内常用 6～15m	潜水，承压水	一般在 10m 以内	一般为 5～20m	砂、卵石、砾石地层，渗透系数最好在 20m/d 以上	单井出水量 500～6000m³/d，最大可达 2 万～3 万m³/d
辐射井	集水井直径 4～6m，敷设管直径 50～300mm，常用 75～150mm	集水井井深，常用 3～12m	潜水，承压水	埋深 12m 以内，辐射管距降水层应大于 1m	一般大于 5m	补给良好的中粗砂、砾石层，但不可含有漂石	单井出水量 5000～10000m³/d，最大可达 310000 万 m³/d
渗渠	直径为 450～1500mm，常用为 600～1000mm	埋深 10m 以内，常用 4～6m	潜水，河床渗透水	一般埋深 8m 以内	一般为 4～6m	补给良好的中粗砂砾石，卵石层	单井出水量 5000～10000m³/d，最大可达 310000 万 m³/d

四、水源保护

小城镇的供水水源一旦受到污染和破坏，对城镇生活和经济的影响巨大，且很难再短期内恢复。所以在开发利用水源时，应做到利用与保护结合，小城镇规划中必须明确保护措施。

为了更好的保护水环境，应根据不同水质的使用功能，划分水体功能区，从而实施不同的水污染控制标准和保护目标。根据《地面水环境质量标准》（GB 3838—2002），将地表水水域功能分为五类。

Ⅰ类，主要适用于源头水、国家自然保护区；

Ⅱ类，主要适用于集中式生活饮用水地表水源地一级保护区、珍稀水生生物栖息地、鱼虾类产卵场等；

Ⅲ类，主要适用于集中式生活饮用水地表水源地二级保护区、鱼虾类越冬场、洄游通道、水产养殖区等渔业水域及游泳区；

Ⅳ类，主要适用于一般工业用水区及人体非直接接触的娱乐用水区；

Ⅴ类，主要适用于农业用水区及一般景观要求水域。

针对不同功能分类的水域，执行不同的污水综合排放标准的分级。

我国有关法规对给水水源的卫生防护提出了具体要求，在小城镇的市政工程规划中应予执行。

1. 地表水源的卫生防护

在饮用水地表水源取水口附近，划定一定的水域和陆域作为饮用水水源一级保护区。其水质标准不低于《地面水环境质量标准》（GB 3838—2002）的二类标准。在一级保护区外划定的水域和陆域为二级保护区，其水质不低于二类标准。根据需要在二级保护区外划定的水域和陆域为准保护区。各级保护区的卫生防护规定如下：

（1）取水点周围半径 100m 的水域内，严禁捕捞、停靠船只、游泳和从事可能污染水源的任何活动，并由供水单位设置明显的范围标志和严禁事项的告示牌。

（2）取水点上游 1000m 至下游 100m 的水域，不得排入工业废水和生活污水，其沿岸防护范围内不得堆放废渣，不得设立有害化学物品仓库、堆栈或装卸垃圾、粪便和有毒物品的码头，不得使用工业废水或生活污水灌溉及施用持久性或剧毒的农药，不得从事放牧等有可能污染该段水域水质的活动。

供生活饮用的水库和湖泊，应根据不同情况的需要，将取水点周围部分水域或整个水域及其沿岸划为卫生防护地带，并按上述要求执行。

受潮汐影响的河流取水点上下游及其沿岸防护范围，由供水单位会同卫生防疫站、环境卫生监测站根据具体情况研究确定。

（3）以河流为给水水源的集中式给水，由供水单位会同卫生、环境保护等部门，根据实际需要，可把取水点上游 1000m 以外的一定范围河段划为水源保护区，严格控制上游污染物排放量。

排放污水时应符合《工业企业设计卫生标准》（GBZ 1—2010）和《地面水环境质量标准》（GB 3838—2002）的有关要求，以保证取水点的水质符合饮用水水源水质要求。

（4）水厂生产区的范围应明确划定并设立明显标志，在生产区外围不小于 10m 范围内不得设置生活居住区和修建禽畜饲养场、渗水厕所、渗水坑，不得堆放垃圾、粪便、废渣或铺设污水渠道，应保持良好的卫生状况和绿化。

单独设立的泵站、沉淀池和清水池的外围不小于 10m 的区域内，其卫生要求与水厂生产区相同。

2. 地下水源的卫生防护

地下水源的卫生防护范围与取水构筑物的形式及其影响半径或影响区域有密切关系。

根据《饮用水保护区污染防治管理规定》，饮用水地下水源水源保护区分为三级。一级保护区位于开采井的周围 30m 范围内，作用是保证给水有一定滞后时间，以防止病原菌以外的其他污染。准保护区位于二级保护区外的主要补给区，以保护水源地的补给水量和水质。各级保护区的卫生防护规定如下：

（1）取水构筑物的防护范围，应根据水文地质条件、取水构筑物的形式和附近地区的卫生状况进行确定，其防护措施与地面水的水厂生产区要求相同。

（2）在单井或井群的影响半径范围内，不得使用工业废水或生活污水灌溉和施用持久性货剧毒的农药，不得修建渗水厕所、渗水坑、堆放废渣或铺设污水渠道，并不得从事破坏深层土层的活动。如取水层在水井影响半径内不露出地面或取水层与地面水没有互相补充关系时，可根据具体情况设置较小的防护范围。

（3）在水厂生产区的范围内，应按地面水水厂生产区的要求执行。

（4）集中式给水水源卫生防护地带的范围和具体规定，由供水单位提出，并与卫生、环境保护、公安等部门商议后，报当地人民政府批准公布，书面通知有关单位遵守执行，并在防护地带设置固定的告示牌。

（5）分散式给水水源的卫生防护地带，以地面水为水源时参照地面水和地下水规定；以地下水为水源时，水井周围 30m 的范围内，不得设置渗水厕所、渗水坑、粪坑、垃圾堆和废渣堆等污染源，并建立卫生检查制度。

第四节 净水工程规划

净水工程主要指自来水厂及有关设施。净水工程的任务是当原水水质不符合用户要求时，对其进行水质处理，水处理方法应根据水源水质和用水对象对水质的要求确定。因此，小城镇给水工程规划中，应根据当地的水源水质采用相应的净水工程设施。

一、小城镇自来水厂厂址选择与用地要求

自来水厂厂址的选择应根据小城镇总体规划的要求，综合考虑其他因素，并通过技术经济比较后确定。一般应遵循以下原则：

（1）厂址应选在工程地质条件良好，不受洪水威胁，地下水位低，地基承载能力较大，湿陷性等级不高的地方。

（2）水厂尽量设置在交通方便，靠近电源的地段，以利于施工管理和降低输电线路的造价。

（3）水厂应该位于河道主流的小城镇上游，取水口尤其应设于居住区和工业区排水出口的上游。

（4）有条件的地方，应尽量采用重力输水。

（5）当水厂远离小城镇时，一般设置水源厂和净水厂分开。当源水浑浊度经常大于1000NTU时，水源厂可设置预沉池或建造停留水库，尽量向净水厂输送含泥沙量低的水体。

（6）厂址选址要考虑近远期发展的需要，为新增附加工艺和未来规模扩大发展留有余地。

（7）水厂周围应具有较好的环境卫生条件和安全防护条件。

（8）当取水点距离用水区较近时，水厂一般设置在取水构筑物附近，通常与取水构筑物建在一起。这样便于集中管理，工程造价也较低。当取水地点距离用水区较远时，厂址有两种选择：一是将水厂设在取水构筑物近旁；二是将水厂设在离用水区较近的地方。第一种选择的优点为：水厂和取水构筑物可集中管理，节省水厂自用水的输水费用并便于沉淀池排泥和滤池冲洗水排除，特别浊度较高的。但从水厂至主要用水区的输水管道口径要增大，管道承压较高，从而增加了输水管道的造价、给水系统的设施和管理工作。后一种方案的优缺点与前者正好相反。对高浊度水源，也可将预沉构筑物与取水构筑物建在一起，水厂其余部分设置在主要用水区附近。以上不同方案应综合考虑各种因素并结合其他具体情况，通过技术经济比较确定。

二、小城镇自来水厂系统布置

小城镇自来水厂系统布置主要根据用水对象对水质的要求及其相应采用的水处理工艺流程决定，同时也应结合地形条件进行。

（一）水质标准

水质标准是指用户所要求的各项水质参数应达到的指标。水质标准随着"饮用水与健康"科学研究的深入，工艺过程的发展所引起的水质新要求，以及水质检验技术的进步而不断修改。

1. 生活饮用水水质标准

《生活饮用水卫生标准》（GB 5749—2006）对生活饮用水的各项标准进行了详细规定，本书略。

2. 工业用水水质标准

工业用水种类繁多，水质要求各不相同，即使同一个企业，不同生产过程对水质要求也不相同。水质要求高的工艺用水，不仅要求取出水中悬浮杂质和胶体杂质，而且还需要不同程度的去除水中的溶解杂质。

食品、酿造及饮料工业的原料用水，水质要求应当高于生活饮用水的要求。纺织、造纸工业用水，要求水质清澈，且对易于在产品上产生斑点从而影响印染质量或漂白度的杂质含量加以严格限制。如铁和锰会使织物或纸张产生锈斑。水的硬度过高也会使织物或纸张产生锈斑。在电子工业中，零件的清洗及药液的配制等，都需要纯水。特别是半导体器件及大规模集成电路的生产，几乎每道工序均需"高纯水"进行清洗。高灵敏度的晶体管和微型电路所需的高纯水，总固体残渣应小于1mg/L。对锅炉补给水水质的基本要求是：凡能导致锅炉、给水系统及其他热力设备腐蚀、结垢及引起汽水共腾现象的各种杂质，都应大都或全部去除。锅炉压力和构造不同，水质要求也不同。

此外，许多工业部门在生产过程中都需要大量冷却水，用以冷凝整齐以及工艺流体或设备降温。冷却水首先要求水温低，同时对水质也有要求。如水中存在悬浮物、藻类及微生物等，会使管道和设备堵塞；在循环冷却系统中，还应控制在管道和设备中由于水质所引起的结垢、腐蚀和微生物繁殖。

总之，工业用水的水质优劣，与工业生产的发展和产品质量的提高关系很大。各种工业用水对水质的要求由有关工业部门制订。

(二) 水处理工艺方法

由于从天然水源获取原水水质各异，必须根据小城镇用水对水质的要求来选择净水工艺流程。给水处理的目的是通过必要的处理方法去除水中杂质，使之符合生活饮用或工业适用所要求的水质。水处理方法应根据原水水质和用水对象对水质的要求确定，有以下方法：

(1) 澄清过滤和消毒。这是以地表水水源的生活饮用水的常用处理工艺。但工业用水也常需澄清工艺。澄清工艺通常包括混凝、沉淀和过滤。处理对象主要是水中悬浮物和胶体杂质。原水加药后，经混凝使水中悬浮物和胶体形成大颗粒絮凝体，而后通过沉淀池进行重力分离。澄清池是絮凝和沉淀综合于一体的构筑物。过滤池是利用粒状滤料节流水中杂质的构筑物，常置于混凝和沉淀构筑物之后，用以进一步降低水的浑浊度。对于完整而有效的混凝、沉淀和过滤，不仅能有效的降低水的浊度，对去除水中某些有机物、细菌及病毒等也相当有效。根据原水水质的不同，在上述澄清工艺系统中还可适当增加或减少某些处理构筑物。例如，处理高浊度原水时，往往需要设置泥沙预沉池或沉沙池；原水浊度很低时，可以省去沉淀构筑物而进行原水加药后的直接过滤。但在生活饮用水处理中，过滤是必不可少的。大多数工业用水也往往采用澄清工艺作为预处理过程。如果工业用水对澄清要求不高，可以省去过滤而仅需混凝、沉淀即可。某些未被去除的致病微生物，必须用消毒方法将其杀死。消毒通常在过滤以后进行。主要消毒方法是在水中投加消毒剂以杀灭致病微生物。常用的消毒剂是氯和漂白粉，也有的采用二氧化氯及次氯酸钠等。臭氧消毒也是一种重要的消毒方法。"混凝—沉淀—过滤—消毒"可称之为生活饮用水的常规处理工艺。我国以地表水为水源的水厂主要采用这种工艺流程。

(2) 除臭、除味。这是饮用水净化中所需的特殊处理方法。当原水中臭和味严重而采用澄清和消毒工艺系统不能达到水质要求时方才采用。除臭除味的方法取决于水中臭和味的来源。例如，对于水中有机物质所产生的臭和味，可用活性炭吸附或氧化剂氧化法去除；因藻类繁殖而产生的臭和味，可采用微滤机或气浮法去除藻类，也可在水中投加硫酸铜除藻；因溶解盐类所产生的臭和味，可采用适当的除盐措施等。地下水由于微污染而引起的臭和味，可采用活性炭吸附或向水中投加氧化剂，如高锰酸钾等。

(3) 除铁、除锰和除氟。当溶解于地下水中的铁、锰的含量超过生活饮用水卫生标准时，需采用除铁、除锰措施。最广泛的除铁、锰方法是：氧化法和接触氧化法。前者通常设置曝气装置、氧化反应池和砂滤池；后者通常设置曝气装置和接触氧化滤池。还可以采用药剂氧化、生物氧化法及离子交换法等。通过上述处理方法（离子交换法除外），使溶解性二价铁和锰分别转变成三价铁和四价锰并产生沉淀物而去除。

当水中含氟量超 1.0mg/L 时，需采用除氟措施。除氟方法基本上分成三类：一是投入硫酸铝、氯化铝或碱式氯化铝等使氟化物产生沉淀；二是利用活性氧化铝或磷酸三钙等进行吸附交换；三是采用电化学法（如电渗析和电凝聚）。目前使用活性氧化铝除氟的较多。

（4）软化。处理对象主要是水中钙、镁离子。软化方法主要有：离子交换法和药剂软化法。前者在于使水中钙、镁离子与阳离子交换剂上的离子互相交换以达到去除目的；后者系在水中投入药剂，石灰、苏打等以使钙、镁离子转变为沉淀物而从水中分离。

（5）预处理和深度处理。对于不受污染的天然地表水源而言，饮用水的处理对象主要是去除水中悬浮物、胶体和致病微生物，因此，常规处理工艺"混凝—沉淀—过滤—消毒"是十分有效的。但对已污染的水源而言，水中溶解性的有毒有害物质是无法用常规方法去除的。由于饮用水水质标准逐步提高，另一方面水源水质受到污染日益恶化，于是在常规处理基础上发展了预处理和深度处理。前者置于常规处理前，后者置于常规处理后，即"预处理＋常规处理"或"常规处理＋深度处理"。预处理和深度处理的主要对象均是水中有机污染物，且主要用于饮用水处理厂。预处理的基本方法有：预沉淀、曝气、粉末活性炭吸附法、臭氧或高锰酸钾氧化法；生物滤池、生物接触氧化池及生物转盘等生物氧化法等等。深度处理的基本方法有：活性炭吸附法、臭氧氧化或臭氧—活性炭联用法；合成树脂吸附法；光化学氧化法；超滤法及反渗透法等等。上面几种方法的基本原理主要为：吸附，即利用吸附剂的吸附能力去除水中有机物；氧化，即利用氧化剂及光化学氧化法的强氧化能力分解有机物；生物降解，即利用生物氧化法降解有机物；膜滤，即以膜滤法滤除大分子有机物。

以上是给水处理的基本方法，为了达到某一处理目的，往往几种方法联用。

（三）自来水厂工艺流程选择

给水处理的工艺流程选择，决定于原水水质、对处理后水（生活用水或工业用水）的水质要求、经济运行情况以及设计生产能力等因素。以地表水为水源时，生活饮用水处理通常采用混合、絮凝、沉淀或澄清、过滤和消毒的工艺流程，常规净水工艺流程如图3-8所示。

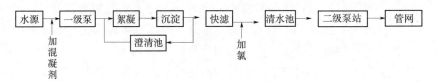

图3-8　地面水净化流程方框图

工业用水或以地下水为水源的生活用水，净水工艺流程通常比较简单。遇特殊原水水质，如微污染水、含藻类、含铁、锰、氟或海水为水源时，则需进行特殊处理。一般净水工艺流程选择见表3-14。

表3-14　　　　　　　　　　　　一般净水工艺流程选择

可供选择的净水工艺流程	适　用　条　件
原水——简单处理（如用筛隔滤、沉沙池）	水质要求不高，如某些工业冷却用水，只要求去除粗大杂质时，或地下水水质满足要求时采用
原水——混凝、沉淀或澄清	一般进水悬浮物含量应小于2000～3000mg/L，短时间内允许到5000～10000mg/L，出水浊度约为10～20度，一般用于水质要求不高的工业用水

续表

可供选择的净水工艺流程	适　用　条　件
原水——混凝沉淀或澄清——过滤——消毒	1. 一般地表水厂广泛采用的常规流程，进水悬浮物允许含量同上，出水浊度小于3度； 2. 山溪河流浊度经常较低，洪水时含泥砂量大，也可采用此流程，但在低浊度时可以不加凝聚剂或跨越沉淀直接过滤； 3. 含藻、低温低浊水处理时沉淀工艺可采用气浮池或浮沉池
原水——调蓄预沉、自然预沉或混凝预沉——混凝沉淀或澄清——过滤——消毒	1. 一般可用于浊度和色度低的湖泊水或水库水处理，比常规流程省去沉淀工艺； 2. 进水悬浮物含量一般应小于100mg/L，水质稳定变化较小且无藻类繁殖时； 3. 可根据需要预留建造沉淀池（澄清池）的位置，以适应今后原水水质的变化

（四）水厂布置

水厂包括平面布置和高程布置。

1. 水厂平面布置

水厂中除了生产用的构筑物之外，还有生产性和生活性的辅助建筑物。辅助构筑物一般包括化验室、仓库、办公室、车库、职工宿舍、食堂、浴室等。各构筑物和建筑物的个数和面积确定以后，根据工艺流程和构筑物及建筑物的功能要求，结合地形和地质条件，进行平面布置。

处理构筑物一般均分散露天布置。北方寒冷地区须有采暖设备的，可采用室内集中布置。水厂平面布置应考虑以下原则和要求：

（1）最大限度的满足生产、管理包括设备维修的要求，按照功能分区，将工作上联系较多的设备，尽量靠近布置以便于管理。

（2）力求处理工艺流程布置简短，顺畅，减少管线长度，降低流程水头损失，有利于今后扩建。

（3）分期建设的水处理厂应兼顾远近期的需要，处理构筑物、管道和道路布置应保证远期扩建施工时，不影响正常生产。

（4）有效利用厂区建筑面积（包括空间）和土地，处理构筑物布置应紧凑，但其间距应满足构筑物和管线的施工要求。

（5）滤池的操作室、二级泵房、加药间、化验室、检修间、办公室等建筑应尽量南北布置，尽量安排在夏季主导风向的上风向，并考虑采暖通风要求。

（6）并联运行的净水构筑物间应均匀配水。

（7）应考虑安排充分的绿化，新建水厂绿化面积，不宜小于水厂总面积的20%。

（8）厂区布置应充分考虑安全布局，严格遵守防火、卫生安全规范、标准的有关规定。

2. 水厂的高程布置

高程布置是通过计算确定各处理构筑物标高、连接管渠的尺寸与标高，确定是否提升，并绘制流程的纵断面图。

高程布置应综合考虑提升泵的扬程、进水管渠标高、厂区地区标高、地形、处理构筑物、水体各特征水位等因素来确定。一般应遵循如下原则：

（1）计算管道沿程损失、局部损失，各处理构筑物计量设备及联络管渠的水头损失，考虑最大时流量、雨天流量和事故时流量的增加，并留有一定的余地。

（2）考虑小城镇远期发展，水量增加的预留水头。

（3）避免处理构筑物之间跌水等浪费水头的现象，充分利用地形高差，实现自流。

（4）在认真计算并留有余量的前提下，力求缩小全程水头损失及提升泵站的全扬程，以降低运行费用。

当地形有自然坡度时，有利于高程布置；当地形平坦时，高程布置中既要避免清水池埋入地下过深，又应避免絮凝池或澄清池在地面上抬高而增加造价，尤其当地质条件差、地下水位高时。通常当采用普通快滤池，应考虑清水池地下埋深；当采用无阀滤池时，应考虑絮凝、沉淀或澄清池是否会抬高。

（五）水厂用地

小城镇水厂用地应按规划期末给水规模来确定，用地控制指标应按表 3 - 15 和表 3 - 16，并结合小城镇实际情况进行选定。水厂厂区周围应设置宽度不小于 10m 的绿化地带；新建水厂的绿化占地面积不宜少于总面积的 20%。

《城市给水工程规划规范》（GB 50582—98）给出了地面水净水厂用地指标，参见表 3 - 15。

表 3 - 15   地表水厂用地指标

水厂设计规模	1m³/d 水量用地指标/m²
水量 5 万～10 万 m³/d	0.7～0.5
水量 10 万～30 万 m³/d	0.5～0.3
水量 30 万 m³/d 以上	0.3～0.1

在小城镇中，用水量较小的水厂用地控制指标宜采取表 3 - 16 下列指标参考。

表 3 - 16   小规模水厂用地控制指标   单位：m² · m³/d

建设规模（万 m³/d）	地表水水厂		地下水水厂
	沉淀净化	过滤净化	除铁净化
0.5～1	1.0～1.3	1.3～1.9	0.4～0.7
1～2	0.5～1.0	0.8～1.4	0.3～0.4
2～5	0.4～0.8	0.6～1.1	
2～6			0.3～0.4
5～10	0.35～0.6	0.5～0.8	0.3～0.4

注 指标未包括厂区周围绿化地带用地。

当小城镇需水量小于 0.5 万 m³/d 时，可考虑用一体净化装置，其用地可小于表 3 - 17 中常规处理工艺所需的用地面积。

在城镇给水工程系统中，还有一种配水厂，它只包括加压泵房、清水池及消毒设备和附属建筑物，但不包括水质处理部分，主要用来向不同的地区配水。一般位于距各排水渠相对距离比较适中的地区。配水厂用地应按远期配水厂规模进行规划并加以控制，但可分期建设。配水厂的用地控制指标见表 3 - 17。

表 3 - 17	配水厂用地指标
水厂设计规模	1m³/d 水量用地指标/m²
水量 5 万～10 万 m³/d	0.40～0.20
水量 10 万～30m³/d	0.20～0.15
水量 30 万 m³/d 以上	0.20～0.08

第五节　管　网　布　置

给水管网的作用是将水从净水厂或取水构筑物输送到用户，它是给水系统的重要组成部分。

一、给水管网布置的基本要求

（1）管网应布置在整个给水区域内，在技术上要使用户有足够的水量和水压。

（2）正常工作或在局部管网发生故障时，应保证不中断供水。

（3）定线时应选用短捷的线路，并便于施工与管理。

给水管网由输水管（由水源到水厂及水厂到配水管的管道，一般不装接用户水管）和配水管（把水送至各用户的管道）组成。输水管不宜少于两根，当其中一根管线发生事故时，另一根管线的事故给水量不应小于正常给水量的 70％。

二、给水管网的布置原则

由输水管送来的水量进入配水管网才能服务于小城镇。在城区，配水管网称为城区给水管网，因此也称给水管网。在给水管网中，由于各管线所起的作用不同，其管径也不相等。小城镇给水管网按管线作用的不同可分为干管、支管、分配管和接户管等。

干管的主要作用是输水至小城镇的各用水区，直径一般在 100mm 以上。小城镇给水网的布置和计算，通常只限于干管。支管是把干管输送来的水量送到分配管网的管道，适应于面积大、供水管网层次多的城区。

分配管是把干管或支管输送来的水量送到接户管和消火栓的管道。分配管的管径由消防流量来决定，一般不予计算。为了满足安装消火栓所要求的管径，不致在消防时水压下降过大，通常配水管最小管径采用 75～100mm。接户管又称进水管，是连接配水管与用户的管道。

干管的布置通常按下列原则进行：

（1）干管布置的主要方向应按供水主要流向延伸，而供水流向取决于最大用水户或水塔等调节构筑物的位置。

（2）为保证供水可靠，按照主要流向布置几条平行的干管，其间用连通管连接，这些管线以最短的路径到达用水量大的主要用户。干管间距视供水区的大小、供水情况而不同，一般为 500～800m。

（3）沿规划道路布置，尽量避免在重要道路下敷设。管线在道路下的平面位置和高程，应符合管网综合设计的要求。

（4）应尽可能布置在高地，以保证用户附近配水管中有足够的压力。

（5）干管的布置应考虑发展和分期建设的要求，留有余地。

（6）当输水管线和管网延伸较长时，为保持管网末端所需水压，一般泵房的扬程会很高，使泵房附近的干管压力过高，既不经济，又不安全，可考虑在管网中间增设加压泵房，直接从管网抽水进行中途加压，这样使二级泵房的扬程只需满足加压泵房附近管网的服务水压即可。

（7）尽量减少穿越铁路、公路；无法避免时，应选择经济合理的线路。宜沿现有或规划道路铺设，但应避开交通主干路。

三、给水管网的布置形式

小城镇给水管网布置形式可以分为树状网和环状网两种。

1. 树状网

树状网也称为树枝状管网，以水厂泵站或水塔到用户的管线布置呈树枝状而得名，干管与支管的布置犹如树干与树枝的关系，管径随所供给用户的减少而逐渐变小。树状网的构造简单、长度短、节省管材和投资；但供水的安全可靠性差，并且在树状网末端，因用水量小，管中水流缓慢，甚至滞留，致使水质容易变坏，而出现浊水和红水的可能。树状管网一般用于小城镇和小型工矿企业的建设初期，以后等条件充分后再连成环状网，从而减少一次投资费用。在详细规划中，小区或街坊内的管网，由于从邻近道路上的干管或分配管接入，也多布置成树状网。

2. 环状网

即给水管网相互连接，环状闭合的管网形式。在环状网中，任一管道都可以由其余管道供水，从而提高了供水的可靠性。环状网能降低管网中的水头损失，并大大减轻水锤造成的影响。但环状网由于增加了管线的总长度，使投资增加。环状网一般用在供水安全可靠性要求高的地区。

在小城镇的给水工程管网布置中，常采用环状网和树状网相结合的形式。在小城镇的中心地段，布置成环状，在小城镇边缘或次要地区，布置成树状网。小城镇近期建设采用树状网，远期随用水量和用水程度的提高，再逐步增设管线构成环状网。在进行小城镇规划时，应以环状网为主，考虑小城镇的发展次序，对主要管线以环状网搭建供水管线骨架。

第六节　给水管网水力计算

给水流量是通过不同管径的水管输送的，流量的多少直接决定着管径的大小。只有通过流量确定管径，才能确定流速，进而进行水头损失、水塔高度和水泵扬程等一系列的水力计算。

一、管网各管段计算流量及管径的确定

（一）管网各管段计算流量

管网图形由许多管段组成。管网中的每一管段的流量包括两部分：一部分是沿管段配水给用户的沿线流量；另一部分是转输到下游管段的转输流量。在管网水力计算过程中，

首先需求出沿线流量和转输流量。

1. 沿线流量

干管（或配水管）沿线配送的水量，可分为两部分，一部分是水量较大的集中流量，例如干管上的配水管流量或工厂、机关及学校等大用户的流量属于这一类；这类数量较少，用水流量容易计算。另一部分是用水量比较小的分散配水，干管上的小用户和配水管上沿线的居民生活用水都属于这一类，这一类用水量的变化较大，因此计算比较复杂。为计算方便，将管段的沿线流量简化为两个相等的从管段的起端和末端集中流出的流量，其所产生的水头损失与沿线变化的流量所产生的水头损失基本相同，把这种简化后的集中流量称为节点流量。管网水力计算，必须求出沿线流量和节点流量。

小城镇给水管线，因干管和分配管上接出许多用户，沿管线配水。实际配水过程中，用户用水情况复杂。为简化计算，通常假定用水量均匀分布在全部干管上，得出单位长度的流量，称为长度比流量。

$$q_s = \frac{Q - \sum q}{\sum l} \qquad (3-6)$$

式中：q_s 为长度比流量，L/（s·m）；Q 为管网总用水量，L/s；$\sum q$ 为大用户集中用水量总和，L/s；$\sum l$ 为干管总长度，m，不包括穿越广场、公园等无建筑物地区的管线；只有一侧配水的管线，长度按一半计算。

从比流量求出各管段沿线流量公式如下

$$q_l = q_s l \qquad (3-7)$$

式中：q_l 为沿线流量，L·s^{-1}；l 为该管段的长度，m。

2. 节点流量

每一管段的流量包括沿线配送用户的沿线流量 q_l 和流入下游管段的转输流量 q_t。前者从管段开始逐渐减少至零，而后者在整个管段上是不变的。由于沿线流量沿管段变化，难于确定管径和水头损失，所以常常将沿线流量转化成节点流出的流量，即沿线不再有流量流出，管段中的流量不再沿管线变化，就可以由流量求出管径。这种情况下，管网中任一节点的流量和集中流量部分应等于连接该节点上各管段的沿线流量总和的一半。在求得管网各节点流量后，管网计算图上便只有集中于节点的流量（包括原有的集中流量），而管段的计算流量为

$$q = q_t + 0.5 \sum q_l \qquad (3-8)$$

3. 管段的计算流量

将沿线流量全部化成节点流量后，接下来就要确定各管段的计算流量 Q_j。

在分配流量时，须满足节点流量平衡的水力学条件，即流向任一节点的全部流量等于从该节点流出的流量，即

$$\sum Q = 0$$

上式称为连续方程式，即流向节点的流量假定为正（＋），流离节点的流量假定为（－），其代数和为零。

设 Q_0 为流进某节点的流量，Q_1、Q_2、Q_3 为流出该节点的流量，得

$$\sum Q = Q_0 - Q_1 - Q_2 - Q_3 = 0$$

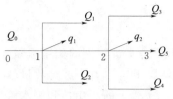

图 3 - 9 树状管网管段流量计算

利用 $\sum Q=0$ 这个关系式，就可以从树状管网供水终点的节点流量开始，向上游——推算各管段的流量。

例如图 3 - 9 的树枝状管网中，q_1 及 q_2 代表由沿线流量折算成的节点流量，Q_1、Q_2、Q_3、Q_4 和 Q_5 代表集中流量，由这些流量就可以计算出各管段的计算流量，如表 3 - 18 所列。

表 3 - 18 树状管网管段的计算流量

管段	3—2	2—1	1—0
流量	Q_5	$Q_3+Q_4+Q_5+q_2$	$Q_3+Q_4+Q_5+q_2+Q_1+Q_2+q_1$

（二）管径的确定

确定管网中每一管段的直径是输水和配水系统规划的主要内容之一。管径的直径应按照分配后的流量进行确定。由水力学公式可知

$$Q=Av=\frac{\pi D^2}{4}v \tag{3-9}$$

式中：Q 为流量，m^3/s；A 为水管断面积，m^2；v 为流速，m/s；D 为管段管径，m。

所以管段的管径按下式计算

$$D=\sqrt{\frac{4q}{\pi v}} \tag{3-10}$$

从式（3-10）可知，管径不但和管段流量有关，而且和流速的大小有关，如管段的流量已知，但是流速未定，管径还是无法确定，因此，在管网计算中，流速的选定是个先决条件。

管道流速大小直接影响工程造价和运行费用。在流量不变的情况下，若选择流速过大，则管径可以减小，从而降低工程造价，但因流速较大而增加了输配水管网的水头损失，以致必须提高水泵扬程，从而增加了运行费用；相反，流速选择较小，则管径将增加，增加了管网工程造价，却降低了运行费用。因此在管网造价和运行费用最经济合理的前提下，必存在一个最适宜的流速，一般称这个流速为管道的经济流速。

因各地材料设备、动力燃料价格不同，经济流速也会存在差异，为了防止管网因水锤现象出现事故，最大设计流速不应超过 2.5~3m/s；在输送浑浊的原水时，为了避免水中悬浮物质在水管内沉积，最低流速不得小于 0.6m/s。对于小城镇，经济流速应按照当地实际条件，如水管的材料和价格、施工费用、电费等综合确定。最好参考附近地区城镇给水工程所采用的经济流速来确定管径。在无现成资料时，可采用的经济流速范围为：管径 100~300mm 时，经济流速为 0.6~1.0m/s；管径 350~600mm 时，经济流速为 1.1~1.6m/s。管径 600~1000mm 时，经济流速为 1.6~2.1m/s。

在规划设计中，为了简化计算，有时也可根据人口数和人口定额直接从表 3-19 中求得所需的管径。

表 3 – 19

给水管径简易估算

管径/mm	计算流量/(L·s⁻¹)	用水标准=50L/(人·d)(K=2.0)	用水标准=60L/(人·d)(K=1.8)	用水标准=80L/(人·d)(K=1.7)	用水标准=100L/(人·d)(K=1.6)	用水标准=120L/(人·d)(K=1.5)	用水标准=150L/(人·d)(K=1.4)	用水标准=200L/(人·d)(K=1.3)	备注
50	1.3	1120	1040	830	700	620	530	430	1. 流速当 $d \geq 400$mm，$v \geq 1$m/s；
75	1.3~3.0	1120~2600	1040~2400	830~1900	700~1600	620~1400	530~1200	430~1000	
100	3.0~5.8	2600~5000	2400~4600	1900~3700	1600~3100	1400~2800	1200~2400	1000~1900	2. 本表可根据用水人口数以及用水量标准已知的管径，也可根据用水量标准查得该管径可供多少人使用
125	5.8~10.25	5000~8900	4600~8200	3700~6500	3100~5500	2800~4900	2400~4200	1900~3400	
150	10.25~17.5	8900~15000	8200~14000	6500~11000	5500~9500	4900~8400	4200~7200	3400~5800	
200	17.5~31.0	15000~27000	14000~25000	11000~20000	9500~17000	8400~15000	7200~12700	5800~10300	
250	31.0~48.5	27000~41000	25000~38000	20000~30000	17000~26000	15000~23000	12700~20000	10300~16000	
300	48.5~71.00	41000~61000	38000~57000	30000~45000	26000~38000	23000~34000	20000~29000	16000~24000	
350	71.00~111	61000~96000	57000~88000	45000~70000	38000~60000	34000~58000	29000~45000	24000~37000	
400	111~159	96000~145000	88000~135000	70000~107000	60000~91000	58000~81000	45000~70000	37000~56000	
450	159~196	145000~170000	135000~157000	107000~125000	91000~106000	81000~94000	70000~81000	56000~65000	
500	196~284	170000~246000	157000~228000	125000~181000	106000~154000	94000~137000	81000~117000	65000~95000	
600	284~384	246000~332000	228000~307000	181000~244000	154000~207000	137000~185000	117000~157000	95000~128000	
700	384~505	332000~446000	307000~412000	244000~328000	207000~279000	185000~247000	157000~212000	128000~171000	
800	505~635	446000~549000	412000~507000	328000~404000	279000~343000	247000~304000	212000~261000	171000~211000	
900	635~785	549000~679000	507000~628000	404000~506000	343000~425000	304000~377000	261000~323000	211000~261000	
1000	785~1100	679000~825000	628000~980000	506000~780000	425000~595000	377000~529000	323000~453000	261000~366000	

注 本表实际为球墨铸铁管与给水铸铁管的混合管材，具体使用时需查询当地管材规格。

二、水头损失计算

1. 水头损失的概念

水流中单位质量液体的机械能损失称为水头损失。水头损失可以分为沿程水头损失和局部水头损失两类。

(1) 沿程水头损失。沿程阻力是发生于水流全部流程的摩擦阻力。为克服这一阻力而引起的水头损失称为沿程水头损失，通常以符号 h_s 表示。一般在渐变流中，沿程阻力占主要部分，它的大小随长度的增加而增加。

(2) 局部水头损失。水流因边界的改变而引起断面流速分布发生急骤的变化，从而产生的阻力称为局部阻力。其相应的水头损失称为局部水头损失，通常以符号 h_j 表示。一般在急变流中，局部阻力占主要部分，例如管道上的三通、弯头、突然扩大或缩小及闸门等地方，它的大小与长度无关。

各种实际工程的水力计算往往需要使用能量方程，而能量方程又有赖于水头损失的计算。在室外给水管网中，一般只计算沿程水头损失，不计配件等局部损失，因为这些损失占管网的水头损失比重并不大，可以忽略。

2. 水头损失与流量的关系

给水管网任一管段两端节点的水压和该管段水头损失之间有下列关系。

$$H_i - H_j = h_{ij} \tag{3-11}$$

式中：H_i，H_j 为从某一基准面算起的管段起端 i 和终端 j 的水压，m；h_{ij} 为管段 i，j 的水头损失，m。

根据均匀流速公式

$$v = C\sqrt{Ri} \tag{3-12}$$

或

$$i = \frac{v^2}{C^2 R} = \frac{2g}{C^2 R} \cdot \frac{v^2}{2g} = \frac{8g}{C^2 D} \cdot \frac{v^2}{2g} = \frac{\lambda}{D} \cdot \frac{v^2}{2g} \tag{3-13}$$

式中：v 为管内的平均流速；C 为谢才系数；R 为水管的水力半径（圆管为 $R = D/4$）；i 为单位管段长度的水头损失，或水力坡度；D 为水管内径；λ 为阻力系数 $\left(\lambda = \dfrac{8g}{C^2}\right)$；$g$ 为重力加速度。

式中 (3-13) 用流量 q 表示时水力坡度为

$$i = \frac{\lambda}{D} \cdot \frac{q^2}{\left(\frac{\pi}{4}D^2\right)^2 2g} = \frac{8\lambda q^2}{\pi^2 g D^5} = \frac{8g}{C^2} \cdot \frac{8q^2}{\pi^2 g D^5} = \frac{64}{\pi^2 C^2 D^5} q^2 = a q^2 \tag{3-14}$$

式中：a 为比阻，$a = \dfrac{64}{\pi^2 C^2 D^5}$；$q$ 为流量。

水头损失一般表示式为

$$h = kl\frac{q^n}{D^m} = alq^n = sq^n \tag{3-15}$$

式中：k，n，m 为常数和指数；l 为管段长度；s 为水管摩阻，$s = al$。

令式 (3-15) 的 $n = 2$，并据 $h = il$ 的关系即得式 (3-14)。

3. 水头损失的计算

按照《室外给水设计规范》（GB 50013—2006），管（渠）道总水头的损失，可以按下列公式计算

$$h_z = h_y + h_j \qquad (3-16)$$

式中：h_z 为管（渠）道总水头损失，m；h_y 为管（渠）道沿程水头损失，m；h_j 为管（渠）道局部水头损失，m。

管（渠）道沿程水头损失，可分别按下列公式进行计算

（1）塑料管。

$$h_y = \lambda \cdot \frac{l}{d_j} \cdot \frac{v^2}{2g} \qquad (3-17)$$

式中：λ 为沿程阻力系数；l 为管段长度，m；d_j 为管道计算内径，m；v 为管道断面水流平均流速，m/s；g 为重力加速度，m/s²。

（2）混凝土管（渠）及采用水泥砂浆内衬的金属管道。

$$i = \frac{V^2}{C^2 R} \qquad (3-18)$$

式中：i 为管道单位长度的水头损失（水力坡降）；C 为流速系数；R 为水力半径，m。

其中

$$C = \frac{1}{n} R^y \qquad (3-19)$$

$$y = 2.5\sqrt{n} - 0.13 - 0.75\sqrt{R}\,(\sqrt{n} - 0.1) \qquad (3-20)$$

式中：n 为管（渠）道的粗糙系数；混凝土管及钢筋混凝土管一般取 $0.012 \sim 0.0132$。

式（3-20）适用于 $0.1 \leqslant R \leqslant 3.0$；$0.011 \leqslant n \leqslant 0.040$，管道计算时，$y$ 也可取 1/6，即按 $C = \frac{1}{n} R^{1/6}$ 计算。

（3）旧铸铁管和旧钢管。

当管道流速 $V < 1.2\,\text{m/s}$ 时

$$i = \frac{0.000912 V^2}{D^{1.3}} \left(1 + \frac{0.867}{V} \right)^{0.3} \qquad (3-21)$$

当 $V \geqslant 1.2\,\text{m/s}$ 时

$$i = \frac{0.00107 V^2}{D^{1.3}} \qquad (3-22)$$

（4）海曾—威廉公式。欧美国家广泛使用海曾—威廉公式。

$$i = \frac{10.67 q^{1.852}}{C_H^{1.852} D^{4.87}} \qquad (3-23)$$

式中：C_H 为系数，常见的管材系数见表 3-20。

表 3-20　　　　　　　　　　海曾—威廉公式的 C_H 值

管材种类	C_H	管材种类	C_H
塑料管	150	混凝土管、焊接钢管	120
新铸铁管，涂沥青或水泥铸铁管	130	旧铸铁管和旧钢管	100

三、管网水力计算

（一）管网水力计算的步骤

1. 给水管网计算的原则

给水管网的水力计算应遵循以下原则：

（1）管网应按最高日最高时用水量及实际水压计算。生活用水管网的设计水压（最小自由水头）应根据建筑层数确定，一层是 10m，二层为 12m，二层以上每增高一层增加 4m。对于供水范围内建筑层数相差较多或地形起伏较大的管网，设计水压及控制点的选用应从总体的经济性考虑，避免为满足个别点的水压要求，而提高整个管网压力，必要时应考虑分区、分压供水，或个别区、点设调节设施或增压泵站。

（2）根据具体情况分别用消防、最大转输、最不利管段发生故障等条件进行校核。消防系统以消防流量 Q_{gx} 进行核算。高压消防系统的水压应满足直接灭火的要求，随建筑物层高及灭火水量而定；低压消防系统允许控制点水压降至 10m。目前除较为重要的大型工业企业设置专用高压消防系统外，一般都用低压消防系统，由消防车（或泵）自消火栓中节水加压。以最大传输时的水量 Q_{zs} 进行核算，管网须满足最大转输水量进入调蓄构筑物的水压要求。考虑最不利管段发生故障的条件下，以事故时流量 Q_{sk} 核算，水压仍满足设计水压 H_s 的要求。

2. 管网设计和计算的步骤

（1）在平面图上进行干管布置，管网的形式可能是环状网或树状网，也可以是两者混合形式。

（2）按照输水线路最短的原则，定出各管段的水流方向。

（3）定出干管的总计算长度（或供水总面积）及各管段的计算长度（或供水面积）。

（4）按最高日最高用水时的流量确定供水区内大用水户的集中流量和可以假定为均匀分布的流量，根据已确定的输入管网总流量，求出比流量、各管段沿线流量和节点流量。

（5）根据输入管网的总流量，作出整个管网的流量分配，此时应满足节点流量平衡的条件，并且考虑供水的可靠性和技术经济的合理性。

（6）按初步分配的流量，根据经济流速，确定每一管段的管径。由于管网需要满足各种情况下的用水要求，确定管径时除满足经济流速条件外，还应以保证消防和发生事故用水来复核，使管网在特殊情况下仍能保持适当的水压和流量。

（7）由于初步流量分配不当，使环状管网的闭合环内水头损失不能满足 $\sum h_i$，就会产生了闭合差 Δh_i。为消除闭合差，必须进行管网平差计算，将原有的流量分配逐一加以修正。

（8）利用平差后各管段的水头损失和各点地形标高，算出水塔高度和水泵扬程，有时在管网平面图上还需绘出等水压线。

以上即是管网设计和计算的基本步骤。还应指出，给水管网的设计应按有无水塔以及它的位置、管网的形式、消防用水贮存地点等各种情况来进行核算。在管网水力计算中还必须确定最不利点为控制点。一般最不利点就是离二级泵站最远的供水点；但地形特殊时，却不一定是这样的。另外，干管发生事故时，管网应保证供给 70%

的设计流量。

（二）树状管网的水力计算

树状管网的计算比较简单，主要原因是树状管网中每一管段的流量容易确定，只要在每一节点应用节点流量平衡条件 $q_l + \sum q_{ij} = 0$，无论从二级泵站起顺水流方向推算或从控制点起向二级泵站方向推算，只能得出唯一的管段流量，或者说树状网只有唯一的流量分配。具体步骤如下。

（1）首先在管网中选定最不利点，定出从最不利点至管网起点的计算干线，然后求出各管段的计算流量。依次逐个管段推算计算流量。

（2）根据计算流量选定管径后，即可进行水头损失计算。计算时，可查《铸铁管水力计算表》，根据管径、流速和水力坡度计算管段的水头损失。计算时以最不利点的自由水头为最高设计自由水头，计算出干线上各节点的水压。

（3）干管计算后，得出干线上各节点包括接出支线处节点的水压标高（等于节点处地面标高加服务水头）。因此在计算树状网的支线时，起点的水压标高已知，而支线中点的水压标高等于终点的地面标高与最小服务水头之和。从支线起点和中点的水压标高差除以支线长度，即得支线的水力坡度，再从支线每一管段的流量参照此水力坡度，再从支线每一管段的流量参照此水力坡度选定相近的标准管径。计算时从干线连接点开始，逐渐向远处的节点计算。

（4）以距二级泵站最远或最高的点为控制点，根据控制点所需的服务水压，求出水塔高度和二级水泵扬程。

【例 3 - 1】　某集镇树状管网干管布置如图 3 - 10 所示。最高日最高时用水量为 41.2L/s，各大用水户集中流量为 16.6L/s。节点 4 为控制点，要求 20m 的服务水压。该系统设网前水塔，管材采用 UPVC 管，管道公称压力 0.63MPa，管材规格见表 3 - 21。试确定：①各管段的管径；②水塔的高度和二级泵站的扬程。

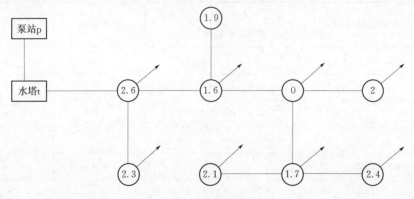

图 3 - 10　树状管网计算图

表 3 - 21　　　　　　　　　　　　　　　UPVC 管材规格　　　　　　　　　　　　单位：mm

外径	250	200	160	110	90	75	63
内径	226	181	145	99	81	68	57

注　表中所列管材与目前鸿业、湘源软件公布管材不一致，读者在阅读时需注意鉴别。

解：

1. 计算沿线流量和节点

输水管段 0—1 两侧不配水，管段 3—7、4—6 和 1—9 单侧配水，其余管段两侧配水。干管计算长度为

$$\sum l = l_{1-2} + l_{2-3} + l_{3-4} + l_{4-5} + l_{2-8} + \frac{1}{2}(l_{3-7} + l_{4-6} + l_{1-9})$$

$$= 230 + 180 + 200 + 220 + 110 + (220 + 100 + 200)/2 = 1200 \ (\text{m})$$

根据式（3-6），干管的比流量为

$$q_s = \frac{q - \sum q}{\sum l} = \frac{41.2 - 16.6}{1200} = 0.0205 \ [\text{L}/(\text{s} \cdot \text{m})]$$

根据式（3-7），管段沿线流量计算结果见表 3-22。

表 3-22　　　　　　　　　管段沿线流量计算结果

管段	管段长度/m	管段计算长度/m	沿线流量/（L·s⁻¹）	管段	管段长度/m	管段计算长度/m	沿线流量/（L·s⁻¹）
t—1	120	0	0	2—8	110	110	2.26
1—2	230	230	4.71	3—7	220	110	2.26
2—3	180	180	3.69	4—6	100	50	1.02
3—4	200	200	4.10	1—9	200	100	2.05
4—5	220	220	4.51	合计		1200	24.60

根据式（3-8），节点流量计算结果见表 3-23.

表 3-23　　　　　　　　　节点流量计算结果　　　　　　　单位：L·s⁻¹

节点	与该节点连接的管段	与该节点连接管段沿线流量之和的一半	集中流量	节点流量
1	t—1, 1—2, 1—9	0+2.36+1.02=3.38	2.6	5.98
2	1—2, 2—3, 2—9	2.36+1.84+1.13=5.33	1.6	6.93
3	2—3, 3—4, 3—7	1.84+2.05+1.13=5.02	—	5.02
4	3—4, 4—5, 4—6	2.05+2.26+0.51=4.82	1.7	6.52
5	4—5	2.26	2.4	4.66
6	4—6	0.51	2.1	2.61
7	3—7	1.13	2.0	3.13
8	2—8	1.13	1.9	3.03
9	1—9	1.02	2.3	3.32
	合计	24.6	16.6	41.2

2. 管段设计流量、管径和水头损失

从树状管网各末端节点，向水塔方向推求各管段的设计流量；根据经济流速，确定各管段管径；根据式（3-17），计算各管段的水头损失，计算结果见表3-24。

表 3-24　　　　　　　　　　　管网水力计算

类别	管段	管长/ m	流量/ (L·s⁻¹)	外径/ mm	内径/ mm	流速/ (m·s⁻¹)	水头损失/m
主干线	4—5	220	4.66	110	99	0.606	0.917
	3—4	200	13.79	160	145	0.836	0.924
	2—3	180	21.94	200	181	0.853	0.657
	1—2	230	31.90	250	226	0.796	0.565
	t—1	120	41.20	250	226	1.028	0.464
	p—t	60	41.20	250	226	1.028	0.232
干线	1—9	200	3.32	75	68	0.915	2.745
	2—8	110	3.03	75	68	0.835	1.284
	3—7	220	3.13	75	68	0.862	2.720
	4—6	100	2.61	75	68	0.719	0.896

3. 水塔高度和二级泵站扬程

以距二级泵站最远的节点5为管网的控制点，并以网前水塔 P 到节点5的管线为主干线。节点5最小服务水压 $H_0 = 20\text{m}$，节点5地面高程 $Z_0 = 123.5\text{m}$，水塔处地面高程 $Z_t = 124.5\text{m}$，再考虑主干线的水头损失，水塔高度 H_t 为

$$H_t = H_0 + Z_0 + h_{4-5} + h_{3-4} + h_{2-3} + h_{1-2} + h_{t-1} - Z_t$$

$$= 20 + 123.5 + 0.917 + 0.924 + 0.657 + 0.565 + 0.464 - 124.5 = 22.53 \text{（m）}$$

水塔高度取23m。二级泵站吸水井水面高程 $E_0 = 115\text{m}$，水塔水柜有效高度 $H = 3\text{m}$，水泵吸水管水头损失 $h_s = 1.5\text{m}$，二级泵站扬程 H_p 为

$$H_p = Z_t + H_t + H + h_{p-t} + h_s - E_0$$

$$= 124.5 + 23 + 3 + 0.232 + 1.5 - 115 = 34.23 \text{（m）}$$

4. 节点水压高程和服务水压

根据水塔高度和各管段水头损失，可计算各节点水压高程；再考虑各节点地面高程，就可计算各节点的服务水压，计算结果见表3-25，各节点服务水压均大于20m，满足要求。

表 3 - 25　　　　　　　　　　　各节点水压高程和服务水压　　　　　　　　单位：m

节点	地面高程	水压高程	服务水压	节点	地面高程	水压高程	服务水压
1	122.50	146.93	24.43	6	123.00	143.89	20.89
2	123.50	146.37	22.87	7	122.00	142.99	20.99
3	123.00	145.71	22.71	8	123.50	145.09	21.59
4	122.50	144.79	22.29	9	123.50	144.19	20.69
5	123.50	143.87	20.37				

（三）环状管网的水力计算

1. 环状网计算基本原理

与枝状网不同的是，环状网各管段的计算流量不是唯一确定解。配水干管相互连接环通，环路中每一用户所需水量可以沿二条或二条以上的管路通道供给，各管环每条配水干管管段的水流方向和流量值都是不确定的，人为拟定各管段的流量分配。

环状网最高日最高时的流量分配，将影响据此选择的管径大小，要全面顾及经济和安全供水的要求适当分配，可综合遵循如下原则进行各干管流量分配：

（1）最短路线原则。顺着管网主要供水方向，使水厂出水尽量沿最近路线输送到大用户和边远用水户，以节约输水电耗和管网基建投资。

（2）顺主要供水方向延伸的几条平行干管所分配的计算流量应大致接近，避免各干管管径相差悬殊而万一大管损坏造成其后配水困难的不安全情况。

（3）必须满足每一节点进、出水流量平衡。假定离开节点的流量为正，流向节点的流量为负，即每一节点必须满足所有流量的代数和为零，可用公式表示为

$$\sum Q = 0$$

式中：$\sum Q$ 为某节点连接的各干管计算流量之代数和，L/s。

但如果考虑水头损失的话，任意连接两节点的水头损失之和为

$$\sum h = 0$$

2. 环状网水力计算步骤

（1）在平面图上进行干管布置定线，管网布置是环状网或者枝状与环状结合的混合形式管网。

（2）按照输水路线最短的原则，定出各管段的水流方向。

（3）定出干管的总计算长度（或供水总面积）及各管段的计算长度（或供水面积）。

（4）按最高日最高时确定供水区内大用户的集中流量和可以假定为均匀分布的流量，根据已确定的输入管网总流量，求出比流量、各管段沿线流量和节点流量。

（5）根据输入管网的总流量，进行整个管网的流量分配，并满足节点流量平衡的条件，同时应考虑供水的可靠性和技术经济的合理性。

（6）按初步分配的流量，根据经济流速，确定每一管段的管径。

（7）环状网由于初步流量分配不当，闭合环内水头损失可能不满足 $\sum h = 0$，产生闭合

差 Δh。为消除闭合差，必须进行管网平差计算，将原有的流量分配逐一加以修正。以下为管网平差计算的步骤：

第一步，按照最短路线送水的原则，对每一个管段先假定它的流向，并估计一个流量，但要求每一个节点的流量都要满足 $\sum h=0$ 这个平衡条件。

第二步，根据第一步给出流量定出每段管道的管径。

第三步，由每段管径、长度和流量，计算每段管长的水头损失 h。

第四步，按水流方向定正负号，计算每一个环的闭合差 $\sum h$。

第五步，当某个环的闭合差 $\sum h$ 不等于零时必须进行修正，流量修正值可用下式确定

$$\Delta Q = -\frac{\Delta h}{2\sum\dfrac{h}{Q}} \tag{3-24}$$

第六步，重新计算每条管段修正后的流量。

第七步，重复第四步及第六步，通常 $\sum h/h$ 在 10% 以下时即可停止计算，即单环 $|\Delta h|\leqslant 0.5\text{m}$，多环 $|\Delta h|\leqslant 1.5\text{m}$，就可以停止计算。

(8) 利用平差后各管段的水头损失和各点地形标高，算出水塔高度和水泵扬程。

(9) 计算时，如果干管发生事故时，管网应保证 70% 的设计流量。

3. 环状网计算

【例 3-2】 某区环状网布置及节点高程如图 3-11 所示，各节点自由水头不低于 15m，最高日用水量 10800m^3，其中工业用水量为 60L/s，供水点如图 3-11 所示，其余为居民生活用水，用水及供水曲线见图 3-12，泵站采取二级供水。从午夜 0～4 时为总供水量的 2.5%，4～24 时为总供水量的 4.5%。

(1) 求管径及水头。

(2) 计算最高时的节点水压。

解：

(1) 计算最高时的节点水压。

1) 最高日最高时水力计算用水量计算：

由图 3-12 知，最高时用水量为最高日用水量 10800m^3 的 5.6%，即

$$（10800\times5.6\times1000）/（3600\times100）= 168 （\text{L/s}）$$

二级泵站最高时的供水量为最高日用水量的 4.5%，即

$$\frac{10800\times4.5\times1000}{3600\times100}=135 （\text{L/s}）$$

水塔最高时的供水量为 $168-135=33$ （L/s）。

2) 比流量计算：由图 3-11 求出干管总长度为

$$6\times1000+6\times800=10800 （\text{m}）$$

管网的集中流量 $\qquad \sum Q_i=20+10+20+10=60 （\text{L/s}）$

干管比流量 $\qquad q_{cb}=\dfrac{168-60}{10800}=0.01[\text{L/(s·m)}]$

3) 节点流量的计算：见表 3-26。

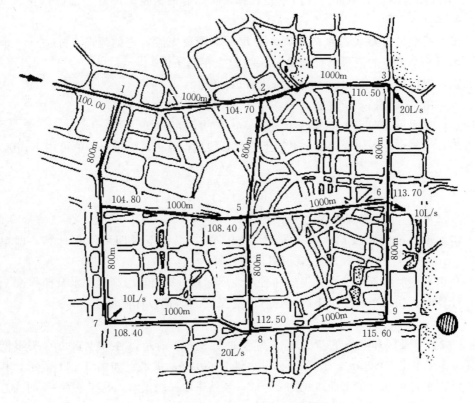

图 3-11　环网布置及高程图

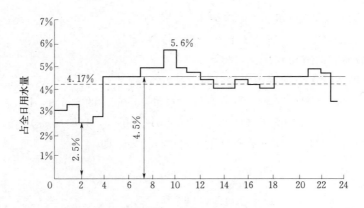

图 3-12　供水量及用水量曲线

4）管段流量分配及选定管径：将表 3-26 求出的节点流量标注在图 3-13 上后，可以进行流量分配。流量分配前，先要假定各管段的流向，由于管网是由水泵和水塔同时供水的，要把供水的分界线先假定出来，才能定各段的定向。图 3-13 中把供水的分界线定为节点 8 到节点 6，这样 8—9 和 6—9 两管段的流向和其他管段不同了。根据流向和某些管段上的流量假定，再由 $\sum Q = 0$ 的关系，即可把各管段的流量定出来。

表 3 – 26		节点流量计算
节点	总管长 $\sum L$/m	最高日最高时节点流量 $=\dfrac{1}{2}\sum L \times 0.01/$ (L·s^{-1})
1	1000＋800＝1800	9
2	1000＋1000＋800＝2800	14
3	1000＋800＝1800	9
4	800＋1000＋800＝2600	13
5	1000＋1000＋800＋800＝3600	18
6	同节点 4	13
7	同节点 1	9
8	同节点 2	14
9	同节点 1	9

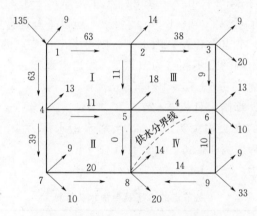

图 3 – 13　环状网流量分配图

以节点 1 为例，有两管段相连接，先假定其中一个管段上的流量，再根据节点处 $\sum Q=0$ 的关系可以算出另一管段上的流量来。考虑到管网对角线 1—5—9 两边的流量基本相等，可以假定 1—2 和 1—4 管段的流量相等，每管段的流量应该为：$\dfrac{1}{2}$ (135－9) ＝63 (L/s)。

在节点 2，可以考虑将管段 1—2 中的 63 (L/s) 的流量，除供给 2 和 3 的节点流量 14＋9＋20＝43 (L/s) 外，剩下 63－43＝20 (L/s)，大致平均分配给管段 3—6 及 2—5，管段 2—5 定为 11 (L/s)，3—6 管段定为 9 (L/s)。这样，按环状流量分配原则，则可将逐个节点所有管段的流量定出来，结果填在图 3 – 13 中。

选择管径和水头损失计算：应用铸铁管水力计算表，由流量和经济流速选定管径，例如管段 1—2，流量为 63 (L/s)，管径选用 300mm，流速为 0.89m/s，在要求的经济流速范围内。管段 3—6、6—9 和 8—9 是最大转输时的干线，如果选用 150mm 的管径，不能适应最大转输时流量增加的需要，故选 200mm 的管径。2—5、4—5、5—8 及 5—6 等管段，选用 150mm 的管径，流速在 0.6m/s 以下原因是管段比较长，如果管径太小，在流量增加时引起的水头损失增加很快，对使用和发展不利。选定的管径及每段管的水头损失计算值列于表 3 – 28 中。

5）平差计算。计算每个环的闭合差 Δh。如环 I，管段 1—2 和 2—5 为顺时针流向，其水头损失之和为 $4.25 + 4.47 = +8.72$（m）；管段 1—4 和 4—5 为反时针流向，其水头损失之和为 $3.40 + 5.59 = 8.99$（m），应取负号。所以环 I 的闭合差 $\Delta h = 8.72 - 8.99 = -0.27$（m）。

由于 $|\Delta h| < 0.5m$，所以不必平差。但环 II 闭合差 $\Delta h = -1.75m$，则需进行平差。平差先需计算每段管的 h/Q 值，例如环 II 管段 4—5 的 h 为 5.59m，流量为 11L/s，所以

$$h/Q = 5.59/11 = 0.509$$

流量的修正值按式（3—24）计算，环 II 的 $\Delta Q \approx 1L/s$，初次修正，不必把修正值算得很准，计算结果见表 3－28。

由表 3－28 看出，第三次水力计算结果，各环的闭合差 $|\Delta h|$ 均小于 0.5m，满足小环允许闭合差的要求。整个大环的闭合差为

$$\sum h = h_{1-2} + h_{2-3} + h_{3-6} - h_{6-9} + h_{8-9} - h_{7-8} - h_{4-7} - h_{1-4}$$
$$= 4.32 + 4.23 + 0.75 - 1.38 + 1.43 - 3.62 - 3.34 - 3.33 = -0.94$$

大环闭合差也满足了 $|\sum h| < 1 \sim 1.5m$ 的要求，所以平差计算可以结束。

根据已知水头损失、节点高程及自由水头，则可求出各节点的水压高程。但在计算时要注意选择最不利点。本题的最不利点为节点 9，因这点地形最高，在满足自由水头 15m 的条件下，水压高程应为 $115.6 + 15 = 130.6$（m）。

各节点的水压高程计算结果见表 3－27。

此处水塔到节点 9 的水头损失为 0.5m，水塔水柜水深为 4m，为了保证节点 9 的供水，水柜的最低水位高程应为 $130.6 + 0.5 = 131.1$（m）。

水柜的最高水位应为 $131.1 + 4 = 135.1$（m）。

表 3－27   **各节点的水压及自由水头计算**

节点	地面高程/m	最高日最高时		
		水压高程	自由水头	计算根据节点
1	100.0	138.5	38.5	2
2	104.7	134.2	29.5	3
3	110.5	130.0	19.5	6
4	104.8	135.3	30.5	1
5	108.4	129.4	21.0	2
6	113.7	129.2	15.5	9
7	108.4	132.0	23.6	4
8	112.5	129.2	16.7	9
9	115.6	130.6	15.0	水塔
水塔	115.6			

表 3 - 28　　管 网 平 差 计 算

环号	管段	管长 L/m	管径 d/m	第一次平差 流量 Q/(L·s⁻¹)	第一次 水力坡度 i/(mm·m⁻¹)	第一次 水头损失 h/m	第一次 水头损失之和 Σh/m	第一次 h/Q	第一次 流量修正值 ΔQ/(L·s⁻¹)	第二次 流量 Q/(L·s⁻¹)	第二次 i/(mm·m⁻¹)	第二次 h/m	第二次 Σh/m	第二次 h/Q	第二次 流量修正值 ΔQ/(L·s⁻¹)	第三次 流量 Q/(L·s⁻¹)	第三次 i/(mm·m⁻¹)	第三次 h/m	第三次 Σh/m
I	1-2	1000	300	+63	4.25	4.25		0.067	0	+63	4.25	4.25		0.068	+0.6	+63.6	4.32	4.32	
	2-5	800	150	+11	5.59	4.47	+8.72	0.406	0	+11	5.59	4.47	+8.72	0.405	+0.6	+11.6	6.16	4.93	+9.25
	1-4	800	300	-63	4.25	3.4		0.054	0	-63	4.25	3.4		0.054	+0.6	-62.4	4.17	3.33	
	4-5	1000	150	-11	3.79	5.59	-8.99	0.508	0-1	-12	6.55	6.55	-9.95	0.546	+0.6	-11.4	5.97	5.97	-9.30
小计	ΔQ≈0			ΔQ≈0			-0.27	1.035	ΔQ≈0	ΔQ≈0			-1.23	1.073	ΔQ=1.23÷(2×1.073)≈0.6	ΔQ≈0			-0.05
II	4-5	1000	150	+11	5.59	5.59		0.509	+1.0	+12	6.55	6.55	+6.95		0-0.6	+11.4	5.96	5.96	+6.57
	5-8	800	150	+0	0	0	5.59	0	+1+2	+3	0.5	0.4			0+0.6	+3.6	0.76	0.61	
	4-7	800	250	-39	4.44	3.55		0.091	+1	-38	4.23	3.38			0	-38	4.23	3.34	
	7-8	1000	200	-20	3.79	3.79	-7.34	0.189	+1	-19	3.62	3.62	-7.0		0	-19	3.62	3.62	-6.96
小计	ΔQ≈0			ΔQ≈0			-1.75	0.789	ΔQ=1.75÷(2×0.789)≈1	ΔQ≈0			-0.05		ΔQ≈0	ΔQ≈0			-0.39
III	2-3	1000	250	+38	4.23	4.23		0.111	0	+38	4.23	4.23			0	+38	4.23	4.23	
	3-6	800	200	+9	0.942	0.75	+4.98	0.084	0	+9	0.942	0.75	+4.98		0	+9	0.942	0.75	+4.98
	2-5	800	150	-11	5.59	4.47		0.406	0	-11	5.59	4.47			0-0.6	-11.6	-6.17	4.43	
	5-6	1000	150	-4	0.91	0.91	-5.38	0.228	0+2	-2	0.227	0.23	-4.70		0+0.6	-1.4	0.11	0.11	-5.04
小计	ΔQ≈0			ΔQ≈0			-0.40	0.829	ΔQ≈0	ΔQ≈0			+0.28		ΔQ≈0	ΔQ≈0			-0.06
IV	5-6	1000	150	+4	0.91	0.91		0.228	-2	+2	0.227	0.23		0.115	-0.6	+1.4	0.11	0.11	
	8-9	1000	200	+14	2.08	2.08	+2.99	0.15	-2	+12	6.55	6.55	+6.78	0.546	-0.6	+11.4	1.43	1.43	+1.54
	6-9	800	200	-10	1.13	0.90		0.09	-2	-12	6.55	5.23		0.437	-0.6	-12.6	1.72	1.38	
	5-8	800	160	-0	0	0	-0.90	0	-1.0	-3	0.5	0.4	-5.63	0.133	-0.6	-3.6	0.76	0.61	-1.99
小计	ΔQ≈0			+2.09			ΔQ=2.09÷(2×0.486)≈2	0.468					+1.15	1.231	ΔQ=-1.15÷(2×1.231)=-0.5 采用-0.6	ΔQ≈0			-0.45

第七节　给水管材与管网附属设施

一、给水管材

(一) 管材的种类

在小城镇给水工程中，管网投资约占工程费用的 $50\%\sim80\%$，而管道工程总投资中，管材费用至少在 1/3 以上。此外，管材对水质也有重要影响。出厂水经管网和屋顶水箱，出水水质指标有不同程度的下降，如何提高管材耐压能力，减小二次污染也是一个重要课题。我国供水管材质量比发达国家落后多年，管材已成为制约供水能力和质量提高的一个重要因素。

给水管网属于小城镇地下永久性隐蔽工程设施，要求很高的安全可靠性。给水管网是由众多水管连接而成，水管为预制品，运到施工现场后，进行埋管和接头。水管性能要求有承受内外荷载的强度、一定的水密性、内壁光滑、寿命长、价格便宜、运输安装方便，并有一定抗侵蚀性。目前常用的给水管材有下列几种。

1. 灰铸铁管

灰铸铁管具有经久耐用、耐腐蚀性强、使用寿命长的优点，但质地较脆，不耐震动和弯折、重量大。灰铸铁管是以往使用最广的管材，主要用在 DN80～DN1000 的地方。但在运行中易发生爆管，对大中口径给水管径已达负荷极限，不适应城镇的发展趋势，在国外已被球墨铸铁管代替。

2. 球墨铸铁管

球墨铸铁管强度高，耐腐蚀、使用寿命长，安装施工方便，能使用于各种场合，如高压、重载、地基不良、震动等条件，并较适合于大中口管径的管道。是管道抗震的主要措施之一。球墨铸铁管比灰铸铁管省材料，价格相差不大，现已在国内一些小城镇应用。

3. 钢管

钢管有较好的机械强度，耐高压、耐震动，重量较轻，单管长度大，接口方便，有强的适应性，但耐腐蚀性差，防腐造价高。钢管一般不埋地，多用在大口径（1.2m 以上）和高压处，及因地质、地形条件限制及穿越铁路、河谷和地震区时。在整个管网中宜少用，以延长整个管网系统的耐久性。

4. 钢筋混凝土管

钢筋混凝土防腐能力强，不需要任何防腐处理，有较好的抗渗性和耐久性，但水管重量大，质地脆、装卸和搬运不便。其中自应力钢筋混凝土上管会后期膨胀，可使管疏松，不用于主要管道。预应力钢筋混凝土管能够承受一定压力，抗渗性较强，价格较低，在国内大口井输水管有较多应用，但由于接口问题，易爆管漏水。现在多采用预应力混凝土管（PCCP 管），是利用钢筒和预应力钢筋混凝土管复合而成，具有抗震性好，使用寿命长，不易腐蚀、渗漏的特点，是理想的大水量输水管材。

5. 塑料管

目前常用的塑料管材有 UPVC、HDPE 等塑料管材，他们表面光滑、不宜结垢、水头损失小、耐腐蚀、重量轻、加工连接方便，但管材强度低、性质脆、抗外压和冲击性差。多用于小口径，如城镇住宅主要主管安装，不宜埋在城镇车行道下。近几年在我国许多城镇已有大量的应用。

6. 玻璃钢管

玻璃钢管重量轻、运输安装方便、内阻小、耐腐蚀强，使用寿命可达 50 年以上。但价格高、刚度差。国外已有较广泛的运用，在国内是具有发展前途的管材。

7. 石棉水泥管

石棉水泥管价格便宜，但易破碎，已逐渐被淘汰。

（二）给水管材的选择

给水管材的选择取决于承受的水压、输送的水量、外部荷载、埋管条件、供应情况、价格因素等。根据各种管材的特性，其大致适应性如下：

（1）长距离大水量输水系统，若压力较低，可选用预应力混凝土管；若压力较高，可采用预应力混凝土管和玻璃钢管。

（2）小城镇输配水管道系统，可采用球墨铸铁管或玻璃钢管。

（3）室内及小区内部可以使用塑料管。

二、泵站、水塔、水池

（一）泵站

水泵是输送和提升水流的机械，在给水系统中必须利用水泵来提升水量，满足使用要求。水泵一般布置在泵站内。按照泵站在给水系统中所起到的作用，可分类如下。

1. 一级泵站

直接从水源取水，并将水输送到净水构筑物，或者直接输送到配水管网、水塔、水池等构筑物中。又称取水泵房、水源泵房。

2. 二级泵站

通常设在净水厂或配水厂内，自清水池中取净化了的水，加压后通过管网向用户供水。又称清水泵房。

3. 加压泵站

用于升高输水管中或管网中的压力，自输水管线或调节水池中吸水压入管网，以便提高水压满足用户的需要。多用于地形高差太大，或水平供水距离太远，而将供水管网划成不同的分压或分区给水系统。又称中途泵房、增加泵房。

4. 调节泵房

建有调节水池的泵房，可增加管网高峰时用水量。又称水库泵房、即站泵房。

按照泵站室内地面与室外地面的位置，可分为地面式、半地下式和地下式泵站，按外形可分为矩形泵站、圆形泵房、半圆形泵房。泵站主要由设有机组的泵房、吸水井和配电设备组成。泵站的占地应根据水泵台数、型号、构造型式、辅助设施等来确定，一二级泵站的用地一般都算在取水工程和水厂指标中，若单独设置，其用地指标可参照表 3-29。

表 3-29　　　　　　　　　　给水泵站用地控制指标

建设规模/（万 m³/d）	5～10	10～30	＞30
用地指标/〔m²/（m³·d）〕	0.25～0.20	0.20～0.10	0.10～0.03

（二）水塔

水塔是给水系统中调节流量和保证水压的构筑物。调节水量主要是调节泵站供水量和用水量之间的流量相差，其容积由二级泵站供水线和用水量曲线确定。水塔高度由所处地面标高和保证的水压确定，一般建在高处，水塔多用于城镇和工业企业的小型水厂，以保证水量和水压，其调节容量较小，在大中小城镇一般不用。水塔可根据在管网中的位置，分为网前水塔、网中水塔和对置水塔。

（三）水池

一级泵站通常均匀供水到水厂，二级泵站根据用水量变化供水到管网，两者供水量不平衡，就在一二级泵站建清水池，目的在于调节一二节泵站流量的相差。清水池容积由一二级泵站的供水量曲线确定。在有高地可以利用时，设高地水池，具有保证水压的作用。大、中、小水厂都应设清水池，以调节水量变化，并储存消防用水。供水范围大、昼夜供水量相差大的小城镇及低压区需提高水压的用水户可设水池来调节水量和局部加压。

三、管网附属设施

1. 阀门井

阀门是用来调节管线中的流量或水压。主要管线和次要管线交接处的阀门常设在次要管线上。一般把阀门放阀门井内，其平面尺寸由水管直径及附件的种类和数量定。一般阀门井内径 1000～2800mm（管径 DN75～DN1000 时）。井口一般 $D=700$mm，井深由水管埋深决定。

2. 排气阀和排气阀井

排气阀装在管线的高起部位，用以在投产、平时或检修后排出管内空气。地下管道的排气阀安装在排气阀井中，井的内径从 1200～2400mm（管径 DN100～DN200 时），深度也由管道埋深确定。

3. 排水阀和排水阀井

为排出管道中沉淀物检修时放空存水，设在管线最低处。井的内径为 1200～1800mm（管径 DN200～DN1000 时），埋深由排水管埋深确定。

4. 消火栓

分为地上式和地下式，地上式易于寻找，使用方便，但易碰坏。地下式适于气温较低的地区，一般安装在阀门井内。室外消火栓间距在 120m 以内，连接消火栓的管道直径应大于 100mm，在消火栓连接管上应用阀门。消火栓应设在交叉路口的人行道上，距建筑物在 5m 以上，距离车行道也不大于 2m，便于消防车驶近。

思 考 与 练 习

（1）试述在小城镇不同规划阶段的给水工程规划的主要内容。

（2）小城镇的水源如何选择？

（3）小城镇的用水分类有哪些？

（4）小城镇的用水量预测有哪些方法？

（5）小城镇的水厂厂址选择有什么原则？

（6）小城镇给水管网布置形式有哪些？各有哪些优缺点？

（7）试述管网水力计算的步骤。

（8）给水管材的种类有哪些？应当如何选择？

知 识 点 拓 展

南水北调工程

1. 工程背景

中国南涝北旱，为了缓解北方水资源严重短缺问题。20世纪50年代毛泽东提出"南水北调"的设想，后经过科研人员几十年勘察、测量和研究，在分析比较50多种方案的基础上，最终确定南水北调的总体布局为：分别从长江上、中、下游调水，以适应西北、华北各地的发展需要，即南水北调西线工程、南水北调中线工程和南水北调东线工程。

2. 工程规划

南水北调总体规划推荐东线、中线和西线三条调水线路。通过三条调水线路与长江、黄河、淮河和海河四大江河的联系，构成以"四横三纵"为主体的总体布局，以利于实现中国水资源南北调配、东西互济的合理配置格局。

东线工程：利用江苏省已有的江水北调工程，逐步扩大调水规模并延长输水线路。东线工程从长江下游扬州抽引长江水，利用京杭大运河及与其平行的河道逐级提水北送，并连接起调蓄作用的洪泽湖、骆马湖、南四湖、东平湖。出东平湖后分两路输水：一路向北，在位山附近经隧洞穿过黄河；另一路向东，通过胶东地区输水干线经济南输水到烟台、威海。东线工程开工最早，并且有现成输水道。

中线工程：从丹江口大坝加高后扩容的汉江丹江口水库调水，经陶岔渠首闸（河南淅川县九重镇），沿豫西南唐白河流域西侧过长江流域与淮河流域的分水岭方城垭口后，经黄淮海平原西部边缘，在郑州以西孤柏嘴处穿过黄河，继续沿京广铁路西侧北上，可基本自流到终点北京。中线工程主要向河南、河北、天津、北京4省、直辖市沿线的20余座小城镇供水。中线工程已于2003年12月30日开工，计划2013年年底前完成主体工程，2014年汛期后全线通水。

西线工程：在长江上游通天河、支流雅砻江和大渡河上游筑坝建库，开凿穿过长江与黄河的分水岭巴颜喀拉山的输水隧洞，调长江水入黄河上游。西线工程的供水目标主要是解决涉及青、甘、宁、内蒙古、陕、晋等6省（自治区）黄河上中游地区和渭河关中平原的缺水问题。结合兴建黄河干流上的骨干水利枢纽工程，还可以向邻近黄河流域的甘肃河西走廊地区供水，必要时也可及时向黄河下游补水。截至目前，还没有开工建设。

规划调水规模规划的东线、中线和西线到2050年调水总规模为448亿 m^3，其中东线148亿 m^3，中线130亿 m^3，西线170亿 m^3。整个工程将根据实际情况分期实施。

3. 工程统计

2010年南水北调工程开工项目40项，单年开工项目数创工程建设以来最高记录；完成投资379亿元，相当于开工前8年完成投资总和，创工程开工以来的新高。据悉，2010年，南水北调加大初步设计审查审批力度，共组织批复41个设计单元工程，累计完成136个，占155个设计单元工程总数的88%；批复投资规模1100亿元，超过开工以来前8年批复投资总额，累计批复2137亿元，占可研总投资2289亿元（不含东线治污地方批复项目）的93%，单年批复投资规模创开工以来新高。截至2010年年底，南水北调全部155项设计单元工程中，基本建成33项占21%；在建79项占51%；主体工程累计完成投资769亿元，占可研批复总投资的30%。

截至2012年1月底，南水北调办已累计下达南水北调东、中线一期工程投资1636.6亿元，其中中央预算内投资247.3亿元，中央预算内专项资金（国债）106.5亿元，南水北调工程基金144.2亿元，国家重大水利工程建设基金708.2亿元，贷款430.4亿元。

工程建设项目（含丹江口库区移民安置工程）累计完成投资1391.1亿元，占在建设计单元工程总投资2188.7亿元的64%，其中东、中线一期工程分别累计完成投资220亿元和1157.5亿元，分别占东、中线在建设计单元工程总投资的74%和61%；过渡性资金融资利息12.7亿元，其他0.9亿元。

工程建设项目累计完成土石方110269万 m^3，占在建设计单元工程设计总土石方量的83%；累计完成混凝土浇筑2279万 m^3，占在建设计单元工程混凝土总量的59%。

第四章 小城镇排水工程规划

教学目的：小城镇污水、废水、降水有组织的排除与处理的设施称为排水工程。通过本章的讲授，让学生掌握小城镇排水的来源及其特点，小城镇排水工程规划原则、内容、步骤、与其他规划的协调，小城镇排水系统的体制选择、系统组成、工程布置形式，小城镇污水工程规划，小城镇雨水工程系统规划，小城镇合流制排水规划，小城镇污水处理及污水厂方面的知识，具备全面统一安排和布局小城镇排水系统的能力，保证小城镇生活和生产的正常秩序。

教学重点：小城镇排水的来源及其特点，小城镇排水工程规划原则、内容、步骤、与其他规划的协调，小城镇排水系统的体制选择、系统组成、工程布置形式，小城镇污水工程规划，小城镇雨水工程系统规划，小城镇合流制排水规划，小城镇污水处理及污水厂。

教学难点：小城镇排水工程规划原则、内容、步骤、与其他规划的协调，小城镇排水系统的体制选择、系统组成、工程布置形式，小城镇污水工程规划，小城镇雨水工程系统规划。

第一节 概　　述

在小城镇中给水工程供应的水，在使用过程中受到不同程度的污染，改变了原有的化学成分和物理性质，这些水被称为污水或废水。如果污水或废水不及时排除与处理，将会对环境造成污染和破坏，甚至形成公害，影响生产、生活和人们的健康，危及人类的安全。此外，城镇内的降水也应及时排放，否则会酿成洪涝灾害。这类城镇污水、废水、降水有组织的排除与处理的设施称为排水工程。

小城镇的排水工程同给水工程一样，也是小城镇中最基本的市政工程设施。

一、小城镇排水来源及其特点

按照来源的不同，城镇中排除的水分为三类，即生活污水、工业废水和降水三类。

（一）生活污水

生活污水是指人们日常生活中所用过的水，包括从厕所、浴室、盥洗室、厨房、食堂和洗衣房等处排出的水。生活污水是属于污染的废水，含有较多的有机物，如蛋白质、动植物脂肪、碳水化合物、尿素和氨氮等，还含有肥皂和合成洗涤剂等，以及常在粪便中出现的病原微生物，如寄生虫卵和肠系传染病菌等，这类污水需要经过处理后才能排入水体、灌溉农田或再利用。

（二）工业废水

工业废水是指在工业生产中所排除的废水，来自车间或矿场。由于各种工厂的生产类别、工艺过程、使用的原材料以及用水成分的不同，因此工业废水的水质变化很大。工业废水按照污染程度的不同可分为生产废水和生产污水两类。

1. 生产废水

生产废水是指在使用过程中水质受到轻度污染或水温增高的水。如机器的冷却水属于这一类。通常经某些处理后即可在生产中重复使用，或直接排入水体。

2. 生产污水

生产污水是指水质在生产过程中受到严重污染的水。这类水多半具有危害性。例如，有的含大量的有机物，有的含氰化物、汞、铅、铬等有害和有毒物质，有的含合成洗涤剂等合成有机化学物质，有的物理性状十分恶劣等。这类污水大都需要经过适当处理后才能排放或在生产中使用。有些废水中的有毒物质可能是宝贵的工业原料，对这种废水应尽量回收利用，既可以创造财富，又减轻了污染。

实际上，一种工业可以排除几种不同性质的污水，而一种废水又会有不同的污染物和不同的污染效应。在不同的工业企业，虽然产品、原料和加工过程截然不同，但也可能排出性质类似的废水。

3. 降水

降水指地面上径流的雨水和冰雪融化水。其排除的特点是：时间集中、径流量大，若不及时排泄能使居住区、工厂、仓库等遭受淹没，交通受阻，积水为害，尤其是山区的山洪水危害更大。通常，暴雨径流危害最严重，是排水的主要对象之一。冲洗街道和消防用水等，由于其性质和雨水相似，也并入雨水。通常情况下，雨水不需要处理，直接就近排入水体。

降水的水质主要与流经表面情况有关，一般情况雨后随比较清洁，但初降雨时雨水挟带着大量地面和屋面上的各种污染物质，使其受到污染。流经制革厂、炼油厂及化工厂等地区的雨水，可能含有这些生产部门的污染物质，因此流经这些地区的雨水经过处理后，才能排入水体。

以上三种污水，均需要及时妥善处理，否则将会妨碍环境卫生、污染水体，影响工农业生产及人民生活，甚至对人们的身体健康将产生严重危害。

二、小城镇排水工程存在的问题

1. 资料缺失

某些地区的小城镇往往重道路和地区的建筑建设，轻地下各种管线工程的建设，造成了城镇发展无序，基础资料缺乏。由此造成了规划时缺乏基础资料、经验参数及对城镇经济状况的不了解，可能导致规划的方案不符合实际，可操作性差，而这种偏差会直接影响小城镇的发展，并造成工程上的浪费。

2. 排水设施建设落后

排水设施的建设较为落后，主要表现在几个方面：一是缺乏排水管网和污水处理设施；排水管网不完善，造成局部地段污水横溢，污染了土壤，破坏了城镇环境，影响小城镇的景观。由于排水管网不健全，能有效收集到得污水量有限，加之污水处理设施建设费用较高，因此很多小城镇没有完善的排水管道和污水处理设施。二是排水管网渗漏现象严重。

3. 排水体制混乱

合理的选择排水体制是排水工程的重要组成部分，不仅关系到工程建设与维护，更是关系到环境保护及资金投入。而小城镇排水管网的不完善造成了其排水体制混乱的现状。一些城镇的老城区由于历史原因，大多采用合流制，而城镇新区是分流制。但是现实状况是老城区分流困难，新城区分流不彻底，分流区的雨水系统不完善，最终导致雨水借道污水管网等突出问题。

三、小城镇排水工程规划原则

（1）与城镇整体功能相匹配。排水工程是城镇建设的组成部分，因此，排水工程规划必须符合小城镇规划所确定的原则，从全局观点出发，合理布局，并和其他单项工程建设密切配合、互相协调，使其成为整个城镇有机的组成部分。

（2）充分发挥排水系统功能，满足使用要求。规划中应力求排水系统完善，技术先进，设计合理，能快速排除污水、废水和雨水。对城镇污水能妥善的处理与排放，以保护水体和环境卫生。

（3）符合环境保护需求。全面规划，合理布局，综合利用，尽可能减少污染源，化害为利，保护和改善生态环境，造福人民。

（4）充分利用原有的排水设施。进行小城镇的排水工程规划时，要从小城镇的实际情况出发，受到资金等方面的制约，可以寻找改造利用的可能途径，使原有设施的可保留改造部分发挥最大的效益，是新规划系统和原有系统相结合。

（5）考虑工程建设的经济性。对于很多小城镇来说，资金是制约市政工程设施建设的一大瓶颈，在规划时，应尽可能降低工程总造价与日常维护管理费用，节省投资。如尽量使各种排水管网系统简单、直接、埋深浅，减少或避免雨水或污水的中途提升等。在规划工业废水排除系统时，充分考虑采用循环使用的可能性，减少排水量、相应节约用水量。

（6）处理好近远期规划的关系。规划中应以近期为主，充分考虑远期发展可能，做好分期建设的安排。

以上是排水工程规划中应考虑的一般原则，在实际工程中，应针对具体情况，提出一些补充规定与要求。规划中要分清主次，使方案合理、经济、实用。

四、排水工程规划的内容与工作程序

（一）小城镇排水工程规划的内容

1. 小城镇排水工程总体规划的内容与深度

（1）确定排水体制。

（2）划分排水区域，估算雨、污水总量，制定不同地区的污水排放标准。

（3）进行排水管渠系统规划布局，确定雨污水的主要排除泵站数量、位置，以及水闸位置。

（4）确定污水处理厂的数量、分布、规模、处理等级以及用地范围。

（5）确定排水干管、渠的走向和出口位置。

（6）提出污水综合利用措施。

在其总体规划图上标示小城镇排水设施的位置、用地范围，排水干管、渠的布置、走向、出水口位置等。

2. 小城镇排水工程详细规划的内容

（1）估算规划范围内雨水量与污水排放量。

（2）确定规划范围内管线平面位置、管径、主要控制点标高。

（3）提出污水处理工艺初步方案。

（4）进行造价估算。

主要图纸上标示规划范围内各类排水设施的位置、规模、用地范围，排水管渠走向、位置、管径、长度和主要控制点的标高，以及出水口位置等。

3. 规划图纸

（1）排水区域现状及规划图。主要反映现状的排水分区、防洪、排水沟（渠）管的长度、坡度等，比例一般为 1∶2000～1∶50000。

（2）排水工程规划图。主要反映排水泵站的位置、标高，排水管渠的起点终点埋设标高，排水汇水分区等。常用比例为 1∶1000、1∶2000、1∶5000、1∶10000。

（二）小城镇排水工程规划的工作程序

小城镇排水工程规划包括小城镇污水工程规划和雨水工程规划，具体规划时根据不同的排水体制有不同的方式，既可合并进行规划，也可分开进行。实际规划中，运用较多的方式是污水和雨水分开进行规划。本工作程序按照分开的方式进行表述。总体程序分为两部分。首先进行排水体制的选择，其次分为污水处理与雨水排放两条主体程序。污水处理的主体程序为：预测小城镇污水量——→污水处理工程设施规划——→污水管网与输送工程设施规划——→详细规划范围内污水管网规划。雨水排放的主体程序为：小城镇雨水排放工程设施规划——→雨水管网与输送工程设施规划——→详细规划范围内雨水管网规划。

1. 污水工程规划

小城镇污水工程规划的主要程序如下。

（1）污水量预测。根据小城镇发展总体目标、小城镇用水量规模及重复利用状况，预测小城镇的污水量。

（2）污水处理设施规划。先进行小城镇现状污水处理设施、水环境分析及周边自然地理条件、生态系统等实际情况分析，根据小城镇排水工程规划目标、规划总体布局，以及区域或流域内水利与污水处理规划，进行各种类型小城镇污水处理厂等设施规划布局。

小城镇的污水总量稍小，周边自然环境种类多样，处理设施相对类型较多，合理选择污水处理工程设施类型并进行布局也是区域或流域污水处理系统的重要组成部分。因此，确定小城镇的污水处理设施的类型与布局后，应及时反馈至区域或流域水系统主管部门，以便协调和完善区域或流域水利和污水处理规划。同时，小城镇污水处理厂的布局涉及小城镇规划总体布局，尤其对小城镇自身或周边村镇的取水工程影响非常大，因此，也应及时反馈给小城镇规划主管部门，以便及时调整，促进小城镇和周边地区的统筹发展。

（3）小城镇污水管网与输送设施规划。根据小城镇污水处理工程设施规划、小城镇总体布局，结合小城镇现状污水管网布局，进行小城镇污水管网与输送工程设施规划，并且反馈到小城镇规划部门，落实污水输送工程设施的用地布局。

（4）详细规划范围内污水管网规划。根据规划范围内的详细规划布局，估算该范围内的污水量，然后根据污水量分布、污水管网与输送工程设施规划，结合详细规划的布局，布置该范围内的污水管网。若该范围内采用单独的污水处理系统，此阶段还应包括小型污水处理设施布置等内容。初步确定污水管网布置后，及时反馈给小城镇规划设计人员，具体落实污水管网与设施位置。

2. 雨水工程规划

（1）雨水排放设施规划。根据小城镇降水等自然条件及现状雨水排放系统调研结果，结合小城镇排水系统规划目标和小城镇总体规划布局，进行小城镇雨水排放口、水闸、排涝站等雨水排放设施布局。小城镇雨水排放设施涉及区域或流域水利规划，应及时反馈给与区域或流域水利、防洪主管部门，调整与完善区域或流域水利规划。同时，应反馈给小城镇规划部门，落实这些设施的用地布局。

（2）雨水管网与输送设施规划。在小城镇雨水排放设施规划的同时，根据降水等自然环境及现状雨水排放设施调研，结合小城镇总体规划布局进行小城镇雨水管网与输送设施规划，并反馈至小城镇规划部门，以落实管网和设施的用地布局，并适当调整小城镇总体规划布局。

（3）详规范围内的雨水管网规划。首先根据小城镇降雨量强度公式计算详规范围内的降水量，然后根据雨水管网与输送设施规划，布置详规范围内的雨水管网及输送设施；同时，反馈给小城镇规划设计人员，以具体布置雨水管网及设施。详规范围内的雨水管网规划将作为该规划范围的雨水排放工程设计依据。

第二节　小城镇排水系统的体制选择

生活污水、工业废水和降水是采用一个管渠系统来排除，或者是采用两个或两个以上各自独立的管渠系统来排除，将直接影响到污水管道系统的设计、施工等。对于生活污水、工业废水和降水采取的汇集方式，称作排水体制。按照污水汇集方式，排水体制可以分为合流制和分流制两种类型。

一、排水工程系统的体制

（一）合流制排水系统

将生活污水、工业废水和降水用一个管渠系统汇集输送的称为合流制排水系统。根据污水、废水、降水径流汇集后的处理方式不同，可分为两种情况：

1. 直排式合流制

布置管渠系统时就近坡向水体，分为若干个排出口，混合的污水未经处理直接排泄入水体。我国许多城镇旧城区的排水方式大多是这种系统。这是因为以往工业尚不发达，城镇人口不多，生活污水和工业废水量不大，加上环境保护意识淡薄，直接泻入水体，对环境卫生及发生水体污染问题还不是很严重。但是随着经济和城镇的发展，污水量不断增加，水质日趋复杂，污水未经过无害化处理就直接排放，会使收纳水体遭到严重污染。因此，这种直泄式合流制排水系统目前不宜在规划时采用。整个排水系统如图4-1所示。

2. 截流式合流制

在早期直排式合流制排水系统的基础上，临河岸边建造一条截流干管，同时，在截流干管处设置溢流井，并设置污水处理厂，如图4-2所示。

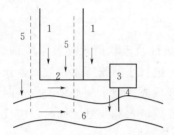

图4-1　直排式合流制排水系统

1—污水干管；2—污水主干管；3—污水厂；

4—出水口；5—雨水干管；6—河流

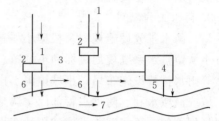

图4-2　截流式合流制排水系统

1—合流干管；2—溢流井；3—截流主干管；4—污水厂；

5—出水口；6—溢流干管；7—河流

晴天和初雨时，所有污水都排送到污水厂，经过处理后排入水体，随着降雨量的增加，雨水径流也随之增加，当混合污水的流量超过截流干管的输水能力后就有部分混合污水经溢流井溢出直接排入水体。这种截流式合流制排水系统较前一种方式前进了一大步，但仍有部分混合污水未经处理，经溢流井溢出直接排入水体，成为水体污染源而使水体遭受污染，这是它最大的缺点。国内外改造老城区的合流制排水系统时，通常采用这种方式。

(二) 分流制排水系统

当生活污水、工业废水和雨水用两个或两个以上排水管渠排除时，称为分流制排水系统。其中排除生活污水，工业废水的系统称为污水排水系统；排除雨水的系统称为雨水排水系统。

(1) 完全分流制。分设污水和雨水两个管渠系统，前者汇集生活污水、工业废水，送至处理厂，经处理后排放和利用；后者汇集雨水和部分工业废水（较洁净），就近排入水体。该体制卫生条件较好，但仍有初期雨水污染问题，其投资较大。新建的城镇和重要工矿企业，一般应采用该形式。工厂的排水系统，一般采用完全分流制，甚至要清浊分流，分质分流。有时，需几种系统来分别排出不同种类的工业废水，如图4-3所示。

(2) 不完全分流制。只有污水管道系统而没有完整的雨水管渠排水系统。污水经由污水管道系统流至污水厂，经过处理利用后，排入水体；雨水通过地面漫流进入不成系统的明沟或小河，然后进入较大的水体，如图4-4所示。

该种体制投资少，主要用于有合适的地形，有比较健全的明渠水系的地方，一边顺利排泄雨水。在降水极少的地区，由于降水量少，水资源宝贵，也可以采取这种形式，以充分利用雨水资源。对于某些新建城镇或发展中地区，为了节省投资，常先采用明渠排除雨

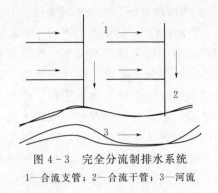

图4-3 完全分流制排水系统

1—合流支管；2—合流干管；3—河流

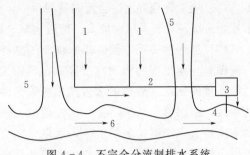

图4-4 不完全分流制排水系统

1—污水干管；2—污水主干管；3—污水厂；

4—出水口；5—明渠或小河；6—河流

水，待有条件以后，再改建雨水暗管系统，变成完全分流制系统。对于地势平坦，多雨易造成积水地区，不宜采用不完全分流制。

二、排水体制的选择

合理选择排水体制，是城镇排水系统规划中的一个十分重要的问题。它关系到整个排水系统是否使用，能否满足环境保护的要求，同时也适应排水工程的总投资、初期投资和经营费用。一般应根据小城镇总体规划、环境保护的要求、污水利用处理情况、原有排水设施、水环境容量、地形、气候条件等，从全局出发，通过技术经济比较，综合考虑确定。下面从不同的角度进一步说明各种体制的使用情况。

（1）环境保护方面。截留式合流制排水系统同时汇集了全部污水和部分雨水输送到污水处理厂，特别是初期的污水带有较多的悬浮物，其水质较差，这对保护水体有利。但当雨水量超过一定程度时会通过溢流井将部分生活污水、工业废水泄入水体，周期性的给水体带来一定程度的污染，对环境造成了一定污染。分流制排水系统，将小城镇污水全部送到污水处理厂处理，初期雨水未经处理直接排入水体。从环境卫生方面分析，究竟哪一种体制较为有利，要根据当地具体条件分析比较才能确定。一般情况下，截流式合流制排水系统对保护环境卫生、防止水体污染而言不如分流制排水系统。由于分流制排水系统比较灵活，较容易适应发展需要，通常能符合城镇卫生要求，因此，目前得到广泛应用。

（2）基建投资方面。合流制排水体制只需要一套管渠系统，大大减少了管渠的总长度，而且管渠造价在排水系统总造价中占70%～80%，所以合流制的总造价比分流制要低。从节省初期投资考虑，初期只建污水排除系统而缓建雨水排除系统，可以节省初期投资费用，同时施工期限短，发挥效益快，随着城镇的发展，再行建设雨水管渠。

（3）维护管理方面。合流制排水管渠可利用雨水剧增的流量来冲刷管渠中的沉积物，维护管理较为方便、简单，可降低管渠的维护管理费用。但对于泵站和污水处理厂，由于设备容量大，晴天和雨天流入污水厂的水量和水质变化都很大，使得泵站与污水厂的运行管理较为复杂，增加了日常的运行费用。分流制中排入污水厂的污水水量和水质较为稳定，利于污水处理和运行管理。

（4）施工管理方面。合流制管线单一，减少了与其他市政管线、构筑物的交叉，管渠施工较为简单。对于人口密度大、街道狭窄、地下设施较多的地区，管渠施工问题会比较多。

（5）近远期关系方面。排水体制的选择要考虑到近期、远期建设的关系，在规划设计时应做好分期工程的协调与衔接。在城镇发展的新区，可以分期建设，先建污水管，收纳污染严重的污水，后建雨水管或用明渠过渡；在城镇发展进度很快，地形平坦，综合开发的新区，雨水管道系统适宜一次性建成。而在地形平坦，下游有一条水量充沛的水流，污水浓度较大，街道狭窄的地区，可以采用合流制。由于旧城区多为合流制，则只需在河流管出口处理设截流管，即可初步改善环境质量，与分流制相比，工程量少，易于上马且工时短。旧城区的合流制过渡到分流制涉及许多问题，需要因地制宜，综合考虑，进行技术经济比较。

总之，排水体制的选择应根据小城镇的具体情况分析。一般新建的排水系统宜采用分流制，但在附近有水量充沛的河流或近海，发展受到限制的小城镇地区，在街道狭窄，地下设施多，修建污水和雨水管线有困难的地区，或在雨水稀少，废水全部处理的地区等，采用合流制也是更适宜的。

一个城镇中，也可能既有分流制也有合流制，这是与城镇发展的不同时期相联系的。城镇建设初期，周围水体良好，排除污水规模小，因受建设资金的限制，往往采用合流制，甚至是直排式。随着城镇发展和水环境恶化，逐渐在水体岸边进行污水截流，排入污水处理厂；而新建城镇往往直接按雨污分流规划设计，有的结合旧区改造，变合流制为分流制，导致了城镇中存在混合的排水体制。混合制有两种情况，一种是分流制区域和合流制区域相互独立，分别明显；另一种是同一区域既有分流制管道，又有合流制管道，甚至是同一干管中同时接纳污水和雨水混合水流。城镇中由于各地区自然条件及建设情况的不同，应该因地制宜地采取不同的排水体制。

第三节　小城镇排水系统组成与工程布置形式

一、小城镇排水系统的组成

小城镇排水工程系统通常由排水管道（管网）、污水处理系统（污水厂）和出水口组成。管道系统是收集和输送废水的设施，包括排水设备、检查井、管渠、泵站等。污水处理是改善水质和回收利用污水的工程设施，包括城镇及工业企业污水厂（站）中的各种处理物和除害设施。出水口是使废水排入水体并与水体很好混合的工程设施。

1. 生活污水排水系统

生活污水排水系统的任务是收集居住区和公共建筑的污水送至污水厂，经处理后排放或再利用。

（1）室内污水管道系统和设备。在现代化的房屋里，固定式面盆、浴缸、便桶等统称为房屋卫生设备。这些设备是生活污水排除系统的起端设备。通过这些设备收集生活污水，然后将污水通过出户管送至下一级管道系统。在每一出户管与室外庭院或街坊管道相接点设检查井，供检查和清通管道用。

(2) 室外污水管道系统。分布在房屋出户管外，一般埋在地下靠重力输送。其中敷设在一个庭院内，并连接各房屋出户管的为庭院管道系统；敷设在一个街坊内，并连接一群房屋出户管或整个街坊内房屋出户管的管道系统称为街坊管道系统；生活污水从室内管道系统，再流入街坊管道系统。在一个市区内，由支管、干管和主干管等组成。支管承受庭院或街坊污水管道的污水，通常管径不大；干管是汇集输送由支管流来的污水；主干管是汇集输送由两个以上干管流来的污水，并将污水送至污水处理厂或排放地点。室外污水管道系统上的附属构筑物有检查井、跌水井、倒虹管等。

(3) 污水泵站。污水一般以重力流排除，但受到地形等条件的限制需要把低处的水向上提升，需要设泵站，分为中途泵站、终点泵站和局部泵站。

(4) 污水处理厂。供处理和利用污水和污泥的一系列构筑物及附属构筑物的综合体。

(5) 出水口。在管道系统中途，某些易于发生故障的部位，设辅助性出水口，在必要时，使污水从该处排入水体。图4-5为污水排水系统平面示意图。

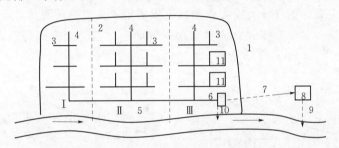

图4-5 污水排水系统平面示意图

1—小城镇边界；2—排水流域分界线；3—污水支管；4—污水干管；5—污水主干管；6—污水泵站；
7—压力管；8—污水处理厂；9—出水口；10—事故出水口；11—工厂；Ⅰ、Ⅱ、Ⅲ—排水流域

2. 工业废水排水系统

工业废水排水系统是将车间及其他排水对象所排除的不同性质的废水收集起来，送至回收利用和处理构筑物处理或排放至城镇污水排水系统。若水质比较干净可以不经处理直接排入水体。工业废水排水系统主要由几个部分组成：车间内部管道系统和设备，厂区管道系统，废水泵站和压力管道，废水处理站，出水口（渠）。

3. 雨水排水系统

雨水来自两个方面，一部分来自屋面，一部分来自地面。屋面上的雨水通过天沟或竖管流至地面，然后随着地面雨水一起排出。地面上雨水通过路面上的雨水口流至雨水管道。雨水排水系统主要为：

(1) 房屋雨水管道系统包括天沟、竖管及房屋周围的雨水管沟。

(2) 街坊或厂区和街道雨水管渠系统，包括雨水口、庭院雨水沟、支管、干管等。

(3) 泵站。

(4) 出水口（渠）。

雨水水质相对洁净，因此不需要处理，一般可以直接就近排入自然水体。在地势平坦、区域较大的小城镇或者河流洪水水位较高，雨水自然流放有困难的情况下，应设置雨水泵站排水。

二、小城镇排水系统的布置

1. 小城镇排水工程系统的布置形式

小城镇排水系统的平面布置，应根据地形地貌、竖向规划、污水处理厂位置、周围水体情况、污水种类和污染情况，及污水处理利用的方式、水源规划、区域水污染控制规划等因素综合考虑来确定。下面是几种以地形为主要因素的常见布置形式。

（1）正交式布置。在地势向水体适当倾斜的地区，各排水流域的干管可以最短距离与水体垂直相交的方向布置，称为正交式。这种方式干管长度短，管径小，污水排除速度快，造价低。但污水未经处理就直接排放，使水体污染严重。因此这种方式在规划中仅用于排除雨水，见图 4-6（a）。

（2）截流式布置。在正交式布置的基础上，沿河岸侧再敷设总干管，将各干管的污水截留送至污水厂，这种污水排放布置方式称为截流式，见图 4-6（b）。这种方式可以减轻水体污染，对改善和保护环境有重大作用，不仅适用于合流制污水排放系统，也适用于分流制污水排放系统。对于截流式合流制排水系统而言，因雨天有部分混合污水排入水体，易造成水体污染。

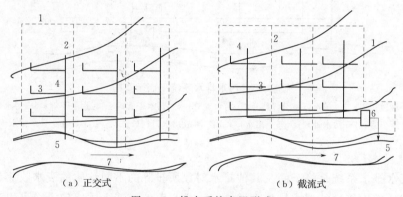

图 4-6　排水系统布置形式

1—小城镇边界；2—排水流域分区界线；3—支管；4—干管；5—出水口；6—泵站；7—河流

（3）平行式布置。在地势向河流方向有较大倾斜的地区，为了避免因干管坡度及管内流速过大，使干管受到严重冲刷或跌水井过多，可使干管与等高线及河道基本上平行，主干管与等高线及河道成一定的倾斜角度敷设，称为平行布置，见图 4-7（a）。

（4）分区式布置。在地势高差相差很大的地区，当污水不能靠重力自流至污水处理厂时，可采用分区布置的形式，分别在高低区敷设独立的管道系统。高区污水以重力自流的形式流入污水处理厂，低区污水则利用水泵送至高区干管或污水处理厂。这种方式只能适用于阶梯地形或起伏很大的地区，其优点是能充分利用地形排水，节省电力和运营成本。若将高区污水排至低区，在用水泵一起抽送至污水处理厂则是不经济的，见图 4-7（b）。

（5）分散式布置。当城镇周围有河流，或小城镇中央部分地势高，地势向周围倾斜的地区，各排水流域的干管经常采用辐射状分散布置，各排水流域具有独立排水系统。这种布置形式具有干管长度短、管径小、管道埋深浅、偏于污水灌溉等优点，但污水厂和泵站

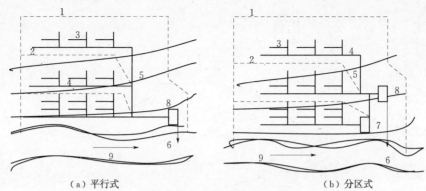

（a）平行式　　　　　　　　　　　（b）分区式

图 4-7　排水系统布置形式

1—小城镇边界；2—排水流域分区界线；3—支管；4—干管；5—主干管；
6—出水口；7—泵站；8—污水处理厂；9—河流

的数量将增多。在地势平坦的大小城镇，采用辐射状分散布置比较有利，见图 4-8（a）。

（6）环绕式布置。由于建造污水厂用地不足，以及建造大型污水厂的基建投资和运行管理费用也较建设多个小型污水厂经济等原因，故不希望建造数量多规模小的污水厂，而倾向于建造规模大的污水厂，所有由分散式发展成环绕式，见图 4-8（b）。

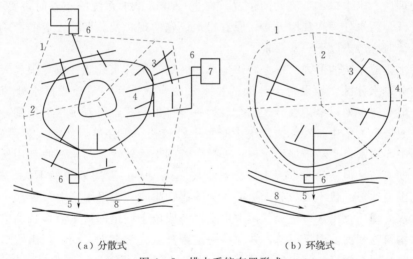

（a）分散式　　　　　　　　　　　（b）环绕式

图 4-8　排水系统布置形式

1—小城镇边界；2—排水流域分区界线；3—支管；4—干管；5—出水口；6—泵站；7—灌溉田；8—河

（7）区域性布置形式。把两个以上城镇地区的污水统一排除和处理的系统，称为区域布置形式。这种方式使污水处理设施集中化、大型化，有利于水资源的统一规划管理和使用；节省投资，运行稳定，占地少。这是水污染控制和环境保护的发展方向。但也有管理复杂，工程基建周期长，工程效益慢等缺点。比较适用于城镇密集区及区域水污染控制的地区，并应与区域规划相协调，见图 4-9。

2. 城镇排水工程系统的布置要素

城镇排水工程系统的平面布置是确定城镇排水系统各组成部分的平面位置，这是城镇排水工程规划的主要内容。城镇排水系统的布置与排水体质有密切关系。分流制中，污水

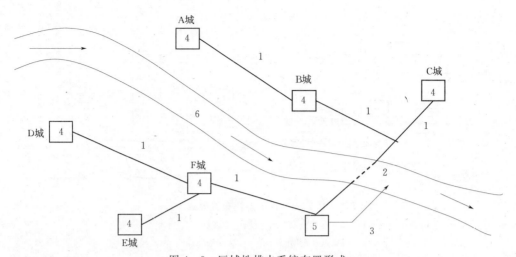

图 4 - 9　区域性排水系统布置形式

1—污水主干管；2—压力管道；3—排放管；4—泵站；5—区域污水处理厂；6—河流

系统的布置要确定污水处理厂、出水口、泵站、主要管渠的布置或其他利用方式；雨水系统布置要确定雨水管渠、排洪沟和出水口的位置等；合流制系统的布置要确定管渠、泵站、污水处理厂、出水口、溢流井的位置。在进行城镇排水系统的布置时，要考虑地形、城镇功能分区、污水处理和利用方式、原有排水设施的现状及分期建设等的影响。在布置城镇排水系统时应考虑以下一些要素。

（1）污水排放系统的形式。根据城镇地形和区划，按分水线和建筑界限、天然和人为的障碍物划分排水分区，如果每个分区的排水系统自成体系，单独设污水处理厂和出水口，称为分散布置；如果个排放分区组合成为一个排水系统，所有污水汇集到一个污水处理厂处理排放，称为集中布置。通常集中布置干管较长，需穿越天然或人为障碍物较多，但污水厂集中，出水口少易于加强管理；分散布置则干管较短，污水回收利用便于接近用户，利于分期实施。但需建几个污水厂。对小城镇来说，一般用地规模不大，较为集中，建设用地范围内地形起伏不大，无天然或人为障碍物阻隔，宜采用集中布置。

（2）污水处理厂及出水口位置。污水出水口一般位于城镇河流下游，特别应在城镇给水系统取水构筑物和河滨浴场下游，并保持一定距离（通常至少 100m），出水口应避免设在回水区，防止回水污染。污水处理厂位置一般与出水口靠近，以减少排放渠道的长度。污水处理厂一般也在河流下游，并要求在城镇夏季最小频率风向的上风侧，与居住区或公共建筑有一定的卫生防护距离。当采取分散布置，设几个污水厂与出水口时，将使污水厂位置选择复杂化，可采取以下几项措施弥补：如控制设在上游污水厂的排放，将处理后的出水引至灌溉田或生物塘；延长排放渠道长度，将污水引至下游再排放；提高污水处理程度，进行三级处理等。

（3）污水的利用和处理方式。污水的受纳体包括江、河、湖、海等受纳水体和荒废地、劣质地、山地以及受纳农业灌溉用水的农田等受纳土地。污水受纳水体应满足其水域功能的环境保护要求，有足够的环境容量，雨水受纳水体应有足够的排泄能力或容量；受纳土地应具有足够的环境容量，符合环境保护和农业生产的要求。污水受纳体一般适宜在小城镇规划区范围内选择，并根据小城镇性质、规模、地理位置、自然条件，结合小城镇实际，综合分析比较确定。城镇污水重复利用随着水资源的日益匮乏而越来越受到重视，污水的利用方式对城镇排水系统的布置有较大影响，并应考虑城镇水源和给水工程系统的规划。城镇污水的不同处理要求和处理方式也对城镇排水系统的布置产生影响。

（4）工业废水和城镇污水的关系。工业废水中的生产废水一般由工厂直接排入水体或排入城镇雨水管渠。生产污水排放有两种情况：一是工厂独立进行无害化处理后直接排放；二是一般性的生产污水直接排入城镇污水管道，而有害的生产污水经过无害化处理后直接排放或先在工厂内经过预处理后再排往城镇污水处理厂合并处理。一般，当工业企业位于城镇内，应尽量考虑工业生产污水排入城镇污水管道系统，一起排除与处理，这是比较经济合理的。而第一种情况有利于较快的控制生产污水污染。

（5）污水主干管的位置。每一个排水区域一般有一条或几条主干管，汇集各干管的污水。为了便于干管便于接入，主干管不能埋置太浅；但也不宜太深，给施工带来困难，增加造价。原则上在保证干管能接入的前提下尽量使整个地区管道埋深最浅。主干管通常布置在集水线上或地势较低的街道上。若地形向河道倾斜，则主干管常设在沿河的道路上。主干管不宜设置在交通频繁的街道上，最好设在次要街道上，便于施工和维修。主干管的走向取决于城镇布局及污水厂的位置，主干管终端通向污水厂，其起端最好是排泄大量工业废水的工厂，管道建成后可立即得到充分利用，水利条件好。在决定主干管具体位置时，应尽量避免减少主干管与河流、铁路的交叉，避免穿越劣质土壤地区。

（6）泵站的数量位置。由主干管布置情况综合考虑决定。排水管道为保证重力流，都有一定坡度，一定距离后，管道将埋置很深，造成工程量太大和施工困难，所以采取在管道中途设置提升泵站的方法，来减少管道埋深。但中途泵站的设置将增加泵站本身造价及运行管理费用，这些应通过技术经济比较来综合确定。

（7）雨水管渠布置。根据分散和直接的原则，密切结合地形，就近将雨水排入水体。布置中可根据地形条件，按分水线划分排水区域，各区域的雨水管渠一般采取与河湖正交布置，以便采用较小的管径，以较短距离将雨水迅速排除。

（8）排水方式的选择。传统的排水系统采用重力流排水方式，需要有较大的管径和必要的坡度，通常埋设较深，开挖面积大，工程造价高，对地域广阔、人口密度低、地形地质受限的地区很不适用。近年来，一些小城镇开始采用压力式或真空式排水方式，得到较好的应用，尤其适应于地形地质变化大的地区，管网密集、施工困难的地区，不准破坏景观的自然风貌和历史文化保护区，居民分散、人口密度低的别墅、观光区等。在这些地区，相对于重力流方式具有管道口径小、工程量小、施工方面、建设周期短、建设费用低、方便污水厂选址等优点，但其管理维护要求高，所以多应用在一些特殊地段上。

（9）排水管道与竖向设计关系。排水管道布置应与竖向设计相一致。竖向设计时结合土方量计算，应充分考虑城镇排水要求。排水管道的流向及街道上的布置应与街道标高、坡度协调，减少施工难度，另外发生管道溢流，可使溢流水沿地面排除，减少路面积水。

第四节 小城镇污水工程规划

小城镇排水分为污水管道和污水处理厂两部分。小城镇污水管道系统规划的基本任务包括城镇污水和工业废水流量的确定、排水分区的划分；污水管道的定线和平面位置、污水管道的水力计算以及污水管道在道路上的位置确定等内容，这是小城镇污水工程规划的主要内容。污水处理厂规划则主要是选址、用地规模的确定以及工艺流程的选择等内容。

一、小城镇污水量预测和计算

（一）小城镇总体规划污水量计算

小城镇污水量包括城镇生活污水量和部分工业废水量，它与城镇规划年限、发展规模、城镇性质等有关，是小城镇污水管道系统规划设计的基本数据。

在估算小城镇污水量时，可以用小城镇综合用水量（平均日）乘以小城镇综合生活污水排放系数确定。

污水排放系数是在一定计算时间（年）内的污水排放量与用水量（平均日）的比值。污水排放系数可分为小城镇污水排放系数、小城镇综合生活污水排放系数、小城镇工业废水排放系数。污水排放系数结合小城镇实际，比较小城镇污水排放系数（0.75～0.90）确定。综合生活污水排放系数应根据小城镇规划的居住水平，给排水设施完善程度与小城镇排水设计规划的普及率及公共设施配套水平确定；小城镇综合生活污水排放系数可根据小城镇总体规划对居住、公共设施等建筑物室内给排水设施水平要求，结合小城镇镇区改造保留现状，对比《小城镇排水工程规划规范》中小城镇建筑室内排水设施的完善程度三种类型划分，确定小城镇规划建筑室内排水设施完善程度后，一般可在 0.85～0.95 范围内比较选择确定。小城镇工业废水排放系数应根据其工业结构、工业分类、生产设备和工艺水平，小城镇污水设施排放系数按表 4-1 确定。

表 4-1　　　　　　　　　　　　小城镇污水排放系数

污水性质		排放系数
小城镇污水		0.75～0.90
小城镇生活污水		0.85～0.95
工业废水	一类工业	0.80～0.90
	二类工业	0.8～0.95
	三类工业	0.75～0.95

注　1. 排水系统完善的小城镇排放系数取大值，一般小城镇取小值。
　　2. 工业分类系指小城镇规划工业分类。

在城镇总体规划阶段城镇不同性质用地污水量也可以参照《小城镇给水工程规划规范》中不同性质用地用水量乘以相应的分类污水排放系数确定。

（二）小城镇详细规划污水量计算

1. 生活污水设计流量

（1）居住区生活污水量的计算。生活污水也像城镇生活用水量一样，也逐年、逐月、逐日、逐时发生变化。城镇污水管道规划设计中需确定生活污水的最高时污水流量，常由平均日污水量与总变化系数求得。

$$Q_1 = (nNK_z) / (24 \times 3600) \tag{4-1}$$

式中：Q_1 为居住区生活污水设计流量，L/s；n 为居住区生活污水定额，L/（cap·d）；N 为设计人口数；K_z 为生活污水量总变化系数；cap 为"人"的计量单位。

居住区生活污水定额可参照居民生活用水定额或综合生活用水定额。居住生活污水定额是指居民每人每天日常生活中洗涤、冲厕、洗澡等产生的污水量［L/（cap·d）］。综合生活污水定额指居民生活污水和公共设施（包括娱乐场所、宾馆、浴室、商业网点、学校和机关办公室等地方）排除污水两部分的总和［L/（cap·d）］。

居民生活污水定额和综合生活污水定额应根据当地采用的用水定额，结合建筑内部给排水设施水平和排水系统普及程度等因素确定。

（2）设计人口。指污水排水系统设计期限终期的规划人口数，是计算污水设计流量的基本数据。该值是由城镇（地区）的总体规划确定的。由于城镇性质或规模不同，城镇工业、仓储、交通运输、生活居住用地分别占城镇总用地的比例和指标有所不同。因此，在计算污水管道服务的设计人口时，常用人口密度与服务面积相乘得到。

人口密度表示人口分布的情况，是指住在单位面积上的人口数，以 cap/ha 表示。若人口密度所用的地区面积包括街道、公园、运动场、水体等，该人口密度称作总人口密度。若所用的面积只是街区内的建筑面积时，该人口密度称作街区人口密度。在规划或初步设计时，计算污水量是根据总人口密度计算，而在进行技术设计或施工图设计时，一般采用街区人口密度计算。

（3）变化系数。城镇污水量每时每刻都在发生变化。在一年之中，冬季和夏季不同；一日之中，白天和夜晚不一样，每个小时也有变化。甚至在一个小时内，污水量仍然是在变化中的。这种变化给污水管道规划设计带来一定不便，在污水管道规划设计中，通常都是假定在一小时内污水流量是均匀的。但对这种变化的幅度应给予计算，以保证管网的正常运行。污水量的变化情况通常用变化系数表述。变化系数有日变化系数、时变化系数和总变化系数为

日变化系数　　　　　　$K_d = \dfrac{最高日污水量}{平均日污水量}$

时变化系数　　　　　　$K_h = \dfrac{最高日最高时污水量}{最高日平均时污水量}$

总变化系数　　　　　　$K_z = K_d K_h$

污水量变化系数随污水流量的大小而不同。污水流量越大，其变化幅度越小，变化系数较小；反之则变化系数越大。综合生活污水量总变化系数可按当地实际综合生活污水量变化资料采用；没有测定资料时，可按表 4-2、表 4-3 的规定取值。

表 4-2				生活污水量总变化系数				
污水平均日流量/（L·s⁻¹）	≤5	15	40	70	100	200	500	1000	≥1500
K_z	2.3	2.0	1.8	1.7	1.6	1.5	1.4	1.3	1.2

表 4-3				综合生活污水量总变化系数				
污水平均日流量/（L·s⁻¹）	≤5	15	40	70	100	200	500	≥1000
K_z	2.3	2.0	1.8	1.7	1.6	1.5	1.4	1.3

注　当污水平均日流量为中间数值时，总变化系数可用内插法求得。

2. 工业企业生活污水量计算

工业企业的生活污水主要来自生产区的食堂、浴室、厕所等。其污水量与工业企业的性质、脏污程度、卫生要求等因素有关。工业企业职工的生活污水量标准根据车间性质确定，一般采用 25～35L/（人·班），时变化系数为 2.5～3.0。淋浴污水量标准按表 4-4 确定。淋浴污水量在每班下班后一小时均匀排出。

工业企业生活污水量用下式计算

$$Q_2 = \frac{25 \times 3.0 A_1 + 35 \times 2.5 A_2}{8 \times 3600} + \frac{40 A_3 60 A_4}{3600} \qquad (4-2)$$

式中：Q_2 为工业企业职工的生活污水量，L/s；A_1 为一般车间最大班的职工总人数，人；A_2 为热车间最大班的职工总人数，人；A_3 为三、四级车间最大班使用淋浴的人数，人；A_4 为一、二级车间最大班使用淋浴的人数，人。

表 4-4	淋浴用水量	
分级	车间卫生特征	用水量/（L·s⁻¹）
一级、二级	非常脏污，对身体有较严重的污染	60
三级、四级	不太脏的车间，有粉尘	40

3. 工业废水量的计算

工业企业废水量应该根据工艺特点，按工厂或车间的日产量和单位产品的废水量计算，其计算公式如下

$$Q_3 = \frac{mMK_Z}{3600T} \qquad (4-3)$$

式中：Q_3 为工业废水量，L/s；m 为生产单位产品排除的平均废水量，L/单位产品；M 为每日生产的产品数量，单位产品；T 为每日生产的小时数，h；K_Z 为总变化系数。

工业废水量也可按生产设备的数量和每一台设备单位时间排出的废水量计算，其总量也随着各行业类型、采用的原材料、生产工艺特点和管理水平等有较大差异。近年来，随着国家对水资源开发利用和保护的日益重视，有关部门正在制定各工业的工业用水量等规定，排水工程设计时应与之协调。

工业废水量的日变化一般较少。其日变化系数一般是 1，时变化系数可实测。某些工业废水量的时变化系数大致如下，可供参考使用：冶金工业 1.0～1.1；化学工业 1.3～1.5；纺织工业 1.5～2.0；食品工业 1.5～2.0；皮革工业 1.5～2.0；造纸工业 1.3～1.8。

上述当有两个及两个以上工厂的生产污水排入同一干管时，参考《小城镇排水工程规划规范》，应在各工厂的污水量相加后再乘一折减同时系数 C，C 值可按相关标准提出的下列数值范围表 4－5 中选取。

表 4－5　　　　　　　　　　　**工业企业折减同时系数表**

工厂数	折减同时系数 C
2～3	0.95～1.00
3～4	0.85～0.95
4～5	0.80～0.85
5 以上	0.70～0.8

4. 地下水渗入量

在地下水位较高地区，因当地土质、管道及接口采用的材料及施工质量选择确定，小城镇可考虑 10％左右的地下水渗入量。

5. 城镇污水量的计算

城镇污水量通常是上述几项污水量累加计算，其公式如下

$$Q＝Q_1＋Q_2＋Q_3 \tag{4－4}$$

式中：Q 为城镇污水管道设计污水流量，L/s。

工业废水量 Q_3 中，凡不排入城镇污水管道的工业废水量不予计算。

二、小城镇排水管道系统的布置

小城镇排水工程系统的平面布置是小城镇排水工程规划的主要内容，它是在计算出城镇排水量后，结合确定的排水体制及污水处理与利用方案进行的。在分流制中，污水系统的布置要确定污水处理厂、出水口、泵站、主要管渠的布置或其他利用方式。在合流制中，污水系统的布置要确定管渠、泵站、污水处理厂、出水口、溢流井的位置。无论哪种排水体制，在进行系统布置时，都要考虑地形、地物、城镇功能分区、污水处理和利用方式、原有排水设施的现状及分期建设等影响。

（一）污水管道系统平面布置形式

污水管道平面布置，一般先确定主干管，再确定干管，最后确定支管的顺序进行。在总体规划中，只决定污水主干管、干管的走向与平面位置。在详细规划中，还要决定污水支管的走向及位置。

1. 污水干管的布置形式

按干管与地形等高线的关系分为平行式和正交式两种。平行式布置的特点是污水干管与等高线平行，而主干管则与等高线基本垂直，适应于地形坡度较大的城镇，既减少管道埋深，改善管道的水利条件，又避免采用过多的跌水井，如图 4－10 所示。正交式布置是干管与地形等高线垂直相交，而主干管与等高线平行布置，适应于地形平坦略向一边倾斜的小城镇。由于主干管管径大，保持自净流速所需坡度小，其走向与等高线平行是合理的，如图 4－11 所示。

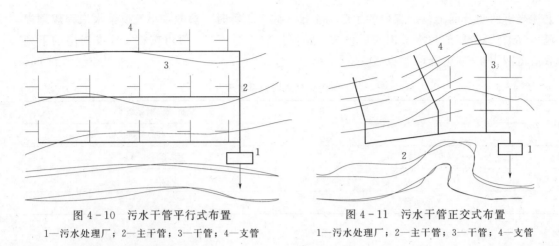

图 4-10　污水干管平行式布置　　　　　图 4-11　污水干管正交式布置

1—污水处理厂；2—主干管；3—干管；4—支管　　　1—污水处理厂；2—主干管；3—干管；4—支管

2. 污水支管的布置形式

污水支管的布置形式分为低边式、穿坊式和围坊式。低边式布置将污水支管布置在街坊地形较低的一边，如图 4-12（a）所示。这种布置形式的特点是管线较短，在小城镇规划中采用较多。穿坊式的污水支管穿过街坊，而街坊四周不设污水支管，如图 4-12（b）所示。这种布置管线较短，工程造价较低，但只适用于新村式街坊。围坊式布置将污水支管布置在街坊四周，如图 4-12（c）所示。这种布置形式适用于地势平坦的大型街坊。

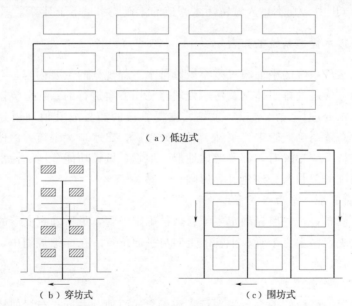

（a）低边式

（b）穿坊式　　　　　　　　（c）围坊式

图 4-12　污水支管布置形式

（二）污水管道的具体位置

1. 污水管道在街道上的位置

污水管道一般沿道路敷设并在道路中心线平行。当道路宽度大于 50m，且两侧街坊都需要向支管排水时，常在道路两侧各设一条污水管道。在交通频繁的道路上应尽量避免污水管道横穿道路。

城镇道路下常有多种管道和地下设施。这些管道和地下设施之间，以及与地面建筑之间，应当很好地配合。

污水管道与其他地下管道和设施。这些管道和地下设施之间，以及与地面建筑之间，应当很好地配合。具体的内容会在工程管线综合章节详述。

2. 污水管道埋设深度的确定

管道的埋深是指从地面到管道内底的距离。管道的覆土厚（深）度则指从地面到管道外顶的距离，如图4-13所示。

污水管道的埋深对于工程造价和施工影响很大。管道埋深越大，施工越困难，工程造价越大。显然，在满足技术要求的条件下，管道埋深越小越好。但是，管道的覆土厚度有一个最小限制，称为最小覆土深度，其值取决于下列三个因素：

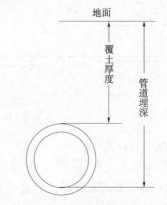

图 4 - 13　管道埋深与覆土厚（深）度

（1）寒冷地区，必须防止管内污水冰冻和因土壤冰冻膨胀而损坏管道。生活污水的水温一般较高，而且污水中有机物质分解还会放出一定的热量。在寒冷地区，即使冬季，生活污水的水温一般也在10℃左右，污水管道内的流水和周围的土壤一般不会冰冻，因而无需将管道埋设在冰冻线以下。室外排水设计规范规定，没有保温措施的生活污水管道及温度与此接近的工业废水管道，其内底面可埋设在冰冻线以上0.15m。有保温措施或水温较高的污水管道，其管底在冰冻线以上的标高还可以适当提高。

室外排水设计规范规定，没有保温措施的生活污水管道及温度与此接近的工业废水管道，其管底在冰冻线以上的标高还可以适当提高。

（2）须防止管壁被交通产生的动荷载压坏。为了防止车辆等动荷载损坏管壁，管顶应有足够的覆土深度。管道的最小覆土深度与管道的强度、荷载大小及覆土密实程度有关。我国室外排水设计规范规定，污水管道在车行道下的最小覆土厚度不小于0.7m；在非车行道下，其最小覆土厚度可以适当减小。

（3）必须满足管道与管道之间的衔接要求。城镇污水管道多为重力流，所以管道必须有一定的坡度。在确定下游管段埋深时就应考虑小游管段的要求。在气候温暖、地势平坦的小城镇，污水管道最小覆土深度往往决定于管道之间衔接的要求。

在排水区域内，对管道系统的埋深起控制作用的点称为控制点。各条管道的起端大都是这条管道的控制点，如图4-14中1、4点。其中离污水厂或出水口最远最低的是整个排水管道系统的控制点。在规划设计中，应设法减小管道控制点的埋深，通常采用的措施有：①增加管道的强度；②如为防止冰冻，可以加强管道的保温措施；③如为保证最小覆土厚度，可以填土提高地面高程；④必要时设置提升泵站，减少管道的埋深。管道的覆土厚度，往往取决于房屋排水管，它的起端就受房屋排出管埋深的控制。街道下的污水管道一定要能承接街坊内的污水管道。

因此，它的最小覆土厚度就受街坊污水管道的控制。房屋排水管的最小埋深通常采用0.55～0.65m，因而污水支管起端的埋深一般不小于0.6～0.7m。街道污水管起点的埋

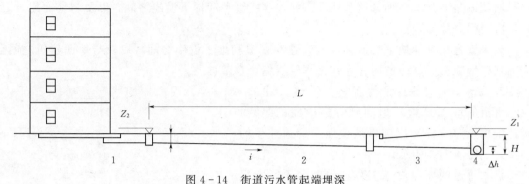

图 4-14 街道污水管起端埋深

1—住宅出水管；2—街坊污水支管；3—连接管；4—街道污水管

深，可按下式计算

$$H = h + iL + Z_1 - Z_2 + \Delta h \qquad (4-5)$$

式中：H 为街道污水管起点的最小埋深，m；h 为街坊污水支管起端的埋深，m；i 为街坊污水支管和连接管的坡度；L 为街坊污水支管的长度，m；Z_1 为街道污水检查管的地面标高，m；Z_2 为街坊污水支管起端检查井的地面标高，m；Δh 为街道污水管底与接入的污水支管的管底高差，m。

以上三种情况的计算结果，应选取最大值采用。在污水管道埋设深度的确定中，除考虑管道最小埋深外，还应考虑污水管的最大埋深。管道最大埋深决定于土壤性质、地下水位及施工方法等。在干燥土壤中一般不超过 7~8m；在地下水位较高、流沙严重、挖掘困难的地层中通常不超过 5m。当管道埋深超过最大埋深时，应考虑设置污水泵站等措施，以减少管道的埋深。通常最大覆土厚度不宜大于 6m；在满足各方面要求的前提下，理想覆土厚度为 1~2m。

三、排水管材及管道附属构筑物

（一）排水管材

城镇排水多用管道，管道是由预制管铺设而成的。在地形平坦、埋深或出水口深度受到限制的地区，也用沟渠排水。它是用土建材料在现场修筑而成的。排水管渠的材料必须满足一定的要求，才能保证正常的排水功能。通常有如下要求：有承受内外部荷载的足够强度；内壁整齐光滑，以减少水流阻力；有抗冲刷、磨损和腐蚀的能力；不透水性强；便于就地取材，减少运输施工费用。

常用管道多是预制的圆形管道，绝大多数为非金属材料，其具有价格便宜和抗蚀性好的特点。

1. 混凝土管和钢筋混凝土管

这两种管材便于就地取材，制作方便，造价低廉，而且可根据抗压的不同要求，制成无压管、低压管、预应力管等，在排水管道中应用很广。它们的主要缺点是抵抗酸、碱浸蚀及抗渗性能较差、管节短、接头多、施工复杂。在地震烈度大于Ⅷ度的地区及饱和松砂、淤泥和淤泥土质、冲填土、杂填土的地区不宜敷设。另外大管径管的自重大，搬运不便。混凝土管内径不大于 600mm，长度不大于 1m，适用于管径较小的无压管；钢筋混凝土管口径一般在 500mm 以上，长度在 1~3m 之间。多用于埋深大或地质条件不良的地段。

2. 陶土管

陶土管是由塑性黏土制成的，一般制成圆形断面。带釉的陶土管内外壁光滑，水流阻力小，不透水性好，耐磨损，抗腐蚀。缺点是质脆易碎，不宜远运，不能承受内压。抗弯抗拉强度低，不宜敷设在松土中或埋深较大的地方。陶土管直径不大于 600mm，其管长在 0.8~1.0m 之间。

3. 金属管

常用的金属管有铸铁管及钢管。室外重力流排水管道一般很少采用金属管，只有当排水管道承受高内压、高外压或对渗漏要求特别高的地方，如排水泵站的进出水管、穿越铁路、河道的倒虹吸管，或靠近给水管道和房屋基础时，才采用金属管。在地震烈度大于Ⅷ度或地下水位高，流沙严重的地区也采用金属管。金属管质地坚固、抗压、抗震、抗渗性能好；内壁光滑，水流阻力小；管子每节长度大，接头少。但价格昂贵，钢管抵抗酸碱腐蚀及地下水浸蚀的能力差。因此，在采用钢管时必须涂刷耐腐蚀的涂料并注意绝缘。

4. 浆砌砖、石或钢筋混凝土大型管渠

排水管道的预制管管径一般小于 2m。实际上当管道设计断面大于 1.5m 时，通常就在现场建造大型排水渠道，常用的建材有砖、石、陶土块、混凝土块、钢筋混凝土块和钢筋混凝土等。常用的断面形式有圆形、矩形、半椭圆形等。

5. 其他管材

随着新型建筑材料的不断研制，用于制作排水管道的材料也不断增多。玻璃纤维混凝土管、塑料管等已被用作排水管道，具有较好的性能，有良好的发展前景。特别是塑料管已在居住小区中被广泛应用。

合理选择管渠材料，应在满足技术要求的前提下，应尽可能就地取材，采用当地易于自制、便于供应和运输方便的材料，以使运输及施工总费用降至最低。对腐蚀性污水采用陶土管、水泥管、砖渠或加有衬砌的钢筋混凝土管。压力管段采用金属管、钢筋混凝土管或预应力混凝土管。地震区、施工条件较差地区及穿越铁路等，也可用金属管。而一般重力流管道通常用陶土管、混凝土管、钢筋混凝土管。

（二）排水泵站

将各种污水由低处提升到高处所用的抽水机械称为排水泵。由安置排水泵站及有关附属设备的建筑物或构筑物（如水泵间、集水池、格栅、辅助间及变电室）组成排水泵站。排水泵站按排水的性质可分为污水泵站、雨水泵站、合流泵站和污泥泵站等。按在排水系统中所处的位置，又分为局部泵站、中途泵站和终点泵站。

在地势平坦地区，管道埋深增大，需设置泵站，把离地面较深的污水提升到离地面较浅的位置上，这种设在管道中途的泵站称作中途泵站。当污水和雨水需直接排入水体时，若管道中水位低于河流中的水位，就需设终点泵站。另外，一些低于街道管道的高楼的地下室、地下铁道和其他地下建筑物的污水也需用泵提升送入街道管道中，这种泵站称为局部泵站。

泵站在排水系统总平面图上的位置安排，应考虑当地的卫生要求、地质条件、电力供应、施工条件及设置应急出口管渠的可能，进行技术经济分析比较后，再决定。

排水泵站的形式有干式和湿式、圆形和矩形、分建式和合建式、半地下式和全地下式之分，主要根据进水管渠的埋深、进水流量、地质条件而定。

排水泵站宜单独设置，与住宅、公建保持适当距离，以减少泵站臭味和机械噪声对居住环境的影响。泵站周围应尽可能设置宽度不小于 10m 的绿化隔离带。

排水泵站建设用地按泵站规模、性质确定，其用地指标可根据表 4-6～表 4-8 来具体确定。

表 4-6 　　　　　　 **小城镇中心镇及一般镇排水泵站用地指标** 　　　　单位：$m^2 \cdot s \cdot L^{-1}$

	雨水流量/（$L \cdot s^{-1}$）		污水流量/（$L \cdot s^{-1}$）		
	1000～5000	5000～10000	100～300	300～600	600～1000
雨水泵站	0.8～1.1	0.6～0.8			
污水泵站			4.0～7.0	3.0～6.0	2.5～5.0

注　该用地指标生产运行所必需的土地面积，不包括站区周围绿化用地。

表 4-7 　　　　　　 **市及县城关镇雨水泵站规划用地标准** 　　　　单位：$m^2 \cdot L^{-1} \cdot s$

建筑规模	污水流量/（$L \cdot s^{-1}$）			
	20000 以上	10000～20000	5000～10000	1000～5000
用地标准	0.4～0.6	0.5～0.7	0.6～0.8	0.8～1.1

注　1. 用地指标系按生产必须的土地面积。

　　2. 雨水泵站规模按最大秒流量计。

　　3. 本指标未包括站区周围绿化面积。

表 4-8 　　　　　　 **市及县城关镇污水泵站规划用地标准** 　　　　单位：$m^2 \cdot L^{-1} \cdot s$

建筑规模	污水流量/（$L \cdot s^{-1}$）				
	2000 以上	1000～2000	600～1000	300～600	100～300
用地标准	1.5～3.0	2.0～4.0	2.5～5.0	3.0～6.0	4.0～7.0

注　1. 用地指标系按生产必须的土地面积。

　　2. 污水泵站规模按最大秒流量计。

　　3. 本指标未包括站区周围绿化面积。

　　4. 合流泵站可参考雨水泵站指标。

（三）排水管道系统附属构筑物

为排除污水，除管渠本身外，还需在管渠系统上设置某些附属构筑物。

（1）化粪池。化粪池是一种局部处理生活污水的构筑物。当生活污水无法进入集中污水处理厂进行处理，在排入水体或城镇排水管网前，至少应经过化粪池简单处理后，才允许排放。化粪池将生活污水进行沉淀和厌氧发酵，能除去 50%～60% 的悬浮物，沉淀下来的污泥经过 3 个月以上的厌氧消化，将生污泥中的有机物进行氧化降解，转化成稳定的无机物，易腐败的生污泥转化为熟污泥，改变了污泥结构，便于清掏外运，并可用作肥料。

化粪池有矩形和圆形两种，视地形、修建地点、面积大小而定。矩形化粪池有双格和三格之分，视其日需处理的污水量大小确定，当日处理污水量小于 $10m^3$ 时，采用双格，当日处理污水量大于 10m³ 时，采用三格。化粪池的材质可用砖砌、水泥砂浆抹面、条石砌筑、钢筋混凝土建造，地下水位较高时，应采用钢筋混凝土建造。化粪池距建筑外墙面一般为 5m，距地下取水构筑物不小于 30m，且应防渗漏。

（2）检查井。检查井用来对管渠进行检查和清除，也有连接管段的作用，分不下人的浅井和需下人的深井。不下人的浅检查井，构造比较简单。下人的深检查井，构造比较复杂，一般设置在埋深较大的管渠上。排水渠上必须设置检查井，一般设在管渠交汇、转弯、管渠尺寸或坡度改变及直线管段相隔一定距离处。相邻两检查井之间的管渠应成一条直线，检查井在直线管渠上的最大间距应按表 4-9 确定。

表 4-9　　　　　　　　　　　　　小城镇检查井直线最大距离

管径或暗渠净高/mm	最大间距/m	
	污水管道	雨水（合流）管道
200～400	40	50
500～700	60	70
800～1000	80	90
1100～1500	100	120
1600～2000	120	120

（3）跌水井。当遇到下列情况且跌差大于 1m 时，需设跌水井。跌水井的位置设于管道中流速过大需加以调节处；管道垂直于陡峭地形的等高线布置，按原坡度将露出地面处；接入较低的管道处；管道遇到地下障碍物，必须跌落通过处。在转弯处不设跌水井。常用跌水井有竖管式、溢流堰式跌水井。前者适用于管径等于或小于 400mm 的管道，后者适用于管径大于 400mm 的管道。当检查井中上下游管渠跌落差小于 1m 时，一般只把检查井底部做成斜坡，不做跌水。

竖管式跌水井的一次允许跌落高度随管径大小不同而异。当管径不大于 200mm 时，一次跌落高度不宜超过 6m；当管径为 300～600mm 时，一次跌落高度不宜超过 4m。溢流堰式跌水井常适用于大管渠，井底应坚固，以防冲刷损坏。

（4）溢流井。其多用于截流式合流排水系统中。在截流式合流排水系统中，为了避免降雨初期雨污混合水对水体的污染，在合流管道与截流管道交接处应设溢流井，发挥截流和溢流作用。溢流井应尽可能靠近水体下游，最好在高浓度工业污水进水点上游。

（5）雨水口。即设在雨水管渠或合流管渠上收集雨水的构筑物。地面雨水经过雨水口和连接管流入管道上的检查井和进入排水管渠。雨水口的设置要求能迅速有效地收集雨水，因而宜设在汇点上或截水点上，一般设在距交叉路口、路侧边沟的一定距离处及设有路缘石的低洼地方。雨水口的间距一般为 25～60m，在低洼地段应适当增加雨水口的数量。雨水口的底部由连接管和街道雨水管连接。连接管的最小管径为 200mm，坡度一般为 1%，连接到同一连接管上的雨水口不宜超过两个。雨水口由进水箅、井筒、连接管组成。按进水箅在街道上的位置，雨水口分为边沟式雨水口、侧面雨水口、联合式雨水口。

（6）倒虹管。小城镇排水管渠遇到河流、山涧、洼地或地下构筑物，不能按原有坡度埋设，而是按下凹式折线方式从障碍物下通过时，这种下折道称为倒虹管。它由进水井、管道及出水井组成，其管道有折管式和直管式两种：折管式施工麻烦，养护困难，只适合河滩很宽的情况；直管式施工和养护则较为简单。倒虹管应尽量与障碍物正交通过。倒虹管与河床距离一般不小于 0.5m，其工作管线一般不小于两条，但通过谷地，旱沟或小河时可敷设一条。

（7）出水口。小城镇排水管渠出水口的位置和形式根据出水水质、水体的水位及变化情况。水流方向、下游用水情况、水岸变迁和夏季主导风向等因素确定，同时还要与当地卫生主管部门和航运管理部门取得同意。出水口一般设在岸边；当排水需要同受纳水体充分混合时，可将出水口伸入水体中，深入河心时出水口应设标志。污水管的出水口一般应淹没在水体中，管顶高程应在常水位下，以使污水与河水充分混合。雨水管出水口可采用非淹没式，管底标高一般在常水位上，以免水体倒灌，否则，应设防潮闸门或排涝泵站。出水口与水体岸边连接处，一般做成护坡挡土墙，以保护河岸及固定出水口。

如果排水管渠出口的高程与受纳水体水面高差很大时，应考虑设置单级或多级阶梯跌水。在受潮汐影响地区，排水管渠的出水口可设置自动启闭的防潮闸门，防止潮水倒灌。

四、小城镇污水管网的水力计算

在完成了污水管道系统的平面布置后，便可进行污水管道的水力计算，确定污水管网中各管段的管径，管底坡度和管道埋深。

（一）污水管道中污水的流动特点

（1）污水在管道中通常是靠水自身的重力从高处流向低处，即所谓重力流。在重力作用下，污水由支管逐渐汇入干管，管径从小到大发生变化。虽然污水中含有一定数量的悬浮物，但水分一般都在99％以上，因此可以认为污水的流动遵循一般水流规律的，在设计中采用水力学公式进行计算。

（2）污水在管道中的流动一般按均匀流计算。由于管道内流速随时都在发生变化，再加上回水、管道沉积物引发的水流变化等种种情况，污水的流动属性属非均匀流。但在一个较短的管段内，加入流量变化不大，管道坡度不变，可以认为管段内流速不变，通常把这种管段内污水的流动视为均匀流，并在设计时对每一设计管段按均匀流公式进行计算。

（3）按部分充满管道断面设计污水管道。污水量每日每时都在发生变化，难以准确计算，因此设计时需要留出一部分管道断面，避免污水溢出地面，污染环境，同时，管道内的污泥可能分解出一些有害气体或易燃液体等，污水管道应保留适当的空间，保证通风排气。

（4）管道内水流不产生淤积，也不冲坏管壁。由于污水中还有不少杂质，流速过小，就会在管道中产生淤积，从而降低输水能力。反之流速过大，又会因冲刷而损坏管壁。为此，污水管道的设计，要求流速控制在一定的范围内，既不产生淤积，又不因冲刷而损坏管壁。

（二）管渠的横断面形式及其衔接

排水管渠的断面形式必须满足静力学、水力学的要求，同时考虑经济和维护管理方面的适应性。在静力学方面，要求管道有足够的稳定性和坚固性；在水力学方面，要求有良好的输水性，而且当流量发生变化时，能保持管道中不产生沉淀；在经济方面，要求管道用材省，取材方便，造价低，在日常维护管理中便于清通。常用的管渠断面形式有圆形、矩形、马蹄形、半椭圆形、梯形及蛋形等。其中，圆形管道有较大的输水能力，底部呈弧形，水流较好，也能适应流量变化，不易产生沉积，同时圆管受力条件好、省料，便于预制和运输。因此，在小城镇排水工程中，应用的非常广泛。污水管道在管径、坡度、高程、方向发生变化及支管接入的地方都需要设置检查井，其中在考虑检查井内上下流管道衔接时应遵循以下原则：①避免在上游管道中形成回水；②尽量减少下游管道的埋设深度；③不允许下游管段的管底高于上游管段的管底。

管道的衔接方法主要有三种，分别为水面平接、管顶平接和管底平接三种，前两种方法是普遍使用的方法。特殊情况下才会使用管底平接法。如图 4-15 所示。

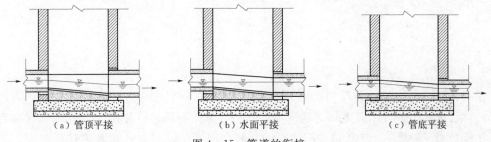

（a）管顶平接　　　　　（b）水面平接　　　　　（c）管底平接

图 4-15　管道的衔接

管顶平接一般用于不同口径管道的衔接，有时，当上下游管段管径相同，而下游管段的充盈深小于上游管段的充盈时，也可采用管底平接。水面平接指污水管道水力计算中，上下游管段的水面高程相同，一般适用于相同口径的污水管道的衔接。特殊情况下，下游管段的管径小于上游管段的管径（坡度突然变陡时）而不能采用管顶平接或水面平接时，应采用管底平接，以防下游管段的管底高于上游管段的管底。有时为了减少管道系统的埋深，虽然下游管道管径大于上游，也可采用管底平接。在小城镇中，多数采用管顶平接法。在坡度较大的地段，污水管道可采用阶梯连接或跌水井连接。

（三）管道水力计算的常用公式及设计数据

1. 管段水力计算的常用公式

管段水流计算时常运用下列两个均匀流基本公式。

流量公式 $$Q = \omega v \tag{4-6}$$

流速公式 $$v = C\sqrt{RJ} \tag{4-7}$$

式中：Q 为设计管段的设计流量，L/s 或 m³/s；ω 为设计管段的过水断面面积，m²；v 为过水断面的平均流速，m/s；R 为水力半径（过水断面面积与湿周的比值）；J 为水力坡度（即水面坡度，等于管底坡度 i）；C 为流速系数（或谢才系数）。

一般 $$C = \frac{1}{n} R^{1/6} \tag{4-8}$$

式中：n 为管壁粗糙系数，由管渠材料决定，根据《室外排水设计规范》（GB 50014—2006），见表 4-10。

表 4-10　　　　　　　　　　　　　**排水管渠粗糙系数表**

管渠种类	n 值	管渠种类	n 值
UPVC管、PE管、玻璃钢管	0.009～0.011	浆砌砖渠道	0.015
石棉水泥管、钢管	0.012	浆砌块石渠道	0.017
陶土管、铸铁管	0.013	干砌块石渠道	0.020～0.025
混凝土管、钢筋混凝土管、水泥砂浆抹面渠道	0.013～0.014	土明渠（包括带草皮）	0.025～0.030

对于非满流的污水管渠，管渠中水深 h 与管径 D 之比 h/D 或水深 h 与渠深 H 之比 h/H 称为充满度。在污水管渠水力计算中，由于 ω、R 均为管径 D 和充满度 h/D 的函数，所以

$$Q = \omega v = f_1(D, h/D, v) \tag{4-9}$$

$$v = \frac{1}{n}R^{2/3}i^{1/2} = f_2(n, D, h/D, i) \tag{4-10}$$

在 Q、D、n、v、i、h/D 六个水力要素中，除 Q、n 已知外，尚有四个未知。为简化计算，常通过水力计算图表进行。附录中的水力计算图表供计算使用。当选定管材和管径后，在流量 Q、坡度 i、流速 v、充满度 h/D 四个因素中，只要已知其中任意两个，即可由图 4-24 和图 4-25 得出另外两个。

2. 污水管道水力计算的设计数据

为保证排水管道设计的经济合理，《室外排水设计规范》（GB 50014—2006）对充满度、流速、管径与坡度作了规定，作为设计时的控制数据。

（1）设计充满度。一般污水管道是按不满流的情况下进行设计的。在设计流量下，管道中的水深 h 和管径 D 的比值称为设计充满度。设计充满度有一个最大的限制，即规范中规定的最大设计充满度。见表 4-11。

表 4-11　　　　　　　　　　　　　**最大设计充满度**

管渠或渠高/mm	最大设计充满度
200～300	0.55
350～450	0.65
500～900	0.70
≥1000	0.75

注　1. 在计算污水管道充满度时，不包括短时突然增加的污水量，但当管径小于 300mm 时，应按满流复核。

　　2. 雨水管道和合流管道应按满流计算。

　　3. 明渠超过不得小于 0.2m。

（2）设计流速。设计流速是指在管渠在设计充满度情况下，排泄设计流量时的平均流速。现行室外排水设计规范对管段的设计流速规定了一个范围。

污水管渠的最大设计流速与管渠材料有关。室外排水设计规范规定：金属管道为10.0m/s，非金属管道为5.0m/s。排水明渠的最大设计流速，应符合下列规定：当水流深度为0.4～1.0m时，宜按表4-12的规定取值。

表4-12　　　　　　　　　　　明渠最大设计流速

明渠类别	最大设计流速/（m·s⁻¹）
粗砂或低塑性粉质黏土	0.8
粉质黏土	1.0
黏土	1.2
草皮护面	1.6
干砌块石	2.0
浆砌块石或浆砌砖	3.0～4.0
石灰岩和中砂岩	4.0
混凝土	4.0～6.0

当水流深度在0.4～1.0m范围以外时，表4-12所列最大设计流速宜乘以下系数：当水深在0.4m以下时，乘以0.85；水深在1.0～2.0m之间时，乘以1.25；水深在≥2.0m时，乘以1.40。

排水管渠的最小设计流速，污水管道在设计充满度下为0.60m/s；雨水管道和合流管道在满流时为0.75m/s；明渠为0.4m/s。

（3）最小管径和最小设计坡度。一般污水管道系统的上游部分流量很小，根据流量计算，其管径必然很小，管径过小极易堵塞。当选用较大管径时，若选用较小的坡度，可使管道埋深减小。若坡度过小，容易导致污水中的悬浮物下沉，堵塞管道。因此规范规定了最小管径和相应的最小设计坡度，见表4-13和表4-14。

表4-13　　　　小城镇中心镇及一般镇污水管道的最小管径和相应的最小设计坡度

管道类别	最小管径/mm	相应最小设计坡度	
		塑料管	其他管
污水管	300	0.002	0.003
雨水管和合流管	300	0.002	0.003
雨水口连接管	200	0.01	

表 4-14 市及县城关镇污水管道最大允许流速、最大设计充满度、最小设计坡度

管径/mm	最大允许流速/(m·s⁻¹)		最大设计充满度	在设计充满度下最小设计流速/(m·s⁻¹)	按照设计充满度下最小设计流速控制的最小坡度		最小设计充满度	最小设计充满度下不於流速/(m·s⁻¹)	按照最小计算充满度下不於流速控制的最小坡度	
	金属管	非金属管			坡度	相应流速/(m·s⁻¹)			坡度	相应流速/(m·s⁻¹)
150			0.6	0.7	0.007	0.72	0.25	0.4	0.005	0.40
200					0.005	0.74			0.004	0.43
300					0.0027	0.71			0.002	0.40
400			0.7		0.002	0.77			0.0015	0.42
500					0.0016	0.81			0.0012	0.43
600				0.8	0.0013	0.82			0.001	0.50
700					0.0011	0.84			0.0009	0.52
800	≤10	≤5	0.75		0.001	0.88	0.3	0.5	0.0008	0.54
900					0.0009	0.90			0.0007	0.54
1000					0.0008	0.91			0.0006	0.54
1100					0.0007	0.91			0.0006	0.62
1200				0.9	0.0007	0.97			0.0006	0.66
1300					0.0009	0.94	0.35	0.6	0.0005	0.63
1400			0.8		0.0006	0.99			0.0005	0.67
1500				1.0	0.0006	1.04			0.0005	0.70
>1500					0.0006				0.0005	

注 1. $n=0.014$。

2. 计算污水管道充满度时，不包括淋浴水量或短时间内忽然增加的污水量。但管径≤300mm 时，按照满流复合。

3. 含有机杂质的工业废水管道，其最小流速宜适当提高。

(四) 污水管道水力计算的方法

污水管道系统平面布置完成后，即可划分计算管段，计算每个管段的设计流量，以便进行水力计算。水力计算的任务是计算设计管段的管径、坡度、流速、充满度和井底高程。

污水管道中，任意两个检查井间的连续管段，如果流量基本不变，管道坡度不变，则可选择相同的管径。这种管段称为设计管段，作为水力计算中的一个计算单元。通常根据管道平面布置图，以街坊污水支管及工厂污水出水管等接入干管的位置作为起讫点，划分设计管段。管段的起讫点必须设置检查井。每一设计管段的污水设计流量可以由三部分组成。

本段流量：是从管段沿线街坊流来的污水量。

转输流量：是从上游管段和旁侧管段流来的污水量。

集中流量：是从工厂或公共建筑流来的污水量。

为简化计算，确定本段流量集中在起点进入设计管段，且流量不变。从上游管段和旁侧管段流来的转输流量及集中流量对这一管段是不变的。

本段流量可由下式计算

$$q = Fq_0 K \qquad (4-11)$$

$$q_0 = \frac{nN}{86400} \qquad (4-12)$$

式中：q 为设计管段的本段流量，L/s；F 为设计管段服务的街坊面积，ha；K 为生活污水总变化系数；q_0 为单位面积的本段平均流量，即比流量，L/s·ha；n 为污水量标准，L/s·d；N 为人口密度，人/ha。

总体规划时，只估算干管和主干管的流量，详细规划设计时，应计算支管的流量。

在确定了设计流量后，就可以从上游管段开始依次进行各设计管段的水力计算，通常进行列表计算，水力计算步骤如下：

（1）从管道平面布置图上量出每一设计管段的长度。

（2）计算每一设计管段的地面坡度，其中地面坡度＝地面高差/距离，作为确定管道坡度时的参考。

（3）确定管段的管径。由于流量 Q、流速 v、充满度 h/D、坡度 i、管径 D 等各水力因素之间存在着相互制约的关系，实际计算中，查水力计算表存在着试算的过程，其中 v、h/D、i 常作为限制条件，应满足规范的要求。

（4）计算各管段上端、下端的管底高程，应确定各管段在检查井处的衔接方法。一般原则是当下游管径等于或大于上游管径时，用管顶平接；当下游管径小于上游管径时，用管底平接；通常当上下游管径相同，而采用管顶平接出现下游水位高于上游水位时，用水面平接。

（五）污水工程管网计算案例

某居住区污水管道布置如图 4-16 所示。各街坊人口数为：Ⅰ、Ⅴ各有 8000 人，街坊Ⅱ、Ⅲ、Ⅶ各有 4500 人，街坊Ⅷ、Ⅳ各有 6000 人，街坊Ⅵ有 5000 人。街坊Ⅱ中有一工厂，其污水量为 15L/s。街坊Ⅴ中有一公共浴池，每天容量 600 人，浴池开放 12h。每人每次污水量 150L，变化系数为 1.0。居住区生活污水量标准为 $q_0 = 100$ L/（人·d），试计算管段设计流量。

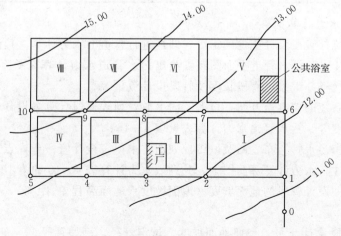

图 4-16 某居住区污水管道平面布置

1. 排水量的计算

居住区生活污水量 q_1 按设计人口数 N 与生活污水量标准 q_0 计算。例如管段10—9的设计平均日污水量为 q_1'。

$$q_1' = \frac{q_0 N}{24 \times 3600} = \frac{100 \times 6000}{24 \times 3600} = 6.94 \ (\text{L/s})$$

最高时污水量为 $\qquad q_1' = q_1 k_z = 6.94 \times 2.24 = 15.55 \approx 15.6$

2. 公共浴室最高时污水量

$$q_y = \frac{q_0 n k}{3600 T} = \frac{150 \times 600 \times 1.0}{3600 \times 12} = 2.1 \ (\text{L/s})$$

3. 各管段设计流量的计算（表4-15）

表4-15 某居住区管段设计流量计算

管段编号	沿线流量						集中流量			管段设计流量/ (L·s⁻¹)
	本线流量			转输流量/ (L·s⁻¹)	平均流量/ (L·s⁻¹)		本段流量/ (L·s⁻¹)	转输流量/ (L·s⁻¹)		
	街坊编号	设计人口								
10—9	Ⅷ	6000	7.0		6.94	2.24	15.6				15.6
9—8	Ⅶ	4500	5.2	6.94	12.14	2.08	25.4				25.4
8—7	Ⅵ	5000	5.8	12.14	17.94	1.98	35.7				35.7
7—6	Ⅴ	8000	9.3	17.94	27.24	1.90	51.8				51.8
6—1				17.94	27.24	1.90	51.8	2.1		2.1	53.9
5—4	Ⅳ	6000	7.0		7.0	2.24	15.6				15.6
4—3	Ⅲ	4500	5.2	7.0	12.2	2.08	25.4				25.4
3—2	Ⅱ	4500	5.2	12.2	17.4	1.98	34.5	15.0		15.0	49.5
2—1	Ⅰ	8000	9.3	17.4	26.7	1.90	50.7		15.0	15.0	65.7
1—0				53.94	53.94	1.75	94.5		17.1	17.1	111.6

4. 污水管道水力计算步骤

污水管道系统各管段设计流量确定后，即可进行管道的水力计算。其计算步骤如下

(1) 根据图4-16污水管道平面图布置绘出污水管道水力计算简图4-17。并在水力计算简图上标注检查井编号、管段长度及管段设计流量等。

(2) 从管道系统的控制点开始，自上游向下游，列表逐段计算各设计管段的管径、坡度、流速、充满度等。污水管道水力计算表见表4-16。

(3) 由小城镇污水管道布置图及城镇规划图，求得各设计管段起讫点检查井处的地面高程，并将其标注在水力计算算简图上，并列入水力计算表4-16的第10、11列。

(4) 计算每一设计管段的地面坡度（地面坡度=地面高程差/距离），作为确定管道坡度的参考。

(5) 根据管段设计流量，参照地面坡度，试定管径。例如管段10—9的设计流量 $q=$

表 4-16 污水管道水力计算

管段编号	管段长度 L/m	管段设计流量 q/(L·s⁻¹)	管径 d/mm	坡度 i	设计流速 v/(m·s⁻¹)	设计充满度		降落量 i_1/m	高程				管底埋深/m		
									地面		管底				
						h/d	水深 h/m		起点	终点	起点	终点	起点	终点	平均
1	2	3	4	5	6	7	8	9	10	11	12	13	14	15	16
10—9	180	15.6	250	0.0041	0.70	0.47	0.117	0.74	14.60	14.00	13.60	12.86	1.00	1.14	1.07
9—8	200	25.4	300	0.0035	0.75	0.49	0.153	0.70	14.00	13.40	12.81	12.11	1.19	1.29	1.24
8—7	200	35.7	350	0.0035	0.80	0.47	0.164	0.70	13.40	12.80	12.06	11.36	1.34	1.44	1.39
7—6	250	51.8	400	0.0030	0.84	0.49	0.196	0.75	12.80	12.10	11.31	10.56	1.49	1.54	1.52
6—1	300	53.9	400	0.0030	0.85	0.51	0.204	0.90	12.10	11.30	10.55	9.65	1.55	1.65	1.60
5—4	180	15.6	250	0.0041	0.70	0.47	0.117	0.74	13.50	12.75	12.50	11.76	1.00	0.99	1.00
4—3	200	25.4	300	0.0035	0.75	0.49	0.153	0.70	12.75	12.50	11.71	11.01	1.04	1.49	1.27
3—2	200	49.5	400	0.0025	0.78	0.51	0.204	0.50	12.50	12.00	10.91	10.41	1.59	1.59	1.59
2—1	250	65.7	450	0.0023	0.79	0.52	0.230	0.58	12.00	11.30	10.36	9.78	1.64	1.52	1.58
1—0	150	111.6	500	0.0026	0.97	0.57	0.285	0.39	11.30	10.90	9.55	9.16	1.75	1.74	1.75

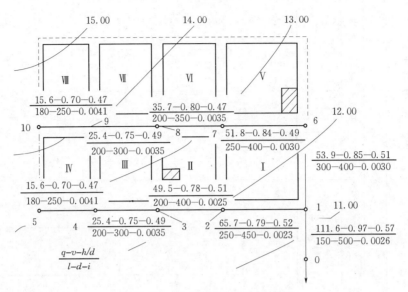

图 4 - 17　污水管道水力计算简图

15.6L/s，如果选用 200mm 管径，要使充满度不超过规范规定的 0.60，则坡度必须采用 0.0061，大于本管段的地面坡度 0.0033，将使管道埋深较大。为了减小坡度，选用 250mm 管径。从管径为 250mm 的计算附图中查得（也可用常见软件进行计算），当流速为 0.7m/s 时，充满度为 0.47，坡度为 0.0041。流速及充满度都符合规范要求。因此，管段 10−9 采用管径 250mm，设计数据列入管道水力计算表的第 4、5、6、7 列，并注在水力计算简图上。

（6）根据管段的设计坡度，计算管段两端的高差。管段两端的高差称为降落量，其值等于管段坡度与管段长之积。将求得的管段降落量列入管道水力计算表的第 9 列。

（7）确定管段起端的标高，应注意满足埋深的要求，将管段起端管底标高列入水力计算表第 12 列。

（8）确定设计管段终端管底标高，管段终端管底标高等于本段起端管底标高减降落量。将终端管底标高列入表第 13 列。

（9）计算管段起端、终端的埋深及管段的平均埋深，将其列入表第 14、15、16 列。

5. 污水管道水力计算注意事项

（1）计算设计管段的管底高程时，要注意各管段在检查井中的衔接方式，要保证下游管道上端的管底不得高于上游管道下端的管底。例如，管段 9−8 的设计管径为 300mm，比上游管段 10−9 的管径 250mm 大，故在 9 号检查井中上下游管道采用管顶平接。管段 7−6 的管径为 400mm 与管段 6−1 的管径相同，故在 6 号检查井中，上下游管道采用水面平接，两管段中水深相差 0.8cm，故取管段 6−1 的上端管底比管段 7−6 的终端管底低 1cm。

（2）在水力计算过程中，污水管道的管径一般应沿程增大。但是，当管道穿过陡坡地段时，由于管道坡度增加很多，根据水力计算，管径可以由大变小。当管径为 250～300mm 时，只能减小一级；管径不小于 300mm 时，按水力计算确定，但不得超过两级。

（3）在支管与干管的连接处，要使干管的埋深保证支管接入的要求。

（4）当地面高程有剧烈变化或地面坡度太大时，可采用跌水井，以采用适当的管道坡度，防止因流速太大冲刷坏管壁。通常当污水管道跌落差大于 1m 时，应设跌水井；跌落差小于 1m 时，只把检查井中的流槽做成斜坡即可。

6. 污水管道规划图的绘制

小城镇污水管道规划总平面图是排水系统总体规划图的重要组成部分。一般只需绘出污水主干管和干管。在管线上应绘出设计管段起讫点检查井的位置并编号，注明管道长度、管道断面尺寸及管道坡度。

污水管道纵剖面图，反映管道沿线高程位置，它应和管道平面布置图对应。纵剖面图上应画出地面高程线、管道高程线。画出设计管段起讫点处检查井及主要支管的接入位置与管径。在管道纵剖面图的下方应注明检查井的编号、管径、管段长度、管道坡度、地面高程和管底高程等。

污水管道纵剖面图常用的比例尺为：横向 1/1000～1/500，纵向 1/100～1/50。污水管道纵剖面图如图 4-18 所示。

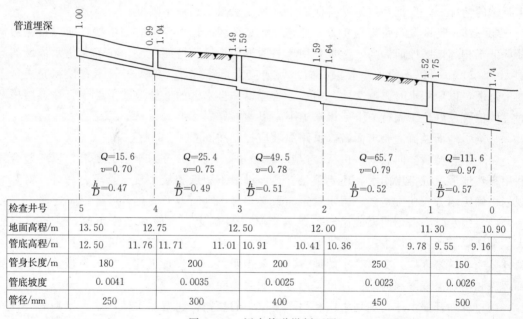

检查井号	5		4		3		2		1	0
地面高程/m	13.50		12.75		12.50		12.00		11.30	10.90
管底高程/m	12.50	11.76	11.71	11.01	10.91	10.41	10.36	9.78	9.55	9.16
管身长度/m	180		200		200		250		150	
管底坡度	0.0041		0.0035		0.0025		0.0023		0.0026	
管径/mm	250		300		400		450		500	

图 4-18　污水管道纵剖面图

第五节　小城镇雨水工程系统规划

我国地域辽阔，气候差异大，年降水量分布很不均匀，从东南向西北呈递减趋势。雨水管渠系统的任务是及时地汇集并排除暴雨形成的地面径流，防止城镇居住区和工业企业受淹，以保证城镇、工厂和人民生命财产的安全和正常的生活秩序。雨水管渠系统是由雨水口、雨水管渠、检查井、出水口等构筑物所组成的一整套工程设施。

一、小城镇雨水工程系统的布置

（一）雨水工程系统规划原则

为防止暴雨径流的危害，设计人员应深入现场进行调查研究，踏勘地形，了解排水走向，搜集当地的设计基础资料，作为选择设计方案及设计计算的可靠依据。雨水管渠系统布置时应遵循以下原则。

（1）充分利用地形，就近排入水体。规划雨水管线时，首先按地形划分排水区域，再进行管线布置。雨水管渠应尽量利用自然地形坡度，以最短的距离靠重力流排入附近的水体中去。根据分散和便捷的原则，雨水管渠布置一般都采用正交式布置。一般情况下，当地面坡度较大时，雨水干管宜布置在地形较低处或溪谷线上；当地形平坦时，雨水干管宜布置在排水流域的中间，以便尽可能扩大重力流排除雨水的范围。

（2）尽量避免设置雨水泵站。由于暴雨形成的径流量大，雨水泵站的投资也很大，而且雨水泵站一年中运行时间短，利用率低。因此，应尽可能利用地形，使雨水靠重力流排入水体，不设置泵站。但在某些地形平坦、区域较大或受潮汐影响的城镇，不得不设置雨水泵站的情况下，要把经过泵站排泄的雨水径流量减少到最小限度。

（3）结合街区及道路规划布置。道路通常是街区内地面径流的集中地，所以道路边沟最好低于相邻街区地面标高，尽量利用道路两侧边沟排除地面径流，在每一集水流域的起端100～500m可以不设雨水管渠。雨水管渠应沿道路敷设，但是干管不宜设在交通量大的干道下，以免积水时影响交通。雨水干管应设在排水区的低处道路下。干管在道路横断面上的位置最好位于人行道下或慢车道下，以便检修。

从排水地面径流的要求而言，道路纵坡应控制在0.3%～6%范围内。

（4）结合城镇竖向规划。进行城镇竖向规划时，应充分考虑排水的要求，以便能合理利用自然地形就近排出雨水，还要满足管道埋设最不利点和最小覆土要求。另外，对竖向规划中确定填方或挖方地区，雨水管渠布置必须考虑今后地形变化，进行相应处理。

（5）雨水管渠采用明渠或暗管应结合具体条件确定。一般在城镇市区，建筑密度较大，交通频繁地区，均采用暗管排雨水，尽量造价高，但卫生情况较好，养护方便；在城镇郊区或建筑密度低、交通量小的地方，可采用明渠，以节省工程费用，降低造价。在受到埋深和出口深度限制的地区，可采用盖板明渠排除雨水。

（6）合理开辟水体。规划中应利用小城镇中的洼地、池塘和水体，或有计划的开挖一些池塘，以便储存因暴雨量大时雨水管一时排除不了的径流量，避免地面积水。调蓄水体的布置应与城镇总体规划时相协调，把调蓄水体与景观规划、消防规划结合起来，起到游览、休闲、娱乐、消防贮备用水的作用，在缺水地区，可以把贮存的水量用于市政绿化和农田灌溉。若调蓄水体的汇水面积较大或呈狭长形时，应尽量纵向延伸，与城镇内河结合，接纳城镇雨水。没有调蓄水体时，城镇雨水应尽量高水高排，以减少雨洪量的蓄集。也可以在公园、校园、运动场、广场、停车场、花坛下修建雨水人工贮留系统，使所降雨水尽量多地分散贮留。

（7）城镇靠近山麓建设的主城区、居住区、工业区等，除了应设雨水管道外，尚应考虑在规划地区周围或超过规划区设置排洪沟，以拦截从分水岭以内排泄下来的洪水，使之排入水体，保证避免洪水的损害。

（二）雨水工程系统规划内容

降落至地面上的雨水，部分被植物截流、渗入土壤和填充洼地，其余部分沿地面流入雨水管渠和水体，这部分雨水称为地面径流。雨水径流的总量并不大，但全年雨水绝大部分常在极短时间内倾泻而下，形成强度猛烈的暴雨，若不能及时排除，便会造成巨大的危害。雨水管渠系统的任务就是及时排除暴雨形成的地面径流。

城镇雨水管渠系统的主要内容有：确定或选用当地暴雨强度公式；确定排水流域与排水方式，进行雨水管渠的定线；确定雨水泵房、雨水调节池、雨水排放口的位置；决定设计流量计算方法与有关参数；进行雨水管渠的水力计算，确定管渠尺寸、坡度、标高及埋深等。

二、雨水管渠水力计算

（一）雨水管渠设计流量的确定

1. 暴雨强度公式

雨水落到地面，由于地表覆盖情况的不同，一部分渗透到地下，一部分蒸发到大气中，一部分被植物和地面洼地截流，而余下的雨水沿地面的自然坡度形成地面径流进入附近的雨水口，并在管渠内继续流动，通过出水口排入附近的水体，所以如何合理地确定雨水设计流量是设计雨水管渠的重要内容。为此，应该对降雨资料进行统计和分析，找出表示暴雨特征的降雨历时、降雨强度与降雨重现期之间的关系，作为雨水管渠设计的依据。

降雨量是降雨的绝对量，用深度 h（mm）表示。降雨强度指某一连续降雨时段内的平均降雨量，用 i 表示。即

$$i = h/t \qquad (4-13)$$

式中：i 为降雨强度，mm/min；t 为降雨历时，即连续降雨的时段，min；h 为相应于降雨历时的降雨量，mm。

降雨强度也可以用单位时间内单位面积上的降雨体积 q_0 [L/（s·hm²）] 表示。q_0 和 i 的关系如下

$$q_0 = \frac{1 \times 1000 \times 10000}{100 \times 60} i = 16.7i \qquad (4-14)$$

在设计雨水管渠时，假定降雨在汇水面积上均匀分布，并选择降雨强度最大的雨作为设计根据，根据当地多年（至少 10 年以上）的雨量记录，可以推算出暴雨强度的公式。按照规范，暴雨公式一般采用下列形式

$$q = \frac{167A_i\,(1+c\lg p)}{(t+b)^n} \qquad (4-15)$$

式中：q 为暴雨强度，L/（s·hm²）；p 为重现期，年；t 为降雨历时，min；A_i，c，b 为地方参数，由设计方法确定。

2. 重现期

雨水管渠的设计应该按若干年出现一次的最大降雨量为依据来确定雨水设计流量。降雨重现期是指相等的或更大的降雨强度发生的时间间隔的平均值，一般以年为单位。如果

按重现期为 5 年的降雨强度设计雨水管渠，雨水管渠平均 5 年满流或溢流一次。降雨强度随着重现期的不同而不同。在雨水管渠设计中，如果选用较高的设计重现期，计算所得的设计降雨强度大，管渠断面尺寸就会大。这样的安全性能高，但会增加工程造价，而平时管渠又不能充分发挥作用。若取值过小，一些重要地区如中心区、干道则会遭受暴雨积水损害。规范规定，一般地区重现期为 1～3 年，重要地区重现期为 3～5 年。进行雨水管渠规划时，同一管渠不同的重要性地区可选用不同的重现期（表 4-17）。

表 4-17　　　　　　　　　　　　　　　降雨重现期 （年）

地形分级	地面坡度	一般居住区 一般道路	中心区、使馆区、工业区、 仓储区、干道、广场	特殊重要地区
有两向地面排水 出路的平缓地形	<0.002	0.333～0.5	0.5～1	1～2
有一向地面排水 出路的谷地	0.002～0.001	0.5～1	1～2	2～3
无地面排水 出路的封闭洼地	>0.01	1～2	2～3	3～5

注　"地形分级"与"地面坡度"是地形条件的两种分类标准，符合其中的一种情况，即可按表选用。如两种不利情况同时占有，则宜选用表内数据的高值。

3. 集水时间

连续降雨的时段称为降雨历时，降雨历时可以指全部降雨的时间，也可以指其中任一时段。当降雨历时等于集水时间时，雨水流量最大。因此，设计中通常用汇水面积最远点雨水流到设计断面时的集水时间作为设计降雨历时。对管道的某一设计断面，集水时间 t 由两部分组成：从汇水面积最远点流到第一个雨水口的地面积水时间 t_1，和从雨水口流到设计断面的管内雨水流行时间 t_2。可用公式表示为

$$t = t_1 + mt_2 \qquad (4-16)$$

式中：t_1 受地形、地面铺砌、地面种植情况和街区大小等因素的影响，一般为 5～15min；m 为折减系统，规范中规定，管道用 2，明渠用 1.2；t_2 为雨水在上游管段内的流行时间。

$$t_2 = \sum \frac{L}{60v} \ (\text{min}) \qquad (4-17)$$

式中：L 为上游各管段的长度，m；v 为上游各管道的设计流速，m/s。

4. 径流系数

降落在地面上的雨水，一部分被植物和地面的洼地截留，一部分深入土壤，余下的一部分沿地面流入雨水管渠，这部分流进雨水管渠的雨水量称为径流量。径流量与降雨量的比值称为径流系数，其表达式为

$$\psi = \frac{\sum f_i \psi_i}{\sum f_i} \qquad (4-18)$$

式中：f 为汇水面积上各类地面的面积；ψ_i 为相应于各类地面的径流系数。

对城镇径流也可以参考表 4-18，综合系数可以参考表 4-19。

表 4-18	径流系数
地面种类	ψ
各种屋面、混凝土或沥青路面	0.85~0.95
大块石铺砌路面或沥青表面处理的碎石路面	0.55~0.65
级配碎石路面	0.40~0.50
干砌砖石或碎石路面	0.35~0.40
非铺砌土路面	0.25~0.35
公园或绿地	0.10~0.20

表 4-19	综合径流系数
区域情况	ψ
建筑稠密的中心区（不透水覆盖面积＞70%）	0.6~0.8
建筑较密的居住区（不透水覆盖面积 50%~70%）	0.5~0.7
建筑较稀的居住区（不透水覆盖面积 30%~50%）	0.4~0.6
建筑很稀的居住区（不透水覆盖面积＜30%）	0.3~0.5

5. 雨水管渠设计流量公式

在确定了降雨强度 i（mm/min）或 q［L/（s·ha）］、径流系数 ψ 后，再知道设计管段的排水面积 F（ha），就可以计算管段的设计流量为

$$Q = 166.7 f_i \psi i = \psi F q \tag{4-19}$$

（二）雨水管渠系统的设计和计算

1. 雨水管道计算的设计规定

雨水管道一般采用圆形断面，但当直径超过 2m 时，也可采用矩形、半椭圆形或马蹄形。明渠一般采用矩形或梯形。为保证雨水管渠正常工作，避免发生淤积、冲刷等情况，规范对有关设计数据作了规定。

（1）设计充满度为 1，即按满流计算。明渠则应有不小于 0.2m 的超高。街道边沟应有不小于 0.03m 的超高。

（2）设计流速。满流时管道内最小设计流速不小于 0.75m/s。起始管段地形平坦，最小设计流速不小于 0.6m/s。最大允许流速同污水管道。明渠最小设计流速不得小于 0.4m/s，最大允许流速根据灌渠材料确定。

（3）最小管径和最小设计坡度。雨水支干管最小管径 300mm，相应最小设计坡度 0.002；雨水口连接管最小管径 200mm，设计坡度不小于 0.01。梯形明渠底宽最小 0.3m。

（4）覆土深度与埋深。最小覆土深度在车行道下一般不小于 0.7m；在冰冻深度小于 0.6m 的地区，可采用无覆土的地面式暗沟；最大埋深与理想埋深同污水管道。明渠应避免穿过高地。

（5）管道在检查井内连接，一般用管顶平接。不同断面管道必要时也可采用局部管段管底平接。

雨水管渠水力计算仍按均匀流考虑，水力计算公式基本上与污水管道相同，但按满流即 $h/D=1$ 计算。工程设计中，通常在选定管材后 n 为已知值，混凝土和钢筋混凝土雨水管道的管壁粗糙系数 n 一般采用 0.013。Q、v、i、D 的对应关系可据满流圆形管道水力

计算图查得，也可以通过软件计算求得。

2. 雨水管渠的设计步骤

（1）根据小城镇规划和排水区的地形，在规划图上布置管渠系统，管道规划设计平面定位。

（2）确定井位，确定各段管渠的汇水面积和水流方向，绘制水力计算简图。将计算面积及各段长度填写在计算简图中。各支线汇水面积之和应等于相应干管所服务的总汇水面积。

（3）确定控制点；依据地形等高线，标出设计管段起讫点的地面标高，准备进行水力计算。

（4）按排水区域内的地面性质确定各类地面径流系数，确定设计标准参数（设计降雨重现期 P，地面汇流时间 t_1，设计径流系数 ψ）；按加权平均方法求整个排水区的平均径流量。

（5）根据街坊面积大小、地面种类、坡度、覆盖情况以及街坊内部雨水管渠的完善情况确定起点地面集水时间。

（6）根据区域性质、汇水面积、地形即管渠溢流后的损失大小等因素，确定设计重现期。

（7）根据降雨强度公式，绘制单位径流量 ψq 与设计降雨历时 t 关系曲线。

（8）列表进行水力计算，确定管渠断面尺寸，纵向坡度、流速，管渠底标高、埋深等，并绘制纵坡面图。雨水管渠水力计算与设计方法可参照污水管渠进行。

（9）根据水力计算的结果，绘制雨水管道平面图，纵断面图。

3. 计算案例

某居住区地形西高东低，东面有一自南向北流的天然河流，河流 20 年一遇的洪水位为 14m，常水位 12m，见图 4-19。该小城镇的暴雨强度 q，其计算为

$$q = \frac{500\ (1+1.38\lg P)}{t^{0.68}}\ [\text{L}/\ (\text{s}\cdot 10^4\,\text{m}^2)]$$

要求布置雨水管道并进行干管的水力计算。

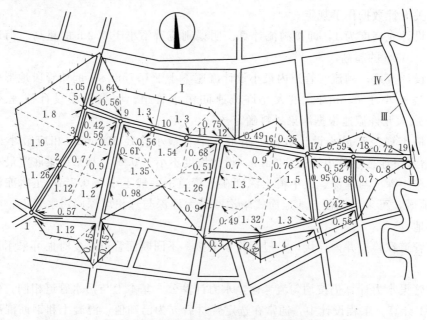

图 4-19　雨水管平面布置及汇水面积划分

（1）定线：根据管道的具体位置，划分设计管道，将设计管段的检查井依次编上号码，每一设计管段所承担的汇水面积按就近排入附近雨水管道的原则划分。将每块汇水面积的编号，面积数，雨水流向标注在图中。

（2）出水口位置：雨水出水口位于河岸边，故雨水干管的走向为自西向东。考虑到河流的洪水位高于该地区地面的平均标高，雨水有可能在洪水位时不能靠重力排入河流，因此在干管的终端设置雨水泵站。

（3）设计参数确定：已知该小城镇的暴雨强度公式为

$$q_0 = \psi q = 0.5 \times \frac{500\ (1+1.38\lg P)}{t^{0.65}}\ [\text{L/}\ (\text{s} \cdot 10^4 \text{m}^2)]$$

由于市区内建筑分布情况差异不大，可采用统一的平均径流系数值。经计算，平均径流系数 $\psi = 0.5$。

$t = t_1 + mt_2$，地面集水时间采用 $t_1 = 10\text{min}$，$m = 2$。

汇水面积设计重现期用 $P = 1$ 年。

管道起点埋深采用 1.30m。列表进行干管的水力计算，见表 4-20。

（4）水力计算说明。

1）表 4-20 中第 1 列为需要计算的设计管段，从上游至下游依次写出。表中第 2、3、13、14 列均已知，其余计算后可求得。

2）计算中假定管段的设计流量均从管段的起点进入，即各管段的起点为设计断面。因此，各管段的设计流量是按该管段起点，即上游管段终点的设计降雨历时（集水时间）进行计算的。也就是说在计算各设计管段的暴雨强度时，用的 t_2 值应按上游各管段的管内雨水流行时间之和求得。如管段 1—2，是起始管段，故 $t_2 = 0$，将此值列入表中第 4 列。

3）根据确定的设计参数，求单位面积径流量。q_0 为管内雨水流行时间的函数，只要知道各设计管段内雨水流行时间，即可求出该管段的单位面积径流量。如管段 1—2 的 $t_2 = 0$，代入上式得 $q_0 = 55.98[\text{L/}(\text{s} \cdot 10^4\text{m}^2)]$，而管段 5—9 的

$$t_2 = t_{1-2} + t_{2-3} + t_{3-5} = 3.29 + 1.98 + 1.98 = 7.25\ (\text{min})$$

代入上式得　　　　　　　　$q_0 = 31.25\ [\text{L/}\ (\text{s} \cdot 10^4\text{m}^2)]$

将值 q_0 列入表中第 6 列。

4）用各设计管段的单位面积径流量乘以该管段的总汇水面积得设计流量。如管段 1—2 的设计流量为　　　　　　　$Q = 55.98 \times 1.69 = 94.58\ (\text{L/s})$

并将此值列入表中第 7 列。

（5）在求得设计流量后，即可进行水力计算，求管径、管道坡度和流速，再查水力计算图或者使用软件进行计算，Q、V、I、D 几个水力因素可以相互适当调整，使计算结果既符合水力计算设计数据的规定，又经济合理。此处，计算采用钢筋混凝土圆管（满流，$n = 0.013$）进行计算。

将确定的管径、坡度、流速各值列入表中第 8、9、10 列。第 11 列管道的输水能力 Q' 是指在水力计算中管段在确定的管径、坡度、流速的条件下，实际通过的流量。该值等于或略大于设计流量 Q。

（6）根据设计管段的设计流速，求本管段的管内雨水流行时间 t_2。例如管段 1—2 的

表 4-20

雨水管道水力计算表

设计管段编号	管长 L/m	汇水面积 F/10⁴m²	管内雨水流行时间/min		单位面积径流量 q₀/[L/(s·10⁴m²)]	设计流量 Q/(L·s⁻¹)	管径 D/mm	坡度 i/‰	流速 v/(m·s⁻¹)	管道输水能力 Q'/(L·s⁻¹)	坡降 iL/m	设计地面标高/m		设计管内底标高/m		埋深/m	
			$\sum t_2=\sum\frac{L}{v}$	$t_2=\frac{L}{v}$								起点	终点	起点	终点	起点	终点
1	2	3	4	5	6	7	8	9	10	11	12	13	14	15=13-16=15-17	16=15-12	17	18=14-16
1~2	150	1.69	0	3.29	55.98	94.58	400	2.1	0.76	96	0.315	14.03	14.06	12.73	12.415	1.3	1.65
2~3	100	4.07	3.29	1.98	40.29	163.98	500	1.9	0.84	165	0.19	14.06	14.06	12.315	12.125	1.75	1.94
3~5	100	6.67	5.27	1.98	35.05	233.78	600	1.5	0.84	240	0.15	14.06	14.06	12.025	11.875	2.04	2.27
5~9	140	10.72	7.25	2.59	31.25	335	700	1.4	0.9	350	0.196	14.04	13.6	11.775	11.579	2.37	2.02
9~10	100	18.24	9.84	1.63	27.6	503.42	800	1.5	1.02	520	0.15	13.6	13.6	11.479	11.329	2.12	2.27
10~11	100	20.1	11.47	1.59	25.79	518.38	800	1.6	1.05	530	0.16	13.6	13.6	11.329	11.169	2.27	2.43
11~12	120	22.94	13.06	1.79	24.29	557.21	800	1.8	1.12	560	0.216	13.6	13.6	11.169	10.953	2.43	2.65
12~16	150	29.83	14.85	2.27	22.84	681.32	900	1.5	1.1	700	0.225	13.6	13.58	10.853	10.637	2.75	2.94
16~17	120	31.22	17.12	1.82	21.28	(664.36) 681.32	900	1.5	1.11	700	0.18	13.58	13.57	10.637	10.457	2.94	3.11
17~18	150	39.12	18.94	1.97	20.23	791.4	900	2	1.29	810	0.3	13.57	13.57	10.457	10.157	3.11	3.41
18~19	150	44.31	20.81	1.82	19.26	853.41	900	2.3	1.37	870	0.345	13.57	13.55	10.157	9.812	3.41	3.74

管内雨水流行时间，$t_2 = 150/ (0.76 \times 60) = 3.29$ （min），将该值列入表格中第5列，此值便是下一个管段 2—3 的 $\sum t_2$ 值。

（7）管段长度乘以管段坡度得到该管段起点与终点之间的高差，即降落量。如管段 1—2 的降落量 $i \times L = 0.0021 \times 150 = 0.315$ （m），列入表中 12 列。

（8）根据冰冻情况、雨水管道衔接要求及承受荷载的要求，确定管道起点的埋深或管底标高。本例起点埋深定为 1.3m，将该值列入表中第 17 列。用起点地面标高减去该点管道深埋得到该点管底标高，即 $14.030 - 1.30 = 12.730$ （m），列入表中第 15 列。用该值减去 1、2 两点的降落量得到终点 2 的管底标高，即 $12.730 - 0.315 = 12.415$ （m），列入表中第 16 列。用 2 点的地面标高减去该点的管底标高得到该点的埋设深度，即 $14.060 - 12.415 = 1.65$ （m），列入表中第 18 列。

雨水管道各设计管段在高程上采用管顶平接。

（9）在划分各设计管段的汇水面积时，应尽可能使各设计管段的汇水面积均匀增加，否则会出现下游管段的设计流量小于上一段管段各设计流量的情况，如管段 16—17 的设计流量小于上游管段 12—16 的设计暴雨强度。这是因为下游管段的集水时间大于上一管段的集水时间，而总汇水面积增加较少，根据暴雨强度公式可知下游管段的设计暴雨强度小于上一管段设计暴雨强度，管段流量反而偏小。若出现了这种情况，应取上一段管段的设计流量作为下游管段的设计流量。

（10）本例只进行了干管的水力计算，实际上在设计中，干管与支管是同时进行计算的。在支管与干管相接的检查井处，必然会出现两个 $\sum t_2$ 值和两个管底标高值。再继续计算相交后的下一段管短时，应采用大的那一个 $\sum t_2$ 值和小的那个管底标高值。

（11）绘制雨水干管平面图及纵剖面图。图 4-20 为初步设计的雨水干管平面图，剖面图略。

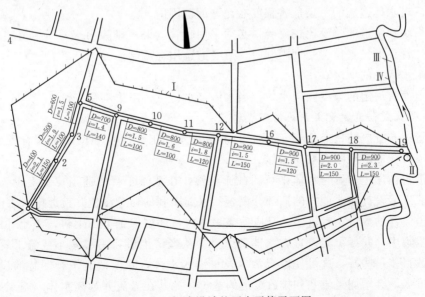

图 4-20　初步设计的雨水干管平面图

第六节　小城镇合流制排水规划

一、合流制排水系统的使用条件和布置特点

（一）合流制的工作情况与特点

合流制管渠是在同一管渠内排除生活污水、工业废水及雨水的管渠系统。合流制分为直泄式合流制排水系统和截流式合流制排水系统，直泄式合流制一般直接将污水排放进河流；截流式合流制排水系统是在直泄式的基础上增加了截流干管，并在截流管上设置溢流井。晴天时，截流管以非满流将生活污水和工业废水送至污水厂处理。雨天时，随着雨水量的增加，截流管以满流将生活污水、工业废水和雨水的混合污水送往污水厂处理。当雨水径流量继续增加，溢流井开始溢流，当降雨时间继续延长，由于降雨强度的减弱，雨水溢流井处的流量减少，溢流量减少。最后，混合污水量又重新等于或小于截流管的设计输水能力，溢流停止。合流制管渠系统因在同一管渠内排除所有的污水，所以管线单一，管渠的总长度减少。但合流制截流管、提升泵站以及污水厂都较分流制大，截流管埋深也因为同时排除生活污水和工业废水而比单设的雨水管渠的埋深大。在暴雨天，有一部分带有生活污水和工业废水的混合污水溢入水体，使水体受到一定程度的污染。因此，排水体制的选择，应根据城镇和工业企业的规划、环境保护要求、污水利用情况、原有排水设施、水质水量、地形、气候和水体等条件，从全局出发，通过技术经济比较，综合确定考虑。

（二）合流制排水系统的使用条件

一般而言，在下述情形下采用合流制排水系统。

（1）排水区域内有一处或多处水量充沛的水体，其流量和流速都较大，一定量的混合污水排入后对水体造成的污染危害程度在允许的范围内。

（2）街坊和街道的建设比较完善，必须采用暗管（渠）排除雨水，而街道狭窄，地下管线较多，管渠的设置位置受到限制时，可考虑选用合流制。

（3）雨水稀少的地区。

（4）地面有一定的坡度倾向水体，当水体高水位时，岸边不受淹没。

（三）截流式合流制管渠系统的布置特点

（1）管渠布置应使所有服务面积上的生活污水、工业废水和雨水都能合理的排入管渠，并能以可能的最短距离坡向水体。

（2）沿水体岸边布置与水体平行的截流干管，在截流干管的适当位置上设置溢流井，使超过截流干管设计输水能力的那部分混合污水能顺利地通过溢流井就近排水水体。

（3）溢流井的数目不宜过多，且应适当集中。从环境保护方面上讲，溢流井的数目宜少，且尽量集中，并尽可能设置在水体的下游。从经济上讲，为了减小截流干管的尺寸，溢流井的数目多一些好，这可使混合污水及早溢入水体，降低截流干管下游的设计流量。但溢流井过多，会增加溢流井和排放渠道的造价，尤其在溢流井远离水体，施工条件困难时更是如此。溢流井的位置通常设在合流干管和截流干管的交汇处。但为了节省投资及减少对水体的污染，并不是在每个交汇点都设置溢流井，其数目和设置位置应根据当地的实

际条件，结合管渠布置进行比较确定。

（4）在合流制管渠系统的上游排水区域内，如果雨水可沿地面的街道边沟排泄，则只需要设置污水管。当雨水不能沿地面排泄时，应考虑布置河流管渠。

城镇排水工程一般随城镇建设的发展而逐渐完善。在我国许多城镇尚未兴建排水管渠，污水沿街漫流，严重地影响了环境卫生；另外，虽然一些城镇兴建了排水管渠，由于条件的限制，通常采用明渠直接排除雨水和污水到附近的水体。这类排水系统往往断面偏小，排泄能力不足，出水口各自分散，部分工业废水未加处理直接排入水体，不同程度地污染了水资源，使人民的健康受到威胁。为了改善环境卫生，保护水体，在进行规划时要对旧的排水体制进行改造。截流式合流制排水系统在改建中往往起着重要的作用，这也是常用的一种排水方式。

二、截流式合流制排水管渠水力计算

污水在管道内的流动，是靠水的重力从高处流向低处，在此过程中，管径由小变大。污水中含有一定数量的悬浮物，但水分一般在99％以上，可以认为城镇污水的流动是遵循一般水流规律的，在设计中采用水力学公式进行计算。

1. 设计流量的确定

合流管渠的设计流量由综合生活污水量、工业废水量和雨水量三部分组成，生活污水量按平均流量计算，即总变化系数为1。工业废水量用最大班内的平均流量计算。雨水量按上一节的方法计算。截流式合流制排水设计流量，在溢流井上游和下游是不同的。

（1）第一个溢流井上游管渠的设计流量（如图4-21中1—2管段）。

$$Q = Q_d + Q_m + Q_y = Q_h + Q_y \qquad (4-20)$$

式中：Q 为设计流量，L/s；Q_d 为设计综合生活污水设计流量；Q_m 为设计工业废水量，L/s；Q_y 为雨水设计流量，L/s；Q_h 为截流井以前的旱流污水量，L/s。

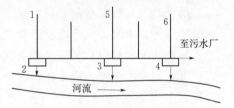

图4-21　设有溢流井的合流管渠

（2）溢流井下游管渠的设计流量（如图3-15所示2—3管段）。合流管渠溢流井下游管渠的设计流量，对旱流污水量 Q_h 仍按上述方法计算，对未溢流的设计雨水量则按上游旱流污水量的倍数（n_0）计。此外，还需计入溢流井后的旱流污水量 Q'_h 和溢流井以后汇水面积的雨水流量 Q'_y。

$$Q' = (n_0 + 1) Q_h + Q'_h + Q'_y \qquad (4-21)$$

式中：n_0 为截流倍数，即开始溢流时所截流的雨水量与旱流污水量之比；Q' 为截流井以后管渠的设计流量；n_0 为截流倍数，即开始溢流时所截流的雨水量与旱流污水量之比；Q'_y 为截流井以后汇水面积的雨水设计流量，L/s；Q'_h 为截流井以后的旱流污水量，L/s。

上游来的混合污水量 Q 超过 $(n_0 + 1) Q_h$ 的部分从溢流井溢入水体。当截流干管上设几个溢流井时，上述确定设计流量的方法不变。

2. 控制数据的规定

以污水管道的设计充满度、设计流速、设计重现期与截流倍数等，作为设计的控制

数据。

（1）最大设计充满度。污水管道的设计充满度按满流计算。

（2）设计最小流速。合流管渠设计最小流速为 0.75m/s。鉴于合流管渠在晴天时管内充满度很低，流速很小，容易淤积，为改善旱流的水利条件，需校核旱流时管内流速，一般不宜小于 0.2～0.5m/s。

（3）设计重现期。合流管渠的雨水设计重现期一般应比同一情况下雨水管渠的设计重现期适当提高（可以比雨水管渠的设计大 20%～30%），以防止混合污水的溢流。

（4）截流倍数。截流倍数根据旱流污水的水质、水量情况、水体条件、卫生方面要求以及降雨情况等综合考虑确定。我国《室外排水设计规范》（GB50014—2011）一般采用 1～5，一般较多采用 3。见表 4-21。随着对水环境保护要求的提高，采用的 n_0 有逐渐增大的趋势。

表 4-21　　　　　　　　　　　　　不同排放条件下的 n_0 值

排 放 条 件	n_0 值
在居住区内排入大河流	1～2
在居住区内排入小河流	3～5
在区域泵站和总泵站前及排水总管的端部，根据居住区内水体的不同特性	0.5～2
在处理构筑物前根据不同的处理方法与不同构筑物的组成	0.5～1
工厂区	1～3

关于晴天旱流流量的校核，应使旱流时的流速能满足污水管渠最小流速的要求。当不能满足这一要求时，可修改设计管渠的管径和坡度。但由于合流制管渠中旱流流量相对较小，特别在上游管段，旱流校核时往往不能满足最小流速的要求，此时可在管渠底设流槽以保证旱流时的流速，或者加强养护管理，利用雨天流量刷洗管渠，以防淤塞。

3. 设计案例

图 4-22 为某一区域的截流式合流干管的计算平面图，其计算已知资料如下。

（1）设计暴雨流量计算公式。该地区暴雨强度公式为

$$q = \frac{167 \times (47.17 + 41.66 \lg P)}{t + 33 + 9 \lg (P - 0.4)}$$

式中：P 为设计重现期，采用 1 年，t 为集水时间，地面集水时间 t_1 按 10min 计算，管内流行时间为 t_2，则 $t = 10 + 2t_2$。

（2）设计雨水流量。该设计区域平均径流系数 ψ 经计算为 0.45，则设计雨水量为

$$Q_y = \psi q F = \frac{167 \times (47.17 + 41.66 \lg 1) \times 0.45}{10 + 2t_2 + 33 + 9 \lg (1 - 0.4)} \cdot F = \frac{3590}{41.02 + 2t_2} \cdot F \ (\text{L/s})$$

式中：F 为设计排水面积，10^4m^2。

当 $t_2 = 0$ 时，单位面积的径流量 $q_0 = 87.5 \text{L/} (\text{s} \cdot 10^4 \text{m}^2)$。

（3）污水量计算。设计人口密度按 200 人/10^4m^2 计算，生活污水量标准按 100L/（人·d）计，生活污水平均流量为 $Q_d = 0.231 \text{L/} (\text{s} \cdot 10^4 \text{m}^2)$

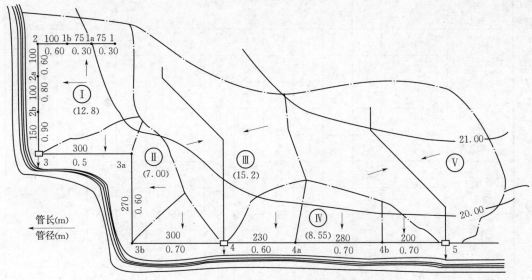

图4-22　某镇截流式合流干管计算平面图

（4）常见值设置。截流干管的截流倍数 n_0 采用 3。街道管网起点埋深 1.7m。河流最高月平均洪水位为 12.000m。

（5）计算过程。计算时，先划分各设计管段及其排水面积，计算每块面积的大小，填入图4-22中；再计算设计流量，包括雨水量、生活污水量及工业废水量；然后根据设计流量查水力计算表（满流）或者根据常见软件计算得出设计管径和坡度，本例中采用的管道粗糙系数 $n=0.013$；最后校核旱流情况。

（6）计算结果说明。表4-22为管段1~5的水力计算结果，下面对其中部分计算加以说明。

1）为简化计算，有些管段如1~2、3~3a、4~4a的生活污水量及工业废水量未计入总设计流量，因为其数值太小，不影响设计管径及坡度的确定。

2）表4-22中第17列设计管道输水能力是设计管径在设计坡度下的实际输水能力，该值应接近或略大于第12列的设计总流量。

3）1~2管段因旱流流量太小，未进行旱流校核，在施工设计时或在养护管理中应采取适当措施防止淤塞。

4）3点及4点均设有溢流井。

对于3点来说，由1~3管段流来的旱流流量为 21.47L/s。在截流倍数 $n_0=3$ 时，溢流井转输的雨水量为

$$Q_y = n_0 Q_h = 3 \times 21.47 = 64.41 \text{（L/s）}$$

经溢流井转输的总设计流量为

$$Q = Q_y + Q_h = (n+1) Q_h = (3+1) \times 21.47 = 85.88 \text{（L/s）}$$

经溢流井溢流入河道的混合废水量为1~3管段的雨水、生活污水及工业废水的总混合废水量减去溢流井转输的总设计流量，即

$$Q_0 = 838.47 - 85.88 = 752.59 \text{（L/s）}$$

对于4点来说，由3~4管段流来的旱流流量为

表 4－22

管 段 水 力 计 算 表

管段编号	管长/m	排水面积/(10⁴m²) 本段	转输	总计	管内流行时间/min 累计 $\sum t_2$	本段 t_2	设计流量/(L·s⁻¹) 雨水	生活污水	工业废水	溢流井转输水量	总计	设计管径/mm	设计坡度	管道坡度/m	设计流速/(m·s⁻¹)	设计管道输水能力/(L·s⁻¹)	地面标高/m 起点	终点	管内底标高/m 起点	终点	埋深/m 起点	终点	旱流校核 旱流流速/(L·s⁻¹)	充满度	流速/(m·s⁻¹)	备注
1	2	3	4	5	6	7	8	9	10	11	12	13	14	15	16	17	18	19	20	21	22	23	24	25	26	27
1～1a	75	0.6		0.6	0	1.67	52.4	0.14	1.5		52.4	300	0.0028	0.21	0.75	53	20.2	20	18.5	18.29	1.7	1.71	1.64			
1a～1b	75	1.4	0.6	2	1.67	1.54	162	0.46	3.1		162	500	0.0017	0.13	0.81	165	20.00	19.80	18.09	17.96	1.91	1.84	3.56			
1b～2	100	1.8	2	3.8	3.21	1.65	288	0.88	6.4		288	600	0.0021	0.21	1.01	290	19.80	19.55	17.86	17.65	1.94	1.90	7.28			
2～2a	80	0.7	3.8	4.5	4.86	1.16	318	1.04	8.5		327.54	600	0.0027	0.22	1.15	330	19.50	19.50	17.65	17.43	1.90	2.12	9.54	0.12	0.52	3 点设溢流井
2a～2b	120	4.5	4.5	9	6.02	1.6	610	2.08	14.5		626.58	800	0.0022	0.26	1.23	630	19.55	19.50	17.55	17.29	2.32	2.53	16.58	0.11	0.52	4 点设溢流井
2b～3	150	3.8	9	12.8	7.62	1.9	817	2.97	18.5		838.47	900	0.0021	0.31	1.32	840	19.50	19.45	16.87	16.56	2.63	2.89	21.47	0.11	0.54	
3～3a	300	2		2	0	5.25	175	0.46	0.18	85.88	260.88	600	0.0018	0.54	0.95	262	19.45	19.50	16.56	16.02	2.89	3.48	22.11	0.23	0.62	
3a～3b	270	2.8	2	4.8	5.25	3.92	368	1.15	0.43	85.88	455.46	700	0.0022	0.59	1.15	460	19.50	19.45	15.92	15.33	3.58	4.12	22.97	0.18	0.66	
3b～4	300	2.2	4.8	7	9.17	3.95	422	1.61	0.61	85.88	515.59	700	0.0027	0.81	1.27	515	19.45	19.45	15.33	14.52	4.12	4.93	23.69	0.16	0.59	
4～4a	230	2.95		2.95	0	3.06	259	0.64	0.13	123.16	382.16	700	0.0025	0.57	1.25	385	19.45	19.45	14.52	13.95	4.93	5.50	31.50	0.24	0.61	7～4 管段转输 $q_3=$7.10L/s
4a～4b	280	3.1	2.95	6.05	3.06	4	460	1.38	0.28	123.16	584.82	800	0.0018	0.51	1.17	600	19.45	19.50	13.85	13.34	5.60	6.16	32.39	0.21	0.62	
4b～5	200	2.5	6.05	8.55	7.06	2.25	620	1.98	0.4	123.16	745.54	800	0.0029	0.58	1.48	750	19.50	19.50	12.76	12.16	6.74	6.68	33.11	0.19	0.68	

$$23.69 \ (2.97+18.5+1.61+0.61) \ (\text{L/s})$$

由 7～4 管段流来的总设计流量为 713.10L/s，其中旱流流量为 7.10L/s，故到达 4 点的总旱流流量为

$$Q_h=23.69+7.10=30.79 \ (\text{L/s})$$

经溢流井转输的雨水量为

$$Q_y=n_0 Q_h=3\times30.79=92.37 \ (\text{L/s})$$

经溢流井转输的总设计流量为

$$Q=Q_y+Q_h=(n_0+1) \ Q_h=(3+1)\times30.79=123.16 \ (\text{L/s})$$

经溢流井溢入河道的混合污水量为

$$Q=515.59+713.10-123.16=1105.53 \ (\text{L/s})$$

5）截流管 3～3a、4～4a 的设计流量分别为

$$Q_{(3\sim3a)}=(n_0+1) \ Q_h+Q_{y(3\sim3a)}+Q_{s(3\sim3a)}+Q_{g(3\sim3a)}$$
$$=85.88+175+0.46+0.18\approx260.88 \ (\text{L/s})$$

$$Q_{(4\sim4a)}=(n_0+1) \ Q_h+Q_{y(4\sim4a)}+Q_{s(4\sim4a)}+Q_{g(4\sim4a)}$$
$$=123.16+259+0.64+0.13\approx382.16 \ (\text{L/s})$$

由于两管段中的 Q_s 及 Q_g 相对较小，计算中都忽略不计。

6）3 点和 4 点溢流井的堰顶标高按设计计算分别为 17.16m 和 15.220m，均高于河流最高月平均洪水位 12.000m，所以河水不会倒流。

三、小城镇旧合流制排水管渠系统改造

我国大多数小城镇原有排水管渠都采用直排式的合流制排水系统，甚至是明渠的形式，或者没有进行排水系统的建设。然而随着社会经济的发展和人们对水环境保护意识的提高，在进行小城镇的旧城区改建规划时，对原有排水管渠进行改建，势在必行。在排水上有两种选择途径

1. 改合流制为分流制

一般是将旧合流制管渠局部改建后作为单纯雨水的管渠系统，另外新建污水管渠系统，以解决城镇污水对水体及周边环境的污染问题。这种方案适用于城镇半新建区、成片彻底改造旧区、建筑物不密集的工业区以及其他地形起伏有利改造的地区。

但是把合流制改建为分流制必须满足以下条件：住房内部建设有完善的卫生设备，能够雨、污严格分流；城镇街道横断面有足够的位置，有可能增设污水管渠；施工中对城镇交通不会造成过大影响。针对我国旧区改建的状况，某些地区可以考虑由合流制改为分流制。

一种是在规划中近期采用合流制，埋设污水截流总管，但可以采用较低的截流倍数，以便在较短时期内，使城镇旧区水体污染得以迅速的改善。随着旧区的逐步改造，以及道路的拓宽与道路系统的完善，可以相应的埋设污水管，接通截流总管，并收纳污水管经过地区新建的或改造的房屋的污水，以及收纳原有建筑物（包括工厂）的污染严重的污水，这样便可以逐步地由合流制过渡到合流与分流并存，以至最后做到旧区大部分污染严重的污水分流到污水管中去。

另一种做法是以原有河流管道作污水管道来进行分流，而另建一套简易和雨水排泄系

统。通过采用街道暗沟、明渠等排泄雨水，这样可以免去接户管的拆装费用，也可避免破坏道路，增设管道。等有条件时，可以把暗沟、明渠等改为雨水管道。这种方法经济，适用于过渡时期的改造。

2. 保留合流制，修建截留干管

将合流制改为分流制几乎要改建所有的污水出户管以及雨水连接管，要破坏很多路面，且需很长时间，投资也巨大。所以目前合流制管渠系统的改造大多保留原有体制，沿河修建截流干管，即将直排式合流制改造为截流式合流制管渠系统。也有城镇为保护重要水源河道，在沿河修建雨污合流的大型合流管渠，将雨污水一同引往远离水源地的其他水体。截流式合流制因混合污水的溢流而造成一定的环境污染，可采取一定措施的补救：

（1）建混合污水贮水池或利用自然河道和洼塘，把溢流的合流污水调蓄起来，然后再把贮存的水送往污水处理厂，能起到沉淀的预处理作用。

（2）在溢流出水口设置简单的处理设施，如对溢流混合污水筛滤、沉淀等。

（3）适当提高截流倍数，增加截流干管及扩大污水处理厂容量等。

（4）使降雨尽量多地分散贮留，尽可能向地下渗透，减少溢流的混合污水量。主要手段有依靠公园、运动场、广场、停车场地下贮留雨水，依靠渗井、地下盲沟、渗水性路面渗透雨水，削减洪峰。

第七节　小城镇污水处理及利用

从保护水资源及维持区域生态平衡的角度出发，污水在排放之前必须考虑污水处理问题。同时，城镇污水中的有毒有害物质往往也是有用的物质。例如，生活污水中含有大量的肥料，工业废水中含有工业生产原料和副产品。因此，在进行污水处理、改善水质的同时，若能回收利用污废水中的有用物质，不仅可以控制环境和水体污染，而且可以化害为利，变废为宝。

一、城镇污水性质及排放标准

1. 城镇污水性质

根据城镇污水来源和性质的不同，城镇污水主要分为生活污水、工业废水和径流降水三类。

（1）生活污水。生活污水是指人们日常生活中用过的水，主要来自住宅、机关、学校、商店及其他公共建筑和工厂的生活间，如厕所、浴室、厨房、洗衣服等排除的水。生活污水中含有大量的有机物，如蛋白质、动植物脂肪、碳水化合物、尿素和氨氮等，其中粪便污水中更含有寄生虫卵、病菌和病毒等有害物质，因此，这类污水必须经过收集和处理后才可以排入水体、灌溉农田或再利用。

（2）工业废水。工业废水是指在工业生产过程中产生的废水。由于各种工业生产的生产类别、工艺过程，使用的原材料以及生产管理等不尽相同，因此，各种工业废水的性质也就存在很大的差异，且多数有危害性，各工厂的污水情况要具体分析。部分生产污水中有害物质主要来源见表 4-23。

表 4-23   生产污水中有害物质的来源

有害物质	主要来源
游离氧	造纸厂、织物漂白
氨	煤气厂、焦化厂、化工厂
氟化物	玻璃制品厂、半导体元件厂
硫化物	皮革厂、染料厂、有机玻璃厂、煤气厂
砷及其化合物	矿石处理、农药制造厂、化肥厂
有机磷化合物	农药厂
碱	化学纤维厂、制碱厂、造纸厂
油	石油炼厂、皮革厂、食品厂
放射性物质	原子能工业、医院、疗养院

（3）径流污水。径流污水是由降水（雪）淋洗城镇大气污染物和冲洗建筑物、地面、废渣、垃圾而形成的，这类污水具有季节变化和成分复杂的特点。虽然初期雨水径流含有一定的污染物质，但一般不需处理，可以直接排入水体。

2. 城镇污水的水质污染指标

污水的污染指标是指衡量水在使用过程中被污染的程度，也称污水的水质指标。污水分析的一些主要指标如下。

（1）有机物。污水中含有大量有机物质，这些有机物进入水体后，在好氧微生物分解作用下，使水中溶解氧浓度大幅度下降，甚至造成缺氧状态，危害水生生物生长，有时甚至造成大批鱼类死亡，水色度变黑，并散发恶臭，造成水体污染和环境恶化。

直接测定污水中各种有机物的含量较为困难，一般采用生化需氧量（BOD）和化学需氧量（COD）两个指标，间接概括地表示污水中有机物的浓度，单位采用 mg/L。这两个值越高，说明水中有机物越多，污染越严重。

（2）有毒物质。有毒物质指污水中含有各种毒物的成分和数量，单位为 mg/L 表示。有毒物质对人类、鱼类、农作物有害作用，有的毒性作用明显，容易引起人们的重视。而有的有毒物质则是通过食物在人体内逐渐积累，只有达到一定浓度后才会表现出病症。这些有毒物质也是有用的工业原料，有条件时应尽量加以回收利用。

（3）固体物质。固体物质可以分为悬浮固体和溶解固体两类，单位为 mg/L，悬浮固体分为沉降性悬浮物（可分为可沉物和难沉物）和漂浮性悬浮物，会导致淤积堵塞等情况。溶解固体是造成水体浑浊和色度的主要原因，当含盐量很高的污水深入土壤后，会使土壤盐碱化。

（4）pH 值。pH 值表示污水呈酸性或碱性的标志。生活污水一般呈弱碱性，而工业废水则是多种多样，其中不少呈强酸强碱的。酸碱污水会危害鱼类和农作物，腐蚀管道。

（5）色、臭、热。污水呈现颜色、气味，影响水体的物理状况，降低水体的使用价值。此外，高温度的工业废水排入水体，对水体造成热污染，破坏鱼类的正常生活环境。

3. 污水排放标准

污水排放的标准是对排入水体中的污染物或有害因子所做的控制规定，即排放的极限值（包括污染物最高允许排放浓度即最高允许年排放总量），它是控制水体污染、保护环境的重要手段。

水质标准分为水域（根据人类对人体的使用要求制定）水质标准和排水水质标准（根据水体的环境容量和现代技术经济条件制定）。排水水质标准有：《污水综合排放标准》（GB 8978—1996）《污水排入小城镇下水道水质标准》（CJ 343—2010）、《城市污水处理厂污水污泥排放标准》（CJ 3025—1993）及各行业污水排放标准等。这些标准都是浓度标准，即规定了企业或设备的排放口的污染物的浓度限制。排放标准中的总量控制标准，即规定了企业或设备的排放口、一个小范围（可能有若干个工厂）的总排污量、一条河流流域的总排污量等提出限制。这种标准可以消除一些企业用清水稀释来降低排放浓度的现象，有利于对水体的环境容量有总体把握。我国一些小城镇已经实施了总量控制标准，取得了较好的效果。

二、城镇污水处理与利用的基本方法

污水处理内容通常包括：固液分离、有机物和氧化物的氧化、酸碱中和、去除有害物质、回收有用物质等。相应的污水处理和利用的方法可以归纳为物理法、生物法、化学法三类。

污水处理按处理程度划分，通常可分为一级、二级和三级处理。一级处理主要是去除污水中呈悬浮状态的固体污染物质，经常采用物理处理法。经过一级处理的污水，BOD一般可去除20％左右，达不到排放标准。一级处理属于二级处理的预处理；二级处理的主要任务是大幅度去除污水中呈胶体和溶解状态的有机污染物质，BOD一般可去除80％～90％，使有机污染物达到排放标准；三级处理进一步处理难降解的有机物、氮和磷等能够导致水体富营养化的可溶性无机物等。一级处理和二级处理是处理城镇污水时经常采用的方法，所以又称为常规处理法。一般城镇污水在经过常规处理后基本上都可达到国家规定的污水排放标准。三级处理适用于对排放标准要求特别严格的水体，而且往往以污水回用为目的，因此属于深度处理。

1. 物理处理法

物理处理法是利用物理作用分离和去除污水中呈悬浮状态的固体污染物质，在处理过程中，污染物的化学性质不发生变化。物理处理方法主要如下。

（1）重力分离法（沉淀）。利用污水中的悬浮物和水比重不同的原理，借重力沉降（或上浮）作用，使其从水中分离出来。沉淀处理设备有沉砂池、沉淀池及隔油池等。

（2）离心分离法。利用悬浮固体和废水质量不同造成的离心力不同，让含有悬浮固体或乳化油的废水在设备中高速旋转，结果质量大的悬浮固体被抛甩到废水外侧，使悬浮体与废水分别通过不同排出口得以分离。旋流分离器有压力式和重力式两种。

（3）筛滤截留法。利用筛滤介质截流污水中的悬浮物。筛滤介质有钢条、筛网、砂、布、塑料、微孔管等。属于筛滤处理的设备有格栅、微滤机、砂滤池、真空滤机、压滤机等。

（4）气浮法。此法是将空气打入污水中，并使其以微小气泡的形式由水中析出，污水中比重近于水的微小颗粒状的污染物质（如乳化油等）黏附到空气泡上，并随气泡上升至水面，形成泡沫浮渣而去除。

（5）反渗透法。用一种特殊的半渗透膜，在一定的压力下，将水分子压过去，而溶解在水中的污染物质则被膜所截流，污水被浓缩，而被压透过膜的水就是处理过的水。

典型的物理处理流程一般为：先经过格栅截流粗大污物，再进入沉砂池沉下砂砾等较重固体物质，然后进入沉淀池去除大部分悬浮固体。出水可用于灌溉或排入水体，沉砂池下的沙粒可用于填坑。沉淀池中的污泥被消化池发酵后可用做农肥，发酵中产生的沼气可用作气体燃料。

2. 化学处理法

污水的化学处理法，就是通过投加化学物质，利用化学反应作用来分离、回收污水中的污染物，或使其转化为无害的物质。一般采用的方法如下。

（1）混凝法。水中呈胶体状态的污染物质，通常带有负电荷，若向水中投加带有相反电荷的电解质（即混凝剂），可使污水中的胶体颗粒改变为呈电中性，失去稳定性，并凝聚成大颗粒而下沉。这种方法用于处理含油废水、染色废水、洗毛废水等。这种方法既可以独立使用也可以和其他方法配合，做预处理、中间处理、深度处理工艺等。

（2）中和法。用于处理酸性废水或碱性废水。向废水中投入相反性的化学物质，使废水变成中性。对碱性废水可吹入含有 CO_2 的烟道气进行中和。

（3）氧化还原法。废水中呈溶解状态的有机或无机污染物，在投加氧化剂或还原剂后，发生氧化或还原作用，使其转变为无害的物质。常用的氧化剂还有空气、纯氧、漂白粉、氯气、臭氧等，氧化法多用于处理含酚、氰废水。常用的还原剂有铁屑、硫酸亚铁、亚硫酸氢钠等，还原法多用于处理含铬、含汞废水。

（4）离子交换法。常用的离子交换剂有无机离子交换剂（沸石）和有机离子交换树脂。离子交换法在工业废水处理中应用广泛。

（5）吸附法。将污水通过固体吸附剂，使废水中的溶解性有机污染物吸附到吸附剂上，常用的吸附剂为活性炭、硅藻土、焦炭等。此法可吸附废水中的酚、汞、铬、氰等有毒物质。此法还有脱色、脱臭等作用，用于深度处理。

（6）电渗析法。污水通过阴、阳离子交换就可以得到分离，达到浓缩和处理的目的。此法用于酸性废水回收，含氰废水处理等。

属于化学处理技术的还有电解法、化学沉淀法、气提法、吹脱法和萃取法等。

3. 生物处理法

污水的生物处理法，就是利用微生物新陈代谢功能，使污水中呈溶解和胶体状态的有机污染物被降解并转化为无害的物质，使污水得以净化，生物处理方法如下。

（1）活性污泥法。这是目前使用很广泛的一种生物处理法。将空气连续鼓入曝气池的污水中，经过一段时间，水中即形成繁殖有大量好氧性微生物的絮凝体——活性污泥。活性污泥能吸附水中的有机物。生活在活性污泥上的微生物以有机物为食料，获得能量并不断生长增殖，有机物被去除，污水得以净化。从曝气池流出的含有大量活性污泥的污水——混合液，经沉淀分离，水被净化排放，沉淀分离后的污泥作为种泥，部分地回流曝气池。活性污泥法自出现以来，经过多年演变，出现了多种活性污泥的变法，但其原理和工艺过程没有根本性的改变。

（2）生态塘处理法。生态塘处理是以太阳能为初始能源，利用在塘中种植水生植物，进行水产、水禽养殖，形成人工生态系统。在太阳能的推动下，通过生态系统中的多条食物链将污水中的有机污染物进行降解和转化，最后不仅去除污染物，并以水生植物、水产和水禽的形式进行资源回收，使污水处理与利用结合起来，实现污水处理资源化。同时处理后的污水可灌溉农田、改良土壤，或经进一步处理后回用于某些工业用水，具有很好的环境效益和经济效益。

生态塘污水处理系统具有基建投资省，运行费用低，管理维护方便，运行稳定可靠等诸多优点。但占地大，容易受自然条件影响。它们或单独使用，或与其他处理设施组合应用。

（3）人工湿地处理系统。它由一些浮水、挺水及沉水植物和微生物、动物与处于水饱和状态的基质层所组成。不仅起到污水净化的作用，而且通过营造湿地环境，形成独特的自然人工景观，与小城镇绿化与生态建设相结合。人工湿地污水处理系统的优势在于生长于其中的植物和与其相适应的微生物，污水从生长有植物的介质中流过，通过机制过滤、吸附、沉淀、离子交换、植物吸收和微生物分解来实现对污水的高度净化。同时，植物生长还有对污染物的吸收和同化作用，并且通过根茎叶向水体与基质层供养，使周围的多种微生物在厌氧、兼氧、好氧等复杂状态下消化降解污染物。

（4）生物膜法。使污水连续流经固体填料（碎石、炉渣或塑料蜂窝），在填料上就能够形成污泥状的生物膜，生物膜上繁殖着大量的微生物，能够起与活性污泥同样的净化作用，吸附和降解水中的有机污染物，从填料上脱落下来的衰死生物膜随污水流入沉淀池，经沉淀池澄清净化。生物膜法可处理各类构筑物，如生物滤池、生物转盘、生物接触氧化以及生物流化床等。

（5）厌氧生物处理法。利用兼性厌氧菌在无氧的条件下降解有机污染物。主要用于处理高浓度、难降解的有机工业废水及有机污泥。主要构筑物是消化池，近年来开发了厌氧滤池、厌氧转盘、上流式厌氧污泥床、厌氧流化床等高效反应装置。该法能耗低且能产生能量，污泥产量少。

三、污水处理方案的选择

污水处理耗资大，运行管理费用较高，对环境卫生影响大。在规划设计中，必须慎重选择城镇污水处理方案，首先应明确以下几个问题。

1. 工业废水的处理问题

通常大型的集中的工业或工业区采用独立的污水处理系统外，对于多数的、分散的、中小型工业企业的废水，大多采用与生活污水一并处理、排放方式，由城建部门设置统一的污水处理厂，采用综合治理方案。这种方案建设费用和运行费用较低，处理效果一般比分散处理好。但有些工业废水含有特殊的污染物质，有些工业废水所含污染物质浓度很高。为了保证污水处理厂的正常运行，必须限制某些工业企业废水的排放，要求在厂内经过预处理，达到规定标准后才能排入污水管网，输入污水处理厂。因此，各工业企业排放废水时必须取得当地市政部门的同意。

2. 预防为主，综合治理

规划中要求各工业企业尽量压缩废水量和降低水中污染物质的浓度。通过采用改革生产工艺，回收利用废水中有用物质以及进行废水循环使用、循序利用等措施，减少废水及污染物的排放量。

工厂之间应研究协作共同处理废水的可能。一个工厂废水中可能成为另外的工厂的原料，就能变废为宝，发展循环经济。另外，这个厂的废水与另一个厂的废水混合后，可达到易于处理或减少有害物质浓度降低其危害性，如酸碱废水中和等。

3. 合理决定污水处理程度

污水处理程度划分为一级、二级、三级三个等级。处理程度的决定，取决于下列因素：

（1）环境保护的要求：包括受纳水体的用途、卫生、航运、渔业、体育等部门的意见，提出对污水排放标准的要求。

（2）经污水处理厂处理后的出水供灌溉农田或养殖的可能性，以及所能接受的污水量。

（3）当地的具体情况：包括污水管网的现状，自然条件，小城镇性质及工业发展规模、速度、污水量、污水水质情况等。

（4）经济条件。如果投入不足，可以先进行一级处理，以后再建二级处理，做出分期建设安排。

四、污水处理厂厂址选择及布置

污水处理厂是污水排水工程的重要组成部分，恰当地选择污水处理厂的位置对小城镇规划的总体布局、小城镇环境保护、污水的利用和出路、污水管网系统的布局、污水处理厂的投资和运行管理都有重要影响。污水处理厂需经过多方案技术经济比较才能最终确定。

（一）污水处理厂厂址选择

在选择污水处理厂厂址时，一般应考虑以下几项原则：

（1）尽量不占或少占农田。若处理后的污水（泥）用于农业，厂址的位置应便于农业灌溉和污泥运输。

（2）厂址应结合污水管道系统布置及出水口位置统一考虑。污水处理厂宜设在地势低处，以便于污水自流排放，沿途尽量不设或少设提升泵站。同时，污水处理厂通常设在水体附近，以利于处理后的污水就近排入水体，减少排放渠道的长度。

（3）厂址必须位于集中给水水源的下游，并应设在城镇、工厂厂区及居住区的下游和夏季主导风向的下风向。为保证卫生要求，厂址应与工业区、居住区保持约 300m 以上的防护范围，但也不宜太远，以免提高造价。

（4）厂址应有良好的交通和水电条件，最好具有双电源，以便于污水处理厂能正常运行。厂址应选在地质条件好的地方，以便于施工，同时不应设在雨季易受水淹的低洼处。同时，靠近水体的处理厂应考虑不受洪水威胁，以保证在汛期能正常运行。

（5）厂址选择应根据城镇总体发展规划考虑远期发展的可能性，为扩建留有余地。应根据城镇对中水回用的需要，制定大中小规模及近远期相结合的污水处理厂布局规划，在合适的地点建设适当规模的污水处理厂，既有利于污水再生回用，又减轻了小城镇排水管网系统的负担，且易于实现分期建设。

（二）污水厂面积要求及布置

1. 面积要求

污水处理厂面积与污水量及处理方法有关，可以参照表 4-24 所示。

表 4 - 24　　　　　　　　　　　小城镇污水处理厂面积　　　　　　　单位：$m^2 \cdot d \cdot m^{-3}$

污水量/（万 $m^3 \cdot d^{-1}$）	一级处理	二级处理（一）	二级处理（二）
0.5～1	1.0～1.6	2.0～2.5	
1～2	0.6～1.4	1.0～2.0	4.0～6.0
2～5	0.6～1.0	1.0～1.5	2.5～4.0
5～10	0.5～0.8	0.8～1.2	1.0～2.5
10～20	0.4～0.6	0.6～0.9	0.8～1.2
＞20	0.3～0.5	0.5～0.8	0.6～1.0

注　1. 一级处理工艺流程大致为：泵房、沉砂、沉淀及污泥浓缩、干化处理等。
　　2. 二级处理（一）工艺流程大体为：泵房、沉砂、初次沉淀、曝气、二次沉淀及污泥浓缩、干化处理等。
　　3. 二级处理（二）工艺流程大体为泵房、沉砂、初次沉淀、曝气、二次沉淀、消毒及污泥提升、浓缩、消化、脱水及沼气利用等。

2. 平面布置

污水处理厂平面布置包括：各处理单元构筑物；连通各处理构筑物之间的管、渠及其他管线；辅助性建筑物；道路、绿地、电力、照明线路等。进行污水处理厂平面布置时应考虑以下原则：

（1）各处理构筑物与辅助建筑的位置应结合污水处理工艺流程，根据安全、运行方便与节能的原则确定。相互有关的构筑物应尽可能靠近，以减少连接管渠长度及水头损失，并考虑运转时操作方便。

（2）各处理构筑物布置应结合厂址的地形、气候及地质条件，力求减小土方量，避开不良地基。

（3）污水与污泥的流向充分利用原有地形，尽量采用重力流。

（4）联系各处理构筑物的管渠布置应使各处理系统自成系统，以保证各处理单元能够独立运行。

（5）厂区内应加强绿化，绿化面积不宜小于全厂总面积的 30%。

（6）考虑扩建的可能性，留有适当的扩建余地。

3. 高程布置

污水处理厂高程布置的主要任务是确定各处理构筑物和泵房的标高、各构筑物之间连接管渠的标高、各部分水位标高。当地形有利时，厂内有自然坡度时，应充分利用，合理布置，以减少填挖土方量，甚至不用提升泵站。

五、中水利用与污泥处理处置

1. 中水利用

中水系统是指将污水或生活污水经一定处理后用作城镇杂用，或工业的废水回用系统。在水资源日益匮乏的情况下，中水将主要运用到以下方向上：市政用水（包括冲洗厕所用水、绿化用水、浇洒道路、消防用水、小城镇景观用水），灌溉用水、养殖用水、工业用水、地下水方面等。

城镇中水系统是利用城镇污水处理厂深度处理水作为中水，供给具有中水系统的建筑物或住宅区，需要敷设独立的中水管道系统。目前，中水系统主要运用在一个建筑物或几个建筑物建成的区域内，居住小区的中水系统有广泛的发展前景，适用于新建居住区、商业区、开发区等。

中水系统中的中水处理设施既是污水处理厂，又是给水净化厂，而其出水系统是中水系统。进行中水系统规划应注意以下几个问题：

（1）应根据城镇用水量和水源情况综合考虑。缺水地区应在规划时明确建立中水系统的必要性，水量平衡、水源规划、处理、管网布置都应在总体规划中有所反映，作为具体规划设计的依据。

（2）总体规划中明确建立的中水系统，应在给排水工程系统的详细规划中，结合实际情况，对一些具体问题进行技术经济分析后予以确定。

（3）中水系统管网的布置要求与给水排水管网相似。管网应保持独立性，禁止与自来水系统混接。对已建地区，因地下管线繁多，中水管道的敷设应尽量避开管线交叉，敷设专用管线。

（4）中水系统比之于污水厂的回用处理显得分散，投资和处理费用高，回用面小，难于管理。原则上使建筑中水系统向小区或城镇中水系统方向发展，要求在整个规划范围内统筹考虑，增加回用规模，降低成本。

2. 污泥处理

污水处理过程中同时要产生大量的污泥，其数量约占处理水量的 0.3%～0.5% 左右（以含水率为 97% 计）。这些污泥集聚了污水中的污染物，含有大量的有毒有害物质，如寄生虫、病原微生物、细菌、合成有机物及重金属离子等；也含有有用物质如植物营养素（氮、磷、钾）等。不经处理，任意堆放或排泄，会对周围环境造成二次污染。为满足环境卫生方面要求和综合利用的需要，必须对污泥进行处理。

污泥处理与利用的基本流程如图 4-23 所示。

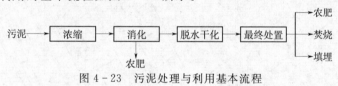

图 4-23　污泥处理与利用基本流程

污泥浓缩的目的是初步降低污泥含水率，去除污泥颗粒间的空隙水，减少污泥体积，以利于后续处理与利用。经过浓缩处理后，其含水率可由原来的 99% 以上降低到 97% 左右。

污泥消化分为厌氧消化和好氧消化两种，一般所说污泥化是指污泥厌氧消化。污泥厌氧消化可以有效改善污泥的卫生条件，稳定污泥性质，减少污泥体积，改善脱水性能，并产生沼气，使污泥资源化。

污泥经浓缩或消化处理后，含水率仍在 96% 左右，体积很大，不便于运输和使用。为了将流态污泥转变为湿污泥，使污泥含水率降至 60%～80%，需要对污泥进行干化、脱水处理。常用的处理方法包括自然干化和机械脱水两种。在进行干化后，体积仍然比较大，为了便于利用与处理，可以进一步进行干燥处理或焚烧。污泥经过干燥后，含水量可降至 20% 左右，体积大大减小，便于运输或进行最终处理。经过焚烧处理后，可使污泥完全脱水干化，并杀灭其中的病原微生物，但由于有机物被完全破坏，已经没有肥分价值，可用于填地或筑路材料使用。污泥焚烧费用昂贵，且易产生大气污染问题，只有在使用其他处置方法有困难或不能使用时才考虑采用。根据《城镇污水处理厂污泥处置分类》（GB/T 23484—2009），污泥的最终处置与利用途径包括以下几种，如表 4-25 所示。

表 4 - 25　　　　　　　　　　　　　城镇污水处理厂污泥处置分类

序号	分类	范围	备　　注
1	污泥土地利用	园林绿化	城镇绿地系统或郊区林地建造和养护等的基质材料或肥料原料
		土地改良	盐碱地、沙化地和废弃矿场的土壤改良材料
		农用	农用肥料或农田土壤改良材料
2	污泥填埋	单独填埋	在专门填埋污泥的填埋场进行填埋处置
		混合填埋	在小城镇生活垃圾填埋场进行混合填埋（含填埋场覆盖材料利用）
3	污泥建筑材料利用	制水泥	制水泥的部分原料或添加料
		制砖	制砖的部分原料
		制轻质骨料	制轻质骨料（陶粒等）的部分原料
4	污泥焚烧	单独焚烧	在专门污泥焚烧炉焚烧
		与垃圾混合焚烧	与生活垃圾一同焚烧
		污泥燃料利用	在工业焚烧炉或火力发电厂焚烧炉中作燃料利用

管道水力计算图（图 4 - 24 和图 4 - 25）。

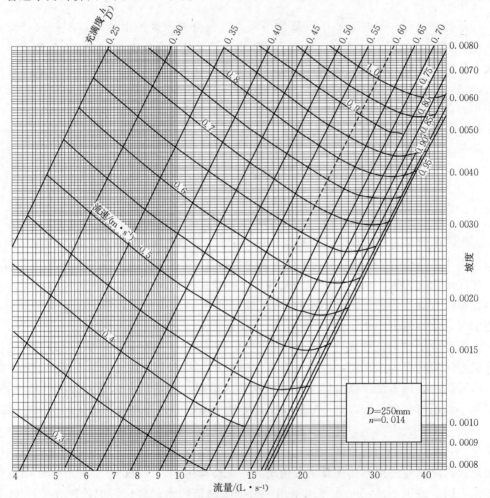

图 4 - 24　钢筋混凝土非满流水力计算图

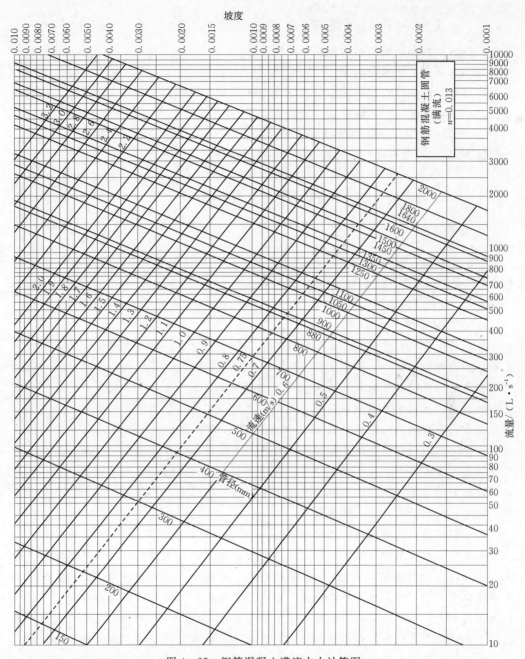

图 4-25　钢筋混凝土满流水力计算图

思 考 与 练 习

（1）小城镇的排水来源有哪些？

（2）排水体制的种类有哪些？各有什么优缺点？

（3）小城镇的排水体制应当如何选择？

（4）小城镇排水系统的组成有哪些？

（5）小城镇排水工程系统的布置形式有哪些？

（6）如何预测小城镇的污水量？

（7）污水管道系统平面的布置形式有哪些？

（8）排水泵站的检查站内上下流管道衔接的原则有哪些？

（9）小城镇雨水工程系统规划的原则有哪些？

（10）小城镇污水处理的基本方法有哪些？

（11）小城镇污水处理厂厂址选择的原则有哪些？

知 识 点 拓 展

对于中国大多数小城镇来说，改革开放 30 多年，已经使得小城镇面貌发生了翻天覆地的变化，但在地下，却还是二三十年前的样子，一旦遇到暴雨天气，下水道便开始变得不堪重负。了解下国外其他城市的地下排水系统，为国内的小城镇防涝提供参考。

1. 东京地下排水系统

日本是个台风多发国家。东京地区的地下排水系统主要是为避免受到台风雨水灾害的侵袭而建的。这一系统于 1992 年开工，2006 年竣工，堪称世界上最先进的下水道排水系统，其排水标准是"五至十年一遇"，由一连串混凝土立坑构成，地下河深达 60m。东京的雨水有两种渠道可以疏通：靠近河渠地域的雨水一般会通过各种建筑的排水管，以及路边的排水口直接流入雨水蓄积排放管道，最终通过大支流排入大海；其余地域的雨水，会随着每栋建筑的排水系统进入公共排雨管，再随下水道系统的净水排放管道流入公共水域。即使在持续大雨的五六月梅雨季节，东京也极少出现积水。原因就在于，下水道内配置多个 1.4 万马力的水泵，可每秒疏通 $200m^3$ 的地下水，将它排泄到附近河流，然后入海。

为了保证排水道的畅通，东京下水道局从污水排放阶段就开始介入。他们规定，一些不溶于水的洗手间垃圾不允许直接排到下水道，而要先通过垃圾分类系统进行处理。此外，烹饪产生的油污也不允许直接导入下水道中，因为油污除了会造成邻近的下水道口恶臭外，还会腐蚀排水管道。东京下水道局对此倡导的解决办法是：用报纸把油污擦干净，再把沾满油污的报纸当做可燃垃圾来处理。更干脆的办法是做菜少用油。下水道局甚至配备了专门介绍健康料理的网页和教室，介绍少油、健康的食谱。

东京地下排水系统的空间非常宽敞，连起吊机在里头都显得有些"渺小"。东京设有降雨信息系统来预测和统计各种降雨数据，并进行各地的排水调度。利用统计结果，可以在一些容易浸水的地区采取特殊的处理措施。例如，东京江东区南沙地区就建立了雨水调整池，其中最大的一个池一次可以最多存储 2.5 万 m^3 的雨水。

2. 巴黎地下排水系统

近代下水道的雏形脱胎于法国巴黎。今天的巴黎下水道总长 2300 多 km，规模远超巴黎地铁。由于巴黎下水道系统享誉世界，下水道博物馆已成为巴黎除埃菲尔铁塔、卢浮宫、凯旋门外的又一著名旅游项目。从 1867 年世博会开始，陆续有外国元首前来参观，现在每年有十多万人来参观学习。

巴黎的下水道处于地面以下 50m，水道纵横交错，密如蛛网。下水道四壁整洁，管道通畅，地上没有一点脏物，干净程度可与巴黎街道相媲美，不会闻到一丁点儿腥臭味。而且，下水道宽敞得出人意料：中间是宽约 3m 的排水道，两旁是宽约 1m 的供检修人员通行的便道。还有一连串数字可以说明这一排水体系的发达：约 2.6 万个下水道盖、6000 多个地下蓄水池、1300 多名专业维护工……

随着小城镇人口的增长，巴黎的工程师们还修建了 4 条直径为 4 米、总长为 34 公里的排水渠，以便通过净化站对雨水和废水进行处理，处理过的水一部分排到郊外或者流入塞纳河，另一部分则通过非饮用水管道循环使用。截至 1999 年，巴黎便完成了对小城镇废水和雨水的 100% 完全处理，还塞纳河一个免受污染的水质。

此外，在巴黎，如果你不小心把钥匙或是贵重的戒指掉进了下水道，是完全可以根据地漏位置，把东西找回来的。因为下水道里也会标注街道和门牌号码。你所需要的，只是打个电话，而且这项服务同样是免费的。完备的设施和人性化的设计背后，凝聚了几代人的心血和智慧。

第五章　小城镇电力工程规划

教学目的：电能是国民经济发展中的主要能源和先行行业，电力系统已成为现代小城镇社会不可缺少的市政设施。通过本章的讲授，让学生掌握电力工程规划的基本概念、小城镇电力工程规划、电力负荷预测、小城镇电力工程电源规划及供电网络规划、小城镇电力线路规划方面的知识。

教学重点：电力工程规划的基本概念、小城镇电力工程规划、电力负荷预测、小城镇电力工程电源规划及供电网络规划、小城镇电力线路规划。

教学难点：小城镇电力工程规划、电力负荷预测、小城镇电力工程电源规划及供电网络规划、小城镇电力线路规划。

第一节　概　　述

一、小城镇电力工程规划的主要内容

1. 小城镇电力工程总体规划阶段内容

(1) 确定小城镇电源的种类和布局。

(2) 分期用电负荷预测和电力平衡。

(3) 确定小城镇电网、电压等级和层次。

(4) 确定小城镇电网中主网布局及其变电所的选址、容量和数量。

(5) 高压线路走向及其防护范围的确定。

(6) 绘制镇域和镇区电力总体规划图。

(7) 提出近期电力建设项目及建设进度安排。

2. 小城镇电力工程详细规划阶段内容

(1) 按不同性质类别地块和建筑分别确定其用电指标，然后进行负荷计算。

(2) 确定小区内供电电源点位置、用地面积及容量、数量的配置。

(3) 中低压配电网结线方式，进行低压配电网规划设计。

(4) 确定中低压配电网回数、导线截面及敷设方式。

(5) 进行投资估算。

(6) 绘制小区电力详细规划图。

3. 电力工程规划图

内容根据不同阶段的规划深度来确定。常用比例为 1：1000、1：2000、1：5000、

1∶10000。

二、小城镇电力工程规划的步骤

(1) 搜集资料。

(2) 分析、归纳资料，进行负荷预测。

(3) 根据负荷及电源条件确定供电电源方式。

(4) 根据负荷分布，拟定若干个输电和配电网布局方案，进行技术经济比较，提出推荐方案。

(5) 进行规划可行性论证。

(6) 编制规划文件及规划图表。

三、小城镇电力工程规划所需基本资料

1. 区域动力资源

小城镇所在地区的水利资源、水力发电的可能性。

2. 小城镇供电及有关电力系统的现状和发展资料

(1) 电源资料：现有及计划修建的电厂和变电所的数目、容量、位置、电压、结线图及现有负荷，附近地区电源情况，地区间现有及计划修建的电力网回路数、容量、电压、线路走向等。

(2) 小城镇电力网络现状资料：小城镇电力网路布置图、结线图、线路的结构，导线的材料、截面和电压的等级，变电所、配电所和小区降压变电所的布置、容量、电压和现有负荷等。

3. 电力负荷情况

(1) 工业方面：各企业原有及近期增长的用电量，用电性质、最大负荷、单位产品耗电定额、需要的电压、功率因数，对供电可靠性及质量的要求以及生产班次等。

(2) 农业方面：原有近期增长的用电量、最大负荷、电力使用情况，对供电可靠性的要求及质量要求，需要的电压等级。

(3) 市政生活方面：现有居住面积上的平均照度，各类公共建筑照明情况；居民生活用电器使用情况，街道照明、给水排水、生活用水动力设备等用电情况。

(4) 小城镇现有负荷类型：各类负荷的比重及逐年的增长情况。

(5) 利用系数：最大负荷利用系数的统计资料。

4. 自然资料

自然资料包括地形、气象、水文、地质等。

5. 小城镇有关资料

小城镇规划经济指标，包括规划年限、小城镇性质、人口规模、工业项目及规模、居民建筑、公共建筑、道路、绿化等定额；小城镇总体规划图，其中包括工厂位置、街坊人口数、铁路、车站、仓库以及各种管线工程的位置等。

第二节　小城填电力系统的组成及电压等级

一、电力系统组成

电力系统一般由发电厂、变电站（所）、电力网、用电设备所组成。

1. 发电厂

发电厂又称发电站，是将自然界蕴藏的各种一次能源转换为电能（二次能源）的工厂。如有火力发电厂、水力发电站、太阳能发电站、核能发电站等。

2. 变电站（所）

变电站（所）是改变供电的输配电压，以满足电力输送和用户用电要求的设施。它可以把中、低压变成高压，也可以把高压转变为低压，所以变电站（所）分为升压变电站（所）和降压变电站（所）。

3. 电力网

电力网是连接发电厂、变电站（所）和用电设备之间的电力线网络，承担电能的接收与传输。

4. 用电设备

将电能转化为其他形式的能量（如光能、热能等）的用电设备，如家用电器、电动机、化工厂等。

二、电压等级

小城镇电压等级宜为国家标准电压 220kV、110kV、66kV、35kV、10kV 和 380/220V 中的 3～4 级，并结合当地所在的地区规定电压选定，尽量简化电压等级、减少变压层次，优化网络结构。

第三节　小城填电力负荷预测

一、小城镇用电负荷分类

从不同的角度出发，小城镇用电负荷有不同的分类。

1. 小城镇用电负荷分类

一般按产业用电分类可分为下列 4 类。

（1）第一产业用电。

（2）第二产业用电。

（3）第三产业用电。

（4）小城镇市政、居民生活用电。

2. 城关镇建设用地负荷分类

（1）居住用地用电。

（2）公共管理与公共服务用地用电。

（3）商业服务业设施用地用电。

（4）工业用地用电。

（5）物流仓储用地用电。

（6）交通设施用地用电。

（7）公用设施用地用电。

3. 一般建制镇建设用地负荷分类

（1）居住用地用电。

（2）公共建筑用地用电。

（3）生产建筑用地用电。

（4）仓储用地用电。

（5）对外交通用地用电。

（6）公用工程设施用电。

二、小城镇用电量预测

用电量预测方法如下。

（1）人均指标预测。当采用人均市政、生活用电指标法预测用电量时，应结合小城镇的地理位置、经济社会发展与城镇建设水平、人口规模、居民经济收入、生活水平、能源消耗构成、气候条件、生活习惯、节能措施等因素，对照表5-1中的指标值选定。

表5-1   小城镇规划人均市政、生活用电指标   单位：kW·h/（人·a）

小城镇规模分级	经济发达地区			经济发展一般地区			经济欠发达地区		
	一	二	三	一	二	三	一	二	三
近期	560~630	510~580	430~510	440~520	420~480	340~420	360~440	310~360	230~310
远期	1960~2200	1790~2060	1510~1790	1650~1880	1530~1740	1250~1530	1400~1720	1230~1400	910~1230

（2）年平均增长率法。实践经验证明，用电量与年度之间有着明显的稳定增长趋势。可将用电量作为年度唯一变量进行预测。用下式可求出用电量年平均增长率。

设m为基准年份，n为预测年限，则（$m+n$）为预测年份。先根据从基准年份m年以前的用电量历史资料求出用电量的平均增长率a，则预测年份的用电量为

$$Q = Q_m (1+a)^n \tag{5-1}$$

式中：Q为预测年份的用电量；Q_m为基准年份的用电量；a为用电量年均增长率；n为预测年限。

（3）分项预测法。小城镇所辖地域范围用电负荷的计算，应包括生活用电、乡镇企业用电和农业用电的负荷，可按以下标准计算。

1）生活用电负荷为1kW/户。

2）乡镇企业用电量。重工业每万元产值用电量为3000~4000kW·h；轻工业每万元产值用电量为1200~1600kW·h。

3）农业用电负荷为15kW/亩。

（4）电力弹性系数法。国内生产总值（GDP）或国民生产总值（GNP）或工农业总值的增长速度与用电量增长速度之间保持一定的合理的比值，即电力弹性系数 E。

$$E＝用电量的平均年增长率（ay）/GDP 的平均年增长率（ax） \qquad (5-2)$$

E 可以从过去的数据中获得，于是预测几年后的年用电量 $Y(n+m)$ 就可以根据基准年用电量 Y_m 和预测年限内 GDP 的年增长率 ax 来求出

$$Y(n+m)＝Y_m(1+Eax)^n \qquad (5-3)$$

（5）回归分析法。根据用电历史资料确定下述回归方程中的参数 c、d，然后预测 T_n 年份的年用电量 A_n。

$$A_n＝c+d(T_n-T_0)^2 \qquad (5-4)$$

式中：T_0 为基准年份；T_n 为预测年份；(T_n-T_0) 为预测年限。

（6）年均增长率法。经验证明，用电量与年度之间有着明显的稳定增长趋势。先根据从 $(m-n)$ 年到 m 年的用电量历史资料求出用电量的平均增长量 a，则预测年份的用电量 $A(m+n)$ 为

$$A(m+n)＝A_m(1+a)^n \qquad (5-5)$$

式中：a 为用电量年增长率；A_m 为基准年份用电量；n 为预测年限。

三、小城镇电力负荷预测

用电负荷预测方法如下。

（1）单位建设用电负荷密度法。当采用负荷密度法进行小城镇用电负荷预测时，其居住、公共建筑、工业三大类建筑用地的规划单位建设用地负荷指标的选取应根据其具体构成分类及负荷特征，结合现状水平和不同小城镇的实际情况，按表 5-2 和表 5-3 经分析、比较而选定。

表 5-2　　　　　　　　　　县城关镇规划单位建设用地负荷指标

建设用地分类	居住用地	公共管理与公共服务设施用地	商业服务业设施用地	工业用地
单位建设用地负荷指标/（kW·m^{-2}）	100～400	300～1200	300～1200	200～800

表 5-3　　　　　　　　　　一般建制镇规划单位建设用地负荷指标

建设用地分类	居住用地	公共设施用地	生产设施用地
单位建设用地负荷指标/（kW·m^{-2}）	80～280	300～550	200～500

注　其他建设用地的规划单位建设用地负荷指标的选取可根据小城镇的实际情况，经调查、分析后确定。

（2）单位建筑面积用电负荷指标法。当采用单位建筑面积用电负荷指标法进行小城镇详细规划用电负荷预测时，其居住建筑、公共建筑、工业建筑面积负荷指标的选取应根据三大类建筑的具体构成分类及其用电设备配置，结合当地各类建筑单位建筑面积负荷的现状水平，按表 5-4 经分析、比较后选定。

表 5-4　　　　　　　　　小城镇规划单位建筑面积用电负荷指标

建筑分类	居住建筑	公共建筑	工业建筑
单位建筑面积负荷指标/（W·m^{-2}）	15～40（每户 1～4kW）	30～80	20～80

注　其他建筑的规划单位建筑面积用电负荷指标的选取可根据小城镇的实际情况，经调查、分析后确定。

（3）单位用地面积用电负荷指标法。当采用单位用地面积用电负荷指标法进行小城镇用电负荷预测时，应根据表5-5中的相关数据进行计算。

表5-5　　　　　　　　市及县城关镇分类综合用电指标表

用地分类及其代号			综合用电指标	备　注
居住用地R	一类居住用地	高级住宅别墅	$18\sim22W/m^2$	每户2台及以上空调、2台电热水器、有烘干的洗衣机、有电灶，家庭全电气化
	二类居住用地	中级住宅	$15\sim18W/m^2$	有空调、电热水器，无电灶，家庭基本电气化
	三类居住用地	普通住宅	$10\sim15W/m^2$	每户一般$76m^2$以下，安装一般家用电器
公共管理与公共服务用地A	行政办公用地A1		$15\sim26W/m^2$	党政机关、社会团体、事业单位等机构及其相关设施用地
	文化设施用地A2		$20\sim35W/m^2$	图书、展览等公共文化活动设施用地
	教育科研用地A3		$15\sim30W/m^2$	高等院校、中等专业学校、中学、小学、科研事业单位等用地，包括为学校配建的独立地段的学生生活用地
	体育用地A4		$14\sim30W/m^2$	体育场馆和体育训练基地等用地，不包括学校等机构专用的体育设施用地
	医疗卫生用地A5		$18\sim25W/m^2$	医疗、保健、卫生、防疫、康复和急救设施等用地
	社会福利设施用地A6		$8\sim10W/m^2$	为社会提供福利和慈善服务的设施及其附属设施用地，包括福利院、养老院、孤儿院等用地
	文物古迹用地A7		$15\sim18W/m^2$	具有历史、艺术、科学价值且没有其他使用功能的建筑物、构筑物、遗址、墓葬等用地
	外事用地A8		原特殊用地D2范畴	外国驻华使馆、领事馆、国际机构及其生活设施等用地
	宗教设施用地A9		$8\sim10W/m^2$	宗教活动场所用地
商业服务业设施用地B	商业设施用地B1		$20\sim44W/m^2$	各类商业经营活动及餐饮、旅馆等服务业用地
	商务设施用地B2		$20\sim44W/m^2$	金融、保险、证券、新闻出版、文艺团体等综合性办公用地
	娱乐康体用地B3		$20\sim35W/m^2$	各类娱乐、康体等设施用地
	公用设施营业网点用地B4		$8\sim10W/m^2$	零售加油、加气、电信、邮政等公用设施营业网点用地
	其他服务设施用地B9		$8\sim10W/m^2$	业余学校、民营培训机构、私人诊所、宠物医院等其他服务设施用地
工业用地M	一类工业用地M1		$20\sim25W/m^2$	对居住和公共环境基本无干扰、污染和安全隐患的工业用地，如高科技电子工业、缝纫工业、工艺品制造工业
	二类工业用地M2		$30\sim42W/m^2$	对居住和公共环境有一定干扰、污染和安全隐患的工业用地，如食品、医药等工业
	三类工业用地M3		$45\sim56W/m^2$	对居住和公共环境有严重干扰、污染和安全隐患的工业用地，如重型机械、电器工业企业
物流仓储用地W	一类物流仓储用地		$5\sim10W/m^2$	对居住和公共环境基本无干扰、污染和安全隐患的物流仓储用地
	二类物流仓储用地		$1.5\sim2W/m^2$	对居住和公共环境有一定干扰、污染和安全隐患的物流仓储用地
	三类物流仓储用地			存放易燃、易爆和剧毒等危险品的专用仓库用地

续表

用地分类及其代号		综合用电指标	备　注
交通设施用地 S	城市道路用地 S1	17～20W/km²（系全开发区考虑）	快速路、主干路、次干路和支路用地，包括其交叉路口用地，不包括居住用地、工业用地等内部配建的道路用地
	轨道交通线路用地 S2	25～30W/m²	轨道交通地面以上部分的线路用地
	综合交通枢纽用地 S3		铁路客货运站、公路长途客货运站、港口客运码头、公交枢纽及其附属用地
	交通场站用地 S4	17～20W/km²（系全开发区考虑）	静态交通设施用地，不包括交通指挥中心、交通队用地
	其他交通设施用地 S9		除以上之外的交通设施用地，包括教练场等用地
公用设施用地 U	供应设施用地 U1	830～850kW/km²（系全开发区考虑的该类用电符合密度）	供水、供电、供燃气和供热等设施用地
	环境设施用地 U2		雨水、污水、固体废物处理和环境保护等的公用设施及其附属设施用地
	安全设施用地 U3		消防、防洪等保卫城市安全的公用设施及其附属设施用地
	其他公用设施用地 U9		除以上之外的公用设施用地，包括施工、养护、维修设施等用地
绿地 G	公园绿地 G1		向公众开放，以游憩为主要功能，兼具生态、美化、防灾等作用的绿地
	防护绿地 G2		城市中具有卫生、隔离和安全防护功能的绿地，包括卫生隔离带、道路防护绿地、城市高压走廊绿带等
	广场用地 G3	17～20W/km²（系全开发区考虑）	以硬质铺装为主的城市公共活动场地

注　中心镇及一般镇结合镇实际情况参考上述指标。

第四节　小城镇供电电源规划

一、电源的种类

小城镇的供电电源可分为接受区域电力系统电能的电源变电站（所）和小城镇水电站、发电厂两类。

小城镇的供电电源，在条件允许的前提下应优先选择区域电力系统供电，对规划期内区域电力系统电能不能经济、合理供应到的小城镇，应充分利用本地的能源条件，因地制宜地建设适宜规模的发电厂（站）作为小城镇供电电源。

小城镇发电厂和电源变电站的选择应以县（市）域供电规划为依据，并应符合厂、站建设等条件，线路进出方便和接近负荷中心等要求。

小城镇供电总体规划应根据负荷预测和现有电源变电所、发电厂的供电能力及供电方案，进行电力电量平衡，测算规划期内电力电量的余缺，提出规划年限内需增加电源变电所和发电厂的装机总容量。

1. 发电厂

发电厂有火力、水力、风力、太阳能、地热等发电厂。目前，我国作为小城镇电源的发电厂以火电厂、水电厂为主。

（1）火力发电厂。

概念：利用煤、石油、天然气、沼气、煤气等燃料发电的电厂，简称火电厂。

分类：通常按燃料种类分为燃煤发电厂、燃油发电厂、燃气发电厂。按蒸汽参数来分类，有低温低压电厂、中温中压电厂、高温高压电厂、超高压电厂、亚临界压力电厂等五种。装有供热机组的电厂，除发电外，还向附近工厂、企业、住宅区供应生产用水和采暖用热水时，称为热电厂或热电站，见表 5-6。

表 5-6　　　　　　　我国火电厂采用蒸汽参数和相应的电厂容量

电厂类型	气压（大气压）		气温/℃		电厂和机组容量的大致范围
	锅炉	汽轮机	锅炉	汽轮机	
低温低压电厂	14	13	350	340	1 万 kW 以下的小型电厂（1500～3000kW）
中温中压电厂	40	35	450	435	1 万～20 万 kW 中小型电厂（6000～50000kW 机组）
高温高压电厂	100	90	540	535	10 万～60 万 kW 中小型电厂（2.5 万～10 万 kW 机组）
超高压电厂	140	135	540	535	25 万 kW 中小型电厂（12.5 万～20 万 kW 机组）
亚临界压力电厂	170	165	570	565	60 万 kW 以上大型电厂（30 万 kW 机组）

规模：火力发电厂以装机容量来划分规模，见表 5-7。

表 5-7　　　　　　　火力发电厂装机容量的划分规模

规模	大型	中型	小型
装机容量/万 kW	＞25	2.5～25	＜2.5

（2）水力发电厂。

概念：指利用河流、瀑布等水的位能发电的电厂，简称水电厂或水电站。

分类：按水电厂使用水头分为高水头发电厂（使用水头在 80m 以上）、中水头发电厂（使用水头在 30～80m）、低水头发电厂（使用水头在 30m 以下）；此外，还有抽水蓄能电厂、潮汐发电厂、波力发电厂。按径流调节分类，有蓄水式水电厂、径流式水电厂。按集中水头方式，分为堤坝式水电厂、引水式水电厂、混合式水电厂。

堤坝式水电厂，又分为河床式和坝后式两种。河床式水电厂建于河流中下游的平原地带，水位不高，厂房和大坝均位于河床中，起挡水作用。坝后式水电厂建于河流中、上游的峡谷河段，由于水头高，厂房无法挡水，一般厂房置于坝体下游或坝内。

引水式水电厂，这种水电厂建于河流中、上游，河段上部不允许淹没，河段下部有急滩、陡坡或大河湾，在河段上游筑坝引水，用引水渠、压力隧道、压力水管等将水引到河段末端，用以集中落差。

混合式水电厂，由于河流的峡谷河段或水库边缘地形陡，水电厂用地条件差，则在略远离水库的下游位置建厂，引水库水发电。

规模：水力发电厂的规模通常以装机容量分为大型、中型和小型，其具体指标详见表5-8。

表 5-8　　　　　　　　　　　小城镇水力发电厂规模划分

规模	大型	中型	小型
装机容量/万 kW	>15	1.2~15	<1.2

（3）风力发电厂。

利用风力带动风轮机旋转，从而带动发电机发电。其优点是不消耗燃料、不污染环境，但规模小，且有季节性、间断性特点，可作为城镇或乡村补充电源。

（4）地热发电厂。

利用地下热水和地下蒸汽的热量进行发电。其优点是不消耗燃料，无环境污染，能量稳定，而且地热电站用过的水可用于取暖、洗浴、医疗和提取化学物质。地热储量大，热值高的地方的地热发电厂可作为城镇主要电源之一。

2. 变电所

（1）按功能分类。变压变电所。将较低电压变为较高电压的变电所称为升压变电所，将较高电压变为较低电压的变电所称为降压变电所。通常，发电厂的变电所大多为升压变电所，镇区变电所一般为降压变电所。

变流变电所。即将直流电变为交流电，或将交流电变为直流电。后一种变电所又称为直流变电所，常用于长距离区域性输电。

（2）按构造形式分类。有户外式、户内式、地下式、移动式。

（3）按职能分类。区域变电所为区域性、长距离输电服务的变电所。城镇变电所为城镇提供、配电服务的变电所。

（4）按电压等级分类。可分为中压变电所（60kV 及以下）、高压变电所（110～220kV）、超高压变电所（330～765kV）和特高压变电所（1000kV 及以上）。通常，220kV 变电所为区域性变电所，110kV 及以下为城镇变电所。

二、小城镇电源设施布局及其主要技术经济指标

（一）发电厂及主要技术经济指标

1. 火力发电厂的选址

（1）符合小城镇总体规划的要求。

（2）应尽量利用劣地或非耕地，不占农田。

（3）燃煤电厂运行中有飞灰，燃油电厂排出含硫酸气，因此，火电厂厂址应位于城镇的边缘或外围，布置在城镇主导风向的下风向，并与城镇生活区保持一定距离。

（4）电厂应尽量靠近负荷中心，使达到热负荷和电负荷的距离经济合理，以缩短热管道的距离。正常输送蒸汽的距离为 0.5～1.5km，一般不超过 3.5～4.0km。输送热水的距离一般为 4～5km，特殊情况下可达 10～12km。

（5）厂址应尽量选在接近燃料产地，以减少燃料运输费，减少国家铁路负担。在劣质煤源丰富的矿区，适宜建设坑口电站，既可减少铁路运输，降低造价，又能节约用地。

（6）火电厂铁路专用线选线要尽量减少对国家干线通过能力的影响，接轨方向最好是重车方向为顺向，以减少机车摘钩作业，并应避免切割国家正线。专用线设计应尽量减少厂内股道，缩短线路长度，简化厂内作业系统。

（7）应有丰富方便的水源。火电厂生产用水量大，包括汽轮机凝汽用水，发电机核油的冷却用水，除灰用水等。大型火电厂首先应考虑靠近水源，以便直流供水。但是，在取水高度超过 20m 时，采用直流供水是不经济的。

（8）燃煤电厂应有足够储灰场，储灰场的容量要能容纳电厂 10 年的储灰量。分期建设的灰场容量一般要容纳 3 年的储灰量。厂址选择时，同时要考虑灰渣综合利用场地。

（9）厂址选择应充分考虑出线条件，留有足够的出线走廊宽度，高压线路下不能有任何建筑物。

（10）厂址应满足地质、防震、防洪及环境要求。

2. 火力发电厂主要技术经济指标

（1）火电厂单位容量占地指标见表 5-9，燃煤电厂的储灰场场址应尽量利用荒、滩地筑坝或山谷。荒、滩地筑坝灰场用地指标见表 5-10。

表 5-9　　　　　　　　　　　　火电厂占地控制指标

总容量/MW	机组组合台数×机组容量/MW	厂区占地/hm²	单位容量占地/ [hm² · (万 kW)⁻¹]
200	4×50	16.51	0.85
300	2×50+2×100	19.02	0.63
400	4×100	24.58	0.61
600	2×100+2×200	30.10	0.50
800	4×200	33.84	0.42
1200	4×300	47.03	0.39
2400	4×600	66.18	0.28

表 5-10　　　　　　　　　　　荒、滩地筑坝灰场用地控制指标

电厂规划容量/万 kW	单机排灰量/ (t·h⁻¹)	全厂年排灰量/ (万 t·a⁻¹)	一期（五年）储灰量/万 t	用地面积/hm²	二十年储灰量/万 t	用地面积/hm²
4×5	9.04	25.31	126.56	29.80	506.2	119.2
4×10	17.10	47.88	239.40	54.00	957.6	216
4×20	31.60	88.48	442.40	96.80	1769.6	387.2

注　表中系数按煤发热量 18.82J/kg，灰粉 30%，堆粉高 50m，坝高 6.0m，坝底高 3.0m，坝体 1：1.5 堆放，坡脚（0.5m 边沟）用地，四台机全年运行 7000h 计算。

（2）新建、扩建火电厂占地指标见表 5-11。

表 5-11　　　　　　　　　　　　　新建、扩建火电厂占地指标

分类	装机容量/万 kW	占地面积/hm²	分类	装机容量/万 kW	占地面积/hm²
新建厂	2×1.2=2.4	2.4	扩建厂	4×12.5=50	21
	2×2.5=5	5		4×30=120	28
	2×5=10	8		2×1.2+2×2.5=7.4	3.7
	2×12.5=25	15		2×2.5+2×5=15	7.5
	2×30=60	18			
扩建厂	4×1.2=4.8	3.2		2×5+2×12.5=35	14
	4×2.5=10	6.5		2×12.5+2×30=85	25
	4×5=20	12		2×30+2×60=180	36

3. 水力发电厂选址

(1) 一般选址在便于修建拦河坝的河流狭窄处，或水库下游处。

(2) 建厂地段必须工程地质良好，地耐力高，无地质断裂带。

(3) 有较好的交通运输条件。

(二) 变电站 (所) 及其主要技术经济指标

1. 变电站 (所) 选址规划

(1) 变电站 (所) 尽可能的接近主要用户，靠近负荷中心。

(2) 便于各级电压线路进出线布置，进出线走廊与站 (所) 址应同时确定。

(3) 变电所建设地点工程地质条件良好，地耐力高，地质构造稳定。避开断层、滑坡、塌陷区、溶洞地带等。避开有岩石和易发生滚石的场所，如选址在有矿藏的地区，应征得有关部门同意。

(4) 站 (所选址要求地势高且尽可能平坦，不宜设在低洼地段，以免洪水淹没或涝灾影响。

(5) 尽量避开污染源泉及不符合变电所选址设计规程的场所。

(6) 具有生产和生活用水的可靠水源。

(7) 尽量不占或少占农田。

(8) 应考虑对周围环境和邻近设施的影响和协调。

2. 变电站 (所) 的主要技术经济指标 (表 5-12～表 5-14)

表 5-12　　　　小城镇 35～110kV 变电站 (所) 规划用地面积控制指标

变压等级/kV 一次电压/二次电压	主变压器容量/ [MVA·台(组)]⁻¹	变电所结构形式及用地面积/m²		
		全户外式用地面积	半户外式用地面积	户内式用地面积
110 (66) /10	20～63/2～3	5500～3500	3000～1500	1500～800
35/10	56～31.5/2～3	3500～2000	2000～1000	1000～500

表 5－13 市及县城关镇 220～500kV 变电所规划用地控制指标

变电所电压等级/kV 一次电压/二次电压	主变压器台数与容量/（MVA·台$^{-1}$）	变电所结构形式	用地面积/m²
500/220	750/2	户外式	110000～98000
330/220 及 330/110	90～240/2	户外式	55000～45000
330/110 及 330/10	90～240/2	户外式	47000～40000
220/110（66，35）及 220/10	90～180/2～3	户外式	30000～12000
220/110（66，35）	90～180/2～3	户外式	20000～8000
220/110（66，35）	90～180/2～3	半户外式	8000～5000
220/110（66，35）	90～180/2～3	户内式	45000～2000

表 5－14 小城镇 35～110kV 变电所主变压器容量

变压器电压等级/kV	单台主变压器容量/MVA					
110	20	31.5	40	50	63	
66	20	31.5	40	50		
35	5.6	7.5	10	15	20	31.5

第五节 小城镇电力工程供电网络规划

一、小城镇电力网络等级

电力等级对于小城镇网络的标准电压，应符合国家标准电压 220kV、110kV、66kV、35kV、10kV 和 380/220V 中的 3～4 级，并结合当地所在的地区规定电压选定，尽量简化电压等级、减少变压层次，优化网络结构。

小城镇电力网络规划应贯彻分层、分区原则，各分层、分区应有明确的供电范围，避免重叠、交错。一个地区同一级电压电网的相位和相序应相同。小城镇电网中的最高一级电压的选择应根据其电网远期规划的负荷量和起点网与地区电力系统的连接方式确定。小城镇电网各电压层、网容量之间应按一定的变电容载比配置，容载比应符合《小城镇电力网规划设计导则》及其他有关规定。小城镇 220kV 电网的变电容载比一般为 1.6～1.9，35～110kV 电网的变电容载比为 1.8～2.1。

小城镇电网的过电压水平应不超过允许值，不超过允许的短路电流水平。

二、小城镇电力网接线方式与特征

小城镇电力网的典型接线方式有以下 5 种。

1. 放射式

可靠性低，适用与较小的负荷，单个、两个或多个经济负荷均匀分布，如图 5－1 所示。

2. 多回线式

可靠性高，适用于较大的负荷，可与放射式组合成双回及多回平行线放射供电式，也可与环式或多环式，如图 5-2 所示。

图 5-1　小城镇放射式接线方式

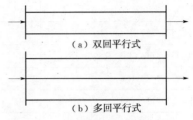

图 5-2　小城镇多回线式接线方式

3. 环式

可靠性高，适用于一个地区的几个负荷中心，环路内一般应有可断开的位置，如图 5-3、图 5-4 所示。

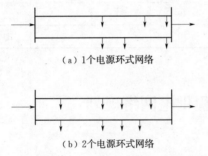

图 5-3　小城镇 1~2 个电源的环式网络接线方式

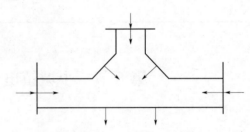

图 5-4　小城镇 3 个电源的环式网络接线方式

4. 格网式

可靠性最高，适用于负荷密度很大且均匀分布的低压配电区，但造价很高。干线结成网格式时必须在交叉处固定连接，如图 5-5 所示。

5. 联络式

不接负荷，只做平衡或备用，如图 5-6 所示。

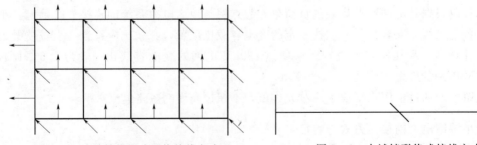

图 5-5　小城镇格网式网络接线方式

图 5-6　小城镇联络式接线方式

各地城网根据具体情况和供电可靠性要求，分别采用以上典型接线方式及其派生形式。其接线方式讲求实效，例如采用环式接线时应注意使环的包络面积尽量接近负荷区。

三、小城镇送电网规划

小城镇送电网既是系统电力网的组成部分，又是城网的电源，应有充足的吞吐容量。送电网电源点应尽量接近负荷中心，一般设在镇区边缘。送电网网架的结线方式应根据系统电力网的要求和电源电分布情况确定，一般宜采用环式（单环或联络线）。

四、小城镇配电网规划

1. 高压配电网规划

（1）高压配电网应能接受电源点的全部容量，并能满足供应二次变电所的全部负荷。当小城镇市区，镇区负荷密度不断增长时，新建变电所数量可以缩小面积，降低线损。但必须增加变电投资，如扩建现有变电所容量，将增加配电网的投资。

（2）规划中定的高压配电网结构，应与当地城建部门共同协商，布置新变电所的地理位置和进出线路走廊，并纳入城镇总体规划中预留相应的位置，以保证城镇建设发展的需要。

（3）现有城网当供电量严重不足或者旧设备需全面进行改造时，可采取电网升压措施。电网升压改造是扩大供电能力的有效措施之一，但应结合远景规划，注意做好以下工作：研究现有城网供电设施，全部进行升压改造的技术经济合理性；制订升压改造中应有的有关技术标准，升压后应保证电网的供电可靠性；在升压过渡期间，应有妥善可靠的技术组织措施。

（4）小城镇高压配电网架应与送电网密切配合，互通容量；宜按远期规划一次建成，一般应在 20 年内保持不变。当负电密度增加到一定程度时，可插入新的变电所，使网架结构基本不变。高压配电网中每一主干线路和配电变压器度应有比较明显的供电范围，不宜交配重叠；其结线方式一般为放射式。

2. 中、低压配电网规划

（1）中压配电网架应与高压配电网密切结合，可以互通容量。配电网架的规划设计与高压配电网相似，但应有更大的适应性。中压配电网架宜按远期规划一次建成，一般应在 20 年内保持不变。中压配电网中每一主干线路和配电变压器，都应有比较明显的供电范围，不宜交错重叠。

（2）中压配电网架的结线方式，可采用放射式。低压配电网架一般采用放射式。负荷密集地区及电缆线路宜采用环式，镇中心区有条件时可采用格网式。

（3）配电网应不断加强网络结构，尽量提高供电可靠性，以适应扩大用户连续用电的需要，逐步减少重要用户建设双电源和专线供电线路。必须由双电源供电的用户，进线开关之间应有可靠的连锁装置。

（4）小城镇路灯照明线路是低压配电网的一个组成部分，低压配电网规划应包括路灯照明规划内容。

五、小城镇变配电设施规划

（一）变电所

1. 变电所用地面积控制指标

小城镇 35kV、110kV 变电所一般宜采用布置紧凑、占地较少的全户外或半户外式结构，其选址应符合接近负荷中心、不占或少占农田、地质条件好、交通运输方便、不受积水淹浸、便于各级电力线路的引入与引出等有关要求；小城镇 35～110kV 变电所应按其最终规模预留用地，并应结合所在小城镇的实际用地条件，按表 5-15 经分析、比较选定相应指标。220kV 区域变电所用电按《小城镇电力规划规范》的有关规定预留，详见表 5-16。小城镇镇区变电所的建筑应考虑与环境协调，立面美观，并适当提高建筑标准。

表 5-15　　　　　　　　小城镇 35～110kV 变电所规划用地面积控制指标

变电等级/kV	主变电器容量/ [MVA・台（组）$^{-1}$]	变电所类型为全户外式时的用地面积/m²	变电所类型为半户外式时的用地面积/m²	变电所类型为户内式时的面积/m²
半户外式用地面积 110（66）/10	20～63/2～3	3500～5500	1500～3000	800～1500
35/10	5.6～31.5/2	2000～3500	1000～2000	500～1000
10/0.4	1 台	16m×13m		

表 5-16　　　　　　　　小城镇 220kV 变电所规划用地面积控制指标

变压等级/kV	主变压器容量/ [MVA・台（组）$^{-1}$]	变压所结构形式	用地面积/m²
220/110（6，35）及 220/10	90～180/2～3	户外式	1200～3000
220/10（66，35）	90～180/2～3	户外式	8000～20000
220/110（66，35）	90～180/2～3	半户外式	5000～8000
220/110（66，35）	90～180/2～3	户内式	2000～4500

2. 变电所供电范围和布局

小城镇变电所主变压器安装台（组）数宜为 2～3 台（组），单台（组）的主变压器容量应标准化、系列化；35～110kV 主变电器单台（组）的容量选择应符合国家有关规定，220kV 主变压器容量不大于 180MVA，110kV 主变压器容量不大于 63MVA，35kV 主变压器容量不大于 20MVA。在同一个城网中，同一级电压的变压器单台容量不超过 3 种；同一变电所中。同一级电压的主变压器宜采用相同规格。主变压器各级电压绕组的接线组别必须与电网相位一致。变压器主变压器设置参考表见表 5-17，小城镇变电所供电半径见表 5-18。

表 5-17　　　　　　　　小城镇变电所主变压器设置参考表

变电所电压等级/kV	主变压器台数与容量/（台数×kVA）	变电所电压等级/kV	主变压器台数与容量/（台数×kVA）
550	2×500000～4×1500000	110	2×20000～4×63000
330	2×90000～4×240000	35	2×53000～4×20000
220	2×90000～4×240000	—	

表 5-18　　　　　　　　　　　　　小城镇变电所供电半径

变电所电压等级/kV	变电所二次侧电压/kV	合理供电半径/km
35	10	5～10
110	35，10	15～20
220	110，66，10	50～100

（二）开关站

当 66～220kV 变电所的二次侧 35kV 或 10kV 出线走廊受到限制，或者 35kV 或 10kV 配电装置间隔不足且扩建余地时，以规划建设开关站；根据负荷分布，开关站宜均匀布置。10kV 开关站宜与 10kV 配电所联体建设。10kV 开关站最大转供容量不宜超过 15000kVA。

（三）配电所

小城镇公用配电所的位置应接近负荷中心，其配电变压器的安装台数宜为 2 台（单台配电变压器容量不宜超过 1000kVA），进线 2 回；居住区单台容量一般可选 630kVA 以下，工业区单台容量不宜超过 1000kVA。315kVA 及以下的变压器宜采用变压器台，户外安装在主要街道、绿地及建筑物中，有条件时可采用电缆进出线的箱式配电所。在负荷密度较高的镇中心区、住宅小区、高层楼群、旅游网点和对市容有特殊要求的街区及分散的大用电户规划新建的配电所宜采用户内型结构。在公共建筑楼内规划新建的配电所，应有良好的通风和消防措施。当小城镇用地紧张、选址困难或有环境需求时，规划新建配电所可采用箱体移动式结构。

第六节　小城镇电力线路规划

一、小城镇电力线路敷设

（一）小城镇电力线路布置

小城镇电力线路布置应符合以下规定：

（1）便于检修，减少拆迁，少占农田，尽量沿公路、城镇道路布置。

（2）为减少占地和投资，宜采用同杆并架的架设方式。

（3）线路走廊应穿越村镇中心、住宅、森林、危险品仓库等地段，避开不良地形、地质和洪水淹没地段。

（4）配电线路一般布置在道路的同侧，既减少交叉、跨越，又避免对弱电的干扰。

（5）变电站出线宜将工业线路和农业线路分开设置。

（6）线路走向尽可能短捷、顺直，节约投资，减少电压损失（要求自变电所末端到用户末端的电压损失不超过 10%）。

（二）架空线路敷设

镇区架空送电线路可采用双回线或与高压配电线同杆架设，35kV 线路一般采用钢筋混凝土杆；66kV、110kV 线路可采用钢管型杆或窄基铁塔，以减少走廊占地面积。镇区架空送电线路杆、塔应适当增加高度，缩小档距，以提高导线对地距离。杆、塔结构的造型、色调应尽量与环境协调配合。

镇区架空线路应根据需要与可能积极采用同强度的轻型器材、防污染绝缘子、瓷横担、合成绝缘子以及铝合金导线等。镇区高、低压配电线路应同杆架设，并尽可能做到同一电源。同一地区的中、低压配电线路的导线相位排列应统一规定。

大型建筑物和繁华街道两侧的接户线，可采用沿在次要道路的建筑物外墙安装架空电缆及特制的分接头盒分户接入。

（三）架空电力线路耐张段与档距

1. 架空电力线路耐张段

35kV 架空电力线路耐张段的长度一般采用 3～5km，如运行、施工条件许可，可适当延长；在高差或档距非常悬殊的山区和重冰区、应适当缩小。10kV 及以下架空电力线路耐张段的长度，不宜大于 2km。

2. 线路档距

架空电力线路的档距应根据当地地形、风力和运行经验来确定。一般 110kV 及以上架空电力线路的平均档距在 300m 左右，一般 35kV 架空电力线路平均档距在 200m 左右，在镇区档距为 100～200m。3～10kV 架空电力线路在镇区档距为 40～50m。3kV 以下架空电力线路在镇区内档距为 40～50m。

高压接户线（1～10kV）的档距不宜大于 40m；大于 40m 时，应按高压配电线路设计。低压接户线（1kV 以下）的档距不宜大于 25m；档距超过 25m，宜设接户杆。低压接户杆的档距不应超过 40m。

（四）电力电缆线敷设

电力线缆敷设方式应根据电压等级、最终数量、施工条件及初期投资等因素确定，可按不同情况采取以下敷设方式。

1. 直埋敷设

此种方式适用于镇区人行道、公园绿地及公共建筑间的边缘地带，是最简便的敷设方式，应优先选用。

2. 沟槽敷设

此种方式适用于电缆较多、不能直接埋地且无机动荷载的通道，如人行道、变电所内，工厂企业区内以及河边等地。

3. 排管敷设

此种方式适用于不能直接埋地且有机动荷载的通道，如镇区道路及穿越小型建筑等。

4. 隧道敷设

此种方式适用于变电所出线端及重要镇区街道电缆条数多或多种电压等级电缆平行的地段。隧道应在变电所选址建设时给予考虑，并争取与镇区内其他办公事业部门共同建设使用。

5. 架空及桥梁构架安装

此种方式尽量利用已建的架空线杆塔、桥梁结构、公路支架特制的结构体系等架设电缆。

6. 水下敷设安装方式

此种方式需要根据具体工程特殊设计。

（五）电缆选型

电缆的选型应在首先满足运行条件下，决定线路敷设方式，然后确定结构和形式。在条件适宜时，应优先采用塑料绝缘电缆。低压配电电缆可用单芯塑料电缆，便于支接。

电缆导线、材料与截面的选择除按输送容量、经济电流密度、热稳定、敷设方式等一般条件校核外，一个城网内 35kV 及以下的主干线电缆应力求统一，每个电压等级可选用两种规格，预留容量，一次埋入。一般情况主干线的截面可参考表 5-19。

表 5-19　　　　　　　　　　　　　　地下电路导线截面表

电压	钢芯铝线截面/mm²			
380/220V	240	185	150	120
10kV	300	240	185	150
35kV	300	240	185	150

二、小城镇电力线路安全保护规划

（一）小城镇架空电力线路保护

1. 电力线走廊

架空电力线路保护区为电力导线边线向外侧延伸所形成的两平行线内的区域，也称为电力线走廊。高压线路部分通常称为高压走廊。

由于厂矿、城镇等人口密集地区因建筑物土地使用价值等各种因素的不同要求，架空电力线路保护区分为一般地区和人口密集地区两种保护区，并有线路对不同地表物的净空距离等安全保护要求。

对 10kV 以上的高压线走廊，其宽度可按表 5-20 的要求确定。

表 5-20　　　　　　　　　　　　　　小城镇高压走廊宽度

电压等级/kV		35	110	220
标准杆（塔）高/m		15	15	23
走廊宽度/m	无建筑物	11	18	26
	受建筑物限制	8	11	14

注　若需考虑高压线侧杆的危险，则高压线走廊宽度应大于杆高的两倍。

2. 导线于各种地表物及其他设施交叉跨越的最小安全距离

（1）导线与地面的最小距离。在最大计算弧垂情况下，不应小于表 5-20 所列数值。送电线路通过居民区时宜采用固定横担和固定线夹。

（2）导线与山坡、峭壁、岩石的最小净空距离。在最大计算风偏情况下不应小于表 5-21 所列数值。

表 5 - 21　　　　　　　　　　　小城镇电力线路的各种距离标准　　　　　　　　　　　单位：m

项目	电力线路类别	配电线路		送电线路			附加条件
		1kV 以下	1～10kV	35～110kV	154～220kV	330kV	
与地面最小的距离	居民区	6	6.5	7	7.5	8.5	
	非居民区	5	5.5	6	6.5	7.5	
	交通困难区	4	4.5	5	5.5	6.5	
与山坡峭壁最小距离	步行可到达的山坡	3	4.5	5	5.5	6.5	
	步行不能到达的山坡	1	1.5	5	4	5	
与建筑物	最小垂直距离	2.5	3	4～5	6	7	
	最小距离	1	1.5	3～4	5	6	
与甲类易燃厂房、仓库的距离		不小于杆高的 1.5 倍，且需大于 30m					
与行道树	最小垂直距离	1	1.5	3	3.5	4.5	
	最小水平距离	1	2	3.5	4	5	
与铁路	至轨顶最小垂直距离	7.5（窄轨 6.0）		7.5（7.5）	8.5（7.5）	9.5（8.5）	
	杆塔外沿至轨道中心最小水平距离	交叉 5.0m 平行杆高加 3m		交叉时 5.0m 平行时杆高加 3m			
与道路	至路面最小垂直距离	6	7	7	8	9	送电线路应架在上方
	杆柱距路基边缘最小水平距离	0.5		与公路交叉时 8.0m，与公路平行时用最高杆高			
与通航河道	至 50 年一遇洪水位最小垂直距离	6	6	6	7	8	
	边导线至斜坡上缘最小水平距离	最高杆高		最高杆高			
与弱电线路	一级弱电线路	＞45		＞45			
	二级弱电线路	＞30		＞30			
	三级弱电线路	不限		不限			
	至被跨越级最小垂直距离	1	2	3	4	5	
	至边导线间最小水平距离	1	2	最高杆高路径受限制时按 6 取值			
电力线路之间	1kV 以下	1	2	3	4	5	电压高的线路一般在上方
	1～10kV	2	2	3	4	5	
	平行时最小水平距离	2.5	2.5				

（3）导线与建筑物之间的最小垂直距离。送电线路下不应跨越屋顶为燃烧材料做成的建筑物。对耐火屋顶的建筑物，亦应尽量不跨越；如需跨越时，应与有关单位协商。导线与建筑物之间的最小距离在最大计算弧度情况下不小于表 5 - 21 所列数值。

（4）导线与行道树之间的最小垂直距离。送电线路通过林区，应砍伐出通道。通道净宽度不应小于线路宽度加林区主要树种高度的两倍。通道附近超过主要树种两倍的个别树种应予砍伐。导线与树木（考虑自然生长高度）之间的垂直距离不小于表5－21所列数值。

（5）送电线路与甲类火宅危险性的生产厂房、仓库的防火间距不应小于杆塔高度的1.5倍。

（6）送电线路与铁路、道路、航道河流及各种架空线路交叉或接近时应符合表5－21的要求。

（7）接户线的安全距离：接户线即为配电线路与用户建筑物外第一支持点之间架空导线，高压接户线的电压等级为1kV及以上电压，低压接户线的电压等级为1kV以下电压。

1）接户线受电端的对地面距离：高压接户线≥4m，低压接户线≥2.5m。

2）高压接户线至地面的垂直距离应符合表5－21内规定。跨越街道的低压接户线至路面中心的垂直距离：通车街道≥6m，通车困难的街道、人行道≥3.5m，胡同（里弄、巷）≥3m。

3）低压接户线与建筑物有关部分的距离：与下方窗户的垂直距离≥0.3m，与上方阳台或窗户的垂直距离≥0.8m，与窗户或阳台的水平距离≥0.75m，与墙壁构架的距离≥0.05m。

4）低压接户线与弱电线路的交叉距离：在弱电线路的上方≥0.6m，在弱电线路的下方≥0.3m，如不能满足上述要求，应采取隔离措施。

5）高压接户线与弱电线路的交叉角应符合表5－22的规定。

表5－22 高压接户线与弱电线路的交叉角

弱电线路等级	一级	二级	三级
交叉角	≥45°	≥30°	不受限制

6）高压接户线与道路、管道、弱电线路交叉或接近，应符合表5－23。

7）低压接户线不应从高压线间穿过，严禁跨越铁路。

（二）小城镇电力电缆线路安全保护

地下电缆安全保护区为电缆线路两侧各0.75m的平行区域。

海底电缆保护区一般为线路两侧各2海里的平行线区域。在港区时。为线路两侧各100m的平行线区域。

江河电缆保护区一般不小于线路两侧各100m的平行线区域；中、小河流一般不小于线路两侧各50m的平行线水域。

三、高压电力线路规划

确定高压线路走向，必须从整体出发，综合安排，既要节省线路投资，保障居民和建筑物、构筑物的安全，又要和小城镇规划布局协调，与其他建设不发生冲突和干扰。一般采用的高压线路规划原则有：

（1）线路的长度短捷，减少线路电荷损失，降低工程造价。

（2）保证线路与居民、建筑物、各种工程构筑物之间的安全距离，按照国家规定的规范，留出合理的高压走廊地带。

表 5 - 23　　配电线路与铁路、道路及各种架空线路交叉或接近的基本要求

项目	铁路			公路		弱电线路		电力线路/kV					人行天桥
	标准轨距	窄轨	电气化线路	一、二级公路	三、四级公路	一、二级	三级	1以下	6~10	35~110	154~220	330	
导线最小截面	铝绞线及铝合金线为 35mm²							其他导线为 10mm²					
导线在跨越档内的接头	不应接头	—	—	不应接头	—	不应接头	—	交叉不应接头	交叉不应接头	—	—	—	
导线支持方式	双固定	—	接触线或承力索	双固定	单固定	双固定	单固定	双固定	单固定	—	—	—	
最小垂直距离/m	至轨顶			至路面		至被跨越线		至导线					
高压	7.5	6.0	平原地区配电线路入地	7.0	7.0	2.0	2.0	2	2	3	4	5	城镇内宜入地
低压	7.5	6.0	平原地区配电线路入地	6.0	6.0	1.0	1.0	1	2	3	4	5	城镇内宜入地

续表

项目 线路电压	铁路 标准轨距	窄轨	电气化线路	公路 一、二级公路	三、四级公路	弱电线路 一、二级	三级	电力线路/kV 1以下	6～10	35～110	154～220	330	人行天桥
（计量基准）	电杆外缘至轨道中心		电杆中心	电杆中心至路面边缘		在路径受限制地区，两线路边导线间		在路径受限制地区，两线路边导线间					导线边线至人行天桥边缘
最小水平距离/m 高压	交叉：5.0 平行：杆高加3.0		平行：杆加高 3.0	0.5		2.0			2.5	5.0	7.0	9.0	4.0
低压	交叉：杆加 3.0			0.5		1.0		2.5	2.5				2.0
备注	山区人地困难时，应协商，并签订协议			公路分级见相关分类标准，应商、城镇道路的分级，参照公路的规定		两平行线路在开阔地区的水平距离应小于电杆高度		两平行线路在开阔地区的水平距离不应小于电杆高度					—

注：1. 跨越杆塔（跨越河流除外）应采用固定线夹。
　　2. 邻档断线情况的计算条件：+15℃，无风。
　　3. 如跨越杆塔用固定横担，对导线截面为 LGJ-150 及以上的线路，可不检验断线情况的交叉垂直距离。
　　4. 送电线路与弱电线路交叉时，交叉档弱电线路的木质电杆，应有防雷措施。
　　5. 送电线路与弱电线路交叉时，由交叉点至最近一某杆塔的距离，应尽量靠近，但不应小于 7m。
　　6. 如两线路位置交错排列，导线在最大风偏情况下，对相邻线路跨杆塔的最小水平距离，还应不小于下列数值：

电压/kV	35～110	154～220	330
距离/m	3.0	4.0	5.0

（3）高压线路不宜穿过镇区的中心地区和人口密集的地区。并考虑到小城镇的远景发展，避免线路占用工业备用地或居住备用地。

（4）高压线路穿过镇区时，须考虑对其他管线工程的影响，尤其是对通讯线路的干扰，并应尽量减少与河流、铁路、公路以及其他管线工程的交叉。

（5）高压线路必须经过有建筑物的地区时，应尽可能选择不拆迁房屋的路线，并尽量少拆迁建筑质量较好的房屋，减少拆迁费用。

（6）高压线路应尽量避免在有高大乔木成群的树林地带通过，保证线路安全，减少砍伐树木，保护绿化植被和生态环境。

（7）高压走廊不应设在易被洪水淹没的地方，或地质构造不稳定的地方。在河边敷设线路时，应考虑河水冲刷的影响。

（8）高压线路尽量远离空气污浊的地方，以免影响线路的绝缘，发生短路事故，更应避免接近有爆炸危险的建筑物。

（9）尽量减少高压线路转弯次数，适合线路的经济挡距（即电杆之间的距离），使线路比较经济。

在小城镇供电规划中，上述原则不能同时满足时，应综合考虑各方面的因素，作多方案的技术经济比较，选择最合理的方案。

思 考 与 练 习

（1）小城镇电力工程规划需收集哪些方面的资料？

（2）如何预测一个城镇用电量预测？

（3）如何进行城镇电力规划各阶段的电力负荷预测？

（4）小城镇电源的种类有哪些？

（5）火力发电厂选址有哪些要求？

（6）小城镇中电力网的结线方式有哪些，分别有些什么特征？

（7）小城镇电力线路敷设的方式有哪几种？

（8）高压电力线路规划中应注意什么？

知 识 点 拓 展

超 高 压

1. 定义

电力系统中330kV及以上，并低于1000kV的交流电压等级。

2. 超高压输电

指使用超高电压等级输送电能。超高电压是指330～765kV的电压等级，即330（345）kV、400（380）kV、500（550）kV、765（750）kV等各种电压等级。超高压输电是发电容量和用电负荷增长、输电距离延长的必然要求。超高压输电是电力工业发展水平的重要标志之一。随着电能利用的广泛发展，许多国家都在兴建大容量水电站、火电厂、核电站以及电站群，而动力资源又往往远离负荷中心，只有采用超高压输电才能有效而经济地实现输电任务。超高压输电可以增大输送容量和传输距离，降低单位功率电力传输的工程造价，减少线路损耗，节省线路走廊占地面积，具有显著的综合经济效益和社会效益。另外，大电力系统之间的互联也需要超高压输电来完成。若以 220kV 输电指标为 100%，超高压输电每公里的相对投资、每千瓦时电输送百公里的相对成本以及金属材料消耗量等，均有大幅度降低，线路走廊利用率则有明显提高。

3. 相关背景

1952 年瑞典首先建成了 380kV 超高压输电线路，由哈什普龙厄到哈尔斯贝里，全长 620km，输送功率 45 万 kV。1956 年，苏联从古比雪夫到莫斯科的 400kV 线路投入运行，全长 1000km，并于 1959 年升压至 500kV，首次使用 500kV 输电。

1965 年加拿大首先建成 735kV 的输电线路。1969 年美国又实现 765kV 的超高压输电。在直流输电方面，苏联于 1965 年建成 ±400kV 的超高压直流输电线路，此后美国、加拿大等国又建成 ±500kV 直流输电线路。中国第一条 ±500kV 直流输电线路——葛上线，于 1989 年投入运行。1985 年苏联建成 ±750kV 线路，从埃基巴斯图兹到坦波夫，输送距离 2400km，输送功率 600 万 kW，是世界上规模最大的超高压直流输电。

实现超高压输电需要解决以下许多技术课题：①超高压运行条件下空气及其他介质的绝缘强度特性研究；②输电线路及输电设备绝缘配合与绝缘水平的合理设计；③过电压（包括内部过电压和外部过电压）预测及防护；④解决保持同步发电机并列运行的稳定性问题；⑤各种运行方式下的调压和无功功率补偿；⑥超高压输电线路引起的电磁环境干扰，如电晕放电造成的无线电干扰、电视干扰、可听噪声干扰，以及地面电场强度对人体影响等。目前超高压输电技术已经成熟，并为许多国家普遍采用。

中国于 1972 年首先应用了 330kV 输电，1981 年又首次建成 500kV 输电线路。截至 1987 年，已建成超高压输电线路 5000 多 km，并逐步形成以 500kV 输电为骨干的超高压电力系统。

第六章 小城镇通信工程规划

教学目的：通信被誉为是国家的神经系统，通过本章的讲授，让学生了解小城镇通信工程规划的原则、内容和深度，掌握邮政通信规划、电信工程规划、广播规划、电视规划方面的知识。

教学重点：通信工程规划的原则、内容和深度，邮政通信规划，电信工程规划，广播规划，电视规划。

教学难点：邮政通信规划、电信工程规划。

第一节 概　述

一、通信工程规划的原则

（1）小城镇通信工程规划要纳入城镇规划，依据城镇发展规模和布局进行。

（2）小城镇通信工程规划要以社会信息化的需求为主要依据，考虑社会各行业、各阶层对基本通信业务的需求，保证向社会提供普通服务的能力，通信工程要符合国家和通信相关部门颁发的技术体制和技术标准。

（3）小城镇通信工程规划要充分考虑原有设施的情况，充分挖掘现有通信工程设施能力，合理协调新建通信工程的布局。规划必须论证方案的技术先进性、网络的安全、可靠性、工程设施的可行性和经济合理性，同时还要考虑今后通信网络的发展，以适应电信技术的智能化、数字化、综合化、宽带化个电信业务的多样化的发展趋势。

（4）小城镇通信工程的规划要综合考虑，避免通信基础设施的重复建设，电信业务的开放经营和竞争趋势。

（5）小城镇通信工程的规划要考虑电信设施的电磁保护，以及其他为维护电信设施安全的安全设施；也要考虑无线电信设施对其他专用无线设备的干扰。

（6）小城镇通信工程的规划要按近细远粗的原则进行。

二、通信工程规划的步骤

1. 邮政工程规划

（1）邮政需求量预测。首先进行小城镇现状及发展态势研究，然后根据小城镇发展目标和小城镇规模，预测小城镇近、远期规划的邮政需求量。

（2）邮政设施规划。在调查研究小城镇现状邮政设施的基础上，根据小城镇通信工程规划目标和小城镇总体规划布局进行小城镇邮政设施规划。在确定小城镇邮政局所、邮政通信枢纽等设施布局后应及时反馈给小城镇规划部门，以落实这些设施的用地布局。

（3）详规阶段的邮政设施规划。先根据详细规划布局、由邮政服务标准，计算详规范围内的邮政需求量，然后布置邮政设施。在初步确定邮政设施后，应及时与小城镇规划人员共同落实这些设施的具体布置。

2. 电信工程规划

（1）电信需求量预测。首先进行小城镇电信现状及发展态势研究，然后根据小城镇发展目标和小城镇规模，预测小城镇近、远期规划的电信需求量。

（2）电信设施与网络规划。在调查研究小城镇通信工程规划目标、小城镇总体规划布局，进行小城镇电信设施与电信网络规划。在确定各类电话局所等设施布局后应及时反馈给小城镇规划部门，以落实这些设施的用地布局，并适当调整小城镇总体规划布局。

（3）详规阶段的电信设施与线路规划。根据详细规划布局、电信服务标准，计算详规范围内的电信需求量；再根据详细规划布局，布置详规范围内的电信设施与线路，并及时与小城镇规划人员共同确定电信设施的具体布置。

3. 广播电视规划

（1）广播电视台站与线路规划。依据小城镇通信工程规划目标、小城镇总体规划布局、广播电视通信特性，进行小城镇广播、电视台站规划和有线广播、有线电视线路规划。由于无线电广播、电视台站的电信信号与小城镇总体规划布局关系密切，因此在初步确定广播、电视台站布局后应及时与小城镇规划部门商讨，以共同确定广播、电视台站的具体位置，必要时可适当调整小城镇总体规划布局。

（2）详规阶段的广播电视线路规划。根据详细规划布局和详规范围内有线广播、有线电视的需要，进行有线广播、有线电视线路规划。

三、通信工程规划所需基本资料

（1）小城镇现状和规划的邮电局所的规模和分布。

（2）现状和规划电话网络布局包括小城镇内各种电话干线的走向、位置和敷设方式，电话主干电缆的断面形式，通信光缆和电话电缆在小城镇道路中的平面位置和埋深情况。

（3）有线电视台的位置、规模、有线电视干线的走向、位置、敷设方式。

（4）有线电视主干电缆的断面形式，在小城镇道路中的平面位置和埋深要求。

四、小城镇通信工程各阶段的内容深度

（一）小城镇通信工程总体规划的主要内容

（1）依据小城镇经济社会发展目标、小城镇性质与规模以及有关的通信资料，宏观预测小城镇近、远期通信需求量，预测与确定小城镇近、远期电话普及率和装机容量，研究、确定小城镇邮政、电话、移动、广播、电视等通信工程目标和规模。

（2）依据县（市）域城镇体系布局、小城镇总体规划，提出小城镇通信工程规划的原则及主要技术措施。

（3）研究和确定小城镇长途电话近、远期规划，确定小城镇长途网结构、长途网自动化传播方式、长途局选址、长途局与市话局间的中继方式。

（4）研究和确定小城镇本地网近、远期规划，含确定市话网络结构，汇接局、汇接方式，模拟网、数字网（IDN）、综合业务数字网（ISDN）以及模拟网等向数字网过滤的方式，拟定市话网的主干线路规划和管道规划。

（5）研究和确定近、远期邮政、电话局所的分区范围、局所规模和局所选址。

（6）研究和确定近、远期广播电视台站的规模和选址，拟定有线广播、有线电视网的主干线路规划和管道规划。

（7）划分无线接收、发信区，制定相应的保护措施。

（8）研究确定小城镇微波通道，制定相应的保护控制措施。

（二）小城镇通信工程总体规划图纸

1. 小城镇通信现状图

图示小城镇现状邮政局所、广播电台、电视台、卫星接收站和微波通信站，以及其他通信线路、干线分布位置和敷设方式，微波通道位置等。

通信种类多、量大且复杂的小城镇可按邮政、电话、广播电台、无线电通信等专项分别绘制现状图，通信种类少而简单的小城镇可将小城镇通信现状图与小城镇总体规划中其他专业工程现状图合并，同在小城镇基础设施现状图上表示。

2. 小城镇通信工程规划图

图示小城镇邮政枢纽、邮政局所、电话局所、广播电台、电视台、广播电视制作中心、电视差转台、卫星通信接收站、微波站及其他通信设施的规划位置和用地范围，无线电收、发讯区位置和保护范围，电话、有线广播、有线电视及其他通信线路干线规划走向和敷设方式，微波通信位置、高度、宽度控制。

（三）小城镇电信工程详细规划阶段内容

1. 小城镇通信工程规划详细规划的主要内容

（1）计算详细规划范围内的通信需求量。

（2）确定邮政、电信局所等设施的具体位置、规模。

（3）确定通信线路的位置、敷设方式、管孔数、管道埋深等。

（4）划定详规范围内电台、微波站、卫星通信设施的保护控制界限。

（5）估算详规范围内通信线路的造价。

2. 小城镇通信工程规划详细规划的图纸

表示详规范围内的邮政局所、电话局所的平面位置，电话、有线广播等管线的位置及敷设方式、埋深和管孔数等。

（四）常见比例

常用比例为 1：1000、1：2000、1：5000，1：10000。

第二节　邮政设施规划

一、邮政需求量预测

小城镇邮政的种类、规模、数量主要依据通信总量、邮政年业务收入来确定，因此，小城镇邮政需求量主要用邮政年业务收入或通信总量来表示。预测通信总量和年邮政业务收入（万元），可采用发展态势延伸法、单因子相关系数法、综合因子相关系数法等方法。

1. 小城镇邮政发展态势延伸预测法

此法是采用小城镇历年邮政业务收入或通过总量等统计数据，分析历年的增长态势，选择规划期内的邮政增长态势系数，根据规划期延伸预测规划期的邮政业务年收入或通信总量。公式为

$$Y_t = Y_0 \, (1+a)^t \tag{6-1}$$

式中：Y_t 为规划期内某年邮政业务收入或通信总量；Y_0 为现状（起始年）邮政年业务收入或通信总量；a 为邮政年业务收入或通信总量增长态势系数（$a \geqslant 0$）；t 为规划期内所需预测的年限数。

采用此法，采集的样本数要多；年份越多，外延推伸越可靠。

2. 小城镇邮政单因子相关系数预测法

此法是在对历年邮政业务或通信总量增长及与之相关的社会、经济主要相关因子的相互关系分析的基础上，找出与邮政年业务收入或通信总量增长关系最密切的某单项经济、社会因子，并测出该因子与邮政需求增长的相关数。公式为

$$Y_t = X_t \cdot c \, (1+a)^t$$
$$= X_t \cdot (Y_0/X_0) \, (1+a)^t \tag{6-2}$$

式中：Y_t 为规划预期年的邮政业务收入或通信总量；X_t 为规划预测年的经济、社会因子的值；c 为现状（起始年）邮政业务收入与 x 因子值之比量；a 为邮政业务量（或通信总量）增长与因子值增长之间的相关系数；t 为规划预测年限数。

本方法采用的因子通常是小城镇人口规模数、GDP、第三产业 GDP 等邮政关系最为密切的因子中的某一因子。同时，规划期内单项邮政量相对应的经济、社会因子值；式中的 a 值为正值，即 $a > 0$。

3. 小城镇邮政综合因子相关系数预测法

本法在单因子相关系数预测的基础上将多个因子预测结果综合起来，根据这些因子与有增量的密切程度，选取各因子相关权值汇总而成，以提高预测的可靠性和综合性。公式为：

$$Y_t = \sum_{i=1}^{n} B_i X_{it} C_i (1+a_i)^t$$
$$= B_1 X_{1t} C_1 (1+a_1)^t + B_2 X_{2t} C_2 (1+a_2)^t + \cdots + B_n X_{nt} (1+a_n)^t \tag{6-3}$$

式中：Y_t 为规划预测年邮政业务收入或通信总量；X_{it} 为规划预测年经济、社会 X_i 因子的值；C_i 为现状（起始年）邮政业务收入与 X_i 因子值之比量（$C_i = y_0/x_{0i}$）；a_i 为邮政年业务收入量或通信总量增长与 X_i 因子值增长之间的相关系数；t 为规划预测年限数；B_i 为 X_i 因子与邮政量密切程度的相关权重，$\sum B_i = 1$。

通常，与邮政量密切相关的经济、社会因子主要是小城镇人口规模、GDP、第三产业 GDP 等。这些因子的相关权重在不同性质的小城镇、不同规模的小城镇也不会完全相同，因此，需根据具体小城镇的实况来确定。

二、小城镇邮电局（所）规划

1. 小城镇邮政局所规划的主要内容

小城镇邮政局所的合理布局是方便群众用邮，便于邮件的收集、发运和及时投递的前提条件。邮政局所规划的主要内容有：

（1）确定近远期城镇邮政局所数量、规模。

（2）划分邮政局所的等级和各级邮政局所的数量。

（3）确定各级邮政局所的面积标准。

（4）进行各级邮政局所的布局。

2. 邮政局（所）的分类

小城镇邮政局（所）分为邮政通信枢纽、邮政局、邮政支局、邮政所。邮政支局根据服务人口、年邮政业务收入和通信总量，分一等支局、二等支局、三等支局。邮政所是邮电支局的下属营业机构，一般只办理邮政营业，收寄国内和国际各类零星函件，办理窗口投递个各类邮件，收寄国内各类包裹，开发兑付普汇等，不设邮政投递，不办理电信营业。根据业务量可分一等所、二等所、三等所。新区的邮政支局，主要根据服务人口划分等级。老区主要依邮政年业务收入和通信总量划分等级。

3. 邮政局（所）设置的原则

（1）邮政支局、所是面向社会和广大群众、直接为用户提供服务的网点。从整个城镇规划发展来看，邮政支局、所建设与整个城镇的发展建设密切相关，应与城镇总体规划相符合。

（2）邮政企业要考虑社会经济效益，其建设要体现广泛性、群众性和服务性，使其构成布局合理、技术先进、功能齐全、迅速方便的服务网络。

（3）邮政支局、所的设置既要立足现实，满足当前需要，又要兼顾长远，满足远期城镇发展的需要。规划时要留有余地，在建设的数量和规模方面要以邮政各类业务发展为前提，并向发展现代化、标准化、规范化的邮政支局、所发展。

（4）邮政支局、所的设置。为方便广大群众能够就近邮递，通常以不同的人口密度制定相应的服务半径、标准来确定邮政局所的数量及分布。人口密度不同则可选择不同的服务半径，计算出大小不一的邮政所的服务面积，进而确定邮政支局、所的数量。规划邮政局所时，服务半径参照表 6-1 执行。

表 6-1　　　　　　　　　邮政支局（所）服务半径

城镇人口密度/(万人·km^{-2})	服务半径/km	城镇人口密度/(万人·km^{-2})	服务半径/km
>2.5	0.5	0.5~1.0	0.81~1
2.0~2.5	0.51~0.6	0.1~0.5	1.01~2
1.5~2.0	0.61~0.7	0.05~0.1	2.01~3
1.0~1.5	0.71~0.8		

4. 城镇邮政局所总量配置

小城镇邮政局所总量配置主要依据小城镇人口规模和用地面积来配置邮政局所数

量。在小城镇总体规划阶段，根据规划期内小城镇的人口规模和小城镇规划建设用地计算人口密度，参照表6-1，确定服务半径，从而计算该小城镇规划期内的邮政局所配置的总量。

例如：某小城镇规划人口为10万人，规划建设用地为 $9.5km^2$。该城镇邮政局所总量配置为

规划城镇人口密度＝10万人 $/9.5km^2$ ＝10536（人 $/km^2$）

其邮政局所服务半径为 $0.71\sim0.8km$，取半径为 $0.75km$。

该城镇邮政局所配置总量＝ $9.5/（\pi \cdot 0.75^2）$ ＝5（处）

若该城镇位于山区，地形起伏较大，建设用地分布较分散，或该城镇规划范围内有江河分割，或被区域性高压走廊等工程设施分割，城镇建设用地紧凑度较低，则可在理论计算城镇邮政局所的配置总量上适当增加邮政局所配置的数量。

5. 邮政局（所）位置的选择

（1）邮政局（所）应设在邮政业务量较为集中及方便人群邮寄或领取邮件的地方，如闹市区、商业区、车站、文化游览胜地等。

（2）邮政支局应设在面临主要街道、交通便利的地段，便于快捷、安全传递邮件。

（3）邮政支局（所），既要布局均衡，又便于投递工作的组织管理。投递区划分要合理，投递道路要组织科学。

（4）邮政支局（所）应选择在火车站一侧，以方便接发邮件。同时要有方便的邮政交通通道。

（5）邮政局所选址应有较平坦的地形，地质条件良好。

（6）符合小城镇规划的要求。

6. 邮政局所建筑面积标准

（1）小城镇邮政支局建筑面积标准，见表6-2。

表6-2　　　　　　　　小城镇邮政支局建筑面积标准

项　　目	面积标准 $/m^2$		
	一等局	二等局	三等局
邮政部分生产面积	1041～1181	936	739
电信部分生产面积	398	270	178
生产辅助用房面积	653	520	409
生活辅助用房面积	319	243	183
合计	2411～2551	1969	1509

注　表中建筑面积为邮政、电信合制局的建筑面积，已含邮政营业、发行、邮政投递等邮政部分生产面积，电信部分生产面积，生产辅助用房面积及生活辅助用房面积。未包括大宗邮件邮寄、报刊部门市部面积。若合制局含大宗邮件收寄、报刊门市部，则应加上这两部分的面积。若是纯邮政局，则应扣除电信部分生产面积。

（2）小城镇邮政所建筑面积标准，见表6-3。

表6-3　　　　　　　　　　　　　小城镇邮政所建筑面积标准

项　目	面积标准/m²			备　注
	一等所	二等所	三等所	
营业厅	80～100	60～80	40～60	
柜台内营业员工作面积	40～50	30～40	20～30	包括柜台、营业员操作、出口封发、邮袋贮存
柜台外用户活动面积	40～50	30～40	20～30	包括设备占用面积
包裹库	25	15	10	
邮政储蓄内部处理	20	20	0	
办公室	15	12		
值班室	12	12	12	
库房	6	6		
卫生间	2	2	2	
生活间	6	6	6	用于热饭、烧水等
家属宿舍	50	50	50	
使用面积合计	216～236	183～203	120～140	
建筑面积（使用面积/0.85）	254～278	215～239	141～165	
处理标准邮件数量	≥55	≥18	<18	

三、其他邮政设施规划

邮政支局、所是基本服务网点，其他邮政设施是邮政支局、所功能的补充和延伸，服务范围的扩大，是邮政通信网必不可少的物质基础。

1. 报刊亭

报刊亭是邮政部门在城镇合适地点设置的专门出售报刊的简易设施，是报刊零售的重要组织部分。报刊亭设置应符合《邮亭、报刊亭、报刊门市部工程设计规范》（YD2073—94）的规定。其等级与面积见表6-4。

表6-4　　　　　　　　　　　　　报刊亭设施等级面积表

项目	一类亭/m²	二类亭/m²	三类亭/m²
报刊亭	16	12	8

2. 邮亭

主要设置在繁华地段定点办理邮政业务的简易设施，大多为过往用户提供方便的服务。在尚不具备设置邮政局所服务网点，且有一定邮政业务市场的条件下，可采用邮亭这种设施。邮亭设施面积见表 6 - 5。

表 6 - 5　　　　　　　　　　　　　　**邮亭设施面积表**

项目	单人亭	双人亭
面积标准/m²	8	12

3. 信报箱、邮筒的设置

信报箱、信筒是邮政部门设在邮政支局、所门前或交通要道、较大单位、车站、机场、码头等公共场所，供用户就近投递平信的邮政专门设施。信报箱、信筒由邮政局所设专人开取，严格遵守开取频次和时间。

信报箱群（间）是指设置于城镇新建住宅小区、住宅楼房及旧房改造小区的邮政设施。居民住宅楼房必须在每栋楼的单元门地面一层楼梯口的适当位置，设置与该单元住户数相对应的信报箱或信报间。

根据《住宅区信报箱（间）工程设计规范》（YD/T2009—93），信报箱亭的使用面积可按信报箱的服务人口数来确定，见表 6 - 6。

表 6 - 6　　　　　　　　　　　　**信报箱亭设施面积表**　　　　　　　单位：m²

类　型	形　式　　　人　口	前开总门		后开总门	
		600	1200	600	1200
无人职守		20	30	40	60
有人职守		25	35	45	65

第三节　小城镇电话系统规划

一、小城镇电话需求量的预测

小城镇电话需求量的预测是小城镇电话网路、局所建设和设备容量规模规划的基础，它由电话用户、电话设备容量组成。电话用户的单项指标与当时、当地的国民经济发展有密切的关系。根据国情由原邮电部统一提出电话普及率（泛指主线或号线普及率、话机普及率）是通信行业电话发展的行业指标，也是小城镇电话发展的基本要求，根据实际需要预测而得的电话普及率是各城镇电话发展的规划目标。这两方面应该相互结合，应在行政指标的基础上努力实现规划目标，使小城镇电话发展符合实际需要。

（一）有线电话用户预测

小城镇电信规划的电话用户预测在总规阶段以宏观预测为主，宜采用时间序列法、相关分析法、增长法、普及率法、分类普及率法等方法进行；在详细规划阶段以小区预测、微观预测为主，宜采用分类建筑面积用户指标、分类单位用户指标预测，也可采用计算机辅助预测。小城镇电信规划的电话用户预测应以两种以上的方法进行预测，并以其中一种方法为主，另一种方法作为校验。

1. 电话普及率法

电话普及率常采用综合普及率，宜采用局号普及率，并应用"局线/百人"表示。

当采用电弧普及率法作为预测或校验时，采用的普及率应结合小城镇的规模、形制、地位与作用、经济发展水平、平均家庭生活水平及收入增长规律、第三产业和新部门增长发展规律进行综合分析，并按表 6-7 给定指标范围通过比较选定，可作适当调整。此法常用于总规阶段的用户预测。

表 6-7　　　　　　　　　　小城镇电话普及率预测水平

小城镇规模分级	经济发达地区			经济发展一般地区			经济欠发达地区		
	一	二	三	一	二	三	一	二	三
近期	38~43	32~38	27~34	30~36	27~32	20~28	20~28	20~25	15~20
远期	70~78	64~75	50~68	60~70	54~64	54~64	45~56	45~55	35~45

2. 分类单位用户指标法

采用刊登法、发函询问法、走访调查、开座谈会等形式，由用户根据自身发展需要提出需求量。一般用户分为：机关团体、专业部门，工厂、企业、商业、服务业，科、教、文、卫、体、农、林、牧、渔业，住宅和公用电话 5 大类。需要对各类用户分类调查，建立不同模型进行预测，最后加以汇总。其中，要特别注意住宅电话的增长预测。此外，对于较大型厂矿和企、事业单位的小交换机用户也要详尽调查分析，使其与小城镇电话相应发展。实践证明，该法是一种比较可靠的方法。电信预测工作者将这种方法称为微观预测法，常用于详规阶段的电话预测。

3. 单位建筑面积分类用户指标法

当采用单位建筑面积分类用户指标进行用户预测时，其指标选取可结合小城镇的规模与性质、地位、作用、经济社会发展水平、居民平均生活水平及其他收入增长规律、公共设施建设水平和第三产业发展水平等因素进行综合分析，并按表 6-8 给定指标范围选取。此法常用于详规阶段的电话用户预测。

表 6-8　　　　　　　按单位建筑面积测算小城镇电话需求用户指标　　　　　　　单位：线/m²

建筑用户 地区分类	写字办公楼	商店	商场	旅馆	宾馆	医院	工业厂房	住宅楼房	别墅高级住宅	中学	小学
经济发达地区	1/25~35	1/25~50	1/70~120	1/30~35	1/20~25	1/100~140	1/10~180	1线/面积	1.2~2/200~300	4~8线/校	3~4线/校
经济一般地区	1/30~40	0.7~0.9/25~50	0.8~0.9	0.7~0.9/30~35	1/25~35	0.8~0.9/100~400	1/120~200	0.8~0.9线/户面积		3~5线/校	2~3线/校
经济欠发达地区	1/35~45	0.5~0.7/25~50	0.5~0.7/70~120	0.5~0.7/30~35	1/30~40	0.7~0.8/100~400	1/150~250	0.5~0.7线/面积		2~3线/校	1~2线/校

4. 简易相关预测法

国民经济的发展（尤其是国内生产总值的增长）必然要求电话有较高的增长，才能与之适应。而后者往往是前者的 1.5 倍左右。因此，如果能求出在规划期内国内生产总值的平均增长速度 k，则电话用户预测数学模式可以近似用下式表示

$$y_t = y_0 (1+ak)^t \tag{6-4}$$

式中：y_t 为规划期内某预测年的用户数；y_0 为现状（起始年）的用户数；a 为电话增长量与国内生产总值增长之系数，一般取 1.5；t 为规划期内所需预测的年限数；k 为规划期内国内生产总值平均增长速度。

5. 国际上推荐的预测公式

国际上的经验表明，一个国家的电话机普及率与该国平均的国民生产总值有关，人均国民生产总值越高，则电话普及率也越高，国际上运用回归分析法对世界上不少国家和地区的情况分析研究后，推荐如下方程，用于宏观预测

$$y = 1.675X^{1.4156} \cdot 10^{-4} \tag{6-5}$$

式中：y 为话机普及率，部/百人；X 为人均国民生产总值，美元。

（二）交换机设备容量预测

（1）按电话用户数的 1.2～1.5 倍估算。

（2）根据电话局、站设备容量的占用率（实装率）来预测，其占用率近期一般为 50％、中期为 80％、远期为 85％（均指程控设备）。

（3）一般而言，每座电话端局的终期设备容量为 4 万～6 万门，每处电话站的终期容量为 1 万～2 万门。

二、小城镇电话网络结构

小城镇电话网络结构一般可以分为三种：网状网、分区汇接、全覆盖交换网。

1. 网状网

网状网结构的特点是把整个城镇电话网中所有端局个个相连，各端局间均按基于电路标准设置电路，其网路结构如图 6-1 所示。以这种方式组织的交换网，端局到端局间不需转接，两个端局间的用户通话所经的路由只有一种，即用户—发话端局—受话端局—用户。

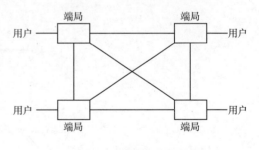

图 6-1　网状网结构图

以网状网方式组织的交换网，各端局间均设有基干电路，每个端局都有多个出局方向，虽然程控交换机不受出入局方向数量的限制，然而太多的出局方向给网路的管理和电路的调整带来一定的困难。网状网的交换网结构一般适用于网路规模较小且交换局数目不多的情况。

2. 分区汇接

分区汇接的交换网结构是把本地电话网划分成若干汇接区，在每个汇接区内选择话务密度较大的一个点或两个点作为汇接局，根据汇接区内设置汇接局数目的不同，分区汇接有两种方式。一种是分区单汇接，另一种是分区双汇接。

分区单汇接如图 6-2 所示，是比较传统的分区汇接方式。它的基本结构是在每一汇

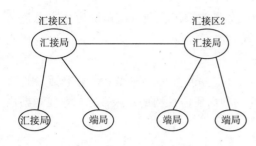

图 6-2　分区单汇接结构图

接区设一个汇接局，汇接局与端局形成二级结构。每个汇接区设一个汇接局，汇接局之间结构简单，但是网路的安全可靠性较差。当汇接局发生故障时，接到汇接局的几个方向的电路都将中断，即汇接区内所有端局的电路都将中断，使全网受到较大影响。随着电话网网路规模的不断扩大，网路的安全可靠性显得越来越重要，目前我国在确定电话网网路结构和网络组织的过程中，除个别条件不具备的地区暂时保留这种结构外，规划中大多采用双汇接的方案。

分区双汇接结构如图 6-3 所示，在每个汇接区内设两个汇接局，所有的汇接局间形成一个点点相连的网状网结构。同区的两个汇接局地位平等，平均分担话务负荷，当采用纯汇接局方案时，汇接局间话务量不允许迂回。采用这种网路结构，其汇接方式与分区单汇接局相同，可以是来话汇接、去话汇接或来去话汇接。与分区单汇接不同的是每个端局到汇接局之间的汇接话务量一分为二，由两个汇接局承担。由于汇接局之间不允许同级迂回，故同区的两个汇接局间无需相连。以这种方式组织的交换网，当汇接区内一个汇接局发生故障时，该汇接区仍能保证 50% 的汇接话务量正常疏通。在传输容量许可的情况下，端局与汇接局之间按照实际需要电路的 50% 以上配备（目前常用的方案是分别按 75% 配备电路），可以使网路的安全可靠性更高。因此，分区双汇接局比分区单汇接局的交换网的安全可靠性提高了许多。这对于现代通信网高可靠性的要求是非常有利的。分区双汇接局的交换网结构比较适用于网路规模大，局所数量多的本地电话网。

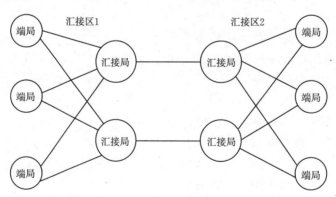

图 6-3　分区双汇接结构图

3. 全覆盖交换网

全覆盖的交换网结构是在本地电话网中设立若干汇接局，汇接局间相互地位平等，均匀分担话务负荷，汇接局间不允许迂回。综合汇接局（带有用户）应以网状网相连。由于汇接局之间不允许同级迂回，故纯汇接局之间不必做到个个相连。这种网路结构各端局至所有汇接局间均为基干电路，随机选择路由。当两端局间的话务量达到一定数量时，可以建立直达电路群。全覆盖的交换网结构端局之间最多经一次汇接，其汇接方式只能选择一种，即来去话汇接。

全覆盖方式的交换网结构比较适用于中等网路规模、地理位置集中的本地电话网，见图 6-4。汇接局的数目可根据网路整体规模来确定。从网路的安全可靠性来讲，汇接局越多，网路的安全可靠性越高，网路的生存能力越强；从费用来讲，汇接局越多，基干电路越多，网路投资也越大。因此，在确定局所数目时，要同时考虑交换设备的处理能力和网路投资及全网安全可靠性等多方面的因素。当网路规模比较大，局所数目比较多时，交换网结构采用全覆盖方式，其直达电路数将会比分区汇接增加许多，造成全网费用大量增加。根据我国的实际情况，较小的省会小城镇和中等规模的小城镇管辖的县较少，构成中等规模的本地电话网时，可采用全覆盖方式的交换网结构。由于全覆盖的交换网结构网路结构简单，从网路发展的角度来看，是一种比较理想、使用较多的交换网结构。

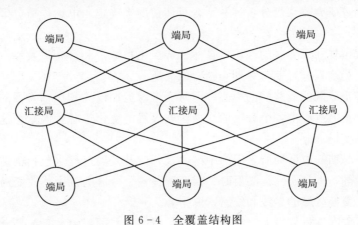

图 6-4 全覆盖结构图

三、小城镇电话局所规划

(一) 电话局所分区原则与方法

1. 所分区原则

在研究小城镇电话局所分区的方案时，应遵循以下原则。

(1) 在整个规划期内，电话局所分区方案的发展应能适应各个时期城镇建设的发展计划，且能合理地满足不断发展的用户需要。

(2) 电话局所分区方案中的交换区域界线的划分应结合自然地形（如河流、铁路、公园、湖泊、城墙和宽阔的绿化地带等），使市话线路避免迂回绕道或穿越，以达到技术和经济合理的目的。

(3) 应分析各分区用户间的话务量情况，通话关系密切的地区，应尽量划在同一交换区域内，以减少局间中继线和中继设备的数量。

(4) 在充分利用原有机线设备在市话网的不断发展过程中，机线设备都能起到最大的服务效能，防止大拆大移的做法。

(5) 注意分区的用户密度，用户密度较稀的区域，电话局所交换机械设备的容量不宜过大，否则将使交换区域范围不合理地扩大，增加用户线路的长度和费用。用户密度较密的地区，局所交换机械设备的容量应适当增大，但是交换区域的范围不宜过于缩小，否则使得局所的数量和局间中继线线束数增多，不够经济。

(6) 近期设置局所的位置，应能适应整个局所规划中各个时期的用户发展需要，交换区域的界线一般接近在两个局的等距线上。

(7) 对于近期建设的局所的规模和范围，应根据实际需要投资的可能来考虑，要尽量做到技术和经济方面都比较合理。

(8) 交换区域的形状尽可能成为矩形，最好接近正方形。应避免其形状成为狭长形或交换区界的界线过于曲折。

2. 电话局所分区的方法

由于各个城镇的性质和特点有所不同，原有电话局所房屋、交换机械设备和线路分布的情况亦有区别。因此，情况比较错综复杂，电话局多分区在研究和划分局所分区方案时，必须充分调查研究，认真分析，并结合具体情况来确定。电话局所分区的一般划分方法为：

(1) 根据城镇规划、分区的性质、自然形势、用户数量和分布以及原有局所房屋、机线设备等情况，初步划分近期与终期相结合的局所分区方案。

(2) 勘定各个分区的线路网的中心，同时要考虑近期设局和用户发展的特点，以及在实现终期分区方案的过程中各个分区的交换区域界线的变化等各种因素，这些都有可能影响线路网中心的变迁。

(3) 对各个时期的电话局所之间的中继方式，以及发展过程（包括电话编号制度、中继线的汇接方式等）进行研究。必要时，需要调整各个分区的范围，改变局所的交换机设备的容量，修正交换区域的界线和线路网的中心。

(4) 对分区方案进行技术上（如在整个市话网的发展过程中是否都是合理和能否满足用户需要）和经济上（如线路材料、初次投资和维护费用是否节省等）的比较，求得最合理的方案。

(5) 在具体划分分区方案，遇有以下的特殊情况时，应该根据具体条件区别对待：

1) 近期建设工程对于新发展的城镇的中心区或郊区，考虑到目前用户数量较少，且今后可能会有变化等因素时，可采取不设永久性局所的临时性措施。这样，既可以减少近期工程的建设投资，又能适应远期城镇规划发展变化的要求。

2) 在市区的边缘地带发展，且用户密度较小而集中的情况，可考虑采取设置支局的方式，以节省线路设备和工程投资。

3) 对于个别局所，虽有局部的不合理现象，但为了充分利用原有机线设备，避免因交换区域界线的变迁而增加割接工作和工程费用时，可以暂时保留现状，不必立即改变。

4) 如果近、远期的设局位置不太一致时，应认真进行分析研究，一般以近期为主，适当照顾远期，以节省线路设备和工程费用，适应远期城镇变化的可能性。

(二) 电话局所的选址

小城镇电话局所规划选址应遵循环境安全、服务方便、技术合理和经济实用的原则，并满足以下要求：

(1) 宜靠近上一级电信局来线一侧，并接近计算的线路网中心，营业区域通常不大于 5km。

(2) 电信局所的选址应较平坦，避免太大的土方工程；选择地质较坚实、地下水位较低，以及不会受到洪水和雨水淹灌的地点。避开回填土、松软土及低洼地带；在厂矿区设局时，还应注意避开雷击区有可能塌方或滑坡的地方以及将来有可以挖掘巷道的地点。

（3）避开110kV以上变电站及其电力线路，火车站、汽车停车场及有害气体、有粉尘、多烟雾及较强噪声、振动的工业企业，以及地质、防灾、环保不利的地段。

（4）应与小城镇建设规划协调和配合，避免在居民密集地区或要求建设高层建筑的地段建局，以减少拆迁原有房屋的数量和工程造价。

（5）尽量考虑近、远期结合，以近期为主，适当照顾远期；局所建设的规模、局所占地范围、房屋建筑面积等都要留有一定的发展余地。

（6）为方便维护管理，电话局所址不宜选择在过于偏僻或出入极不方便的地方。如市话网为单局制时，市话与长途、邮政和营业等部门常常合设在一起，这时局所位置不应单纯从市话考虑，必须从邮电各个专业的特点和要求入手全面分析和研究。因考虑营业部门便于为居民服务，一般常在临近小城镇中心的地方选择局址。

（7）为使所选择的局所位置符合要求，可根据调查了解的资料和现场勘测情况进行研究、分析，提出几个较为理想的局址地点，进行技术和经济比较，排列先后选用的顺序，与小城镇建设、规划管理部门共同选择一个既技术合理，又符合实际、较为理想的局所位置。

（三）小城镇电话局所用地面积标准

局所预留用地可结合当地实际情况，考虑发展余地，按表6-9给定的指标经分析、比较加以选定，注意节约用地，不占或少占农田。

表6-9　　　　　　　　　　　　**小城镇电信局所预留用地**

局所规模/门	≤2000	3000～5000	5000～10000	30000	60000	100000
预留用地面积/m²		1000～2000	2000～3000	4500～5000	6000～6500	8000～9000

第四节　小城镇移动通信规划

一、移动通信服务区规划

小城镇移动通信规划应主要预测移动通信用户的需求，并具体规划落实移动通信网涉及的移动交换局（端局）、基站等设施；有关的移动通信网规划一般宜设在省、市域范围内统一规划。小城镇中、远期电信网规划应考虑电信新技术、新业务的大发展，并应考虑向综合业务数字网（ISDN）的逐步过渡和信息网的统筹规划。

1. 移动通信网体系

小城镇移动电话容量预测决定了移动电话的覆盖范围，如采用大区、中区或小区制以组团结构等。

2. 小城镇移动电话大区制系统

大区制系统在业务区内（业务区半径一般为30km左右，亦可大至60km）有一个或多个天线频道，按相等可用频道原则工作。其用户容量一般较小，约几十至几百个用户，但随着频率合成技术和多频道共同技术的发展，一个大区也可以容纳几千至一万用户。当用户较多时，基站含控制和交换设备，以中继线接入市话网；当用户较少时，基站则仅含控制设备（天线用户集中器），以用户线接入市话网。控制和交换设备也可以和基站分开而设在市话局内。

3. 小城镇移动电话小区制系统

小区制系统是将业务区分成若干蜂窝状小区（基站区），在每个基站区中心（或相互隔开顶角）设一天线基站。基站区半径为 5～15km；约每隔 2～3 个基站区，天线频率就可以重复使用。每个基站区的天线基站都与中心控制局或天线交换局相连。当移动台在呼叫或通话过程中从一个小区移动到另一个小区时，根据移动电话局的指令，可自动转移天线频道。小区制系统属于大容量移动通信系统。

4. 小城镇移动电话中区制系统

其为介于大区制和小区制之间的一种移动通信系统，其每个天线基站的服务半径约 15～30km，但其工作方式和小区制基本相同。由于其容量一般为 1000～10000 用户，故又称为中容量移动通信系统。

二、小城镇移动通信需求与话务量计算

（一）小城镇移动通信需求

小城镇移动通信容量迄今尚无有效的预测方法。目前，常用以下两种预测方法。

1. 移动电话占市话百分比法

移动电话的发展有赖于公用电话网的发展，移动电话的需求量与小城镇电话普及程度有一定的潜在关系。参考小城镇中移动电话发展比例，预测我国小城镇移动电话占小城镇电话门数的 0.7%～1.0%。这样预测移动电话的需求量比较合适。

2. 移动电话普及率法

根据国际电联（ITV）的统计和预测，不同小城镇及小城镇的移动电话普及率，由于各国经济活动能力、贸易、交通及市政公用设施等方面的不同，我国小城镇移动电话的普及率应根据自身水平与条件，参照国内、外国等水平城镇的实况自行确定。

（二）平时忙时话务量

按照《移动电话网技术体制》中规定，平均忙时话务量取 0.01～0.03Erl/户。但因各地方经济发展和需求有所不同，可根据当地现状网测量结果适当调整考虑后，作为制定未来规划的依据。

三、移动网通信参数与计算

1. 移动交换局 BHCA 取值

由于移动交换机除了向固定交换机处理正常通话的 BHCA（Busy Hour Call Attempts 的简称，意思是忙时试呼次数）外，还应包括移动交换系统的内部数据处理、越区功能处理、漫游功能处理和数据存贮等内部处理的额外 BHCA 需求数。此外，按照原邮电部对程控交换机统一规定要有 20% 的话务量过荷和 50% 的呼叫次数过荷能力，移动网的 BH-

CA 预测应按下列公式（6－6）测算

$$BHCA＝（BHCA/每用户）·总用户数·余量因子 \qquad (6－6)$$

余量因子可以根据历史数据和未来预测由经验取值，如无历史数据也可粗略取值为 1.5。

2. 话务流量流向参数

蜂窝移动网的流量流向参数是指移动交换局之间、移动局与固定本地电话网、移动局与固定长途网之间，本移动局内用户之间的比例。从用户的角度看，则包括移动用户与移动用户之间、移动用户与本地电话网用户之间、移动用户与经由固定长途局到达的用户之间的百分比。因各地区差异较大，难提出一套参数值建议。各小城镇应在基础年进行实际测量，然后根据未来的趋向提出预测值。话务流量流向参数总的趋势是随着移动网络的发展，移动用户的业务从当初大部分流向固定网，逐渐会在移动用户这间增大业务量；并且移动用户与本地用户之间及与长途用户之间的话务量比例逐渐趋于平衡。

3. 移动局到固定网各种交换局的话务流量计算

（1）移动端局或移动汇接局 MSC（Mobile Switching Center）与长途局 TS（Toll Switch）之间话务量 aTS（asynchronous　Toll Switch）的计算。

根据 MSC 月 R 务的实际用户数、平均忙时话务量和固定长途网流量比，即可求得 MSC 到固定长途网的话务流量 [aTS（Erl）]。

$$aTS（Erl）＝平均忙时话务量（Erl/户）·用户数·长途流量比 \qquad (6－7)$$

（2）移动局 MSC（Mobile Switching Center）与固定本地汇接局 TM（tandem－exchange）之间话务量的 aTM（asynchronous Transfer Mode）的计算：根据 MSC 的实际用户数、平均忙时话务量和固定网本地流量比，即可求得 MSC 到固定本地网的总话务流量 [aTM（Erl）]。

$$aTM（Erl）＝平均忙时话务量（Erl/户）·用户数·固定本地流量比 \qquad (6－8)$$

（3）如果固定本地网有多个汇接局，应根据实际测量的流量流向统计数据计算出各自的吸引系数，然后将式（6－8）的结果进一步分摊到每个汇接局上。如果没有实际统计数据，则可以采用与距离无关的简化重力法，即以每个汇接局负责的汇接区的用户比例，粗略地作为移动局到每个固定汇接局的流量比例。

（4）本地网没有汇接局，则要求移动局直接连到每一个端局。应根据每个端局实际测量的流量流向统计数据计算出各自的吸引系数，然后将式（6－8）的结果进一步分摊到每个 LS 上。如果没有实际统计数据，则可以采用与距离无关的简化重力法，即以每个端局的用户比例粗略地作为移动局到每个固定端局的流量比例。

第五节　小城镇广播电视设施规划

局、台、站选址要求如下。

县城总体规划的通信规划应在县驻地镇设电视发射台（转播台）和广播台、电视微波站、无线电发射台、接收台，其选址应符合相关技术要求。

（1）局、台、站址应有安全的环境，应选在地形平坦、土质良好的地段；应避开断层、土坡边缘、故河道及容易产生砂土液化和可能塌方、滑坡和有地下矿藏的地方。不应选在易燃、易爆的建、构筑物和堆积场附近，不应选在易受洪水淹灌的地区；若无法避开时，可选在基地高程高于要求的设计标准洪水位 0.5m 以上的地方。

（2）局、台、站址应有卫生条件较好的环境，不宜选择在生产过程中散发有毒气体、较多烟雾、粉尘、有害物质的工业企业附近。

（3）局、台、站址应有较安静的环境，不宜选在广场、闹市地带、影剧院、汽车停车场或火车站，以及发生较大震动的较强噪声的工业企业附近。

（4）局、台、站址应考虑临近的高压变电站、电气化铁路、广播电视、雷达、无线电发射台等干扰源的影响。

（5）局、台、站址应满足安全、保密、人防、消防等要求。

（6）无线电台台址中心与重要军事设施、机场、大型桥梁的距离不小于 5km；天线场地边缘距主干线铁路不少于 1km。短波发射台、天线设备与有关设施的最小距离详见表 6-10～表 6-12。

表 6-10　　　　　　　　小城镇短波发信台到居民集中区边缘的最小距离

发射电力/kW	最小距离/km	发射电力/kW	最小距离/km
0.1～5	2	120	10
10	4	>120	>10
25	7		

表 6-11　　　　小城镇短波发信台技术区边缘距离收信台技术区边缘的最小距离

发射电力/kW	最小距离/km	发射电力/kW	最小距离/km
0.2～5	4	120	20
10	8	>120	>20
25	14		

表 6-12　　　　　　　　小城镇收信台与干扰源的最小距离

干扰源名称	最小距离/km	干扰源名称	最小距离/km
汽车行驶繁忙的公路	1.0	其他方向的架空通信线	0.2
电气化铁路电车道	2.0	35kV 以下的输电线	1.0
工业企业、大型汽车场、汽车修理厂	3.0	35～110kV 的输电线	1.0～2.0
拖拉机站、有 X 光设备的医院		>110kV 的输电线	>2.0
接收方面的架空通信线	1.0	有高频电炉设备的工厂	>5.0

第六节 小城镇有线通信网络线路规划

一、小城镇有线通信线路的种类

小城镇有线通信线路是小城镇各类通信系统网络联系的主体，也是各通信系统相互联系不可缺少的连接体，通常按使用功能、线路材料、线路敷设方式等来分类。

（一）小城镇有线通信线路按使用功能分类

有长途电话、本地电话、农村电话、有线电视（含闭路电视）、有线广播、计算机互联网络（Internet）、社区治安保卫监控系统以及特殊用途等有线通信线路。

（二）小城镇有线通信线路按材料分类

1. 光纤光缆

以光纤为传输介质，以高频率的光波作载波，具有传输频带宽、通信容量大、中继距离长，不怕电磁干扰、保密性好、无串话干扰，线径细、重量轻，抗化学腐蚀，柔软可绕，节约有色金属材料等优点。缺点是强度低于金属线，连接比较困难，分路与耦合较不方便，弯曲半径不宜太小。光纤通信系统分类见表 6－13。

表 6－13   光纤通信系统分类

类 别		特 点
按光波长划分	短波长光纤通信系统	系统工作波长为 0.8～0.9μm，中继距离短，在 10km 以内
	长波长光纤通信系统	系统工作波长为 1.0～1.6μm，中继距离长，可在 100km 以上
	超长波长光纤通信系统	系统工作波长可在 2μm，中继距离长，可在 1000km 以上，非石英光纤
按光纤特点划分	多模光纤通信系统	石英多模光纤，传输容量较小，一般在 140Mbit/s 以下
	单模光纤通信系统	石英多模光纤，传输容量大，一般在 140Mbit/s 以上
按传输信号形式划分	光纤数字通信系统	传输数字信号，抗干扰能力强
	光纤模拟通信系统	传输模拟信号，适于短距离传输，成本低
其他	外差光纤通信系统	光接收机灵敏度高，中继距离长，通信容量大，设备复杂
	全光通信系统	不需要光电转换，通信质量高
	波分复用系统	在一根光纤上可传输多个光载波信号，通信容量大、成本低。

2. 通信电缆

以有色金属为传输介质，电流信号作载波，具有传输频带较宽，通信容量较大，多层多线，中继距离较长，抗电磁，抗化学腐蚀，保密性好等优点。

3. 金属明线

即传统的金属导线线路。目前，金属明线有逐步被通信光纤、电缆取代的趋势。

（三）小城镇有线通信线路按敷设方式分类

有管道、直埋、架空、水底敷设等方式。其中，管道敷设又分为本系统线路共管、与其他通信线路系统线路共管，以及与小城镇其他工程管线共沟敷设；架空敷设则与本系统同杆，以及与其他线路同杆等敷设方式，详见表6-14。

表6-14　　　　　　　　　　　　　　　小城镇通信线路敷设方式

敷设方式	经济发达地区						经济发展一般地区						经济欠发达地区					
	小城镇规模分级																	
	一		二		三		一		二		三		一		二		三	
	近期	远期	近期	远期	近期	远期	近期	远期	近期	远期	近期	远期	近期	远期	近期	远期	近期	远期
架空电缆											○		○		○		○	
埋地管道电缆	△	●	△	●	部分△	●	部分●	●	部分△	●		△		●		△		部分△

注　○—可设；△—宜设；●—应设。

二、小城镇电话线路规划

小城镇电话线路是小城镇各类电话局之间、电话局与用户之间的联系纽带，是电话通信系统最重要的环节，也是建设投资最大的部分。合理确定线路路由和线路容量是电话线路规划的两个重要因素，汇接局之间、汇接局至端局之间线路路由应直达，或距离最短为佳，端局至用户的线路路由也应便捷且架设方便、干扰小、安全性高。线路应留有足够的容量，在经济、技术许可的情况下首先使用通信光缆以及同轴电缆等高容量线路，以提高线路的安全性和道路的利用率。最理想的线路敷设是采用管道埋设，其次为直埋。经济条件较差的小城镇，近期可采用架空线路敷设，远期可逐步过渡到地下埋设。过河电话线路宜采用桥上敷设的方式。若河流较小，也可采用架空跨越方式；当桥上敷设有困难时，可在技术经济合理调节下采用水底敷设。

（一）电话直埋电缆、光缆线路规划

容量在300对及以上的主干电缆和特别重要或有特殊要求的电缆应采用地下敷设方式。当采用管道敷设方式时，通常采用电缆直埋敷设方式。

（1）地埋电缆、光缆线路路由。地埋电缆、光缆线路路由要求与管道线路路由相同，要求路由短捷、安全可靠、施工维护方便。直埋电缆、光缆线路不宜敷设在地下水位高、常年积水的地方，避免敷设在今后可能建造房屋、车行道的地方，以及地下建筑复杂、经常有挖掘可能的地方。

（2）地埋电缆埋深。一般情况下，直埋电缆、光缆的埋深应为0.7～0.9m，且应用覆盖物保护，并设标志。直埋电缆、光缆穿越电车轨道或铁路轨道时应设于水泥管或钢管等保护管内，其埋深不宜低于管道埋深的要求。

（3）直埋电缆与其他地下设施间的最小净距见表6-15。

表6-15　　　　　　　直埋电缆与地下设施和树木、建筑物间的最小净距

设施名称		最小净距/m	
		平行时	交叉时
给水管	ϕ300	0.5	0.5
	ϕ300～500	1.0	0.5
	ϕ500以上	1.5	0.5
排水管		1.0	0.5
热力管		1.0	0.5
煤气管	压力≤300kPa（压力≤3kg/cm²）	1.0	0.5
	300kPa＜压力≤800kPa（3kg/cm²＜压力≤8kg/cm²）	2.0	0.5
通信管道		0.75	0.25
小城镇外大树		2.0	—
小城镇内大树		0.75	—
建筑红线（或基础）		1.0	—
排水沟		0.8	0.5
电力电缆	35kV以下	0.5	0.5
	35kV及以上	2.0	0.5

注　交叉处的电缆放在管道内时，可按表6-15的规定办理。

（二）架空电话线路

1. 架空电话线路路由

架空电话线线路要求短捷、安全可靠。

2. 架空电话线路位置

（1）市话电缆线路不应与电力线路合杆架设。不可避免与1～10kV电力线合杆时，电力线与电信电缆间净距不应小于2.5m；与1kV电力线合杆时，净距不应小于1.5m。

（2）市话线路不宜与长途载波明线合杆。必要时，市话电缆电路可与三路及以下载波明线线路合杆；市话电缆应架设在长途导线下部，隔间距不小于0.6m。

（3）市话明线线路不应与电力线路、广播架空明线线路合杆架设。

（4）一般情况下，镇区市话网中杆路的杆距可为35～40m，郊区杆距可为45～50m。

（三）架空电话线路隔距标准

按表6-16确定架空通信线路的隔距标准。

表 6-16　　　　　　　　　　　　　　小城镇通信线路的隔距标准

隔距标准		最小距离 /m	隔距标准		最小隔距 /m
线路离地面最小距离	一般地区	3	跨越公路、乡村大路、村镇道路时导线与路面距离		5.5
	村镇（人行道上）	4.5	跨越村镇胡同（小巷道）、土路		5
	在高产作物地区	3.5	两个电信线路交越，上面与下面导线最小隔距		0.6
线路经过树林时导线离树距离	在村镇水平距离	1.25	电信线穿越电力线路时应在电力线下方通过，两线间最小距离。当电力线压力为：	1~10kV	2（4）
	在村镇垂直距离	1.5		20~110kV	3（5）
	在野外	2		154~220kV	4（6）
导线跨越房屋时，导线距离房顶的高度		1.5	电杆位于铁路旁与轨道隔距		13 杆高
跨越铁路时导线与轨道的距离		7.5			

注　表内带括号数字系在电力线路无防雷保护装置时的最小距离。

（四）架空电话线路与其他电气设备的距离

按表 6-17 确定架空通信线路与其他电气设备的距离。

表 6-17　　　　　　　　　　小城镇架空通信线路与其他电气设备距离

电气设备名称	垂直距离或最小间距/m	备　　注
供电线路接户线	0.6	
霓虹灯及其铁架	1.6	
有轨电车及无轨电车滑接线及其吊线	1.25	通信线到滑线或吊线之间距离
电气铁道馈电线	2.0	

三、小城镇有线电缆、广播线路规划

1. 有线电视、广播线路路由

（1）小城镇有线电视、广播线路路由应短直，少穿越道路，便于施工及维护。

（2）小城镇有线电视、广播线路路由应避开易使线路损伤的场区，减少与其他管线等障碍物的交叉跨越。

（3）小城镇有线电视、广播线路路由应避开与有线电视、有线广播系统无关的地区，以及规划不确定的地域。

2. 有线电视、广播线路敷设方式

（1）小城镇有线电视、广播线路路由上有通信光缆，且技术经济条件许可时，经与通

信部门商议同意，可利用一部分光缆作为有线电视、有线广播线路。

（2）电视电缆、广播电缆线路路由上如有通信管道，可同杆、同管道敷设，但不宜与通信电缆共管道孔敷设。

（3）电视电缆、广播电缆线路路由上如有电力、仪表管线等综合隧道，可利用隧道敷设电视电缆、广播电缆。

（4）电视电缆、广播电缆线路沿线有建筑物可供用时，可采用墙壁电缆。

（5）电视电缆、广播电缆线路路由上有架空通信电缆时，可同杆架设。

（6）对电视电缆、广播电缆有安全隐蔽要求时，可采用埋地电缆线路。

（7）对电视电缆、广播线路在易受到外界损伤的路段，穿越障碍较多而不适合直埋敷设的路段宜采用穿管敷设。

（8）新建筑物内敷设电视电缆、广播线路宜采用暗线方式。

思 考 与 练 习

（1）小城镇邮政需求量预测有哪些方法？

（2）邮政局（所）选址应考虑哪些方面的因素？

（3）如何预测小城镇的电话需求量？

（4）小城镇电话网络组织结构方式有哪几种？

（5）如何对小城镇移动通信需求量进行预测？

（6）小城镇中是广播电视局、台、站址如何选择？

（7）小城镇中有线电视、广播线路如何敷设？

（8）总结小城镇有线通信线路中电缆建设方式的选择？

知 识 点 拓 展

全球通信产业已经进入新的大融合、大变革和大转型的发展时期。以下一代通信网络、云计算、物联网等为代表的新一代信息技术，作为国家战略性新型产业，正成为下一轮经济发展的重要推动力量。无所不在的、智能化的宽带通信网络，为互联网的蓬勃发展和不断创新奠定了坚实的基础，为通信业的转型创造了有利条件。通信业将进一步向信息服务拓展，并促进信息化与工业化的深度融合，推动传统产业升级，发展民生信息服务，深化信息通信技术在各行业的应用。新时期的通信产业将呈现出以下多元化的发展趋势：

1. 智能管道：运营商转型之道

随着用户数量的持续增加和业务的不断丰富，网络数据流量呈爆炸式增长。为了应对网络新增流量以及营收与成本的"剪刀差"，同时避免同质化竞争，现有的粗放经营模式正迅速向智能管道的精细化经营模式演进。借助智能管道，向用户提供更丰富的业务，提高盈利能力，加速业务创新。

2. 异构网：移动网络发展的必然趋势

频谱资源受限和移动数据流量的爆发性增长，使得由多频、多模以及层叠覆盖组成的立体异构网络成为移动网络融合演进的必然趋势。

2G作为现阶段话音主要承载网络将长期存在，3G的大规模部署为移动互联网提供了主要的数据流量承载。LTE网络将进入大规模部署，TD-LTE也将在2012年进入全面的功能和性能测试。同时为了卸载网络流量，WLAN将成为数据分流的一种有效手段。多频、多模（2G、3G、LTE和WLAN）以及多层叠覆盖组成的立体式的异构网络开始进入黄金发展时期。异构网络不但为日益增长的移动数据流量提供一定的分流，还解决了室内、热点地区的容量和覆盖问题，并且终将实现宏微协同工作，达到无线移动立体全方位覆盖。

3. 光纤到户：宽带网络的主旋律

基于铜线的宽带网络，在带宽拓展上已很难满足流量增长需求。2012年，"宽带中国"战略即将启动，网络提速将成为主旋律，网络建设将全面引入光纤光缆，构建直达家庭的光网络。由于技术的成熟、成本的降低及光纤到户的普及，GPON正成为固网宽带的主流技术，10GPON将适时进行验证和规模试验。光纤到户的部署，将推动光纤分配网基础设施的优先建设。城域和汇聚光网络将更加注重对分组/IP业务的传送和处理，并向100Gb/s系统扩展，以满足数据中心等业务的带宽需求。

4. 云数据中心：构建电信云计算基础环境

根据赛迪顾问预测，我国云计算相关支出将从2009年的92亿元增长到2012的607亿元，年均复合增长率达到87%。在云计算的热潮下，原始的"数据中心"将向支持"虚拟化"能力的云数据中心发展，呈现出动态化、可扩展等特点，满足多租户、虚拟桌面等需求。基于云计算基础设施及开放平台，企业可以构建各种服务软件，实现信息系统的统一和有机整合。

5. 软件革命：引发传统产业的变革

如摩尔定理预测的那样，硬件的功能性能不断提升，成本持续下降，已成为规模化生产的廉价商品和通用平台。无所不在的宽带网络已成为信息社会的关键基础设施，互联网更是打破了所有的技术、行业、地域界限。ICT技术广泛应用于各行各业的信息化，越来越多的专用设备和系统开始转向通用硬件平台，使得主要业务流程更加依赖软件实现和运行。

软件逐渐成为一切信息化的核心，将彻底改变甚至颠覆很多行业的内部格局，每个行业都要做好应对软件革命的准备。以电信行业为例，基础网络只提供管道化的连接型业务，更多的业务应用将由互联网以软件或者服务的方式提供；网络设备开始采用商用计算平台，更多的功能由软件实现。从操作系统、语言库、协议栈、Web服务器、数据库，到应用系统等软件的各个层面，正包含更多开源技术。因此传统行业可以借助开源的力量，快速跟上软件革命的潮流。云计算使应用开发彻底摆脱对硬件的依赖，是IT行业自身的一场软件革命；移动互联网更关注业务应用和用户体验，是移动通信的软件革命；物联网聚焦行业信息化应用，是相关传统行业的软件革命。

6. 移动互联网：应用 Web 化

随着移动互联网应用数量的继续高速增长，电子商务、支付、社交媒体等应用将加速向移动智能终端转移。云计算和 HTML5 将促使内容和应用的提供进一步 Web 化。

在 Apple，Google 等互联网巨头大力支持下，HTML5 将逐渐成为下一代网络语言的事实标准。随着网页富媒体处理和对硬件调用能力的不断增强，将有更多知名内容和应用提供商提供基于 HTML5 的服务，主流浏览器将更好地支持 HTML5。借助 HTML5，移动互联网产业格局将被改变，浏览器在产业链中的地位将得到增强，由于操作系统＋浏览器的模式将获得广泛运用，其永远在线和完全基于 Web 的业务提供，将大大促进云计算和无线宽带移动通信技术的发展。

7. 智能终端：迈向云端一体化

智能终端是电信运营商与互联网服务提供商在制定其发展战略时必须考量的关键要素。随着移动互联网的发展，智能终端正向云端一体化方向快速演进，而在物联网时代，智能终端的重要性将日益凸显。

云端一体化打破了互联网软件与本地软件的界限，用户通过智能终端获取服务，不必关心该服务是来自于云还是终端自身。架构在云上的各种服务模块，可以与各类智能终端上的功能模块组合，为用户提供无限可能的应用，智能终端也相应动态地加入了某朵"云彩"，成为云计算的一部分。同时，智能终端中日益丰富的传感设备以及多模的联网能力，使之成为物联网中的关键节点。未来，智能终端会发展出基于手势、动作捕捉、自然语言等更加人性化的人机交互技术，以不断改善用户的体验。

8. 物联网：行业应用先行

物联网目前初步具备了一定的技术、产业和应用基础，其发展将是一个漫长的过程，然而毋庸置疑的是物联网已成为当前世界新一轮经济和科技发展的战略制高点之一。

行业应用是物联网发展的主要推动力，现阶段将集中在智能电网，智能医疗，智能交通，智能物流等行业，这也将与智慧小城镇的规划相互呼应和相互促进。信息感知、传输、处理、安全四项技术的突破将成为物联网发展的关键，其中信息感知和信息处理技术与行业应用密切相关。信息感知技术研究包括 RFID、微型和智能传感器等；信息处理技术主要对海量数据进行存储和挖掘；信息传输技术，研究无线传感器网络及稳定便捷的异构网络的融合；基础数据的价值巨大，需要安全技术的保障，以构造"可管、可控、可信"的安全体系架构。行业应用将推动技术进步，技术突破将促进行业应用。

9. 可信计算：构建主动安全体系

计算和通信能力的高速发展，使得安全防御系统的可信生命周期变得越来越短；非安全环境下的网络设备（如家庭基站）、云计算等的广泛使用，对安全领域提出了新的需求。传统的安全防护措施，如防火墙、入侵检测等以被动防范为主，防火墙策略越来越复杂、特征库越做越大，但用户信息和网络通信仍然得不到有效的安全保障。

可信计算，以密码技术为核心，在每个终端和网络设备的硬件平台上引入一个不可篡改的物理安全芯片，从底层硬件到操作系统，再到应用层都构建信任关系。以此为基础，建立一个能在网络上安全传递的信任链，为网络构建主动的安全防御体系，满足真实性、私密性、机密性、完整性等安全要求。为了保证非安全环境网络设备的通信安全，基于可信计算的解决方案已纳入相关国际标准。虚拟环境下可信平台模块的虚拟化还能提高云数据中心的安全性。

第七章 小城镇燃气工程规划

教学目的: 小城镇燃气供应系统是小城镇市政公用事业建设的一项重要的基础设施,也是能源供应的组成部分。通过本章的教学,让学生了解燃气的分类、小城镇燃气质量要求、规划设计所需资料及其成果要求,掌握小城镇燃气不同燃料的折算、燃气的爆炸极限、小城镇燃气供气范围和供气原则、负荷预测与计算、气源规划、输配系统规划、燃气管网布线、燃气管网水力计算方面的知识。

教学重点: 燃气的分类、小城镇燃气质量要求、规划设计所需资料及其成果要求,小城镇燃气不同燃料的折算、燃气的爆炸极限、小城镇燃气供气范围和供气原则、负荷预测与计算、气源规划、输配系统规划、燃气管网布线、燃气管网水力计算。

教学难点: 负荷预测与计算、气源规划、输配系统规划、燃气管网布线、燃气管网水力计算。

第一节 概　　述

一、小城镇燃气工程规划的主要任务

(1) 结合城镇和区域燃气资源状况,选择城镇燃气气源,合理确定规划各个时期的气化率、管道普及率及各种燃气的用量,进行城镇燃气气源规划。

(2) 确定各种供气设施的规模、容量。

(3) 选择并确定城镇燃气管网系统。

(4) 科学布置气源厂、气化站等产、供气设施和输配气管道。

(5) 制定燃气管道的保护措施。

二、小城镇燃气工程规划的主要内容

(一) 总体规划阶段

(1) 现状城镇燃气系统和用气情况分析。

(2) 选择城镇气源种类,确定气源结构和供气规模。

(3) 确定城镇气化率,预测城镇燃气负荷。

(4) 确定气源厂、储配站、调压站等主要工程设施的规模、数量、用地及位置。

(5) 确定输配系统的供气方式、管线压力级制、调峰方式。

(6) 布局输气干管和城镇输配系统。

(7) 确定区域调压站、储配站的规模、用地及位置。

（8）提出近期燃气设施建设项目安排。

（二）详细规划阶段

（1）现状燃气系统和用气情况分析，上一层次规划要求及外围供气设施。

（2）计算燃气用量。

（3）落实上一层次规模的燃气设施。

（4）规划布局燃气输配设施，确定其位置、容量和用地。

（5）规划布局燃气输配管网。

（6）计算燃气管网管径。

（三）规划图纸

1. 燃气工程现状图

应包括标注出现状气源、储配站、主要调压室位置、管网分布、管径大小和供气区域等内容，常用比例为1：1000、1：2000、1：5000、1：10000。

2. 燃气工程规划图

应包括标注出规划气源、储配站、主要调压室位置、管网分布、管径大小和供气区域等内容，常用比例为1：1000、1：2000、1：5000、1：10000。

三、小城镇燃气工程系统的组成

城镇燃气系统包括气源、输配系统和用户系统。依据气源不同，城镇输配系统也不同。

天然气供气系统通过长输管线将天然气输送至天然气门站，通过调压系统，进入城镇输配系统。人工煤气厂一般离城镇较近，大部分直接进入城镇输配系统。液化天然气均采用汽车或火车运输至小区气化站，直接减压输送至用户管道系统。液化石油气也采用瓶装至用户。部分城镇采用由多种气源通过混气站混合后送入城镇输配系统。

第二节　小城镇燃气种类及特性

一、燃气分类

城镇燃气一般是由几种气体组成的混合气体，其中含有可燃气体和不可燃气体。可燃气体包括甲烷等烃类、氢和一氧化碳，不可燃气体有二氧化碳、氮和氧等。

城镇燃气可按来源分类，也可按热值和燃烧特性分类。

（一）按来源分类

1. 天然气

天然气是在地下多孔地质构造中自然形成的烃类气体和蒸汽的混合气体，有时也含有一些杂质，常与石油伴生，其主要组分是低分子烷烃。根据来源，天然气可分为四种：从气井开采出来的气田气、伴随石油开采出来的石油气、含石油轻质馏分的凝析气和从井下煤层抽出的矿井气。

天然气的特点是安全、热值高和洁净环保，几乎不含硫、粉尘和其他有害物质，燃烧时产生二氧化碳少于其他化石燃料，无废渣、废水产生，避免产生温室效应，因而能从根本上改善环境质量。

2. 人工煤气

人工煤气是由煤、焦炭等固体燃料或重油等液化燃料经干馏、汽化或裂解等过程所制取的可燃气体，其主要组分一般为甲烷、氢和一氧化碳。根据制气或制气方法的不同，人工煤气还可分为干馏煤气、气化煤气、油制气和高炉煤气等。

人工煤气的特点是使用方便，热值较低，燃烧后仍含有一定浓度的一氧化碳，具有有毒的特性，在泄露状况下，人工煤气极易引发人身中毒事故。

3. 液化石油气

液化石油气是在开采和炼制石油过程中，作为副产品而获得的一部分碳氢化合物，其主要组分是丙烷、丙烯、丁烷和丁烯。

液化石油气供应设施投资省，设施简单，供应方式、规模灵活，建设速度快，是我国城镇燃气的主要气源之一。

4. 生物气

生物气是各种有机物质在隔绝空气的条件下，保持一定的温度、湿度、酸碱度，经过细菌的发酵分解作用而产生的一种可燃气体，如沼气。生物气的主要成分为甲烷和二氧化碳，还有少量的氢、一氧化碳、硫化氢，其特性与天然气相似。

（二）按热值分类

燃气可根据热值分为三个等级：高热值燃气、中等热值燃气和低热值燃气。燃气的热值是指 $1Nm^3$（即标准状态下 $1m^3$，简称"标方"）燃气完全燃烧所放出的热量，其单位为 kJ/Nm^3。高热值燃气约为 $30MJ/Nm^3$，中热值燃气约为 $20MJ/Nm^3$，低热值燃气约为 $30MJ/Nm^3$。

（三）按燃烧特性分类

影响燃气的燃烧特性的参数主要有燃气的热值、相对密度及燃烧速度。华白数和燃烧势是综合了上述三个参数的系数。华白数是一个热值与相对密度的综合系数，是燃气的发热指数；而燃烧势是燃烧速度与相对密度的综合系数，是燃气的燃烧速度指数，是反映燃气燃烧时火焰所产生离焰、黄焰、回火和不完全燃烧的倾向性的一项综合性指标，在燃气组分和性质变化较大，或掺入的燃气与原燃气性质相差较远时，能更全面地判断燃气的燃烧特征。

华白数可按式（7-1）计算

$$W = \frac{Q_H}{\sqrt{S}} \qquad (7-1)$$

式中：W 为华白数；Q_H 为燃气高热值，MJ/m^3；S 为燃气相对密度（空气＝1）。

国际煤联根据华白数对燃气分为三类：一类燃气、二类燃气和三类燃气，见表 7-1。

表 7-1 　　　　　　　　　　　国际煤联（IGU）燃气分类表

分类	华白数/（MJ/Nm³）	典型燃气
一类燃气	17.8～35.8	人工燃气，烃—空气混合气
二类燃气	35.8～53.7	天然气
L 族	35.8～51.6	
H 族	51.6～53.7	
三类燃气	71.5～87.2	液化石油气

二、不同燃料的折算

世界各国都以标准煤的吨数或公斤数作为能源的统一计量单位。标准煤是人们假设的一种标准燃料，1kg 重的标准煤的热值为 29.308MJ。各种燃料热值与折算率见表 7-2。

表 7-2　　　　　　　　　　　各种燃料热值与折算率

燃料名称		热　值	折　算　率
一、固体燃料	焦炭	25.12~29.308MJ/kg	0.857~1.000
	无烟煤	25.12~32.65MJ/kg	0.857~1.114
	烟煤	20.93~33.50MJ/kg	0.714~1.143
	褐煤	8.38~16.76MJ/kg	0.286~0.572
	泥煤	10.87~12.57MJ/kg	0.371~0.429
	石煤	4.19~8.38MJ/kg	0.143~0.286
二、液体燃料	原油	41.03~45.22MJ/kg	1.400~1.543
	重油	39.36~41.03MJ/kg	1.343~1.400
	柴油	46.04MJ/kg	1.571
	煤油	43.11MJ/kg	1.471
	汽油	43.11MJ/kg	1.471
	沥青	37.69MJ/kg	1.286
	焦油	29.31~37.69MJ/kg	1.000~1.286
三、气体燃料	天然气	36.22MJ/m³	1.236
	油田伴生气	45.46MJ/m³	1.551
	矿井气	18.85MJ/m³	0.643
	焦炉煤气	18.26MJ/m³	0.623
	直立炉煤气	16.15MJ/m³	0.551
	油煤气（热裂）	42.17MJ/m³	1.439
	油煤气（催裂）	18.85~27.23MJ/m³	0.643~0.929
	发生炉煤气	5.01~6.07MJ/m³	0.171~0.207
	水煤气	10.05~10.87MJ/m³	0.343~0.371
	两段炉水煤气	11.72~12.57MJ/m³	0.400~0.429
	混合煤气	13.39~15.06MJ/m³	0.457~0.514
	高炉煤气	3.52~4.19MJ/m³	0.120~0.143
	转炉煤气	8.38~8.79MJ/m³	0.286~0.300
	沼气	18.85MJ/m³	0.643
	液化石油气（气态）	87.92~100.50MJ/m³	3.000~3.429
	液化石油气（液态）	45.22~50.23MJ/kg	1.543~1.714
四、电能		3.6MJ/（kW·h）	0.1229

在城镇燃气规划设计时，常遇到新的气源种类供应。例如，由人工煤气改换为天然气，或由瓶装液化石油气改换为人工煤气、天然气或矿井气，这就需要进行换算。

一般各种燃气的使用效率相近，故在工程设计计算中可简单地由热量变换为体积量，其换算系数为原有煤气的低热值与拟用煤气的低热值之比。在进行不同燃料之间相互换算时，不仅需要考虑不同燃料之间的热量换算系数，还需要考虑各自使用的热效率。

当公共建筑和工业企业的用气量定额，不易得到统计资料和规划指标时，可用其他燃料的年用量，按公式折算为燃气的用气量。

三、燃气的爆炸极限

爆炸极限是可燃气体的着火极限，只有燃气在空气或氧气中的含量在着火极限范围内才可能燃烧爆炸。当燃气在空气中的浓度低于某一极限时，氧化反应产生的热量不足以弥补散失的热量，使燃烧不能进行；当其浓度超过某一极限时，由于缺氧也无法燃烧。前一个浓度极限称为爆炸下限，后一个浓度极限称为爆炸上限。

燃气爆炸极限不是一个固定值，除受气体特性的影响外，还受各种外界因素的影响。对于多组分燃气的爆炸极限可按公式进行计算

$$L = \frac{100}{\sum_{i=1}^{n} \frac{\phi_i}{L_i}} \tag{7-2}$$

式中：L 为混合气体的爆炸下（上）限，%；L_i 为混合气体各组分的爆炸下（上）限，%；ϕ_i 为混合气体各组分的容积成分，%；n 为可燃气体的组分数。

四、小城镇燃气的质量要求

小城镇燃气可燃、易爆，某些种类的燃气有一定的毒性，因此，对城镇燃气的质量有一定的要求。

（一）小城镇燃气的质量指标

1. 天然气的质量指标

《天然气》（GB 17820—1999）在行业标准《天然气》（SY 7514—1988）基础上，总结了近 10 年的实践经验，参考 ISO13686：1998《天然气质量指标》和国外有关天然气的管输规范，按硫和二氧化碳含量对天然气进行分类，提出了天然气的技术要求，以保证输气管道的安全运行和天然气的安全使用，有利于提高环境质量，适应我国天然气工业的发展需要。在《天然气》（GB 17820—1999）中提出对天然气的技术要求见表 7-3。

表 7-3　　　　　　　　天然气质量标准（GB 17820—1999）

项　　目	质　量　指　标		
	一类	二类	三类
高位发热量/（MJ·m⁻³）	>31.4（7500kcal/m³）		
总硫（以硫计）含量/（mg·m⁻³）	≤100	≤200	≤460

续表

项　目	质量指标		
	一类	二类	三类
硫化氢/（mg·m⁻³）	＜6	＜20	
			实例
二氧化碳/（V/V）	＜3％		—
水露点/℃	在天然气交接点的压力和温度条件下，天然气的水露点应比最低环境温度低5℃		

注　1. 本标准中气体体积的标准参比条件是101.325kPa，20℃。

2. 本标准实施之前建立的天然气输送管道，在天然气交接点的压力和温度条件下，天然气中应无游离水。无游离水是指天然气经机械分离设备分不出游离水。

3. 作为民用燃料的天然气，总硫和硫化氢含量应符合一类气或二类气的技术指标。

2. 人工煤气的质量指标

《人工煤气质量标准》（GB/T 13612—2006）对人工煤气的质量标准作了相关规定，提出对人工煤气的技术要求见表7-4。

表7-4　　　　　　　　　人工煤气质量标准（GB/T 13612—2006）

项　目		质量指标	试验方法
低热值①/（MJ·m³）	一类气②	＞14	GB/T 12206
	二类气②	＜10	GB/T 12206
燃烧特性指数③波动范围应符合		GB/T 13611	
杂质			
焦油和灰尘/（mg·m⁻³）		＜10	GB/T 12208
硫化氢/（mg·m⁻³）		＜20	GB/T 12211
氨/（mg·m⁻³）		＜50	GB/T 12210
萘④/（mg·m⁻³）		＜50×10²/P（冬天） ＜100×10²/P（夏天）	GB/T 12209.1
含氧量⑤ （体积分数）	一类气	＜2％	GB/T 10410.1 或化学分析方法
	二类气	＜1％	GB/T 10410.1 或化学分析方法
含一氧化碳量⑥（体积分数）		＜10％	GB/T 10410.1 或化学分析方法

① 本标准煤气体积指在101.325kPa，15℃状态下的体积。

② 一类气为煤干馏气；二类气为煤气化、油气化气（包括液化石油气及天然气改制）。

③ 燃烧特性指数：华白数（W）、燃烧势（CP）。

④ 萘系指萘和它的同系物α-甲基萘及β-甲基萘。在确保煤气中萘不析出的前提下，各地区可以根据当地小城镇燃气管道埋设处的土壤温度规定本地区煤气中含萘指标，并报标准审批部门批准实施。当管道输气点绝对压力（P）小于202.65kPa时，压力（P）因素可不参加计算。

⑤ 含氧量系指制气厂生产过程中所要求的指标。

⑥ 对二类气或掺有二类气的一类气，其一氧化碳含量应小于20％（体积分数）。

3. 液化石油气的质量指标

《液化石油气》（GB 11174—2011）对液化石油气的质量标准作了相关规定，提出对液化石油气的技术要求见表 7-5。

表 7-5　　　　　　　　液化石油气的质量标准（GB 11174—2011）

项　　目	质量指标			试验方法
	商品丙烷	商品丙丁烷混合物	商品丁烷	
密度（15℃）/（kg·m⁻³）	报告			SH/T0221①
蒸气压（37.8℃）/kPa	≤1430	≤1380	≤485	GB/T12576
组分②				
C3 烃类组分烃（体积分数）	≥95%	—	—	
C4 及 C4 以上烃类组分（体积分数）	≤2.5%	—	—	SH/T0230
（C3+C4）烃类组分（体积分数）	—	≥95%	≥95%	
C5 及 C5 以上烃类组分（体积分数）	—	≤3.0%	≤2.0%	
残留物				
蒸发残留物（mL/100mL）	≤0.05			SY/T7509
油渍观察	通过③			
铜片腐蚀（40℃，1h）（级）	≤1			SH/T0232
总硫含量/（mg·m⁻³）	≤343			SH/T0222
硫化氢（需满足下列要求之一）				
乙酸铅法	无			SH/T0125
层析法/（mg·m⁻³）	≤10			SH/T0231
游离水	无			目测④

① 密度也可用 GB/T12576 方法计算，有争议时以 SH/T0221 为仲裁方法。

② 液化石油气中不允许人为加入除加臭剂以外的非烃类化合物。

③ 按 SY/T7509 方法所述，每次以 0.1ml 的增量将 0.3ml 溶剂残留物混合物滴到滤纸上，2min 后在日光下观察，无持久不退的油环为通过。

④ 有争议时，采用 SH/T0221 的仪器及试验条件目测是否存在游离水。

（二）小城镇燃气组分变化的要求

（1）燃气的华白数指数波动范围，一般不超过 7%。

（2）燃气燃烧性能的所有参数指标，应与用气设备燃烧性能的要求相适应。

（三）小城镇燃气的味道要求

（1）有毒燃气泄漏到空气中，达到对人体允许的有害浓度之前，应能察觉。

（2）无毒燃气泄漏到空气中，达到爆炸极限 20% 浓度时，应能察觉。

（3）小城镇燃气应具有可以察觉的臭味，无臭或臭味不足的煤气应加臭。

第三节　小城镇燃气负荷预测与计算

城镇燃气的负荷，包括居民生活用气量、公共建筑用气量、房屋供暖用气量和工业企业用气量，以及未预见量。

一、小城镇燃气负荷的类型与选择

（一）小城镇燃气供气范围

城镇燃气的供气范围一般即为城区范围。供气范围的确定主要取决于气源的供气能力和管网供气能力。对管道燃气应根据气源的产气量来选择城区的某些区域或是城区及相邻城镇作为供气范围，总之应根据气源生产工艺和输配系统工艺的要求来选择气源范围。对瓶供液化气只要气源来源有保证，则可向郊县或其他城镇扩大供气，以提高设施利用率和企业的规模效益。

（二）小城镇燃气负荷的类型

供气对象按用户的特点分类，通常分为以下三种。

1. 居民生活用户

居民生活用户是小城镇燃气供气的基本对象，是优先安排和保证连续稳定供气的用户。

2. 公共建筑用户

公共建筑包括职工食堂、饮食业、幼儿园、托儿所、医院、旅馆、理发店、浴室、洗衣房、机关、学校和科研机关等，燃气主要用于炊事和生活用热水。对于学校和科研机关，燃气还用于实验室。

3. 工业用户

工业企业用气主要用于生产工艺。

此外，城镇燃气也可用作供暖、空调及汽车的能源。

（三）小城镇燃气负荷的选择原则

1. 民用供气原则

（1）优先满足城镇居民炊事和生活用热水的用气。

（2）尽量满足托幼、医院、学校、旅馆、食堂和科研等公共建筑的用气。

（3）人工煤气一般不供应采暖锅炉用气。

（4）如果天然气气量充足，可发展燃气供暖和空调。

2. 工业供气原则

（1）应优先考虑在工艺上使用燃气后，可使产品产量及质量有很大提高的工业企业。

（2）使用燃气后能显著减轻大气污染的工业企业。

（3）作为缓冲用户的工业企业。

二、燃气计算用气量的预测方法

（一）总体规划阶段燃气总负荷的预测

1. 分项相加法

分项相加法适用于各类负荷均可用计算方法求出较准确的情况

$$Q = \sum Q_i = Q_1 + Q_2 + Q_3 + Q_4 \tag{7-3}$$

式中：Q 为燃气总用量；Q_i 为各类燃气用量；Q_1 为居民生活用气量；Q_2 为公共建筑用气量；Q_3 为工业企业生产用气量（按民用气的 2/3 计算）；Q_4 为未预见用气量（按总用气量的 5% 计算）。

2. 比例估算法

在各类燃气负荷中，居民生活用气和公共建筑用气一般可以比较准确的求出，当其他各类负荷不确定时，可以通过预测未来居民生活和公共建筑用气在总气量中所占的比例，即可求出总气量

$$Q = Q_s / P \tag{7-4}$$

式中：Q 为燃气总用量；Q_s 为居民生活和公共建筑燃气用量；P 为居民生活和公共建筑用气在总气量中所占的比例，%。

（二）详细规划阶段燃气总负荷的预测

详细规划阶段燃气负荷的计算大多采用不均匀系数法。燃气的供应规模主要是由燃气的计算月平均日用气量决定的。一般认为，工业企业用气、公建用气、采暖用气、交通运输用气和未预见用气是较均匀的，而居民生活用气量是不均匀的，所以，规划地区的计算月平均燃气用量可以由下式得出

$$Q = \frac{Q_s K_m}{365} + \frac{Q_s \ (1/p - 1)}{365} \tag{7-5}$$

式中：Q 为计算月平均日用气量，m^3 或 kg；Q_s 为居民生活年用气量，m^3 或 kg；p 为居民生活用气量占总用气量比例，%；K_m 为居民生活用气的月高峰系数（1.1~1.3）。

如果上式中 K_m 为城镇全部用气的月高峰系数，则以上公式应改为

$$Q = \frac{Q_s K_m}{365 p} \tag{7-6}$$

由式（7-6）计算出来的数据可以确定规划地区燃气的总用气量，从而确定该地区的燃气供应设施规模（供应能力）。

在对城镇燃气输配管网管径进行计算时，需要利用的主要数据为燃气的高峰小时用气量。可用下式求得

$$Q' = \frac{Q}{24} K_d K_h \tag{7-7}$$

式中：Q' 为燃气高峰小时最大用气量，m^3；Q 为燃气计算月平均日用量，m^3；K_d 为日高峰系数（1.05~1.2）；K_h 为小时高峰系数（2.2~3.2）。

对于月、日、小时高峰系数的取值，应根据实际情况确定。其中，月、日高峰系数在各地有不同的经验值，小时高峰系数在用户多时宜取低限，用户小时宜取高值。对于镇区人口为1万~5万的小城镇，月高峰系数 K_m 取 1.20~1.40，日高峰系数 K_d 取 1.0~1.20，小时高峰系数 K_h 取 2.5~4.0；对于镇区人口为 5万~10万的小城镇，月高峰系数 K_m 取 1.25~1.35，日高峰系数 K_d 取 1.10~1.20，小时高峰系数 K_h 取 2.0~3.0。

三、小城镇燃气年用气量的计算

（一）居民生活用气量的预测

1. 影响居民生活用气量的因素

影响居民生活用户耗气定额的因素主要有：住宅内用气设备情况，公共生活服务网的发展程度，居民的生活水平和生活习惯，居民每户平均人口数，地区的气象条件，燃气价格等。

2. 居民生活耗气量指标

对于已有燃气供应的城镇，居民炊事及生活热水耗气量指标，通常是根据实际统计资料，经过分析和计算得出；当缺乏用气量的实际统计资料时，可根据当地的实际燃料消耗量、生活习惯、气候条件等具体情况，参照相似城镇用气定额确定，见表7-6。

表 7-6 城镇居民生活用气量指标

单位：MJ/（人·年）[1.0×10⁴kcal/（人·年）]

城镇地区	有集中采暖的用户	无集中采暖的用户
东北地区	2303～2721（55～65）	1884～2303（45～55）
华东/中南地区	—	2093～2303（50～55）
北京	2721～3140（65～75）	2512～2931（60～70）
成都	—	2512～2931（60～70）
青海西宁市	3285（78）	
陕西	2512（60）	

注 1. 本表系指一户装有一个煤气表的居民用户在住宅内做饭和热水的用气量。不适用于瓶装液化石油气居民用户。

　2. "采暖"系指非燃气采暖。

　3. 燃气热值按低热值计算。

3. 居民生活用气量计算

计算居民生活用气量时，应根据该区域或城镇的气化率、居民用气定额及规划期末的人口数进行。

$$Q_a = \frac{Nkq}{H_i} \tag{7-8}$$

式中：Q_a 为居民生活年用气量，m^3/a；N 为居民人数，人；k 为气化率，%；q 为居民生活用气量指标，$kJ/（人·a）$；H_i 为天然气的低热值，kJ/m^3。

当缺乏用气量实际统计资料时，小城镇居民生活的用气量指标可按 2000～2600MJ/（人·a）比较分析确定，占总用气量的 57.1%～80%。

（二）公共建筑用气量的预测

1. 影响公共建筑用气量的因素

影响居民生活用户耗气定额的因素主要有：城镇燃气供应状况，燃气管网布置与公共建筑的分布状况，居民使用公共服务设施的普及程度、设施标准，用气设备的性能、效率、运行管理水平和使用均衡程度和地区的气候条件等。

2. 公共建筑耗气量指标

公共建筑用户耗热量指标一般应采取调查值，如果实际资料获取有困难，可参考表 7-7。

表 7 - 7　　　　　　　　　公共建筑用气量指标

类别		单位	用气量指标
职工食堂		MJ/（人·a）	1884～2303
饮食业		MJ/（座·a）	7955～9211
托儿所幼儿园	全托	MJ/（人·a）	1884～2512
	半托	MJ/（人·a）	1256～1675
医院		MJ/（床位·a）	2931～4187
旅馆招待所	有餐厅	MJ/（床位·a）	3350～5024
	无餐厅	MJ/（床位·a）	670～1047
高级宾馆		MJ/（床位·a）	8374～10467

注　1. 职工食堂用气量指标包括副食和热水在内。

　　2. 燃气热值按低热值计算。

3. 公共建筑用气量计算

在计算公共建筑用气量时，一般取决于城镇居民人口数和公共建筑设施标准，从而根据耗热定额、居民数及公共建筑设施标准计算出年用气热量和燃气用量。对于一些大型豪华宾馆、饭店应根据实测数据计算燃气用量。

$$Q=\sum q_i N_i \tag{7-9}$$

式中：Q 为公共建筑总用气热量，MJ/h；q_i 为某一类用途的用气耗热量；N_i 为用气服务对象数量。

当缺乏用气量实际统计资料时，小城镇公共建筑用气量可按居民生活的用气量 1.25%～1.75% 进行计算，占总用气量的 8%～25%。

（三）房屋供暖用气量的预测

1. 影响房屋供暖用气量的因素

影响房屋供暖用气量的因素有：建筑面积、耗热指标和供暖期长短等。

2. 房屋供暖用气量指标

由于各地冬季供暖计算温度不同，所以各地耗热指标不同，一般由实测确定。房屋采暖耗热指标可参考表 7 - 8。

表 7 - 8　　　　　　　　　　房屋采暖耗热指标

房屋类别	耗热指标/（kJ·m⁻²·h）	房屋类别	耗热指标/（kJ·m⁻²·h）
工厂厂房	418.68～628.02	商店	210.27～314.01
住宅	167.47～251.21	单层住宅	293.08～376.81
办公楼、学校	209.34～293.08	食堂、餐厅	418.68～502.42
医院、幼儿园	230.27～293.08	影院	334.94～418.68
宾馆	209.34～252.21	大礼堂、体育馆	418.68～586.15
图书馆	167.47～272.14		

3. 房屋供暖用气量计算

$$Q_C = \frac{Fqn}{H_L\eta} \qquad (7-10)$$

式中：Q_C 为年供暖用气量，m^3/a；F 为使用燃气供暖的建筑面积，m^2；q 为耗热指标，$kJ/(m^2 \cdot h)$；n 为年供暖小时数，h；H_L 为燃气低热值，kJ/m^3；η 为燃气燃烧设备热效率。

（四）工业燃气年用气量的预测

1. 影响工业燃气年用气量的因素

影响工业燃气年用气量的因素有生产规模、生产班制和工艺特点。

2. 工业燃气年用气量指标（表7-9）

表7-9　　　　　　　　　部分工业产品的耗热定额

序号	产品名称	加热设备	单位	耗气定额/MJ
1	熔铝	熔铝锅	t	3100~3600
2	洗衣粉	干燥器	t	12600~15100
3	黏土耐火砖	熔烧窑	t	4800~5900
4	石灰	熔烧窑	t	5300
5	玻璃制品	熔化、退火等	t	12600~16700
6	白炽灯	熔化、退火等	万只	15100~20900
7	织物烧毛	烧毛机	万m	800~840
8	日光灯	熔化退火	万只	16700~25100
9	电力	发电	kW·h	11.7~16.7
10	动力	燃气轮机	kW·h	17.0~19.4
11	面包	烘烤	t	3300~3350
12	糕点	烘烤	t	4200~4600

3. 工业燃气年用气量计算

工业用气量的计算一般只进行粗略估算。估算方法大致有两种。

（1）工业企业年用气量可利用各种工业产品的用气定额及其年产量来计算。工业产品的用气的定额，可根据有关设计资料或参照已有用气定额选取。

（2）在缺乏产品用气定额资料的情况下，通常是将工业企业其他燃料的年用量，折算成用气量，折算公式如下

$$Q_y = \frac{1000G_y H'_i \eta'}{H_1\eta} \qquad (7-11)$$

式中：Q_y 为工业用户年用气量，Nm^3/a；G_y 为其他燃料年用量，t/a；H'_i 为其他燃料的低发

热值，kJ/kg；H_1 为燃气的发热值，kJ/Nm³；η' 为其他燃料燃烧设备热效率，%；η 为燃气燃烧设备热效率，%。

当缺乏用气量实际统计资料时，小城镇工业企业生产用气量可按总用气量的 $0\sim10\%$ 确定，工业型小城镇则需要根据实际调查进行预测。

（五）未预见量

未预见用气量主要是指管网的燃气漏损量和发展过程中未预见到供气量。一般未预见量按总用气量的 $3\%\sim8\%$ 计算。

四、燃气的需用工况

燃气的需用工况系指用气的变化规律。各类用户对燃气的用量随时间而变化，一年中各月、各日、各时均不相同。用气的不均匀性与确定气源生产规模、调峰手段和输配管网管径有很密切的关系，在燃气用量的预测与计算中，必须对燃气的需用工况作合理分析。

用气不均匀性可分为三种：月不均匀性、日不均匀性和小时不均匀性。用气不均匀性受到很多因素影响，如气候条件、居民生活水平与生活习惯、企事业单位的工作时间安排和用气设备情况等。作为重要的设计参数，用气不均匀性有关数据必须通过大量资料收集和分析得出。

1. 月不均匀系数

一年中各月的用气不均匀性用月不均匀系数表示，月不均匀系数 K_1 由下式计算

$$K_1 = 该月平均日用气量/全年平均日用气量$$

计算月指逐月平均的日用气量中出现最大值的月份，计算月的月不均匀系数 K_m 称为月高峰系数。

影响小城镇用气月不均匀性的主要因素是气候条件。各类用户中，居民和公建用户的用气量随季节变化较明显，一般夏季用气量少，冬季用气量大；而工业企业的用气量随季节变化较小，可视为均匀用气。另外，由于我国居民炊事用气在春节期间大大增加，使 2 月的居民用气量一般高于其他月份。

一般情况下，居民与公建用气的月高峰系数可在 $1.1\sim1.3$ 范围内选用。对于我国"三北"地区宜选用较低值，因为该地区居民在冬季时常用火炉采暖兼烧水做饭，减少了燃气用量，使月不均匀系数变化趋于平缓。

2. 日不均匀系数

日不均匀系数表示一月（或一周）中的日用气量的不均匀性。日不均匀系数 K_2 按下式计算

$$K_2 = 该月中某日用气量/该月平均日用气量$$

该月中最大日不均匀系数 K_d 称为该月的日高峰系数。

根据一些实测资料，我国居民生活用气在周末与节假日有所增加，而工业企业用气同样在节假日与轮休日有所减少，一般可按均衡用气考虑。居民用气日高峰系数 K_d 的取值一般为 $1.05\sim1.2$。

3. 小时不均匀系数

小时不均匀系数表示一日中各小时用气量的不均匀性，小时不均匀系数 K_3 按下式计算

$$K_3 = 该日中某小时用气量/该日平均小时用气量$$

该日最大小时不均匀系数 K_h 称为该日小时高峰系数。

居民生活用气与公建用气一般在早、午、晚有三个用气高峰，且午、晚高峰又较为显著；而工业企业用的小时用气量波动较小，可按均匀用气考虑。居民用气的小时高峰系数 K_h 可在 2.2～3.2 中取值，当用户较多时，宜取低值，用户少时，宜取高值。

根据上述高峰系数和年用气量可以计算总用气量。

$$Q_{总} = \frac{Q}{365} K_m K_d K_h \tag{7-12}$$

式中：$Q_总$ 为燃气总用量，m^3；Q 为年用气量，m^3；K_m 为月高峰系数；K_d 为日高峰系数；K_h 为时高峰系数。

第四节　小城镇燃气气源规划

燃气气源是指城镇燃气输配系统提供燃气的设施。在城镇中，主要指煤气制气厂、天然气门站、液化石油气供应基地及煤气发生站、液化石油气气化站等设施。气源规划是选择城镇气源，确定其规模，并在城镇中进行合理布局。

一、小城镇燃气气源设施的种类

1. 人工煤气气源设施

目前，我国已有部分城镇开始使用天然气，但是，煤气制气厂仍是城镇的主要气源之一。煤气厂按工艺设备不同，分为炼焦制气厂、直立炉煤气厂、水煤气型两段炉煤气厂和油制气厂等几种。其中，炼焦制气厂和直立炉煤气厂可作为城镇的主气源（或称基本气源），水煤气型两段炉煤气厂和油制气厂可作为城镇机动气源（或称调峰气源），在中小城镇中也可作为主气源。

2. 液化石油气气源设施

液化石油气，具有供气范围、供气方式灵活的特点，适用于各种类型的城镇和地区。但因供气能力有限，可作为中小城镇的主气源及大城镇的片区气源，也可作为调峰机动气源。

液化石油气气源包括液化石油气储存站、储配站、灌瓶站、汽化站和混气站等。其中液化石油气储存站、储配站和灌瓶站又可通称为液化石油气供应基地。液化石油气储存站是液化石油气的储存基地，其主要功能是储存液化石油气，并将其输送给灌瓶站、汽化站和混气站。液化石油气灌瓶站是液化石油气灌瓶基地，主要功能是进行液化石油气的灌瓶作业，并送到瓶装供应站或用户，同时也灌装气槽车，并将其送至气化站和混气站。液化石油气气化站是指采用自然或强制气化方法，使液化石油气转变为气态供出的基地。混气站是指生产液化石油气混合气的基地。除了上述设施外，液化石油气瓶装供应站乃至单个

气瓶或瓶组，也能形成相对独立的供应系统，但一般不视为城镇气源。

液化石油气供应基地的规模一般用年液化气供应能力来表示，有时也用贮存能力表示。

3. 天然气气源设施

天然气的生产和储存设施大都远离城镇，一般是通过长输气管道来实现对城镇的供应的。天然气长输气管道的终点配气站称为门站，是城镇天然气输配管网的气源站，其任务是接收长输气管道输送来的天然气，在站内进行净化、调压、计量后，进入城镇燃气输配管网。在城镇近郊，天然气的储存基地有储存、净化和调压功能的，也可视为城镇气源。

城镇天然气接收门站占地规模一般在 $2000 \sim 10000 m^2$ 之间，其储气规模大小决定其占地面积，站址内一般分为工艺装置区和生产辅助区，并可能设置不同规模的天然气储罐。

二、小城镇燃气气源的选择

（一）小城镇燃气制气方案选择的依据

1. 资源条件

收集城镇现状使用的煤、油、气等能源的数量、品种、产地和运输情况；分析和落实制气原料的来源。制气原料应以就近为主，在能源缺乏地区，尽量使用优质能源，减少运输。

2. 产品市场

人工燃气厂除煤气外，还有冶金焦、铸造焦、铁合金焦、焦油、苯等化工产品，应了解当地市场的需求情况和外销渠道。

3. 城镇规模、性质

城镇规模决定供气规模，直接影响制气装置的选择。城镇性质不同，也会造成不同的制气方案。如旅游城镇就不宜选用污染较大的焦炉制气厂方案。

4. 充分利用余气资源

优先对现有气源厂的实施挖潜改造，争取利用城镇附近钢铁厂、石化厂、化工厂的余气资源。

（二）小城镇燃气气源方案选择的原则

（1）国家的能源政策，因地制宜地根据本地区燃料资源的状况，选择技术上可靠，经济上合理的气源。

（2）合理利用现有气源，做到物尽其用，发挥最大效益。

（3）根据城镇的规模和负荷的分布情况，合理确定气源的数量和主次分布，保证供气的可靠性。

（4）当选择若干种气源联合运行时或调峰气源启动时，应考虑各种燃气之间的互换性，以确保用户灶具正常工作。

（三）小城镇燃气气源设施规模的确定

气源设施是指天然气门站、煤气制气厂、液化石油气等设施。

1. 天然气门站

天然气门站是长输管线终点配气站，也是城镇接收站，具有净化、调压、储存功能。天然气门站规模依据区域天然气规划确定。

2. 煤气制气厂规模的确定

在国内大多数城镇中，煤气制气厂是主气源。由于燃气的需用工况是不均匀的，而煤气制气厂的生产又需要有一定的稳定性和连续性。因此，必须确定一个合理的生产规模，保证煤气生产和使用的基本平衡。

煤气制气厂有炼焦制气厂、直立炉制气厂、水煤气厂等，生产调节能力较差，规模宜按一般月平均日的燃气负荷确定。

$$Q=\frac{Q_a}{365} \tag{7-13}$$

式中：Q 为制气厂生产能力，m^3/d；Q_a 为城镇年用气量，m^3。

3. 液化石油气气源规模的确定

液化石油气气源包括储配站、储存站、灌瓶站、气化站和混气站等。其规模主要指站内液化石油气储存容量。

液化石油气储配站的规模，要根据燃气来源情况、运输方式和运距等综合因素确定。储罐容积可按下式计算

$$V=\frac{nK_mQ_a}{365\rho\varphi} \tag{7-14}$$

式中：V 为总储存容积，m^3；n 为储存天数，d；ρ 为最高工作温度下液化石油气密度，kg/m^3；φ 为最高工作温度下储罐允许充装率，一般取 90%；K_m 为月高峰系数；$Q_a/365$ 为液化气年平均日用量，kg/d。

目前，我国各城镇液化石油气储存天数多在 $35\sim60$ 天左右，规划根据具体情况确定。

对于液化石油气气化站和混气站，当其直接由液化石油气生产厂供气时，其储罐设计容量应根据供气规模、运输方式和运距等因素确定，由液化石油气供应基地供气时，其储罐设计容量可按计算月平均日用气量的 $2\sim3$ 倍计算，见表 7-10～表 7-12。

表 7-10　　　　　　　　　　液化石油气供应站主要技术指标及用地

供应规模/ ($t \cdot a^{-1}$)	供应户数/户	日供应量/ ($t \cdot d^{-1}$)	占地面积/hm^2	储罐总容积/m^3
1000	5000～5500	3	1.0	200
5000	25000～27000	13	1.4	800
10000	50000～55000	28	1.5	1600－2000

表 7-11　　　　　　　　　　混气站规模及占地

混气能力/ ($10^4 m^3 \cdot d^{-1}$)	占地面积/m^2	混气能力/ ($10^4 m^3 \cdot d^{-1}$)	占地面积/m^2
4.1	3500	7.4	7000
6	5400		

表 7 - 12　　　　　　　　　　液化石油气气化站规模及占地

规模/户数	占地面积/m²	规模/户数	占地面积/m²
450	400	6000	2500
1400	1500		

（四）小城镇燃气气源设施用地的选址

1. 天然气门站的选址

（1）门站与民用建筑之间的防火间距，不应小于 25m，距重要的公共建筑不宜小于 50m。

（2）门站站址应具有适宜的地形、工程地质、供电、给排水和通信等条件。

（3）门站站址宜靠近城镇用气负荷中心地区，与城镇景观协调。

（4）门站站址应结合长输管线位置确定。

（5）门站的控制用地一般为 1000～5000m²。

2. 煤气制气厂的选址

（1）厂址选择应合乎小城镇总体发展的需要，不影响城镇近远期的建设和居民生活环境，现有气源厂若对城镇长期发展有较大影响，应考虑迁址或并入新厂的可能性。

（2）厂址应具有方便、经济的交通运输条件，与铁路、公路干线或码头的连接应尽量短捷。

（3）厂址应具有满足生产、生活和发展所必需的水源和电源。一般气源厂属于一级负荷，应由两个独立电源供电，采用双回线路。大型煤气厂宜采用双回的专用线路。

（4）厂址宜靠近生产关系密切的工厂，并为运输、公用设施、三废处理等方面的协作创造有利条件。

（5）厂址应有良好的工程地质条件和较低的地下水位。地基承载力一般不宜低于 10t/m²，地下水位宜在建筑基础底面以下。

（6）厂址不应设在受洪水、内涝和泥石流等灾害威胁的地带。气源厂的防洪标准应视其规模等条件综合分析确定。位于平原地区的气源厂，当场地标高不能满足防洪要求，需采取垫高场地或修筑防洪堤坝时，应进行充分的技术经济论证。

（7）厂址必须避开高压走廊，并应取得当地消防及电力部门的同意。

（8）在机场、电台、通信设施、名胜古迹和风景区等附近选厂时，应考虑机场净空区、电台和通信设施防护区，名胜古迹等无污染间隔区等特殊要求，并取得有关部门的同意。

（9）气源厂应根据城镇发展规划预留发展用地。分期建设的气源厂，不仅要留有主体工程发展用地，还要留有相应的辅助工程发展用地。

3. 液化石油气供应基地的选址

（1）液化石油气储配站属于甲类火灾危险性企业。站址应选在城镇边缘。

（2）站址应选择在所在地区全年最小频率风向的上风侧。

（3）与相邻建筑物应遵守有关规范所规定的安全防火距离。

液化石油气供应基地的全压力式储罐与基地外建、构筑物、堆场的防火间距不应小于表 7 - 13 的规定。半冷冻式储罐与基地外建、构筑物的防火间距可按表 7 - 13 的规定执行。

液化石油气供应基地的全压力式储罐与基地外建、构筑物、堆场的防火间距

表 7 - 13 　　　　　　　　《城镇燃气设计规范》（GB 50028—2006）　　　　　　　　单位：m

总容积/m³		≤50	>50≤200	>200≤500	>500≤1000	>1000≤2500	>2500≤5000	>5000
单罐容积/m³		≤20	≤50	≤100	≤200	≤400	≤1000	—
居住区、村镇和学校、影剧院、体育馆等重要公共建筑（最外侧建、构筑物外墙）		45	50	70	90	110	130	150
工业企业（最外侧建、构筑物外墙）		27	30	35	40	50	60	75
明火、散发火花地点和室外变、配电站		45	50	55	60	70	80	120
民用建筑，甲、乙类液体储罐，甲、乙类生产厂房，甲、乙类物品仓库，稻草等易燃材料堆场		40	45	50	55	65	75	100
丙类液体储罐，可燃气体储罐，丙、丁类生产厂房，丙、丁类物品仓库		32	35	40	45	55	65	80
助燃气体储罐、木材等可燃材料堆场		27	30	35	40	50	60	75
其他建筑	耐火等级 一、二级	18	20	22	25	30	40	50
	三级	22	25	27	30	40	50	60
	四级	27	30	35	40	50	60	75
铁路（中心线）	国家线	60	70		80		100	
	企业专用线	25	30		35		40	
公路、道路（路边）	高速，Ⅰ、Ⅱ级，城市快速	20	25					30
	其他	15	20					25
架空电力线（中心线）		1.5 倍杆高				1.5 倍杆高，但 35kV 以上架空电力线不应小于 40		
架空通信线（中心线）	Ⅰ、Ⅱ级	30	40					
	其他	1.5 倍杆高						

注　1. 表中甲、乙、丙、丁类液体储罐、生产厂房和物品仓库是按生产的火灾危险性进行划分的，详见《建筑设计防火规范》（GB 50016—2006）。

　　2. 防火间距应按本表储罐总容积或单罐容积较大者确定，并应从距建筑最近的储罐外壁、堆垛外缘算起。

　　3. 当地下液化石油气储罐的单罐容积不大于 50m³，总容积不大于 400m³ 时，其防火间距可按本表减少 50%。

　　4. 居住区、村镇系指 1000 人或 300 户以上者，以下者按本表民用建筑执行。

　　5. 与本表规定以外的其他建、构筑物的防火间距，应按现行国家标准《建筑设计防火规范》（GB 50016—2006）执行。

液化石油气供应基地全冷冻式储罐与基地外建、构筑物、堆场的防火间距不应小于表 7-14 的规定。

液化石油气供应基地的全冷冻式储罐与基地外建、构筑物、堆场的防火间距

表 7-14　　　　　　　《城镇燃气设计规范》(GB 50028—2006)　　　　　　单位：m

项 目			间 距
明火、散发火花地点和室外变配电站			120
居住区、村镇和学校、影剧院、体育场的重要公共建筑（最外侧建、构筑物外墙）			150
工业企业（最外侧建、构筑物外墙）			75
甲、乙类液体储罐，甲、乙类生产厂房，甲、乙类物品仓库、稻草等易燃材料堆场			100
丙类液体储罐，可燃气体储罐，丙、丁类生产厂房，丙、丁类物品仓库			80
助燃气体储罐、可燃材料堆场			75
民用建筑			100
其他建筑	耐火等级	一、二级	50
		三级	60
		四级	75
铁路（中心线）		国家线	100
		企业专用线	40
公路、道路（路边）		高速，Ⅰ、Ⅱ级，城市快速	30
		其他	25
架空电力线（中心线）			1.5 倍杆高，但 35kV 以上架空电力线应大于 40
架空通信线（中心线）		Ⅰ、Ⅱ级	40
		其他	1.5 倍杆高

注　1. 本表所指的储罐单罐容积大于 5000m³，且设有防液堤的全冷冻式液化石油气储罐，当单罐容积不大于 5000m³ 时，其防火间距可按表 7-13 中总容积相对应档的全压力式液化石油气储罐的规定执行。

　　2. 居住地、村镇系指 1000 人或 300 户以上者，以下者按本表中民用建筑执行。

　　3. 与本表规定以外的其他建、构筑物的防火间距，应按现行国家标准《建筑设计防火规范》(GB 50016—2006) 执行。

　　4. 间距的计算应以储罐外壁为准。

（4）站址应选择地势平坦、开阔、不易积存液化石油气的地段，并避开地震带、地基沉陷、易受雷击和受洪水威胁的地区。

（5）具有良好的交通条件，运输方便。

（6）应远离名胜古迹、游览地区和油库、桥梁、铁路枢纽站、飞机场、导航站等重要设施。

（7）在罐区一侧应尽量留有扩建的余地。

4. 液化石油气气化站与混气站的布置原则

（1）液化石油气气化站与混气站的站址应靠近负荷区。作为机动气源的混气站可与气源厂、城镇煤气储配站合设。

（2）站址应与站外建筑物保持规范所规定的防火间距。

（3）站址应处在地势平坦、开阔、不易积存液化石油气的地段。同时应避开地震带、地基沉陷区、废弃矿井和易受雷击地区等。

第五节　小城镇燃气输配系统规划

小城镇燃气输配系统是从气源到用户间一系列输送、分配、储存设施和管网的总称。在这一系统中，输配设施主要有储配站、调压站和液化石油气瓶装供应站等，输配管网按压力不同分为高、中、低压管网。进行小城镇燃气输配管网规划就是要确定输配设施的规模、位置和用地，选择输配管网的形制，布局输配管网，并估算输配管网的管径。

一、小城镇燃气输配设施

（一）燃气储配站

为平衡燃气负荷的日不均匀性以及小时不均匀性，满足各类用户的用气需要，必须在小城镇燃气输配系统中设置燃气储配站。

1. 功能

（1）储存必要的燃气量，以调峰。

（2）使多种燃气进行混合，达到适合的热值等燃气质量指标。

（3）将燃气加压，以保证输配管网内适当的压力。

2. 储气量

小城镇储气量的确定与小城镇居民用气量与工业用气量的比例有密切关系。通常把储气量占计算月平均日供气量的比例称为储气系数。根据工业与民用用气量的不同比例确定的储气系数详见表 7-15。

表 7-15　　　　　　　　小城镇工业与民用用气量比例与储气量关系

工业用气量占日供气量比例/%	民用用气量占日供气量比例/%	储气系数/%
50	50	40～50
>60	<40	30～40
<40	>60	50～60

3. 占地和电力负荷情况

燃气储配站的占地和电力负荷详见表 7-16。

表 7 - 16　　　　　　　　　　　小城镇储配站的用地与电力负荷指标

项目	单位	罐容/万 m³											
		1.0	2.0	3.0	5.0	7.5	10.0		15.0		20.0		30.0
储罐	座× 罐容	1× 1.0	1× 2.0	1× 3.0	1× 5.0	1× 7.5	1× 10.0	2× 5.0	1× 15	2× 7.5	1× 20.0	1× 10.0	2× 15.0
占地面积	hm²	0.6~ 0.8	0.7~ 0.9	0.9~ 1.1	1.1~ 1.5	1.3~ 1.8	1.6~ 2.0	2.0~ 2.6	2.2~ 2.6	2.4~ 3.0	2.4~ 3.0	3.0~ 3.8	4.0~ 4.8
电装机容量	kW	180	180	410	520	780	1100		1800		2700		3800

依据《液化石油气储配站建设标准》（建标［1994］574 号），液化石油气储配站站区建设用地面积指标不宜超过表 7 - 17 的规定。

表 7 - 17　　　　　　　　　液化石油气储配站站区建设用地指标表

建设规模	建设用地指标/（m² · t⁻¹）	建设规模	建设用地指标/（m² · t⁻¹）
一类	<1.5	三类	3.0~6.5
二类	1.5~3.0		

注　表中指标，建设规模大的取低限，反之取高限。

4. 站址选址

对于供气规模较小的城镇，一般设一座燃气储气站，并与气源厂合设；对于供应规模较大、供应范围较广的城镇，可设两座及以上的储配站。厂外储配站的位置一般设在城镇与气源厂相对的一侧，即对置储配站，以在用气高峰时实现多点向城镇供气，一方面保持管网压力的均衡，缩小一个气源点的供气半径，减少管网管径，另一方面也保证供气的可靠性。

此外，储配站的设置应符合防火规范，并有较好的交通、供电、供水和供热条件，一般宜布置在镇区边缘。

（二）调压站

小城镇燃气有多种压力级制，各种压力级制间的转换必须通过调压站来实现；调压站是小城镇燃气管网中稳压与调压的重要设施。

1. 功能

按运行要求将上一级输气压力降至下一级压力。当系统负荷发生变化时，通过流量调节将压力稳定在设计要求的范围内。

按现行《城镇燃气设计规范》（GB 50028—2006）的规定，将城镇燃气管道压力 P 分为高压 A（$2.5<P\leqslant4.0$MPa）、高压 B（$1.6<P\leqslant2.5$MPa）、次高压 A（$0.8<P\leqslant1.6$MPa）、次高压 B（$0.4<P\leqslant0.8$MPa）、中压 A（$0.2<P\leqslant0.4$MPa）、中压 B（$0.01<P\leqslant0.2$MPa）、低压（$P\leqslant0.01$MPa）七级。小城镇燃气管道的压力主要为中、低压。

2. 类型

（1）按性质分类，有区域调压站（连接两套输气压力不同的城镇输配管网的调压站）、用户调压站（与中压或低压管网连接，直接向居民用户供气的调压站）和专业调压站（与较高压力管网连接，向用气量较大的工业企业和大型公共建筑供气的调压站）。

（2）按调节压力范围分类，有高中压调压站、高低压调压站和中低压调压站。

（3）按建筑形式分类，有地上调压站、地下调压站和箱式调压站。

3. 主要设备

调压站内的主要设备是调压器，不同型号的调压器的调压性能不同。调压器通过能力由每小时数十立方米到数万立方米不等，供应范围为由楼栋到数千户的居民区。

调压站自身占地面积很小，只有十几平方米。箱式调压器甚至可以安装在建筑外墙上。

4. 选址要求

布置调压站时主要考虑的因素如下：

（1）其供气半径以 0.5~1km 为宜。当用户较分散或供气区域狭长时，可考虑适当加大供气半径。

（2）尽量布置在负荷中心或接近大用户。

（3）尽可能避开繁华地段，可设在居民区的街坊内、广场和公园等地，但应尽可能减少对景观环境的影响。

（4）调压站为二级防火建筑，应保证其防火安全距离，更应躲开明火。调压站与其他建筑物的最小距离要求详见表 7-18。

小城镇调压站与其他建、构筑物的水平距离

表 7-18　　　　　　　　　　《城镇燃气设计规范》（GB 50028—2006）

建筑方式	调压器入口燃气压力级制	最小距离/m				
		距建筑物外墙面	距重要建筑物、一类高层民用建筑	距铁路或电车轨道	距城镇道路	公共电力变配电柜
地上单独建筑	中压（A）	6	12	10	2	4
	中压（B）	6	12	10	2	4
调压柜	中压（A）	4	8	8	1	4
	中压（B）	4	8	8	1	4
地下单独建筑	中压（A）	3	6	6		3
	中压（B）	3	6	6		3
地下调压箱	中压（A）	3	6	6		3
	中压（B）	3	6	6		3

注　1. 重要建筑物系指政府、军事建筑、国宾馆、使领馆、电信大厦、广播电视台、重要集会场所、大型商店、危险品仓库等；达不到上表要求时可采取隔离围墙来缩小距离；

　　2. 当调压装置露天设置时，则指距离装置的边缘；

　　3. 当建筑物（含重要公共建筑）的某外墙为无门、窗洞口的实体墙，且建筑物耐火等级不低于二级时。燃气进口压力级别为中压A或中压B的调压柜一侧或两侧（非平行），可贴靠上述外墙设置。

（5）一般设置在单独的建筑物内，当条件受限时可设置在地下。

（三）液化石油气瓶装供应站

液化石油气应尽量实行区域管道供应，其输配方式为液化石油气供应基地→气化站（或混气站）→用户。在条件不允许（如为居民密集的旧镇区），只能采用液化气瓶装供应方式时，需要设置液化石油气的瓶装供应站。按现行《城镇燃气设计规范》（GB 50028—2006）的规定，瓶装液化石油气供应站应按其气瓶总容积 V 分为三级，Ⅰ级站 $6m^3 < V \leqslant 20m^3$，Ⅱ级站 $1m^3 < V \leqslant 6m^3$，Ⅲ级站 $V \leqslant 1m^3$。

1. 主要功能

储存一定数量的空瓶与实瓶，为用户提供换瓶服务。

2. 供气规模

主要为居民用户和小型公建服务，供气规模以 5000～7000 户为宜，一般不超过 10000 户，居民耗气量可取 13～15kg/（户·月）。当供应站较多时，几个供应站中可设一个管理所（中心站）。

供应站的实瓶储存量一般按计算月平均日销售量的 1.5 倍计；空瓶储存量按计算月平均日销售量的 1 倍计；供应站的液化石油气总储量一般不超过 $10m^3$（15kg 钢瓶约 350 瓶）。

3. 选址要求

（1）一般设在居民区的中心内，服务半径为 0.5～1km，以便于居民换气。

（2）应有便于运瓶汽车出入口的道路。

（3）其气瓶库与站外建筑物或道路之间的防火距离不应小于表 7-18、表 7-19 的规定。

（4）供应站的瓶库与站外建、构筑物的防火间距不小于表 7-20 的规定。

4. 用地面积

供应能力 5000～10000 户的液化石油气瓶装供应站占地面积宜控制在 500～600m²/座范围内；中心站（管理所）面积略大，约 600～700m²。

5. 液化石油气气化站和供应站瓶库的防火间距

工业企业内的液化石油气气化站的储罐总容积不大于 $10m^3$ 时，可设置在独立建筑物内，并应符合下列要求。

（1）储罐之间及储罐与外墙之间的净距，均不应小于相邻较大罐的半径，且不应小于 1m。

（2）储罐室与相邻厂房之间的防火间距不应小于表 7-19 的规定。

总容积不大于 10m³ 的储罐室与相邻厂房之间的防火间距

表 7-19　　　　　　　《城镇燃气设计规范》（GB 50028—2006）　　　　　　单位：m

相邻厂房的耐火等级	一、二级	三级	四级
防火间距	10	12	14

液化石油气供应基地的全压力式储罐与基地外建、构筑物、堆场的防火间距不应小于表 7-20 的规定。

小城镇Ⅰ、Ⅱ级瓶装供应站的瓶库与站外建、构筑物的防火间距

表 7 - 20　　　　　　　　　《城镇燃气设计规范》（GB 50028—2006）　　　　　单位：m

项目/总存瓶容积/m³	Ⅰ级站		Ⅱ级站	
	10～20	6～10	3～6	1～3
明火、散发火花地点	35	30	25	20
民用建筑	15	10	8	6
重要公用建筑	25	20	15	12
主要道路	10		8	
次要道路	5		5	

注　总存瓶容积应按实瓶个数与单瓶几何容积乘积计算。

二、小城镇燃气管网系统的选择

（一）小城镇燃气管网系统与特性

小城镇燃气管网系统主要有一级管网系统和二级管网系统两种。

1. 一级管网系统

只有一个压力级制的小城镇燃气管网系统称为一级管网系统。

（1）低压一级管网系统。从气源送出的燃气先进入储气罐，然后经稳压器，最后进入低压管网（图 7-1）。

1）优点。因输送时不需增压，故带有加压用电能，降低了运行成本；系统简单，供气比较安全可靠，维护管理费用低。

2）缺点。因供气压力低，致使管径较大，一次性投资费用较高；管网起、终点压差较大，造成多数用户灶前压力偏离，燃烧效率降低，并增加烟气中 CO 含量。适用于气量较小，供气范围为 2～3km 的城镇和地区。

（2）中压一级管网系统。由于居民用户压力最高允许为 0.2MPa，故常采用中压 B 一级管网系统。燃气自气源厂（或天然气长输管线）送入小城镇燃气储配站（或天然气门站、配气站），经加压（或调压）后送入中压输气干管，再由输气干管送入配气管网，最后经箱式调压器调至低压后送入户内管道（图 7-2）。

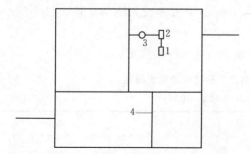

图 7-1　小城镇低压一级管网系统示意

1—气源；2—低压储罐；3—稳压器；4—低压管网

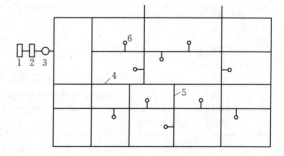

图 7-2　小城镇中压一级管网系统示意

1—气源厂；2—储配站；3—调压器；4—中压输气
管网；5—中压配气管网；6—箱式调压装置

1）优点。减少管道长度（达 10%～20%），可避免在一条道路上敷设两条不同压力等级的管道；节省投资（达 40%）；提高灶具燃烧效率（达 3%）。

2）缺点。安装水平要求较高，否则漏气量比低压管道大得多；供气安全较低压供气差，危及范围较大。由于中压或次高压一级系统的供气安全性较二级或三级系统差，对于街道狭窄、房屋密度大的老城区和安全距离不足的地区不宜采用。新城区和安全距离可以保证的地区应优先采用。

2. 二级管网系统

二级管网系统为具有两个压力级制的小城镇地下管网系统，一般指中压和低压两种压力的管网系统。

（1）中压 B、低压二级管网系统。从气源厂送出的燃气先进入储配站的低压储气罐，然后由压缩机加压后送入中压管网，再经调压器将压力降至低压，最后送入低压管网（图 7-3、图 7-4）。

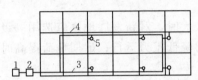

图 7-3　小城镇人工煤气中、低压二级管网系统
1—气源厂；2—储配站；3—中压管网；
4—低压管网；5—调压站

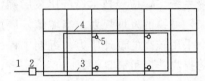

图 7-4　小城镇天然气中压 B、低压二级管网系统
1—长输管线；2—门站或配气站；3—中压 B 管网；
4—低压管网；5—中、低压调压站

1）优点。供气安全，庭院管道在低压下运行较安全，出现漏气故障时危及的范围小，抢修较容易；安全距离容易保证；可全部采取铸铁管材，使用寿命长（可达 50 年以上）。

2）缺点。投资较大，仅为一级中压系统的 2 倍；增加管道长度，使管道综合难度增加；占用较多的城镇用地（主要是需要一定数量的调压站）。一般适用于人口密集、街道狭窄的老城区。

（2）中压 A、低压二级管网系统。中压 A、低压二级管网系统常用于天然气或加压气化煤气，系统流程与天然气中压 B、低压二级系统流程相同（图 7-4）。

1）优点。干管直径小，节省投资；可用于调峰。

2）缺点。与建筑物安全距离较大；使用年限短，折旧费用高。适用于街道宽阔、建筑密度小的镇区。

（二）小城镇燃气管网系统的选择

在选择小城镇燃气输配管网系统时，主要考虑管网形制本身的优缺点（如供气的可靠性、安全性、适用性、经济性）和小城镇的综合条件（如气源类型、城镇规模、市政和住宅条件、城镇自然条件及发展规划等）。

1. 管网形制本身

（1）供气的可靠性。供气的可靠性取决于管网系统的干线布局，环状管网的可靠性大于枝状管网。

（2）供气的安全性。管网压力的高、低影响到管网的安全性，尤其是庭院管网的压力不宜过高。

（3）供气的适用性。供气的适用性主要由用户至调压器之间管道的长度决定，用户至调压设备远近的不同会导致用户压力的不同，中压一级管网的供气能够保证大多数用户压力相同，有较好的供气适用性。

（4）供气的经济性。供气的经济性取决于管网长度、管径大小、管材费用、寿命以及管网的维护管理费用等。

2. 小城镇的综合条件

（1）气源的类型。对天然气气源和加压气化气源而言，可以采用中压 A 或中压 B 一级管网系统，以节省投资；对人工常压制气气源而言，尽可能采用中压力 B 一级或中、低压二级管网系统。

（2）城镇的规模。小城镇可采用一、二级混合系统，其输气压力可低些。

（3）市政和住宅条件。街道宽阔、新居住区较多的镇区可选用一级管网系统。

（4）城镇的自然条件。在南方河流、水域较多的城镇，一级系统的穿、跨越工程量将比二级系统多，应经技术经济比较后确定。

（5）城镇的发展规划。当城镇发展规划的规模较大时，对新发展地区应选用一级管网系统，采用较高的设计压力。近期工程的管网系统可降低压力运行；远期负荷提高时将运行压力提高，即可满足需要。

三、小城镇燃气管网的布置与敷设

（一）小城镇燃气管网布置的原则

（1）应结合小城镇总体规划、有关专业规划，在调查、了解小城镇各种地下设施的现状和规划的基础上布置燃气管网；否则，将使处理线路障碍、调整和改动的费用增加。

（2）应按小城镇规划布局进行管网规划布线，贯彻近、远期结合，以近期为主的方针。规划布线时应提出分期建设的计划与安排。

（3）干管靠近大用户，主干线逐步连成环状。

（4）管道应尽量减少穿越公路、铁路、沟道和其他大型构筑物，并应有一定的防护措施。

（5）沿街道设管道时，可单侧布置，也可双侧布置。低压干管宜在小区内部道路下铺设。

（6）尽量避开主要交通干线和繁华街道，禁止在建筑物下、堆场、高压电力线走廊、电缆沟道、易燃易爆和腐蚀性物体堆场下及与其他管道平行重叠铺设。

（7）穿越河流或大型渠道时可随桥（木桥除外）架设，或用倒虹吸管由河底通过，也可架设管桥。

（二）小城镇郊外输气干线布置的原则

（1）结合小城镇总体规划，避开规划的建筑物。

（2）少占良田，尽量靠近现有公路或沿规划的公路敷设。

（3）尽量避免穿越大型河流、湖泊、水库和水网地区。

（4）与工矿企业、高压输电线路保持一定的距离。

（三）小城镇燃气管道、输气主干线的安全防护距离

（1）燃气管道与建（构）筑物基础及相邻管之间的水平净距按表 7 - 21 所示执行。

小城镇地下燃气管道与建（构）筑物或相邻管道间的水平净距

表 7－21　　　　　《城镇燃气设计规范》（GB 50028—2006）　　　　单位：m

项　目		地下燃气管道压力/MPa				
		低压	中压		次高压	
		<0.01	B≤0.2	A≤0.4	B≤0.8	A≤1.6
建筑物	基础	0.7	1.0	1.5	—	—
	外墙面（出地面处）	—	—	—	5.0	13.5
给水管		0.5	0.5	0.5	1.0	1.5
污水、雨水排水管		1.0	1.2	1.2	1.5	2.0
电力电缆（含电车电缆）	直埋	0.5	0.5	0.5	1.0	1.5
	在导管内	1.0	1.0	1.0	1.0	1.5
通信电缆	直埋	0.5	0.5	0.5	1.0	1.5
	在导管内	1.0	1.0	1.0	1.0	1.5
其他燃气管	DN≤300mm	0.4	0.4	0.4	0.4	0.4
	DN>300mm	0.5	0.5	0.5	0.5	0.5
热力管	直埋	1.0	1.0	1.0	1.5	2.0
	在管沟内（至外壁）	1.0	1.5	1.5	2.0	4.0
电杆（塔）的基础	≤35kV	1.0	1.0	1.0	1.0	1.0
	>35kV	2.0	2.0	2.0	5.0	5.0
通信照明电杆（至电杆中心）		1.0	1.0	1.0	1.0	1.0
铁路路堤坡脚		5.0	5.0	5.0	5.0	5.0
行道树（至树中心）		0.75	0.75	0.75	1.2	1.2

（2）输气干线与架空高压输电线（或电气线）平行敷设时的安全、防火距离参考表 7－22。

表 7－22　小城镇输气干线与架空高压输电线（或电信线）平行敷设时的安全、防火距离

架空高压输电线或电信线名称	与输气管最小间距/m	架空高压输电线或电信线名称	与输气管最小间距/m
≥110kV 电力线	100	≥10kV 电力线	15
≥35kV 电力线	50	Ⅰ、Ⅱ线电信线	25

（3）输气干线中心线至各类建、构筑物的最小允许安全、防火距离详见表 7－23。

表 7 - 23　小城镇埋地输气干线中心线至各类建、构筑物的最小允许安全、防火距离

单位：m

建、构筑物的安全防火类别	建、构筑物名称	输气管公称压力 P/（kg·cm^{-2}）								
		$P\leqslant16$			$16<P<40$			$P\geqslant40$		
		$D\geqslant200$	$P=225\sim450$	$D\geqslant500$	$P\leqslant200$	$D=225\sim450$	$D\leqslant500$	$P\leqslant200$	$D=225\sim450$	$D\geqslant500$
Ⅰ	特殊的建、构筑物，特殊的防护地带（如大型地下构筑物及其防护区），炸药及爆炸危险品仓库，军事设施	>200m，并与有关单位协商确定								
Ⅱ	城镇，公建（如学校、医院），重要工厂，车站，港口、码头，重要水工建筑，易燃及重要物资仓库（如大型粮食、重要器材仓库），铁路干线和省、市级、战备公路的桥梁	25	50	75	50	100	150	50	150	200

建、构筑物的安全、防火类别	建、构筑物名称	输气管公称压力 P/（kg·cm^{-2}）								
		$P\leqslant16$			$16<P<40$			$P\geqslant40$		
		$D\leqslant200$	$P=225\sim450$	$D\geqslant500$	$P\leqslant200$	$D=225\sim450$	$D\leqslant500$	$P\leqslant200$	$D=225\sim450$	$D\geqslant500$
Ⅲ	与输气管线平行的铁路干线、铁路专用线和县级、企业公路的桥梁	10	25	50	25	75	100	25	100	150
Ⅳ	与输气管线平行的铁路专用线，与输气管线平行的省、市、县级公路，战备公路及重要的企业专用公路	>10m 或与有关单位协商确定								

注　1. 城镇从规划建筑算起。

2. 铁路、公路从路基底边算起。

3. 桥梁从桥墩底边算起。本表所列桥梁中：铁路桥梁为桥长 80m 或单孔跨距 23.8m 或桥高 30～50m 以上者，公路桥梁为桥长 100m 或桥墩距 40m 以上者。如桥梁规格小于以上值，则按一般铁路或公路对待。

4. 输气管线平行的铁路或公路指相互连续平行 500m 以上者。

5. 除上述以外，其他建、构筑物从其外边线算起。

6. 表列钢管 $d\leqslant200$ 指无缝钢管，$d>200$ 指有缝钢管；钢管均由抗拉强度 36～52kg/m^2 的钢材所制成。

（四）燃气管网的敷设

1. 架空敷设

架空敷设主要适用于长输干线的特殊地形地区、管网的跨越工程、厂区内部和工业区，以及管道液化气的小区庭院中压进户工程。室外架空的燃气管道，可沿建筑物外墙和支柱敷设。如采用支柱敷设时，应符合下列要求：

（1）管底至人行道路面的垂直距离不应小于 2.2m；至道路路面的垂直净距不应小于 5m；至铁路轨顶的垂直净距不应小于 6m。厂区内部的燃气管道，在保证安全的情况下，管底至道路路面和铁路轨顶的垂直净距可取 4.5m 和 5.5m。电车机车铁路除外。

（2）输送湿燃气的管道应采取排水措施，在寒冷地区还应采取保温措施。

燃气管道通过河流时，应采用河底穿越、随桥架设或采用管桥跨越等三种形式。

2. 地埋敷设

地埋敷设是城镇燃气管网普遍采用的一种方式。为防止车辆碾压造成管道因超出抗压强度而损坏，或因耕种损坏管道，管道的最小覆土厚度应符合下列要求：

（1）埋设在车行道下时，不得小于 0.9m。

（2）埋设在非车行道下时，不得小于 0.6m。

（3）埋设在机动车不可能到达的地方时，不得小于 0.3m。

（4）埋设在水田地下时，不得小于 0.8m。

第六节　小城镇燃气管网计算

燃气管道的水力计算的任务，一是根据计算流量和确定的压力降来计算管径，进而决定管道、投资和金属消耗；二是对已有管道验算其所通过流量的压力损失，以充分发挥管道的输送能力，及决定是否需要对原有管道进行改造。

一、燃气水力计算公式

（一）低压管道计算公式

$$\frac{\Delta p}{l} = 6.26 \times 10^7 \lambda \frac{Q^2}{d^5} \rho \frac{T}{T_0} \qquad (7-15)$$

式中：Δp 为燃气管道摩擦阻力损失，Pa；λ 为燃气管道的摩擦阻力系数；L 为燃气管道的计算长度，m；Q 为燃气管道的计算流量，m³/h；d 为管道内径，mm；ρ 为燃气密度，kg/m³；T 为设计中所采用的燃气温度，K；T_0 为标准状态下的绝对温度，273.15K。

燃气在管道中的运动状态不同，摩阻系数 λ 也不同。摩阻系数 λ 值与燃气的流态、管道的材料、管子制造和连接方式有关，也与安装质量有关。

不同流态时，管道单位长度的摩擦阻力按下列各式计算。

（1）层流状态：$Re \leqslant 2100$，$\lambda = 64/Re$

$$\frac{\Delta p}{l} = 1.13 \times 10^{10} \frac{Q}{d^4} \upsilon \rho \frac{T}{T_0} \qquad (7-16)$$

（2）临界状态：$Re = 2100 \sim 3500$，$\lambda = 0.03 + (Re-2100)/(65Re-10^5)$

$$\frac{\Delta p}{l} = 1.9 \times 10^6 \times \left(1 + \frac{11.8Q - 7 \times 10^4 \, \mathrm{d}\upsilon}{23Q - 10^5 \, \mathrm{d}\upsilon}\right) \frac{Q^2}{d^5} \rho \frac{T}{T_0} \qquad (7-17)$$

（3）紊流状态：$Re>3500$

1）钢管　$\lambda=0.11\left(\dfrac{K}{d}+\dfrac{68}{Re}\right)^{0.25}$

$$\frac{\Delta p}{l}=6.9\times10^6\left(\frac{K}{d}+192.2\frac{d\upsilon}{Q}\right)^{0.25}\frac{Q^2}{d^5}\rho\frac{T}{T_0} \tag{7-18}$$

2）铸铁管　$\lambda=0.102236\left(\dfrac{1}{d}+5158\dfrac{d\upsilon}{Q}\right)^{0.284}$

$$\frac{\Delta p}{l}=6.4\times10^6\left(\frac{1}{d}+5158\frac{d\upsilon}{Q}\right)^{0.284}\frac{Q^2}{d^5}\rho\frac{T}{T} \tag{7-19}$$

式中：Re 为雷诺数；υ 为 0℃ 和 101.325kPa 时的燃气的运动黏度，m^2/s；K 为管壁内表面的当量绝对粗糙度，对钢管：输送天然气和气态液化石油气时取 0.1mm，输送人工煤气时取 0.15mm。

（二）次高压和中压管道计算公式

不同管材，其单位长度摩擦阻力损失按下列各式计算

$$\frac{p_1^2-p_2^2}{L}=1.27\times10^{10}\lambda\frac{Q_0^2}{d^5}\rho\frac{T}{T_0}Z \tag{7-20}$$

式中：p_1 为燃气管道始端的绝对压力，Pa；p_2 为燃气管道末端的绝对压力，Pa；Z 为压缩因子，当燃气压力小于 1.2MPa（表压）时，Z 取 1；L 为燃气管道的计算长度，km。

（1）钢管　$\lambda=0.11\left(\dfrac{K}{d}+\dfrac{68}{Re}\right)^{0.25}$

$$\frac{p_1^2-p_2^2}{L}=1.4\times10^9\left(\frac{K}{d}+192.2\frac{d\upsilon}{Q}\right)^{0.25}\frac{Q^2}{d^5}\rho\frac{T}{T_0} \tag{7-21}$$

（2）铸铁管　$\lambda=0.102236\left(\dfrac{1}{d}+5158\dfrac{d\upsilon}{Q}\right)^{0.284}$

$$\frac{p_1^2-p_2^2}{L}=1.3\times10^9\left(\frac{1}{d}+5158\frac{d\upsilon}{Q}\right)^{0.284}\frac{Q^2}{d^5}\rho\frac{T}{T_0} \tag{7-22}$$

式中：λ 为燃气管道的摩擦阻力系数；L 为燃气管道的计算长度，km；Q 为燃气管道的计算流量，m^3/h；d 为管道内径，mm；ρ 为燃气密度，kg/m^2；υ 为 0℃ 和 101.325kPa 时的燃气的运动黏度，m^2/s；K 为管壁内表面的当量绝对粗糙度，对钢管取 0.2mm。

在实际工程中，燃气管道水力计算公式不是利用公式，而是常将上述公式制成图表。这些图表是在如下条件制成的 $\rho=1kg/m^3$，$T=273.16K$，$Z=1$。运动黏度：人工燃气 $\upsilon=25\times10^{-6}m^2/s$，天然气 $\upsilon=25\times10^{-6}m^2/s$，气态液化石油气 $\upsilon=25\times10^{-6}m^2/s$。因此，在应用图表时，对 ρ、T、Z、υ 应按实际数值进行修正。因后三项对城镇管网计算影响不大，故一般不修正计算。ρ 的修正是将图上查得的结果乘以工程中采用的燃气密度，即为实际单位长度压力损失。

$$\begin{aligned}\frac{P_1^2-P_2^2}{L}&=\left(\frac{P_1^2-P_2^2}{L}\right)_{\rho=1}\rho\\[2mm]\frac{\Delta P}{l}&=\left(\frac{\Delta P}{l}\right)_{\rho=1}\rho\end{aligned} \tag{7-23}$$

（三）例题

已知人工燃气密度 $\rho=0.7kg/Nm^3$，运动黏度 $\upsilon=25\times10^{-6}m^2/s$，有 $\phi219\times7$ 中压燃

气钢管，长 $L=200\text{m}$，起点压力 $P_1=150\text{kPa}$，输送燃气流量 $Q=2000\text{Nm}^3/\text{h}$，求 0℃时该管段末段端压力 P_2。（$\phi 219\times 7$ 为钢管的规格：219 指外管径为 219mm，7 指管壁厚 7mm，据此管道内径为 205mm）

1. 公式法

按式（7-21）计算

$$\frac{P_1^2-P_2^2}{L}=1.4\times 10^9\times\left[\frac{K}{d}+192.2\frac{d\upsilon}{Q}\right]^{0.25}\frac{Q^2}{d^5}\rho\frac{T}{T_0}$$

$$\frac{150^2-P_2^2}{0.2}=1.4\times 10^9\left[\frac{0.17}{205}+192.2\frac{205\times 25\times 10^{-6}}{Q}\right]^{0.25}\frac{2000^2}{205^5}\times 0.7$$

解得 $P_2=148.7\text{kPa}$。

2. 图表法

按 $Q=2000\text{Nm}^3/\text{h}$ 及 $d=205\text{mm}$，查附录燃气管道水力计算图，得密度 $\rho_0=0.7\text{kg/Nm}^3$ 时管段的压力平方差为

$$\left(\frac{P_1^2-P_2^2}{L}\right)_{\rho_0=1}=3.1\ \left[(\text{kPa})^2/\text{m}\right]$$

密度修正

$$\left(\frac{P_1^2-P_2^2}{L}\right)_{\rho_0=0.7}=3.1\times 0.7=2.17\ \left[(\text{kPa})^2/\text{m}\right]$$

代入已知值

$$\left(\frac{150^2-P_2^2}{200}\right)_{\rho_0=0.7}=2.17\ \left[(\text{kPa})^2/\text{m}\right]$$

解得 $P_2=148.7\text{kPa}$。

二、燃气管道的压降与分配

小城镇燃气规划中管网局部阻力一般不具体计算。高中压燃气管道的局部摩擦阻力损失可按沿程压力损失的 5% 计算，低压燃气管网的局部摩擦阻力损失可按沿程压力损失的 10% 计算。

高中压燃气管道的计算压力降（允许压力降），应根据气源厂（或天然气远程干线门站）、燃气储配站（高压或低压）、高压燃气调压室出口压力和高中压（或高低压、中低压）调压室的进口压力要求确定。

如果管径相同，则压力降愈大，燃气管道通过能力也愈大。因此，利用较大的压力降输送和分配燃气，可以节省燃气管道的投资和金属消耗。但是，对低压燃气管道来说，压力降的增加是有限度的。低压燃气管道直接与用户灶具相连接，其压力必须保证燃气管网内燃气灶具能正常燃烧。因此，低压燃气管道压力降的大小及其分配要根据城镇的建筑密度、街坊情况、建筑层数和燃气灶具的燃烧性能因素确定。

低压管网压力降分配应根据技术经济条件，选择最佳的分配比例，一般低压输配干管为总压降的 55%～75%。

低压燃气管网压力降在街区、庭院和室内管中分配推荐值见表 7-24。

表 7 - 24　　　　　　　　　低压燃气管道允许总压降分配推荐表

燃气种类及灶具额定压力		允许总压降 ΔP_d/Pa	街区	单层建筑		多层建筑	
				庭院	室内	庭院	室内
人工煤气	800Pa	750	400	200	150	100	250
	1000Pa	900	550	200	150	100	250
天然气	2000Pa	1650	1050	350	250	250	350

三、环状管网的计算

燃气管网的计算中，要根据不同的管网形制采用不同的计算方法，一般情况下，环状管网的计算比简单的枝状管道计算要求复杂。在环状管网计算中，大量的工作是消除管网中不同气流方向的压力降差值，称为平差计算或调环。

（一）计算步骤

1. 布置管网

在已知用户用气量的基础上布置管网，并绘制管网平面示意图。管网布置应尽量使每环的燃气负荷接近，使管道负荷比较均匀。

2. 计算管网各管段的途泄流量

途泄流量只包括居民用户、小型公共建筑和小型工业用户的燃气用量。如果管段上连接了用气量较大的用户，则该用户应看作集中负荷计算。在实际计算中，一般均假定居民、小型公共建筑和小型工业用户是沿管道长度方向均匀分布的。

3. 计算节点流量

在环状燃气管网计算中，特别是利用电子计算机进行燃气环状管网水力计算时，常用节点流量来表示途泄流量。这时可以认为途泄流量相当于两个从节点流出的集中流量值。

4. 环状管网各管段的气流方向

在拟定气流方向时，应使大部分气量通过主要干管输送；在各气源（或调压室）压力相同时，不同气流方向的输送距离应大体相同；在同一环内必须有两个相反流向，至少要有一根管段与其他管段流向相反。

5. 求各管段的计算流量

根据计算的节点流量和假定的气流方向，由离气源点（或调压室）最远的汇合点（即不同流向的燃气流汇合的地方，也称零点）开始，向气源点（或调压室）方向逐段推算，即可得到各管段的计算流量。

6. 初步计算

根据管网允许压力降和供气点至零点的管道计算长度（局部阻力通常取沿程压力损失的 10%），求得单位长度平均压力降，据此即可按管段计算流量选择管径。

7. 平差计算

对任何一环来说，两个相反气流方向的各管段压力降应该是相等的（或称闭合差），但要完全做到这一点是困难的，一般闭合差小于允许闭合差（10%）即可。由于气流方向、管段流量均是假定的，因此按照初步拟定的管径计算出压力降在环内往往是不闭合的。这就需要调整管径或管段流量及气流方向重新计算，以至反复多次，直至满足允许闭合的精度要求。这个计算过程一般称为平差计算。

　　燃气管见的平差，需要进行反复的运算。对于较大的管网系统，利用手工平差时，往往要动员很多人力、花费很多时间。利用电子计算机平差不仅省时、省力，而且能保证较高的计算精度。因此，在管网平差计算中，电子计算机的应用日渐广泛。

　　（二）例题

　　有一低压环网，如图7-5所示，节点2、6、9处是集中用户处，调压站出口压力为3100Pa，管网中允许压力降为800Pa，天然气对空气的相对密度 S 为0.55，求管网中各管段的管径，并进行平差计算。

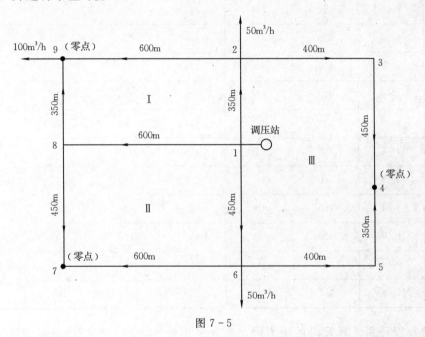

图7-5

　　解： 本环网有三个环，分别为Ⅰ、Ⅱ、Ⅲ环，给各节点依次编号，将每个环距调压站最远处的点假定为压力最低点，简称零点，图中的4、7、9点定为零点。由节点处，$\sum Q_i = 0$ 从零点以及调压站两端开始决定气流方向，如果有的管段气流方向确定不了，可先假设。

　　（1）计算各管段的途泄流量 Q_1，方法见途泄流量的计算。为突出后面的平差过程，此题的途泄流量直接给出，并由 $Q = 0.55Q_1 + Q_2$，得到管段的计算流量，见表7-25。

　　（2）由各环的单位长度平均压力降（局部阻力损失取摩擦阻力损失的10%）及各管段的计算流量来选择管径，并得出管段的压力降。

　　1）各环的单位长度平均压力降为

Ⅰ环
$$\frac{\Delta P}{l} = \frac{800}{950 \times 1.1} = 0.77 \ (\text{Pa/m})$$

Ⅱ环
$$\frac{\Delta P}{l} = \frac{800}{1050 \times 1.1} = 0.69 \ (\text{Pa/m})$$

Ⅲ环 $\qquad \dfrac{\Delta P}{l}=\dfrac{800}{1200\times1.1}=0.61\;(\text{Pa/m})$

表 7-25 计 算 流 量

环号	管段号	管段长度 l/m	途泄流量 $Q_1/(\text{m}^3\cdot\text{h}^{-1})$	$0.55Q_1$ $/(\text{m}^3\cdot\text{h}^{-1})$	转输流量 $Q_2/(\text{m}^3\cdot\text{h}^{-1})$	计算流量 $Q/(\text{m}^3\cdot\text{h}^{-1})$	说明
Ⅰ	1—8	600	574	316	436	752	节点 9 的用气量由管段 2—9 及 8—9 各供气 50m³/h
	8—9	350	155	85	50	135	
	1—2	350	341	188	818	1006	
	2—9	600	265	146	50	196	
Ⅱ	1—6	450	471	259	758	1017	
	6—7	600	308	170	0	170	
	1—8	600	574	316	436	752	
	8—7	450	231	127	0	127	
Ⅲ	1—2	350	341	188	818	1006	
	2—3	400	213	117	240	357	
	3—4	450	240	132	0	132	
	1—6	450	471	259	758	1017	
	6—5	400	213	117	187	304	
	5—4	350	187	103	0	103	

2）选择管径和计算管段的压力降。此处采用低压管网中常用的普尔（Pole）公式，它实际上是将式 7-15，具体化的另一种表达式

$$Q=0.316K\sqrt{\dfrac{d^5\Delta P}{SlK_1}} \qquad (7-24)$$

式中：K 为依管径而异，对于一般 $d\geqslant15\text{cm}$，K 取 0.707（$d=12.5\text{cm}$，K 取 0.67）；S 为燃气的相对密度；K_1 为考虑局部阻力损失占摩擦阻力损失的 10%，K_1 取 1.1。

Q、d、ΔP、l 分别取 m³/h、cm、Pa、m。

由计算流量 Q 及单位长度平均压力降 $\Delta P/l$ 代入式（7-24），解出管径，再标准化，得到初选管径，并求得管段的压力降。

以管段 1—8 为例：$Q=752\text{m}^3/\text{h}$，将 Ⅰ 环的 $\Delta P/l=0.77\text{Pa/m}$，Ⅱ 环的 $\Delta P/l=0.69\text{Pa/m}$ 取平均，按 $\Delta P/l=0.73\text{Pa/m}$ 代入式（7-24），解出 $d=24.8\text{cm}$，再标准化，得到初选管径 $d=25\text{cm}$，将 $d=25\text{cm}$ 代入式（7-24），求得该管段压降为 421Pa，其他计算见表 7-26。

表 7 – 26

低压环网水力计算表

环号	临环号	管段号	初步计算 长度 l/m	流量 Q/(m³·h⁻¹)	管径 d/cm	压力降 ΔP/Pa	$\dfrac{\Delta P}{Q}$	校正流量/(m³·h⁻¹) $\Delta Q'$	ΔQ	第一次校正计算 校正流量 ΔQ_2	校正后流量 Q_1	$\Delta P'$	$\dfrac{\Delta P'}{Q}$	第二次校正计算 校正流量 $\Delta Q'$	ΔQ	校正流量 ΔQ_2	校正后流量 Q_2	实际压力降 $\Delta P'$
I	II	1–8	600	752	25	421	0.56			22.63	775	447	0.58			2.31	777	450
		8–9	350	135	12.5	253	1.87			8.19	143	284	1.99			3.76	147	300
	III	1–2	350	−1006	25	−440	0.44	16.12		5.78	−1000	−434	0.43	3.69		3.78	−996	−431
		2–9	600	−196	15	−368	1.88	−7.93	8.19	8.19	−188	−338	1.80	0.07	3.76	3.76	−184	−324
		合计				−18 (−18.1%)	4.75					−31 (−4.1%)	4.80					−5 (−0.7%)
II	III	1–6	450	1017	25	578	0.57	16.59		−16.85	1000	559	0.56			1.47	1001	560
		6–7	600	170	15	277	1.63			−14.44	156	233	1.49			1.45	157	236
	I	1–8	600	−752	25	−421	0.56			−22.63	−775	−447	0.58	1.11	1.45	−2.31	−777	−450
		8–7	450	−127	12.5	−288	2.27	2.15	−14.44	−14.44	−141	−355	2.52			1.45	−139	−345
		合计				146 (18.7%)	5.03					−10 (−1.3%)	5.15					1 (0.1%)
III	I	1–2	350	1006	25	440	0.44	3.08		−5.78	1000	434	0.43	−0.67		−3.78	996	431
		2–3	400	357	20	193	0.54			2.41	359	195	0.44			−0.02	359	195
		3–4	450	132	15	125	0.95			2.41	134	129	0.96			−0.02	134	129
	II	1–6	450	−1017	25	−578	0.57	−0.67	2.41	16.85	−1000	−559	0.56	0.65	−0.02	−1.47	−1001	−560
		6–5	400	−304	20	−140	0.46			2.41	−302	−138	0.46			−0.02	−302	−138
		5–4	350	−103	15	−59	0.57			2.41	−101	−57	0.56			−0.02	−101	−57
		合计				−19 (−2.5%)	3.53					4 (0.5%)	3.14					0 (0%)

(3) 平差计算。从表中可见，初步计算中，Ⅰ、Ⅱ环闭合差的精度大于10％，需进行校正。第一次校正后，Ⅱ环的 $\Delta P_{1-8-7}=447+355=802$（Pa），超过允许压力降；虽然3个环闭合差的精度均小于10％，但对于允许压力降大于100Pa的环网，闭合差不能采用精度 $\varepsilon<10\%$ 的标准，而应采用闭合差小于10Pa的精度标准。第一次校正后，Ⅰ环的闭合差大于10Pa，因此再进行第二次校正，第二次校正后，各环的闭合差均小于10Pa。

校核从调压站至零点的压力降

Ⅰ环 $\Delta P_{1-8-9}=450+300=750$（Pa）

$\Delta P_{1-2-9}=431+324=755$（Pa）

Ⅱ环 $\Delta P_{1-6-7}=560+236=796$（Pa）

$\Delta P_{1-8-7}=450+345=795$（Pa）

Ⅲ环 $\Delta P_{1-2-3-4}=431+195+129=755$（Pa）

$\Delta P_{1-6-5-4}=560+138+57=755$（Pa）

均小于管网允许压力降800Pa，计算结束。

思 考 与 练 习

(1) 在小城镇不同规划阶段的燃气规划的主要内容？

(2) 小城镇燃气工程系统的组成内容？

(3) 小城镇燃气的质量要求？

(4) 如何预测燃气负荷？

(5) 小城镇燃气气源的选择依据、选址原则及气源规模的确定？

(6) 小城镇燃气储配站、调压站、供应站的功能及选址要求？

(7) 小城镇燃气管网系统的特性与选择依据？

(8) 小城镇燃气管网的布置原则？

知 识 点 拓 展

西气东输工程

1. 工程背景

改革开放以来，中国能源工业发展迅速，但结构很不合理，煤炭在一次能源生产和消费中的比重均高达72％。大量燃煤使大气环境不断恶化，发展清洁能源、调整能源结构已迫在眉睫。

中国西部地区的塔里木、柴达木、陕甘宁和四川盆地蕴藏着26万亿 m³ 的天然气资源，约占全国陆上天然气资源的87％。特别是新疆塔里木盆地，天然气资源量有8万多亿 m^3，占全国天然气资源总量的22％。塔里木北部的库车地区的天然气资源量有2万多亿 m^3，是塔里木盆地中天然气资源最富集的地区，具有形成世界级大气区的开发潜力。塔里木盆地天然气的发现，使中国成为继俄罗斯、卡塔尔、沙特阿拉伯等国之后的天然气大国。

西气东输气田勘探开发投资的全部、管道投资的67％都在中西部地区，工程的实施将有力地促进新疆等西部地区的经济发展，也有利于促进沿线10个省、直辖市、自治区的产业结构、能源结构调整和经济效益提高。西气东输能够拉动机械、电力、化工、冶金、建材等相关行业的发展，对于扩大内需、增加就业具有积极的现实意义。

2. 工程规划

中国中西部地区有六大含油气盆地，包括塔里木、准噶尔、吐哈、柴达木、鄂尔多斯和四川盆地。根据天然气的资源状况和目前的勘探形势，国家决定启动西气东输工程，加快建设天然气管道，除了建成的陕京天然气管线，还要再建设3条天然气管线，即塔里木—上海、青海涩北—西宁—甘肃兰州、重庆忠县—湖北武汉的天然气管道，以尽快把资源优势变成经济优势，满足东部地区对天然气的迫切需要。从更大的范围看，正在规划中的引进俄罗斯西西伯利亚的天然气管道将与现在的西气东输大动脉相连接，还有引进俄罗斯东西伯利亚地区的天然气管道也正在规划，这两条管道也属"西气东输"之列。

3. 工程建设

2000年8月23日，国务院召开第76次总理办公会，批准西气东输工程项目立项。西气东输工程成为拉开西部大开发的标志性项目。2002年7月4日，西气东输工程试验段正式开工建设。2003年10月1日，靖边至上海段试运投产成功，2004年1月1日正式向上海供气，2004年10月1日全线建成投产，2004年12月30日实现全线商业运营。西气东输管道工程起于新疆轮南，途经新疆、甘肃、宁夏、陕西、山西、河南、安徽、江苏、上海以及浙江10省（自治区、直辖市）66个县，全长约4000公里。穿越戈壁、荒漠、高原、山区、平原、水网等各种地形地貌和多种气候环境，施工难度世界少有。一线工程开工于2002年，竣工于2004年。二线工程开工于2009年，2012年年底修到香港，实现全线竣工。西气东输三线工程于2012年10月16日开工，首次引入社会资本和民营资本参与建设，建成后每年可向沿线市场输送300亿 m^3 天然气。

4. 途经区域

一线工程沿途经过主要省级行政区：新疆—甘肃—宁夏—陕西—山西—河南—安徽—江苏—上海。

二线工程沿途经过主要省级行政区：新疆—甘肃—宁夏—陕西—河南—湖北—江西—广东。

一线工程穿过的主要地形区有：塔里木盆地—吐鲁番盆地—河西走廊—宁夏平原—

黄土高原—华北平原—长江中下游平原。

二线工程穿过的主要地形区有：准噶尔盆地—河西走廊—宁夏平原—黄土高原—华北平原—江汉平原—鄱阳湖平原—江南丘陵—华南丘陵—珠三角。

三线工程途经新疆、甘肃、宁夏、陕西、河南、湖北、湖南、江西、福建、广东等10个省（自治区）。

附录　燃气管道水力计算图表

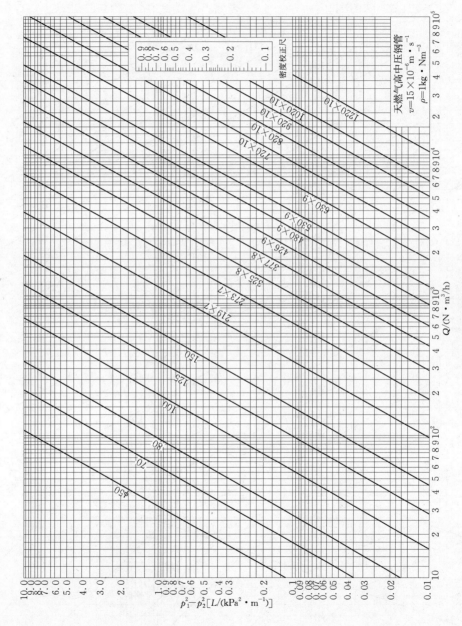

燃气水力计算图（一）

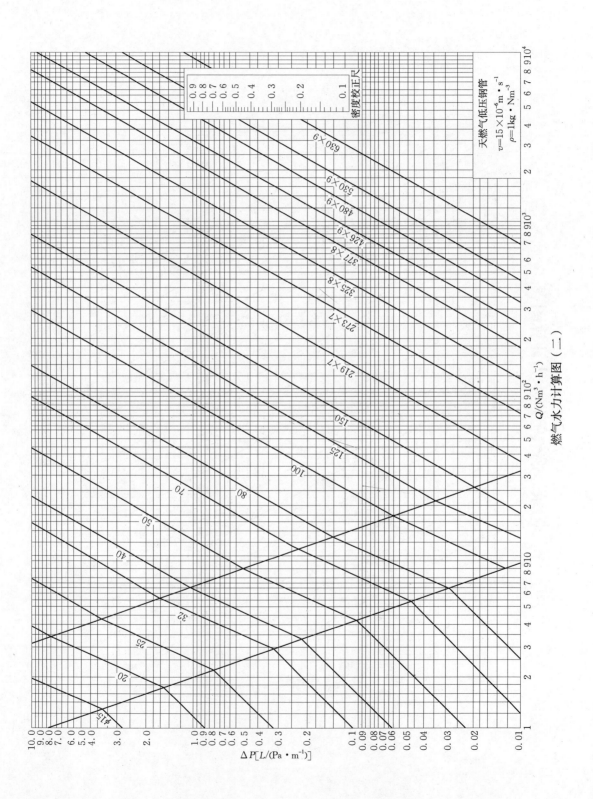

燃气水力计算图（二）

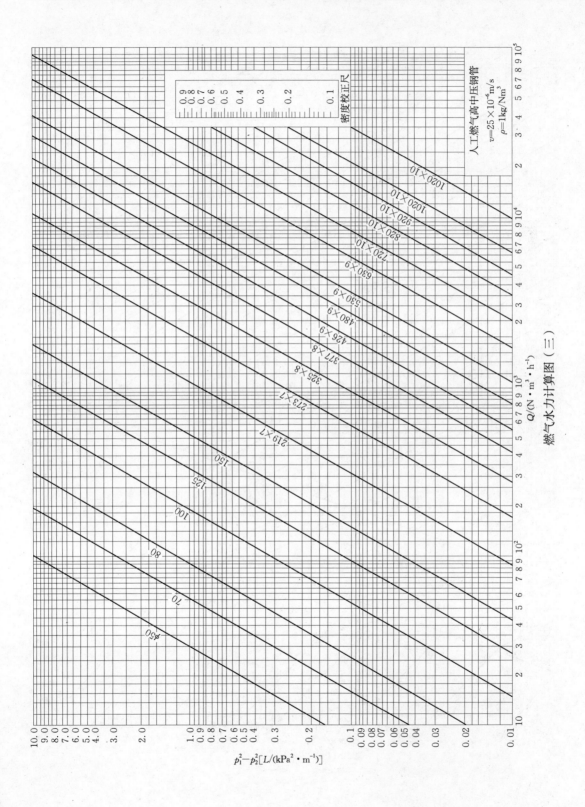

燃气水力计算图（三）

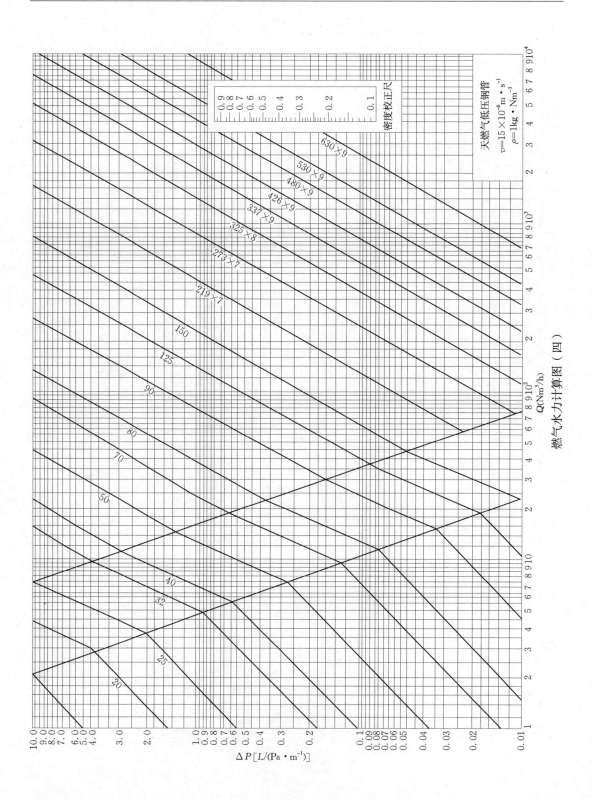

燃气水力计算图（四）

第八章　小城镇供热工程规划

教学目的：通过本章的讲授，让学生了解小城镇发展集中供热的意义、规划的主要内容、系统的组成和分类，掌握小城镇集中供热负荷的预测和计算、小城镇集中供热热源规划、供热管网规划及布置、小城镇供热调配设施布置、规划设计的成果及要求。

教学重点：集中供热的意义、规划的主要内容、系统的组成和分类，小城镇集中供热负荷的预测和计算、小城镇集中供热热源规划、供热管网规划及布置、小城镇供热调配设施布置。

教学难点：小城镇集中供热负荷的预测和计算、小城镇集中供热热源规划、供热管网规划及布置、小城镇供热调配设施布置。

第一节　概　述

小城镇集中供热是指在小城镇镇区或一定区域范围内，利用集中热源向工厂、民用建筑供应热能的一种供热方式。

一、小城镇集中供热工程规划的主要任务

（1）根据当地气候、生活与生产需求，确定城镇集中供热标准、供热方式。

（2）合理确定城镇供热量和负荷，并进行城镇热源规划，确定城镇热电厂、集中锅炉房等供热设施的数量和容量。

（3）合理布局各种供热设施和供热管网。

二、小城镇集中供热工程规划的主要内容

（一）总体规划阶段

（1）现状调查，包括热源、供热用户、供热管网、现状用热指标以及未来工业用热用户。

（2）选定各种建筑物的采暖面积热指标，确定集中供热范围，预测城镇热负荷。

（3）划分供热分区，确定各供热分区的热负荷。

（4）选定供热方式，确定热源的种类、供热能力、供热参数，确定供热设施的分布、数量、规模、位置和用地面积。

（5）布局城镇集中供热干线管网。

（6）各种热能转换设施（热力站等）的布置。

（7）计算城镇供热干管的管径。

（8）提出近期供热设施建设项目安排。

（二）详细规划阶段

（1）分析供热现状，了解规划区内可利用的热源。

（2）计算规划范围内热负荷。

（3）落实上一层次规划确定的供热设施。

（4）确定本规划区内的锅炉房、热力站等供热设施数量、供热能力、位置及用地面积。

（5）布局供热管网。

（6）计算供热管道管径，确定管道位置。

（三）规划图纸

1. 供热工程现状图

供热工程现状图主要包括现状热源、热力站、热力中继站等设施的位置、规模、管网分布和热力区域等。常用比例一般为 1∶1000、1∶2000、1∶5000、1∶10000。

2. 供热工程规划图

供热工程规划图主要包括热源、热力站、热力中继站等设施的位置、规模、管网分布和热力区域等。常用比例一般为 1∶1000、1∶2000、1∶5000、1∶10000。

三、小城镇集中供热系统的组成

小城镇集中供热系统由热源、热力网和热用户三大部分组成。

热源：是指能使燃料产生热能，将热媒加热成为高温水或蒸汽的设施。根据热源的不同，小城镇一般可分为热电厂和锅炉房两种集中供热系统。

热力网：是指由供热蒸汽管网或热水管网组成的热媒输配系统，总称为热力网或热网。

热用户：是指包括供暖、生活及生产用热系统与设备组成的热用户系统。

四、小城镇集中供热的意义

实行集中供热，有利于供热管理科学化，提高供热质量，能收到综合的效益和社会效益。

（1）提高能源利用率，节约大量燃料。

（2）减轻大气污染。集中供热减少燃煤，相应地减少污染物总的排放量。同时，把分布广泛的污染物"面源"改为比较集中的"点源"，污染状况也能减轻。

（3）减少城镇交通运输量。

（4）节省用地。一个集中热源可代替多个分散的小锅炉，相对就会节省许多用地。

（5）节省建设投资和降低运行成本。采用集中供热，可根据用户用热高峰出现的时间不同，进行互相调整，从而减少设备总容量，节约建设投资。使用大型设备，容易实现机械化和自动化，减少管理人员数量，降低运行成本。

第二节　小城镇集中供热负荷的预测与计算

为合理确定小城镇集中供热系统的类型，选择热源的形式与规模，计算或估算供热管网的管径，制定安全可靠、经济合理的供热方案，必须对各类热负荷的数量、性质和参数进行调查，采用合理的方法预测和计算集中供热负荷。

一、小城镇集中供热负荷的类型与选择

（一）小城镇集中供热负荷的类型

1. 按热负荷用途分类

根据热能的最终用途，热负荷可以分为室温调节、生活热水、生产用热等三大类。在计算与预测热负荷时，一般按这种分类法来分类计算和预测。

（1）室温调节。当室内温度过高或过低、影响室内居民的生活和工作时，就需要对室温进行调节。在采暖或供冷时，某些情况下还需要对室内空气进行补充替换，通风时造成的热损失也是室温调节热负荷的一部分。采暖和供冷都可以通过供热来实现。采暖、供冷和通风热负荷是小城镇热负荷最重要的组成部分，也是集中供热系统所要负担的基本负荷。

（2）生活热水。居民在生活中要使用大量热水，进行淋浴和清洗器具，尤其在宾馆等高档居住场所，热水供应是必不可少的。在条件适合的情况下，电、燃气和集中供热等方式共同担负小城镇生活热水热负荷。

（3）生产用热。主要指用于企业生产的热负荷，又分为工艺热负荷（指生产工艺过程中用于加热、烘干、蒸煮、清洗、溶化等用热）和动力热负荷（用于带动机械设备，如气锤、气泵等）。生产用热一般比较稳定，是保证小城镇供热系统运行经济性的重要条件。

2. 按热负荷性质分类

（1）民用热负荷，指居住和公共建筑的室温调节和生活热水负荷。

（2）工业热负荷，主要包括生产负荷和厂区建筑的室温调节负荷，同时也需将职工上班的生活热水（主要用于淋浴）负荷计算在内。

3. 按用热时间规律分类

（1）季节性热负荷，指采暖、供冷、通风的热负荷，其特点是：随室外空气温度、湿度、风向、风速和太阳辐射等气象条件的变化而变化，其中室外温度起决定性作用。它在全日中比较稳定，但在全年中却变化很大。

（2）全年性热负荷，指生活热水负荷和生产负荷。其中生活热水负荷主要由使用人数和用热状况（如同时率）决定，而与室外气象条件关系不大；生产热负荷主要与生产性质、规模、工艺、用热设备数量等有关，他们的用热状况在全日中的变化很大，而在全年中的变化相当稳定。

上述三种分类方法中，第一种方法主要用于预测计算，另两种方法主要用于供热方案的比较与选择。

（二）小城镇供热对象的选择原则

小城镇供热系统从技术和经济角度来说，对各类热用户不能做到全面供应，必须合理

选择供热对象，保证供热系统建设和运行的合理和经济。

1. "先小后大"原则

在供热规模有限的情况下，首先应满足分散用热的、规模较小的热用户，如居民家庭、中小型公建和小型企业；大规模企业和公建的燃烧设备、环保设备一般比较先进，余热资源较丰富，用热条件比较复杂，可以自成体系，独立解决。

2. "先集中，后分散"原则

小城镇集中供热系统与其他能源供应系统比较，存在着损耗大，成本高、维护难等问题，因此，供热系统的服务半径较小。如果热用户空间分布比较集中，则有利于热网布置，减少投资和运营成本。

在选择供热对象时，还应参考"集中供热普及率"。"集中供热普及率"是指已实行集中供热的供热面积与需要供热的建筑面积的百分比。我国北方地区的小城镇集中供热普及率应达到相应的水平。

二、小城镇热负荷预测与计算方法

在预测小城镇热负荷时，往往需要根据热负荷种类的不同和基础资料的条件选择不同的估算方法。从计算精度来看，一般有计算法与概算指标法两种。

当建筑物结构形式、尺寸和位置等资料已知时，热负荷可根据采暖通风设计数据通过小城镇热负荷计算法来确定。这种方法比较精确，可用于计算或预测较小范围内有确定资料地区的热负荷。

在估算城镇总热负荷和预测地区没有详细准确资料时，可采用概算指标法来估算供热系统热负荷。

（一）热负荷计算步骤

（1）收集热负荷现状资料。

（2）分析热负荷的种类与特点。对采暖、通风、生活热水、生产工艺等各类用热来说，需采用不同方法、不同指标进行观测和计算，另外，热负荷的一些特点也会对计算结果产生较大影响。因此，必须对热负荷进行充分准确的分析，然后才能进行计算与预测。

（3）进行各类热负荷预测与计算。在对热负荷现状进行参考，分析掌握热负荷的种类与特点后，采用各种公式，对各类热负荷进行预测与计算。

（4）预测与计算供热总负荷。地区的供热总负荷是布局供热设施和进行管网计算的依据，在各类热负荷计算与预测结果得出后，经校核后相加，同时考虑一些其他变数，最后计算出供热总负荷。

（二）热负荷计算公式

1. 采暖热负荷计算

在冬季，由于室内、外空气温度不同，通过房屋的维护结构（门、窗、地板、屋顶），房间产生热损失。为使居民能在室内进行正常的工作、生活，就必须有采暖设备向房间补充与热损失相等的热量。已知规划区内各建筑物的建筑面积、建筑物用途及层数等基本情况，常采用面积热指标法来确定热负荷。建筑物的采暖热负荷可按下式进行概算

$$Q = qA \times 10^{-3} \tag{8-1}$$

式中：Q 为采暖热负荷，kW；A 为采暖建筑面积，m^2；q 为建筑采暖面积热指标，W/m^2，它表示每平方米建筑面积的采暖热负荷，见表 8-1。

表 8-1　　　　　　　　　　　　　　采暖面积热指标表

建筑物类型	单位面积热指标 $q/(W \cdot m^{-2})$	建筑物类型	单位面积热指标 $q/(W \cdot m^{-2})$
住宅	58～64	商店	64～87
办公楼、学校	58～81	单层住宅	81～105
医院、幼儿园	64～81	食堂、餐厅	116～140
旅馆	58～70	影剧院	93～116
图书馆	47～76	大礼堂、体育馆	116～163

表 8-1 中 q 的取值有一定的范围，确定 q 值的方法为：

（1）对当地已建的采暖建筑进行调研，以确定合理的 q 值。

（2）如不具备上述条件，q 取值应遵循如下原则。

1）严寒地区取较大值，反之采用小值。

2）建筑层数少的取较大值，反之采用小值。

3）总建筑面积大，外围护结构热工性能好，窗户面积小，可采用表中较小的数值；反之，则采用表中较大的数值。

4）建筑外形复杂的取较大值，建筑外形接近正方形的取较小值。

（3）表 8-1 推荐值中已包括热网损失（约 6%）。对居住小区而言，包括住宅与公建在内，其采暖综合热指标建议取值为 60～67W/m²。

2. 通风热负荷计算

为了保证室内空气有一定的清洁度和新鲜度，就要求对生产厂房和大型公共建筑进行通风。当冬季室外空气温度较低时，室外进入的新鲜空气须经过加热后方可送入室内，加热新鲜空气所消耗的热量称为通风热负荷。

$$Q_t = KQ_n \qquad (8-2)$$

式中：Q_t 为通风热负荷，kW；K 为加热系数（一般取 0.3～0.5）；Q_n 为采暖热负荷，kW。

3. 生活热水热负荷计算

生活热水负荷计算，主要涉及水温和热水用水标准两个重要参数。

一般情况下，生活热水的使用温度为 40～60℃，采用的生活热水计算水温为 65℃。不同的热工分区中，采用的水温计算温度也不尽相同。我国主要有五个热工分区：第一分区包括东北三省、内蒙古、河北、山西和陕西北部；第二分区包括北京、天津、河北、山东、山西、陕西大部、甘肃宁夏南部、河南北部、江苏北部；第三分区包括上海、浙江、江西、安徽、江苏大部、福建北部、湖南东部、湖北东部和河南南部；第四分区包括广东、广西、台湾、福建和云南南部；第五分区包括云贵川大部，湖南、湖北西部，陕西、甘肃秦岭以南部分。各分区冷水计算温度见表 8-2。

表 8 - 2　　　　　　　　　　　　　　各分区冷水计算温度

分区	第一分区	第二分区	第三分区	第四分区	第五分区
地面水水温/℃	4	4	5	10～15	7
地下水水温/℃	6～10	10～15	15～20	20	15～20

使用生活热水的各类建筑热水用水标准如表 8 - 3 所示。

表 8 - 3　　　　　　　　　　　　　　生活热水用水标准

建筑类型	卫生设施状况	用水量
住宅	卫浴俱全	75～100L/（人·日）
宿舍	有淋浴盥洗设施	35～50L/（人·日）
宿舍	有盥洗设施	25～30L/（人·日）
旅馆	有公共盥洗室和浴室	50～60L/（床·日）
旅馆	客房有卫生间	120～150L/（床·日）
医院	高标准	200L/（床·日）
医院	一般标准	120L/（床·日）

计算生活热水热负荷一般采用以下公式

$$Q_w = 1.163 \frac{KmV(t_r - t_l)}{T} \tag{8-3}$$

式中：Q_w 为生活热水热负荷，W；m 为人数或床位数；V 为生活热水用水标准；t_r 为生活热水计算温度，一般为 65℃；t_l 为冷水计算温度，见表 8 - 2；T 为热水用水时间，h；K 为小时变化系数，一般取 1.6～3.0。

K 值随用水量总体规模变化而变化，用水规模愈大，用水人数愈多，K 值愈小；用水规模愈小，K 值愈大。另外，住宅、旅馆和医院的生活热水使用时间一般都为全天（24h）。

以上公式中，计算得到的生活热水负荷为采暖期生活热水热负荷，非采暖期生活热水热负荷用下式得出

$$Q'_w = \frac{t_r - t'_l}{t_r - t_l} Q_w \tag{8-4}$$

式中：Q_w' 为非采暖期生活热水热负荷，W；Q_w 为采暖期生活热水热负荷，W；t_r 为生活热水计算温度，一般为 65℃；t_l 为冷水计算温度，见表 8 - 2；t_l' 为夏季冷水温度，一般为 15～25℃。

生活热水热负荷也可用指标法估算；对居住区而言，可采用以下公式

$$Q_w = Kq_w F \tag{8-5}$$

式中：Q_w 为生活热水热负荷，W；K 为小时变化系数（一般取 1.6～3.0）；q_w 为平均热水热负荷指标，W/m²；F 为总建筑用地面积，m²。

当住宅无热水供应、仅向公建供应热水时，q_w 取 2.5～3W/m²；当住宅供应洗浴用热

水时，q_w 取 $15\sim20\text{W/m}^2$。

4. 空调冷负荷计算

规划中，一般可采用指标概算法进行估算空调冷负荷，公式如下

$$Q_c = \beta q_c A \times 10^{-3} \tag{8-6}$$

式中：Q_c 为空调冷负荷，kW；β 为修正系数，对不同建筑而言，β 的值不同，详见表 8-4；q_c 为冷负荷指标（一般为 $70\sim90\text{W/m}^2$）；A 为建筑面积，m^2。

表 8-4   小城镇建筑冷负荷指标修正系数值

建筑类型	旅馆	住宅	办公楼	商店	体育馆	影剧院	医院
冷负荷指标修正系数 β	1.0	1.0	1.2	0.5	1.5	1.2~1.6	0.8~1.0

注　当建筑面积 $<5000\text{m}^2$ 时，取上限；建筑面积 $>10000\text{m}^2$ 时，取下限。

5. 生产工艺热负荷计算

对规划的工厂可采用设计热负荷资料或根据相同企业的实际热负荷资料进行估算。该项热负荷通常应由工艺设计人员提供。

6. 供热总负荷计算

将上述各类负荷的计算结果相加，进行适当的校核处理后即得供热总负荷。但总负荷中的采暖、通风热负荷与空调冷负荷实际上是同一类负荷，在相加时应取两者中较大的一个进行计算。

在没有可能进一步获取详细资料的情况下，对民用热负荷的估算可以采取以下步骤：

首先，根据一般城镇中用地比例构成的情况，按当地居住和公建建筑平均容积率推算居住与公建建筑面积，然后按集中供热普及率来推算民用建筑供热面积，采用综合热指标计算得出民用热负荷。

生产热负荷则可根据年增长率或回归方法进行估算，由此可得出规划期末的生产热负荷。

将民用热负荷与生产热负荷相加，则可大致预测规划期末该城镇的总用热规模。

在城镇规划的热负荷计算中，要根据资料的情况，运用城镇规划与供热两方面知识，补充资料的不足，灵活运用各种计算与估算方法，得出热负荷的规模，为下一步选择热源、布局热网提供依据。

第三节　小城镇集中供热热源规划

在热能供应范畴中，凡是将天然或人造的能源形态转化为符合供热要求的热能的装置，统称为热源。在集中供热系统中，目前采用的热源形式有以下几种：热电厂、锅炉房、工业余热、地热和垃圾焚化厂。其中，热电厂是指用热力原动机驱动发电机的、可实现热电联产的工厂；锅炉房是指锅炉以及保证锅炉正常运行的辅助设施和设备的综合体；工业余热是指工业生产过程中产品、排放物及设备放出的热；地热是地球内部的天然热能；在垃圾分类后将可燃部分进行焚烧，以减少垃圾量和产生热能的设施，称为垃圾焚烧厂。

一、小城镇集中供热热源的种类

在城镇集中供热系统中，采用最广泛的热源是热电厂和区域锅炉房。在有条件的小城镇地区，利用工业余热和地热作为集中热源是节约能源和保护环境的好方式。

1. 小城镇热电厂

在热电厂的平面布置中，一般由主厂房、堆煤和输煤场地与设施、水处理与供水设施、环保设施、变配电设施、管理设施、生活设施及其他辅助设施等部分构成。小型热电厂的占地面积可根据表8-5计算。

表8-5　　　　　　　　　　　　小城镇小型热电厂占地参考值

规模/kW	2×1500	2×3000	2×6000	2×12000
厂区占地面积/hm²	1.5	2.0～2.8	3.5～4.5	5.5～7

热电厂作为小城镇集中供热系统的热源时，投资较大，对城镇环境影响较大，对水源、运输条件和用地条件要求高。

2. 小城镇锅炉房

与热电厂相比，锅炉房作为热源显得较为灵活，适用范围也广泛。锅炉房的核心部分是锅炉，锅炉根据其生产的热介质不同分为热水锅炉和蒸汽锅炉。蒸汽锅炉通过加热水产生高温高压蒸汽，向热用户进行供热；而热水锅炉不生产蒸汽只提高进入锅炉水的温度，以高温水供应热用户。蒸汽锅炉通过调压装置，可向各类热用户提供参数不同的蒸汽，还可通过换热装置向各类热用户提供热水。而热水锅炉则通过调压装置，向热用户提供一定压力的热水。在一个锅炉房中，可以同时选用蒸汽和热水锅炉，满足不同用户的需要。

锅炉房的平面布置一般包括主厂房、煤场、灰场和辅助用房四大部分。中、小型锅炉房的主机房和辅助用房可结合在一座建筑内；而在规模较大的区域锅炉房平面布置中，辅助用房如变电站、水处理站、机修间、车库、办公楼等一般分别布置。不同规模热水锅炉的用地面积可参考表8-6进行计算。

表8-6　　　　　　　　　　　　小城镇热水锅炉房参考用地面积

锅炉房总容量 /MW（Mkcal/h）	用地面积 /hm²	锅炉房总容量 /MW（Mkcal/h）	用地面积 /hm²
5.8～11.6（5～10）	0.3～0.5	58～116（50.1～100）	1.6～2.5
11.6～35（10.1～30）	0.6～1.0	116～232（100.1～200）	2.6～3.5
35～58（30.1～50）	1.1～1.5	232～350（200.1～300）	4～5

二、小城镇热源的选择

（一）小城镇热源种类选择

热源种类的选择，要根据具体情况，进行技术经济比较后再行确定。

1. 热电厂的适用性与经济性

热电厂实行热电联产，可以有效地提高能源利用率，节约燃料，同时产热规模大，能向大面积区域和用热大户进行供热。因此，在有一定的常年工业热负荷而电力供应紧张的小城镇地区亦可建设热电厂。

2. 区域锅炉房的适用性和经济性

区域锅炉房供热面积大、供热对象多，锅炉出力大、热效率高，机械化程度也高；与热电厂相比，区域锅炉房节能效果较差，但是其建设费用少、建设同期短，能较快收到节能和减轻污染的效果。所以，一般情况下，小城镇应以区域锅炉房作为其供热主热源。

（二）小城镇热源规模选择

1. 供暖平均负荷

以平均热指标计算出来的热负荷，即为供暖平均负荷；小城镇主热源的规模应能基本满足供暖平均负荷的需要。而超出这一负荷的热负荷即为高峰负荷，需要以辅助热源来满足。我国黄河以北的小城镇供暖平均负荷可按供暖设计计算负荷的 $60\%\sim70\%$ 计。

2. 热化系数

热化系数是指热电联产的最大功能能力占供热区域最大热负荷的份额。在选择热电厂供热能力时，应根据热化系数来确定。

针对不同的主要供热对象，热电厂应选定不同的热化系数。一般而言，以工业热负荷为主的系统，其热化系数宜取 $0.8\sim0.85$；以采暖热负荷为主的系统，宜取 $0.52\sim0.6$；工业热负荷和采暖负荷大致相当的系统，宜取 $0.65\sim0.75$。亦即稳定的常年负荷越大，热化系数越高；反之，则越低。

3. 小城镇热源的供热能力的确定

（1）热电厂供热能力。热电厂供热能力的确定应遵循"热电联产，以热定电"的基本原则，结合本地区供热状况和热负荷的需要选定不同的热化系数，从而确定热电厂的供热能力。

（2）区域锅炉供热能力。区域锅炉房的供热能力，可按其所供区域的供暖平均负荷、生产热负荷及生活热水热负荷之和确定。由于锅炉可开可停，对用户负荷变化的适应性强，在适当选定锅炉的台数和容量后即能根据用户热负荷的昼夜、冬夏季节变化，灵活的调节、调整运行锅炉台数和工作容量，使锅炉经常处于经济负荷之下。

（三）小城镇集中供热热源选址

1. 小城镇热电厂的选址

在考虑热电厂选址时，一般考虑以下原则：

（1）应符合小城镇总体规划要求，并征得规划部门和电力部门、环保、水利、消防等有关部门的同意。

（2）应尽量靠近热负荷中心。热电厂蒸汽的输送距离一般为 $3\sim4km$。如果热电厂远离热用户，压降和温降过大，就会降低供热质量；而且，输热管道距离过长，将使热网投资增加很多，显著降低集中供热的经济性。

（3）要有方便的水陆交通条件。大、中型燃煤热电厂每年要消耗几十万吨或更多的煤炭；为了保证燃料供应，铁路专用线是必不可少的，但应尽量缩短铁路专用线的长度。

（4）要有良好的供水条件。

（5）要有妥善解决排灰的条件。大型热电厂每年的灰渣量很大，处理灰渣的办法有两种：一是在热电厂附近寻找可以堆放大量灰渣（一般为 10～15 年的排灰量）的场地，如深坑、低洼荒地等，但由于热电厂一般都靠近镇区，很难找到理想的堆灰场地；二是综合利用灰渣，做成砖、砌块等建筑材料。因此，提倡在热电厂附近留出灰渣综合利用工厂的建设用地。此外，热电厂还要有足够的场地作为周转的事故备用灰场。

（6）要有方便的出线条件。大型热电厂一般有十几回输电线路和几条大口径供热干管引出，仅一条供热干管要占 3～5m 的宽度，因此要留出足够的出线走廊宽度。

（7）要有一定的防护距离。为了减轻热电厂排出的飞灰、二氧化硫、氧化氮等有害物质对城镇人口稠密区环境的影响，其厂址距人口稠密区的距离应符合环保部门的有关规定和要求；同时，为减少热电厂对厂区附近居民的影响，厂区附近还应留出一定宽度的卫生防护带。

（8）应尽量占用荒地、次地和低产田，不占或少占良田。

（9）应避开滑坡、溶洞、塌方、断裂带、淤泥等不良地质地段。

（10）应同时考虑职工居住和上下班等因素。

2. 小城镇热水锅炉的选址

小城镇热水锅炉选址应根据以下要求分析确定：

（1）靠近热负荷较集中的地区。

（2）便于引出管道，并使室外管道的布置在技术、经济上合理。

（3）便于燃料储运和灰渣排除，并宜使人流和煤、灰车流分开。

（4）有利于自然通风和采光。

（5）位于地质条件较好的地区。

（6）有利于减少烟尘和有害气体对居住区和主要环境保护区的影响。全年运行的锅炉房宜位于居住小区和主要环境保护区的全年最小频率风向的上风侧；季节性运行的锅炉房宜位于该季节盛行风向的下风侧。

（7）有利于凝结水的回收。

（8）应根据远期规划在锅炉房扩建端留有余地。

第四节　小城镇供热管网规划

热源至用户间的室外供热管道及其附件总称为供热管网，也称热力网。必要时供热管网中还要设置加压泵站。管网系统要保证可靠地供给各类用户具有正常压力、温度和足够数量的供热和供冷介质（蒸汽、热水或冷水），满足用户的需要。

一、小城镇供热管网的形制的选择

（一）小城镇供热管网的类型

1. 根据热源与管网之间关系分类

（1）区域式。区域式网络仅与一个热源相连，并只服务于此热源所及的区域。

（2）统一式。统一式网络与所有热源相连，可从任一热源得到供应，网络也允许所有热源共同工作，其可靠性较高，但系统较复杂。

2. 根据输送介质分类

（1）蒸汽管网。热介质为蒸汽，温度高，不宜直接用于室内采暖，多用于从热源到热力站（或冷暖站）的管网。

（2）热水管网。热介质为热水，卫生条件好且安全，多用于由热力站向民用建筑供暖的管网中。

（3）混合式管网。热介质既是蒸汽，也有热水。

3. 按用户对介质的使用情况分类

（1）开式管网。热用户可以使用供热介质，如蒸汽和热水，系统必须不断补充热介质。

（2）闭式管网。热介质只在系统内循环运行，不供给用户，系统只需补充运行过程中泄漏损耗的少量介质。

4. 按同一管路上敷设的管道数分类

（1）单管制。热网中一条管路上只有一条输送热介质的管道，没有供介质回流的管道，只能输送一种工况的热介质，可用于用户对介质用量稳定的开式热管网中。

（2）双管制。一条管路上有一根介质输送管和一根回流管，多用于闭式热管网。

（3）多管制。一条管路上有多根介质输送管和回流管，以输送不同性质、不同工况的热介质，多用于用户类多，对介质需用工况要求复杂的热网，但投资较大，管理也较难。

（二）小城镇供热管网形制的选择

1. 供热管网形制

（1）枝状管网。枝状管网是呈树枝状布置的形式（图8-1），结构简单，运行管理较方便，干管管径随距离增加而减少，造价较低，但是不具有后备供热能力。因此，枝状管网一般适用于规模较小的且允许短时间停止供热的热用户。

（2）环状管网。环状管网是具有2个以上的热源所组成的大型集中供热系统，见图8-2。环状管网热能力高，可以根据热用户热负荷的变化情况，经济合理地调配供热热源的数量和供热量。

与枝状管网相比，环状管网可靠性较高，但是系统复杂，造价高，不易管理，较少采用。在合理设计、妥善安装和正确操作、维修的前提下，热网一般采用枝状布置方式，较少采用环状布置方式。

2. 供热管网形制的选择

（1）热水热力网宜采用闭式双管制。

（2）以热电厂为热源的热水热力网，同时有生产工艺、采暖、通风、空调、生活热水等多种热负荷，在生产工艺热负荷与采暖热负荷所需供热介质参数相差较大，或者季节性热负荷占总热负荷比较大，且技术经济合理时，可以采用闭式多管制。

（3）热水热力网满足下列条件，且技术经济合理时，可以采用开式热力网。

1）具有水处理费用较低的补给水源。

2）具有与生活热水热负荷相适应的廉价低位能热源。

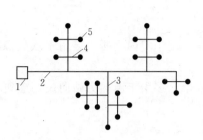

图 8-1 枝状管网
1—热源；2—主干线；3—支干线；
4—用户支线；5—热用户

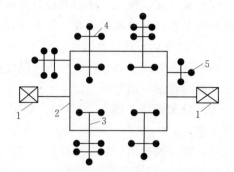

图 8-2 环状管网
1—热电厂；2—环状管网；3—枝干线；
4—分支干线；5—热力站

（4）蒸汽热力网的蒸汽管道，宜采用单管制。当符合下列情况时可采用双管制或者多管制。

1）当各用户所需蒸汽参数相差较大或者季节性热负荷占总热负荷比例较大，且技术经济合理时，可采用双管或者多管制。

2）当用户按规划分期建设时可采用双管或者多管制，并随热负荷发展分期建设。

二、小城镇供热管网的布置及敷设方式

小城镇供热管网的布置首先要满足使用上的要求，其次要尽量缩短管线的长度，尽可能节省投资和钢材消耗；此外，应根据热源布局、热负荷分布和管线敷设条件，按照全面规划、近远结合的原则作出分期建设的安排。

（一）小城镇供热管网的布置

在小城镇布置供热管网时，必须符合地下管网综合规划的安排，同时还应满足以下原则：

（1）经济上合理，主要干管应力求短直，并靠近大用户和热负荷集中的地段，避免长距离穿越没有热负荷的地段。

（2）技术上可靠，尽可能避开土质松软地区和地震断裂带、滑坡及地下水位高的地区。

（3）宜平行于道路中心线，通常敷设在道路的一边，或者是敷设在人行道下面。尽量少敷设横穿街道的引入管，尽可能使相邻建筑物的供热管道相互连接。如果道路是有很厚的混凝土层的现代新式路面，则采用在街坊内敷设管线的方法。

（4）尽量避开主要交通干道和繁华街道，以免给施工和运行、管理带来困难。

（5）当供热管道穿越河流或大型渠道时，可随桥架设或单独设置管桥，也可采用虹吸管由河底（或渠底）通过。具体采用何种方式，应与小城镇规划等部门协商，并根据城镇面貌要求、经济能力进行统一考虑后确定。

（6）和其他管线并行敷设或交叉时，为保证各种管道均能方便地敷设、运行和维修，热网和其他管线之间应有必要的距离。

供热管道与建筑物、构筑物以及其他市政管线的最小水平净距和最小垂直净距应满足表8-7的要求。

表8-7 热力网管道与建筑物、构筑物、其他管线的最小距离

建筑物、构筑物、或管线名称	与热力网管道 最小水平净距/m	与热力网管道 最小垂直净距/m
地下敷设热力管道		
建筑基础与 $DN \leqslant 250$ 热力管沟	0.5	
建筑基础与 $DN \geqslant 300$ 的直埋敷设闭式热力管道	2.5	
建筑基础与直埋敷设开式热力管道	5.0	
铁路钢轨	铁路外侧 3.0	轨底 1.2
电车钢轨	铁路外侧 2.0	轨底 1.0
铁路、公路基边坡角或边沟的边缘	1.0	
通信、照明或 10kV 以下电力线路的电杆	1.0	
桥墩（高架桥、栈桥）边缘	2.0	
架空管道支架基础边缘	1.5	
35～60kV 高压输电线铁塔基础边缘	2.0	
110～220kV 高压输电线铁塔基础边缘	3.0	
通信电缆管线	1.0	0.15
通信电缆（直埋）	1.0	0.15
35kV 以下电力电缆和控制电缆	2.0	0.5
110kV 以下电力电缆和控制电缆	2.0	1.0
燃气管道		
$P < 0.005$MPa 对于管沟敷设热力网管道	1.0	0.15
$P \leqslant 0.4$MPa 对于管沟敷设热力网管道	1.5	0.15
$P \leqslant 0.8$MPa 对于管沟敷设热力网管道	2.0	0.15
$P > 0.8$MPa 对于管沟敷设热力网管道	4.0	0.15
$P \leqslant 0.4$MPa 对于直埋敷设热水热力网管道	1.0	0.15
$P \leqslant 0.8$MPa 对于直埋敷设热水热力网管道	1.5	0.15
$P > 0.8$MPa 对于直埋敷设热水热力网管道	2.0	0.15
给水管道	1.5	0.15
排水管道	1.5	0.15

续表

建筑物、构筑物、或管线名称	与热力网管道 最小水平净距/m	与热力网管道 最小垂直净距/m
地铁	5.0	0.8
电力地铁接触网电杆基础	3.0	
乔木（中心）	1.5	
灌木（中心）	1.5	
道路路面		0.7
铁路钢轨	轨外侧 3.0	轨顶一般 5.5，电气铁路 6.55
电车钢轨	轨外侧 2.0	
公路路面边缘或边沟边缘	轨外侧 0.5	
1kV 以下的架空输电线路	导线最大风偏时 1.5	热力管道在下面交叉通过， 导线最大垂直度时 1.0
1～10kV 架空输电线路	导线最大风偏时 2.0	热力管道在下面交叉通过， 导线最大垂直度时 2.0
35～110kV 下的架空输电线路	导线最大风偏时 4.0	热力管道在下面交叉通过， 导线最大垂直度时 4.0
220kV 下的架空输电线路	导线最大风偏时 5.0	热力管道在下面交叉通过， 导线最大垂直度时 5.0
330kV 下的架空输电线路	导线最大风偏时 6.0	热力管道在下面交叉通过， 导线最大垂直度时 6.0
500kV 下的架空输电线路	导线最大风偏时 6.5	热力管道在下面交叉通过， 导线最大垂直度时 6.5
树冠	0.5（到树中不 小于 2.0）	
公路路面		4.5

注　1. 当热力管道埋深大于建、构筑物基础深度时，最小水平净距应按土壤内摩擦角计算确定。

　　2. 当热力管道与电缆平行敷设时，电缆处的土壤温度与月平均土壤自然温度比较，全年任何时候对于 10kV 电力电缆不高出 10℃、对 35～110kV 电缆不高出 5℃时，可减少表中所列距离。

　　3. 在不同深度并列敷设各种管道时，各管道间的水平净距不小于其深度差。

　　4. 热力管道检查塞、"Π"形补偿器壁龛与燃气道管最小水平净距亦应符合表中规定。

　　5. 条件不允许时，经有关单位同意，可减少表中规定的距离。

（二）小城镇供热管网的敷设方式

1. 小城镇供热管网的架空敷设

架空敷设是将供热管道设在地面上的独立支架或带纵梁的桁架以及建筑物的墙壁上。

它不受地下水位的影响，维修检查方便，同时土方量小，比较经济；缺点是占地面积较大，管道热损失大，不够美观。它适用于地下水位较高、年降雨量较大、湿陷性黄土或腐蚀性土壤，或地下敷设时需进行大量土石方工程的地区。按照支架高度的不同，分为低支架、中支架和高支架三种形式。架空敷设所用的支架按其所用材料分为砖砌、毛石砌、钢筋混凝土预制或现浇、钢结构和木结构等类型，目前常采用钢筋混凝土支架，见图8-3和图8-4。

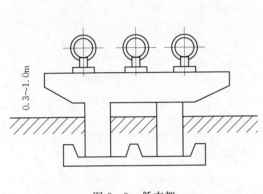

图8-3　低支架　　　　　　　　　　图8-4　中、高支架

（1）低支架。一般设于不妨碍交通和厂区、街区扩建的地段，常常沿工厂的围墙或平行于公路、铁路的敷设。为了避免地面水的侵蚀，管道保温层外壳底部离地面的净高不宜小于0.3m。当与公路、铁路交叉时，可局部升高或通过杆架跨越。

（2）中支架。一般设在人行频繁、有车辆通过的地方，净高为2.5～4m。支架的材料一般为钢材、钢筋混凝土、毛石和砖，其中以砖和毛石结构最为经济。

（3）高支架。净空高4.5～6m，主要在跨越公路、铁路时采用。高支架的缺点是耗钢材多，基建投资大，建设周期长，且维修管理不方便。

2. 小城镇供热管网的地下敷设

在小城镇中出现城填面貌或其他地面要求、不能采用架空敷设时，或在厂区内架空敷设困难时，就需要采用地下敷设。

地下敷设分为有沟和无沟两种敷设方式；而有沟敷设又分为通行地沟、半通行地沟和不通行地沟。地沟的主要作用是保护管道不受外力和水的侵蚀，保护管道的保温结构，并使管道能自由地热胀冷缩。地沟的构造一般是钢筋混凝土的沟底板（防止管道下沉）、砖砌和毛石砌的沟壁、钢筋混凝土的盖板。为了防止地面水、地下水侵入地沟，地沟的结构应尽量紧密，不漏水；一般其沟底将设于当地近30年最高地下水位以上，见图8-5～图8-8。

（1）通行地沟。为保证运行人员能经常对管道进行维护，其净高不应低于1.8m，通道宽度不小于0.7m，且沟内应有照明设施，自然通风或机械通风，以保证沟内温度不超过40℃由于其造价较高，一般只在重要干线、与公路铁路交叉而不能断绝交通的繁华路口不允许开挖路面检修的路段或管道数目较多时才使用。

（2）半通行地沟。其断面尺寸依据工人弯腰走路，能进行一般性维修的工作的要求而定，其净高一般为1.4m，通道管0.5～0.7m，由于沟内工人工作条件差，很少采用，只在城镇中穿越街道时适当采用。

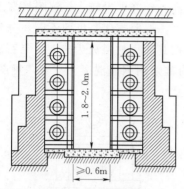

图 8-5　通行地沟

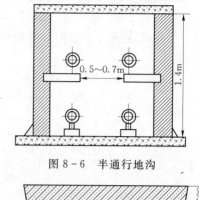

图 8-6　半通行地沟

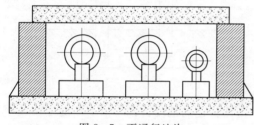

图 8-7　不通行地沟

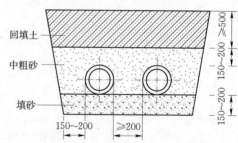

图 8-8　无沟敷设（单位：m）

（3）不通行地沟。不通行地沟是有沟敷设中广泛采用的一种敷设方式，其断面尺寸满足施工需要即可。它的最大缺点是难于发现管道中的缺陷和事故，维护检修也不方便。

（4）无沟敷设，也称直埋敷设。无沟敷设是将供热管道直接埋设在地下。由于其保温结构与土壤直接接触，它同时起到保温和承重两个作用。因此，采用无沟敷设能减少土方工程，还能节约建造地沟的材料和工时，所以它是最经济的一种敷设方式，应首先考虑采用之。但其缺点是发现事故难，一旦发生故障，进行检修时要开挖的土方量大，故一般只用于敷设临时性的热力管道。

常用的厂区热力管道无沟敷设方法有：填充式无沟敷设和灌注式无沟敷设。

三、小城镇热力管管径确定的方法

（一）小城镇蒸汽热力管管径的确定

蒸汽在供热管道内的输送过程中，压力变化很大，而蒸汽的密度 ρ 值与压力有关。因此蒸汽管道的管径确定与该管段内的蒸汽平均压力密切相关，可按表 8-8 估算。

表 8-8　　　　　　　　　　　　　饱和蒸汽管道管径估算表　　　　　　　　　　单位：m

蒸汽流量/（t·h⁻¹） 蒸汽压力/MPa	0.3	0.5	0.8	1.0
5	200	175	150	150
10	250	200	200	175

续表

蒸汽流量/（t·h⁻¹） 蒸汽压力/MPa	0.3	0.5	0.8	1.0
20	300	250	250	250
30	350	300	300	250
40	400	350	350	300
50	400	400	350	350
60	450	400	400	350
70	500	450	400	400
80		500	500	450
90		500	500	450
100		600	500	500
120			600	600
150			600	600
200			700	700

注　1. 过热蒸汽的管径也可按此表估算。

　　2. 流量或压力与表中不符时，可以用内插法求管径。

（二）小城镇热水热力管管径的确定

在热负荷相同的前提下，热水的流量与供、回水温差有关。不同供、回水温差条件下热水管管径可按表 8-9 采用。

表 8-9　　　　　　　　　小城镇热水管网管径估算表

热负荷		供、回水温差/℃								
		20		30		40（110~70）		60（130~70）		80（150~70）	
万 m²	MV	流量/ (t·h⁻¹)	管径/ mm	流量/ (t·h⁻¹)	管径/ mm	流量/ (t·h⁻¹)	管径/ mm	流量/ (t·h⁻¹)	管径/ mm	流量/ (t·h⁻¹)	管径/ mm
10	6.98	300	300	200	250	150	250	100	200	75	200
20	13.96	600	400	400	350	300	300	200	250	150	250
30	20.93	900	450	600	400	450	350	300	300	225	300
40	27.91	1200	600	800	450	600	400	400	350	300	300
50	34.89	1500	600	1000	500	750	450	500	400	375	350
60	41.87	1800	600	1200	600	900	450	600	400	450	350
70	48.85	2100	700	1400	600	1050	500	700	450	525	400
80	55.02	2400	700	1600	600	1200	600	800	450	600	400

注　1. 过热蒸汽的管径也可按此表估算。

　　2. 流量或压力与表中不符时，可以用内插法求管径。

（三）小城镇凝结水热力管管径的确定

凝结水水温按 100℃ 以下考虑，其密度取值为 1000kg/m³。其管径可按表 8-10 估算。

表 8-10　　　　　　　　　　　凝结水管径估算表

凝结水流量/t·h⁻¹	5	10	20	30	40	50	60	70	80	90	100	120	150
管径/mm	70	80	100	125	150	150	175	175	200	200	200	250	250

第五节　小城镇供热调配设施的设置

小城镇用户较多，用户对热媒参数要求各不同，各种用热设备的位置与距热源的距离也各不相同，所以热源供给的热介质参数很难适应所有用户的要求。为解决这一问题，往往在热源与用户之间设置一些热转换设施，将热网提供的热能转换为适当工况的热介质供应用户，这些设施就包括热力站和制冷站。

一、中继加压站

1. 中继加压站的作用和位置

中继加压站又称为中继泵站，是指在大型供热管网系统中，由于地势高差和供热距离过大等原因造成的管网系统难以满足较多用户的水力工况要求，而在网路供水或回水干管管段上设置的补水加压泵站。

中继加压站一般应设在单独的建筑物内，泵站与周围建筑物的距离，应考虑防止噪声对周围环境的影响。中继泵站的位置、泵站数量及中级水泵的扬程，应在管网水力计算和对管网水压图详细分析的基础上，通过技术经济比较确定。中继泵站不应建在环状管网的环线上。中继泵站应优先考虑采用回水加压的方式。

2. 中继加压站的适用场合

（1）大型热水供热管网。

（2）供热区域地形复杂，高差悬殊的热水供热管网。

（3）热水管网扩建。

3. 中继加压站的规模

中继泵站的规模与水泵流量有关，见表 8-11。

表 8-11　　　　　　　　　　　中继泵站建筑面积

项目＼流量	1000t	2000t	3000t	4000t
中继泵站建筑面积/m²	120.00	200.00	240.00	280.00

二、小城镇热力站

（一）小城镇热力站的作用与类型

1. 热力站的作用

热力站是供热网路与热用户的连接点。它的作用是根据热网工况和不同的条件，采用不同的连接方式，将热网输送的热媒加以调节、转换，向热用户系统分配热能以满足用户需求。

2. 热力站的类型

（1）根据服务对象不同，分为工业热力站和民用热力站。

（2）根据服务范围的不同，分为用户热力站、集中热力站和区域性热力站。

（二）小城镇热力站的位置

根据热力站规模大小和种类不同，分别采用单设或附设方式布置。只向少量用户供热的热力站多采用附设方式，设于建筑物地沟入口处或其底层和地下室。集中热力站服务范围较大，多为单独设置，但也有设于用户建筑物内部的。区域性热力站设置于大型供热网的供热干线与分支干线接点处，一般为单独设置。由于热力站是小区域的热源，因此它应位于小区热负荷中心，但工业热力站应尽量利用原有锅炉的用地。

（三）小城镇热力站的用地和规模

热力站的平面布置一般应包括泵房、值班室、仪表间、厨房和加热器间等。

热力站一般为单独的建筑物，其所需要的建筑面积与热力站所服务的供热面积有关，见表 8-12 和表 8-13。

表 8-12　　　　　　　　热水热力站（板式换热器）建筑面积

供热面积 项　目	5 万 m²	10 万 m²	15 万 m²	20 万 m²	25 万 m²	30 万 m²
热力站建筑面积/m²	180.00	200.00	220.00	240.00	260.00	280.00

表 8-13　　　　　　　　热水热力站（板式换热机组）建筑面积

供热面积 项　目	3 万 m²	5 万 m²	7 万 m²	10 万 m²	15 万 m²	20 万 m²
热力站建筑面积/m²	150.00	180.00	200.00	200.00	220.00	240.00

三、小城镇制冷站

1. 小城镇制冷站的作用

通过制冷设备将热能转化为低温水等冷介质供应用户是制冷站的功能。一些制冷设备在冬季时还可以转为供热，故亦称冷暖站。

制冷站可用使用高温热水或蒸汽作为加热源，也可使用煤气或油燃烧加热，还可用电驱动实现制冷。

2. 小城镇制冷站的位置和规模

小容量制冷机用于建筑空调，位于建筑内部；大容量制冷机可用于区域供冷或供暖，设于冷暖站内。

冷暖站的供热（冷）面积宜在 10 万 m^2 范围之内。

思 考 与 练 习

（1）在小城镇不同规划阶段的供热规划的主要内容。

（2）试述小城镇供热系统的组成内容。

（3）如何预测热负荷？

（4）试述小城镇集中供热热源的选择依据、选址原则及规模的确定。

（5）小城镇供热管网的形制如何选择？

（6）小城镇燃气中继加压站、热力站和制冷站的功能及选址要求是什么？

知 识 点 拓 展

集中供暖的历史发展

集中供热的方式始于 1877 年。当时美国纽约的洛克波特建成了第一个区域性锅炉房向附近 14 家用户供热。1880 年又利用带动发电机的往复式蒸汽机排汽供热。

20 世纪初，一些国家发展了热电站，实行热电联产，利用蒸汽轮机的抽汽或排汽供热，以后又利用内燃机和燃气轮机的排气供热。

第二次世界大战后，苏联、联邦德国以及东欧一些国家的集中供热发展较快。在莫斯科，热电站负担了 70% 的公用热负荷（区域锅炉房和大型锅炉房负担 15%），用燃料量少于 230g/（kW·h）。热电站供应的热能 85% 以上，是以热水方式供出的。

1973 年以来，由于能源供应紧张、燃料价格大幅度上涨，为了节约能源，改善环境，有更多国家重视和加快集中供热的发展。苏联生产和生活总热量的 70% 取自集中供热，丹麦有 1/3 以上的建筑物用集中供热。

中国的集中供暖制度始于 20 世纪的 50 年代，参照当时苏联的模式，初步建立了住宅锅炉供暖体系。作为苏联援建的 156 个重点建设项目之一，北京第一热电厂于 1957 年开始建设。1958 年 4 月 21 日，集中供热的第一条蒸汽管道光华线破土动工。1959 年沿长安街新建了为"国庆工程"十大建筑及中南海供热的重点工程——长安线。

而现行我国的供暖模式，由于新中国成立初期经济水平落后，能源紧缺，节约经济成本的前提下，优先考虑气候寒冷的北方地区。根据苏联的气候计算方法规定，室外温度 5℃ 以下定义为冬天。因此，只有累年日平均气温稳定低于或等于 5℃ 的日数大于或等于 90 天被界定为集中供暖的地区，主要包括华北、东北、西北等地区。

　　从那时起，如同住房等其他社会福利一样，供暖成为计划经济时代北方的一项重要的社会福利事业，曾是社会主义制度优越性的体现。而纵观世界各国的冬季取暖模式，无论是集中供暖的俄罗斯（即苏联）还是分户供暖的欧洲各国，都没有像中国这样以地理界限划分供暖区域。

　　近年很多南方小城镇，冬季日平均最低气温低于6℃的天数都在90天左右，甚至超过了100天，因此有关南北供暖"分隔线"的争议越来越多。近年来，湖南、湖北、江西、江苏等地的人大代表、政协委员亦频频提出要求供暖线南移的议案、提案。新中国成立初的供暖体系显然已经无法满足当下人的生活需求。

第九章 小城镇工程管线综合规划

教学目的： 在小城镇中，为了便于居民生活和发展生产，需要敷设给水、排水、电力、电信、燃气、热力等多种管道和线路，这些管道和线路统称为管线工程。通过本章的讲授，让学生了解小城镇工程管线的种类，掌握小城镇工程管线综合规划原则与技术规定、小城镇工程管线综合总体规划步骤、综合详细规划的步骤、管线综合设计方法知识。

教学重点： 小城镇工程管线的种类、小城镇工程管线综合规划原则与技术规定、小城镇工程管线综合总体规划步骤、综合详细规划的步骤、管线综合设计方法。

教学难点： 小城镇工程管线综合规划原则与技术规定、小城镇工程管线综合总体规划步骤、综合详细规划的步骤、管线综合设计方法。

第一节 概　　述

一、小城镇工程管线种类

小城镇工程管线种类多而复杂；根据不同性能和用途，不同的输送方式，敷设方式，不同的弯曲程度而有不同的分类。

（一）小城镇工程管线按性能与用途分类

1. 给水管道

给水管道包括工业给水，生活给水，消防给水等管道。

2. 排水沟道

排水沟道包括生活污水，工业污水，雨水等管道和明沟。

3. 电力线路

电力线路包括高压输电，高低压配电，生产用电，电车用电等线路。

4. 通信线路

通信线路包括本地网电话，长途电话，有线广播，有线电视等线路。

5. 热力管道

热力管道包括蒸汽，热水等管道。

6. 燃气管道

燃气管道包括煤气，天然气，液化石油气等管道。

7. 空气管道

空气管道包括新鲜空气，压缩空气等管道。

通常城市工程管线主要指上述前 6 种。

（二）小城镇工程管线按输送方式分类

1. 压力管线

压力管线指管道内的流动介质由外部施加力使其流动的工程管线，通过一定的加压设备将流动介质由管道系统输送给终端用户，如给水、燃气、供热管道即为压力输送管线。

2. 重力自流管线

重力自流管线指管道内流动着的介质由重力作用沿其设置的方向流动的工程管线，如污水和雨水管道即为重力自流输送管线。这类管线有时还需要中途提升设备将流体介质引向终端。

（三）小城镇管线按敷设方式分类

1. 架空线

架空线指通过地面支撑设施在空中布线的工程管线，如架空电力线、架空电话线等。

2. 地铺管线

地铺管线指在地面铺设明沟或盖板沟的工程管线，如雨水沟渠。

3. 地埋管线

地埋管线指在地面下有一定覆土深度的工程管线。根据覆土深度的不同，地下敷设管线可分为深埋和浅埋两类。是深埋还是浅埋，主要取决于：①有水的管道和含有水分的管道在寒冷的情况下是否怕冰冻；②土壤冰冻的深度。所谓深埋，是指管道的覆土深度大于 1.5m，如我国北方的土壤冰冻线较深，给水，排水，煤气（指含有水分的湿煤气）等管道均属于深埋一类；而热力管道，电信管道，电力电缆等不受冰冻的影响，埋设较浅，属于浅埋一类。由于土壤冰冻深度随着各地的气候不同而变化，如我国南方冬季土壤不冰冻，或者冰冻深度只有十几厘米，给水管道的最小覆土深度就可以小于 1.5m，因此，深埋和浅埋不能作为地下管线的固定分类方法。

（四）小城镇工程管线按弯曲程度分类

1. 可弯曲管线

可弯曲管线指通过某些加工设施，容易将其弯曲的工程管线，如电信电缆，电力电缆，自来水管道等。

2. 不易弯曲管线

不易弯曲管线指通过加工措施，不易将其弯曲的工程管线或强行弯曲会损坏的工程管线，如污水管道等。

工程管线的分类方法很多，通常根据工程管线的不同用途和性能来划分，即主要采用第一种分类方法。各种分类方法反映了管线的特性，是进行工程管线综合时管线避让的依据。

（五）通常需要进行综合的小城镇工程管线

小城镇工程管线综合规划设计中常见的管线主要有按性能及用途分类的六种。小城镇开发中通常提到的"七通一平"中的七通即指：给水管、排水管、电力线路、通信线路、热力管道、燃气管道通畅和场地平整。

六种常见管道是小城镇工程管线综合的主要研究对象，这些工程管线的设计通常是由各自独立的专业设计单位承担。小城镇工程管线综合规划与设计工作首先是收集各专业现状和规划设计资料，较为复杂，综合性强。

二、小城镇工程管线综合工作阶段划分

各工程管线从规划、设计到建成使用，需要一个过程，在此过程中的各阶段及其工作内容和深度是不同的，综合工作一般分为以下三个阶段。

1. 规划综合

工程管线规划综合是小城镇总体规划的一个组成部分，它是以各项工程管线的规划资料为依据而进行总体布置并编制综合示意图。规划综合的主要任务是要解决各项工程管线的主干管线在系统布置上存在的问题，并确定主干管线的走向。对于管线的具体位置，除有条件以及必须定出的个别控制点外，一般不作规定，因为单项工程在下阶段设计中，根据测量选线，管线的位置将会有若干的变动和调整（沿道路敷设的管线，则可以道路横断面图中定出）。

2. 初步设计综合

按照小城镇规划工作阶段划分，初步设计综合相当于详细规划阶段的工作，它根据各项工程管线的初步设计资料来进行综合。设计综合不但要确定各项工程管线具体的平面位置，而且还应检查管线在立面上有无问题，并解决不同管线在交叉处所发生的矛盾。这是与规划综合在工作上的主要区别。由于各工程管线的建设的设计进度先后不一，因此，设计综合往往只能在大多数工程或者几项主要工程的初步设计的基础上进行编制，而不可能等待各项工程都完成了初步设计才进行设计。此外，编制工程管线综合，应引用单项工程最近设计阶段的资料。如编制设计综合时，个别工程已完成了施工详图，则应以该项工程的施工详图作为综合的资料，不再用该项工程的初步设计。

3. 施工详图调整

工程管线经过初步设计综合后，对管线的平面和立面位置都已作了安排，设计中的矛盾也已解决，一般来说，各单项工程的施工详图之间不至于再发生问题。但是，单项工程设计单位在编制施工详图过程中，由于设计进一步深入，或者由于客观情况变化，施工详图中的管线位置可能有若干变动，因此，需对单项工程的施工详图进行核对检查、调整以解决由于改变设计后所产生的新的矛盾。由于施工详图完成后往往就进行施工，所以核对和检查工作通常只能个别进行，而难于集中几项工程的施工详图同时进行。在单项工程施工前，通常要先向城市建设管理部门申请，经许可后方可施工。核对和检查施工详图的工作一般划入小城镇建设管理工作范围之内。

综上所述，不同的综合工作阶段有着不同的任务和内容，它们既有区别，又有联系，

前一工作阶段可为后一阶段提供条件，而后一阶段又补充和修改前一阶段的内容。划分了工作阶段，就可以根据不同发展阶段的工作性质确定不同的任务和内容，从而采取相应的措施。

第二节　小城镇工程管线综合规划原则与技术规定

一、小城镇工程管线综合布置原则

小城镇工程管线综合布置的一般原则如下：

（1）各种管线的位置都要采用统一的坐标系统及标高系统。

（2）管线综合布置应与总平面布置、竖向设计和绿化布置统一进行，应使管线之间、管线与建（构）筑物之间在平面及竖向上相互协调、紧凑合理。

（3）应充分利用现状工程管线。当现状工程管线不能满足需要时，经技术、经济比较后，可废弃或抽换。

（4）管线的布置应与道路或建筑红线平行，同一管线不宜自道路一侧转到另一侧。

（5）在满足生产、安全、检修的条件下节约用地。当经济术经济比较证明合理时，应共架、共沟布置。

（6）应减少管线与铁路、道路及其他干管的交叉。当管线与铁路或道路交叉时应为正交；在困难情况下，其交叉角不宜小于 $45°$。

（7）在山区，管线敷设应充分利用地形，并应避免山洪、泥石流及其他地质灾害的危害。

（8）管线布置应全面规划，近远期结合。近期管线穿越远期用地时，不应影响远期用地使用。

（9）工程管线与建筑物、构筑物之间以及工程管线之间水平距离应符合规范规定。当受道路宽度、断面以及现状工程管线位置等因素限制难以满足要求时，可重新调整规划道路断面或宽度。

（10）充分利用现状管线。改建、扩建工程中的管线综合布置，不应妨碍现有管线的正常使用。当管线间距不能满足规范规定时，在采取有效措施后，可适当减小。一般地，管线综合布置应按下列顺序，自建筑红线或道路红线向道路中心线方向平行布置：①电力电缆；②电信电缆；③燃气配气管；④给水配水管；⑤热力干管；⑥燃气输气管；⑦给水输水管；⑧雨水排水管；⑨污水排水管。

（11）敷设主管道干线的综合管沟应在车行道下，其覆土浓度必须根据道路施工和行车荷载的要求，综合管沟的结构强度以及当地的冰冻深度等确定。敷设支管的综合管沟，应在人行道下，其埋设深度可较浅。

（12）电信线路与供电线路通常不合杆架设。在特殊情况下，征得有关部门同意，并采取相应措施后（如电信线路采用电缆或皮线等）可合杆架设。同一性质的线路应尽可能合杆，如高、低压供电线等。高压输电线路与电信线路平行架设时，要考虑强电对弱电的干扰与影响。

（13）管线综合布置时，干管应布置在用户较多的一侧或将管线分类布置在道路两侧。

（14）综合布置管线时，管线之间或管线与建筑物、构筑物之间的水平距离除了要满足技术、卫生、安全等要求外，还必须符合国家的有关规定。

某综合管沟内管线布置图见图 9-1

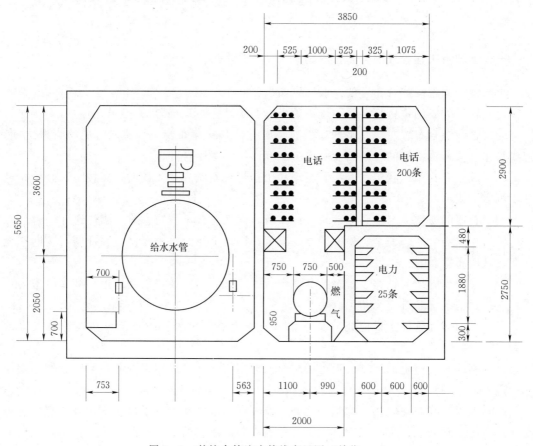

图 9-1　某综合管沟内管线布置图（单位：m）

二、小城镇地下工程管线避让原则

在小城镇规划中，当工程管线综合布置地下，发生矛盾时，应按下列避让原则进行处理：

（1）压力管让自流管。

（2）管径小的让管径大的。

（3）易弯曲的让不易弯曲的。

（4）临时性的让永久性的。

（5）工程量小的让工程量大的。

（6）新建的让现有的。

（7）检修次数少的、方便的，让检修次数多的，不方便的。

三、小城镇工程管线共沟敷设原则

一般情况下，在小城镇中，管线一般不采用管沟敷设，但当遇到下列情况之一，工程管线宜采用综合管沟集中敷设。

（1）交通运输繁忙或工程管线较多的机动车道、城镇主干道。

（2）不宜开挖路面的路段。

（3）同时敷设两种以上工程管线或多回路电缆的道路。

（4）道路宽度难以满足直埋敷设多种管线的路段。

在小城镇中，工程管线同沟进行敷设时，应遵循以下原则。

1）热力管不应与电力、通信电缆和压力管道共沟。

2）电信电缆管线与高压输电电缆管线必须分开设置，给水管线与排水管线可以同侧设置。

3）排水管道应布置在沟底，当沟内有腐蚀性介质管道时，排水管道应位于其上面。

4）管沟应与道路中心线平行。根据各种工程管线相互交叉关系、管沟断面尺寸等因素，管沟可布置在机动车道下、非机动车道下或人行道下。其覆土深度应根据道路施工、行车荷载、管沟结构强度及当地冰冻深度等因素综合确定。

5）腐蚀性介质管道的标高应低于沟内其他管线。

6）火灾危险性属于甲、乙、丙类的液体、液化石油气、可燃气体、毒性气体和液体以及腐蚀性介质管道，不应共沟敷设，并严禁与消防水管共沟敷设。

7）凡有可能产生互相影响的管线不应共沟敷设。

四、综合术语与技术规定

1. 综合术语

（1）管线水平净距：指平行方向敷设的相邻两管线外表面之间的水平距离。

（2）管线垂直净距：指两条管线上、下交叉敷设时，从上面管道外壁最低点到下面管道外壁最高点之间的垂直距离。

（3）管线埋设深度：指地面到管道底（内壁）的距离，即地面标高减去管底标高。

（4）管道覆土深度：指地面到管道顶（外壁）的距离。即地面标高减去管顶标高。

（5）同一类别管线：指相同专业具有同一使用功能的工程管线。

（6）不同类别管线：指具有不同使用功效的工程管线。

（7）专项管沟：指敷设同一类别管线的专用管沟。

（8）综合管沟：指不同类别工程管线的专用管沟。

2. 地下工程管线的技术规定

（1）地下工程管线最小水平净距（表9-1）。

（2）地下工程管线交叉时最小垂直净距（表9-2）。

（3）地下工程管线最小覆土深度（表9-3）。

（4）架空工程管线与建筑物最小水平净距（表9-4）。

（5）架空工程管线交叉时最小垂直净距（表9-5）。

表9-1

地下工程管线最小水平净距表

序号	管线名称		1 建筑物	2 给水管 d≤200(mm)	d>200(mm)	3 排水管	4 燃气管 低压	中压 B	中压 A	高压 B	高压 A	5 热力管 直埋	地沟	6 电力电缆 直埋	缆沟	7 电信电缆 直埋	管道	8 乔木	9 灌木	10 地上杆柱 通信、照明及<10kV	高压杆塔基础边 ≤35kW	>35kW	11 道路侧石边缘	12 铁路钢轨(或坡脚)
1	建筑物			1.0	3.0	2.5	0.7	1.5	2.0	4.0	6.0	2.5	0.5	0.5		1.0	1.5	3.0	1.5					6.0
2	给水管	d≤200(mm)	1.0			1.0	0.5	0.5	1.0	1.0	1.5	1.5		0.5		1.0	1.0	1.5		0.5	3.0		1.5	5.0
		d>200(mm)	3.0			1.5			1.2		2.0													
3	排水管		2.5	1.0	1.5		1.0		1.2	1.5	2.0	1.5		0.5		1.0	1.5	1.5		0.5	1.5		1.5	5.0
4	燃气管	低压 $p{\leq}0.005\text{MPa}$	0.7	0.5		1.0						1.0		0.5		0.5	1.0			1.0	1.0	5.0	1.5	
	中压	B $0.005{<}p{\leq}0.2\text{MPa}$	1.5									1.0		$D{\leq}300\text{mm}$ 0.4				1.2	1.2		1.0			5.0
		A $0.2{<}p{\leq}0.4\text{MPa}$	2.0			1.2						1.5		$D{>}300\text{mm}$ 0.5									2.5	
	高压	B $0.4{<}p{\leq}0.8\text{MPa}$	4.0	1.0		1.5						1.5	2.0	1.0				1.5	1.5	1.0	3.0			
		A $0.8{<}p{\leq}1.6\text{MPa}$	6.0	1.5		2.0						2.0	4.0	1.5						2.0				
5	热力管	直埋	2.5	1.5		1.5	1.0			2.0				2.0		1.0		1.5	1.5	1.0	3.0		1.5	1.0
		地沟	0.5																	2.0				

续表

序号	管线名称		1 建筑物	2 给水管 d≤200(mm)	2 给水管 d>200(mm)	3 排水管	4 燃气管 低压 B	4 中压 B	4 中压 A	4 高压 B	4 高压 A	5 热力管 直埋	5 地沟	6 电力电缆 直埋	6 缆沟	7 电信电缆 直埋	7 管道	8 乔木	9 灌木	10 地上杆柱 通信、照明及<10kV	10 高压杆塔基础边 ≤35kV	10 >35kV	11 道路侧石边缘	12 铁路钢轨(或坡脚)
6	电力电缆	直埋	0.5	0.5	0.5	0.5	0.5	0.5	1.0	1.0	1.5	2.0	1.0			0.5	0.5	1.0		0.6	0.6		1.5	3.0
6	电力电缆	缆沟	1.0	0.5	0.5	1.0	0.5		1.0	1.0	1.5	1.0				0.5	0.5	1.5		0.5	0.6		1.5	2.0
7	电信电缆	直埋	1.5	1.0	1.5	1.5	1.0	1.2	1.0	1.0	5.0	2.0	1.0	0.5	1.0			1.5		1.5			0.5	1.5
7	电信电缆	管道	3.0	0.5	0.5	0.5	1.0	1.0	5.0	1.0	1.0	1.0	0.6	0.6		1.5							
8	乔木(中心)		1.5	3.0	1.5	1.5	1.5			2.5	3.0	1.5	1.5	1.0									
9	灌木			1.5	1.5					1.5	0.5	0.6											
10	地上杆柱	通信,照明及≤10kV														1.5		0.5					
10	高压铁塔基础边	≤35kV					5.0														0.5		
10	高压铁塔基础边	>35kV																			0.5		
11	道路侧石边缘			1.5	1.5	1.5	1.5																
12	铁路钢轨(或坡脚)		0.6	5.0			2.5				1.0	3.0	2.0										

表 9 - 2 地下工程管线交叉时最小垂直净距

敷设在上面的管线名称 净距	埋设在下面的管线名称	给水管线	排水管线	热力管线	燃气管线	电信管线		电力管线	
						直埋	管块	直埋	管沟
给水管线		0.15	—	—	—	—	—	—	—
排水管线		0.40	0.15	—	—	—	—	—	—
热力管线		0.15	0.15	0.15	—	—	—	—	—
燃气管线		0.15	0.15	0.15	0.15	—	—	—	—
电信管线	直埋	0.50	0.50	0.15	0.50	0.25	0.25	—	—
	管块	0.15	0.15	0.15	0.15	0.25	0.25	—	—
电力管线	直埋	0.15	0.50	0.50	0.50	0.50	0.50	0.50	0.50
	管沟	0.15	0.50	0.50	0.50	0.50	0.50	0.50	0.50
沟渠（基础底）		0.50	0.50	0.50	0.50	0.50	0.050	0.50	0.50
涵洞（基础底）		0.15	0.15	0.15	0.15	0.20	0.25	0.50	0.50
铁路（轨底）		1.00	1.20	1.20	1.20	1.00	1.00	1.00	1.00

注 表中 0.50 表示电压等级≤35kV 时，电力管线雨热力管线最小垂直净距为 0.50m；若＞35kV、应为 1.00m。

表 9 - 3 地下工程管线最小覆土深度

管线名称		最小覆土深度/m		备 注
		人行道下	车行道下	
电力管线	直埋	0.60	0.70	10kV 以上电缆应不小于 1.0m
	管沟	0.40	0.50	敷设在不受荷载的空地下时，数据可适当减小
电信管线	直埋	0.70	0.80	
	管块	0.40	0.70	敷设在不受荷载的空地下时，数据可适当减小
热力管线	直埋	0.60	0.70	
	管沟	0.20	0.20	
燃气管线		0.60	0.80	冰冻线以下
给水管线		0.60	0.70	根据冰冻情况、外部荷载、管材强度等因素确定
雨水管线		0.60	0.70	冰冻线以下
污水管线		0.60	0.70	

表 9 - 4　　　　　　　　　架空工程管线与建筑物最小水平净距

名称		建筑物 （突出部分）	道路 （路基边石）	铁路 （轨道中心）	通信管线	热力管线
电力	10kV 以下杆中心	2.0	0.5	杆高加 3.0	2.0	2.0
	35kV 边导线	3.0	0.5	杆高加 3.0	4.0	4.0
	110kV 边导线		0.5	杆高加 3.0	4.0	4.0
电信管线		2.0	0.5	4/3 杆高		1.5
热力管线		1.0	1.5	3.0	1.5	

表 9 - 5　　　　　　　　　架空工程管线交叉时最小垂真净距

名称		建筑物 （顶端）	道路 （路面）	铁轨 （轨顶）	电力管线		热力管线
					电力线有 防雷装置	电力线无 防雷装置	
电力管线	10kV 以下	3.0	7	7.5	2	4	2.0
	35～110kV	4.0	7	7.5	3	5	3.0
电信管线		1.5	4.5	7.0	0.6	0.6	1.0
热力管线		6.0	4.5	5.5	1.0	1.0	0.25

第三节　小城镇工程管线综合总体规划步骤

一、小城镇总体规划中工程管线的基础资料收集

基础资料收集是小城镇工程管线综合总体规划的基础性工作，应尽可能详细、准确地进行收集。

（一）自然资料

自然资料包括地形、地貌、地面高程，河流水系，气象等。

（二）土地利用状况

土地利用状况包括各类用地的现状与规划布局。

（三）人口分布资料

人口分布资料包括现状和规划居住人口的分布。

（四）道路系统资料

道路系统资料包括现状和规划的小城镇道路系统。

（五）有关工程管线规范

国家和有关主管部门对工程管线敷设的规范，尤其是当地部门对工程管线布置的特殊规定，例如，南、北方城镇因土壤和冰冻深度不同，对给水、排水等管道的最小埋深及覆土深度有不同规定。

（六）各工程专业现状和规划资料

各工程管线现状分布，各工程专业部门对本系统的近、远期规划设想。

1. 给水工程资料

给水工程资料包括小城镇现有、在建和规划的水厂，地面、地下取水工程的现状和规划资料，包括水厂规模、位置，用地范围，地下取水构建物的规模、位置，以及水源卫生防护带；区域输配水工程管网现状和规划，包括配水管网的布置形式（枝状、环状等），给水干管的走向、管径及在小城镇道路中的平面位置和埋深情况。

2. 排水工程资料

排水工程资料包括小城镇现状和规划的排水体制；现状和规划的雨水、污水工程管网，包括雨水、污水干管的走向、管径及在小城镇道路中的平面位置，雨水干渠的截面尺寸和敷设方式，雨水、污水的干管埋深情况，雨水、污水泵站的位置，排水口的位置等。

3. 供电工程资料

供电工程资料包括小城镇现状和规划电厂、变电所的位置、容量、电压等级和分布形式（地上、地下）；现状和规划的高压输配电网布局，包括高压电力线路（35kV 及以上）的走向、位置、敷设方式，高压走廊位置与宽度、高压输配线路的电压等级，电力电缆的敷设方式（直埋、管路等）及其在小城镇道路中的平面位置和埋深要求。

4. 通信工程资料

通信工程资料包括小城镇现状和规划的邮电局所规模及分布；现状和规划电话网络布局，包括小城镇内各种电话（本地电话、农村电话、长途电话）干线的走向、位置、敷设方式，电话主干电缆、中继电缆的断面形式，通信光缆和电话电缆在小城镇道路中的平面位置和埋深情况；有线电视台的位置、规模，有线电视干线的走向、位置、敷设方式；有线电视主干电缆的断面形式，在小城镇道路中的平面位置和埋深要求等。

5. 供热工程资料

供热工程资料包括小城镇现状和规划的热源状况，包括热电厂、区域锅炉房、工业余热的分布位置和规模；现状和规划的热力网布局，包括热网的供热方式（蒸汽供热、热水供热），蒸汽管网的压力等级，蒸汽、热水干管的走向、位置、管径，热力干管的敷设方式（架空、地面、地下）及在小城镇道路中的平面位置，地下敷设供热干管的埋深要求。

6. 燃气工程资料

燃气工程资料包括小城镇现状和规划燃气气源状况，包括小城镇采用的燃气种类（天然气、各种人工煤气、液化石油气），天然气的分布位置，储气站的位置、规模，煤气制气厂的位置和规模，对储气站的位置和规模，液化石油气气化站的位置和规模等。现状和规划的小城镇燃气系统布局，包括小城镇各种燃气供应范围，燃气管网的形式（单级系统、二级系统、多级系统）和各级系统的压力等级，燃气干管的走向、位置、敷设方式，以及在小城镇道路中的平面位置和埋深情况，各级调压设施的位置。

二、总体规划管线综合的步骤

小城镇工程管线综合总体规划的第二阶段工作是对所收集的基础资料进行汇总，将各项内容汇总到管线综合平面图上，检查各工程管线规划是否矛盾，并提出综合协调方案。

1. 制作工程管线规划底图

制作底图是一项比较繁重的工作，规划人员要对基础资料进行筛选，有选择地摘录与工程管线综合有关的信息，要求既全又精。一张精炼的底图能清晰明了地反映各专业工程管线系统及其相互关系，是管线综合协调的基础。因此，制作底图的工作应当精心、耐心、细致。

2. 综合协调定案

规划综合协调是以单项工程（专项工程）的现状、规划资料为基础，在工程管线综合原则的指导下进行统一总体布局，主要解决各项工程的主干管在总体布局上的问题，并检查各工程管线规划自身是否符合规范，如各工程管线是否过分集中在某一道路上，管线走向是否出现矛盾等。调整或完善综合方案，在此基础上，绘制工程管线综合规划图，标出必要的数据，并附注扼要的说明。由于该阶段的主要任务是总体布局，因此对于管线的具体位置，除必须定出的少数控制点外，一般不作具体规定。但应对各项单项工程的规划布局提出修改建议。对于已确定的管线，则可在道路断面图上标出其具体位置。

三、编制小城镇工程管线综合总体规划成果

经过汇总、协调，并确定工程管线综合总体规划方案后，就应编制其规划成果。其规划成果包括图纸和说明书两部分。

（一）规划图纸

1. 规划平面图

图纸比例通常采用 1：2000～1：5000，比例尺大小随小城镇规模、管线的复杂程度而有所变更，应尽可能与小城镇总体规划图比例一致。图上反应的主要内容有：

（1）自然地形，主要的地物、地貌以及表明地势的等高线。

（2）主要规划用地、道路网、铁路等。

（3）各种工程管线和主要工程设施，以及防洪堤、防洪沟等。

（4）道路横断面所在的地段。

2. 道路标准横断面图

图纸比例通常采用 1：200，图纸内容有：

（1）道路各组成部分，如机动车道、非机动车道、人行道、绿化分隔带、绿化带等。

（2）各工程管线在道路下的位置。

（3）道路横断面编号。

工程管线道路标准横断面图的绘制方法比较简单，即根据该路的各管线布置位置和次序一一配入小城镇总体规划所确定的横断面，并标注必要的数据。对于在配置管线位置时，树冠与架空线路、树根与地下管线的矛盾，要合理加以解决。道路横断面的各种管线与建筑物的距离，应符合各有关单项设计规范的规定。

绘制小城镇工程管线综合总体规划图时，通常不把电力和电信架空线路绘入综合总体规划图中，而在道路横断面图中定出它们与建筑红线的距离，就可以控制它们的平面位置。如果把架空线路也绘入综合规划图，会使图面过于复杂和繁乱。

（二）总体规划说明书

总体规划说明书内容包括对所综合的管线的说明，引用资料和资料准确程度的说明，

管线综合规划的原则和依据，单项专业工程详细规划与设计应注意的问题等。

第四节　小城镇工程管线综合详细规划的步骤

一、详细规划的基础资料收集

（1）自然地形资料：规划区内的地形、地貌、地物、地面高程、河流水系等。一般由规划委托方提供的最新地形图（1∶500～1∶2000）上取得。

（2）土地利用状况资料：规划区内详细规划平面图（1∶500～1∶2000），规划区内现有和规划的各类用地，建筑物、构筑物、铁路、道路、硬装铺地、绿化用地等。

（3）道路系统资料：规划区内现状和规划道路系统平面图（1∶500～1∶2000），各条道路横断面图（1∶100～1∶200），道路控制点标高等。

（4）小城镇工程管线综合总体规划资料：小城镇工程管线排列原则和规定，本规划区各种工程设施的布局，各种工程管线干管的走向、位置、管径等。

（5）各专业工程现状和规划资料：规划区内现状各类工程设施和工程管线分布，各专业工程详细规划的初步设计成果，以及相应的技术规范。小城镇给水、排水、供电、电信、供热、燃气等工程管线综合详细规划的初步设计成果，以及相应的技术规范。小城镇给水、排水、供电、电信、供热、燃气等工程管线综合详细规划需收集的基础资料。

二、详细规划管线综合的步骤

（1）准备底图。

（2）工程管线平面综合。

通过工程管线综合规划图的编制，各种管线在平面上的相互位置与关系，管线与建筑物、构筑物的关系已清楚。然后，在工程管线综合原则的指导下，检验各工程管线水平排列、不同种类管线之间的相互关系是否符合有关规定要求。如发现问题，应组织专业人员进行研究，确定平面综合的方案。

（3）工程管线竖向综合。通过上述步骤，基本可以解决管线自身及管线之间，管线和建筑物、构筑物之间在平面上的矛盾。本阶段主要是检查路段和道路交叉口工程管线在竖向上配置是否合理，管线交叉的垂直净距是否符合有关规范规定。若有矛盾，需与各专业工程详细规划设计人员共同研究、协调、共同修改各专业工程管线详细规划，确定管线综合调整方案。

1）路段检查主要在道路断面图上进行，逐条逐段检查每条道路横断面中已经确定平面位置的各类管线有无垂直净距不足的问题。依据收集的基础资料，绘制各条道路横断面图，根据各工程详细规划初步设计成果中工程管线的截面尺寸、标高，检查相邻两条管道之间的垂直净距是否符合规范，在深埋允许的范围内给予调整，从而调整专业工程详细规划。

2）道路交叉口是工程管线分布最复杂的地区，多个方向的工程管线在此交叉，同时交叉口又是工程管线的各种管井密集的地区。因此交叉口的管线综合是工程管线综合详细规划的重点。有些工程管线埋深虽然相近，但在路段上不易彼此干扰，而到了交叉口就容易产生矛盾。在进行交叉口的工程管线综合有关规范和当地关于工程管线净距的规定，调整部分工程管线标高，使各种工程管线在交叉口处能安全有序地敷设。

三、编制小城镇工程管线综合详细规划成果

1. 小城镇工程管线综合详细规划平面图编制

小城镇管线综合详细规划平面图的图纸比例通常采用1：1000。图中内容和编制方法，基本与综合总体规划图相同，但在内容深度上有所差别。编制综合详细平面图时，需确定管线在平面上的具体位置，道路中心线交叉点、管线的起始点、转折点以及各大单位管线进出口处的坐标及标高。

2. 管线交叉点标高图。

此图的作用是检查和控制交叉管线的高程即竖向位置。图纸比例大小及管线的布置和综合详细平面图相同，并在道路的每个交叉口上编上号码，便于查对。

管线交叉点标高等表示方法有以下几种：

（1）在每个管线交叉点处画一垂直简表，然后把地面标高、管线截面大小（用直径表示）、管底标高以及管线交叉处的垂直净距等项填入表中，如图9-2中的交叉路口所示。如果发现交叉管线发生冲突，则将冲突情况和原设计的标高在表下注明，将修正后的标高填入表中，表中管线截面尺寸单位一般用mm，标高等均用m。这种表示方法使用比较方便，但当管线交叉点较多时，往往会出现在图中绘不下的情况。

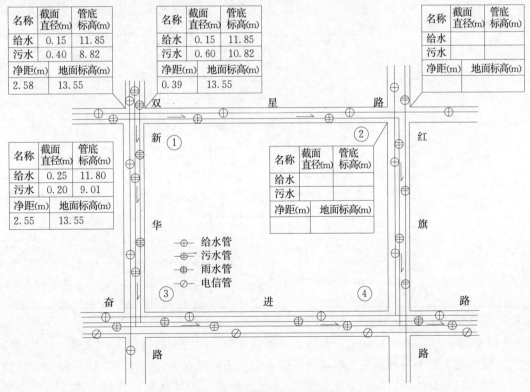

图9-2 管线交叉点标高图

（2）先将管线交叉点编上号码，而后依照编号将管线标高等数据填入，另外绘制交叉管线垂距表，有关管线冲突和处理的情况则填入垂距表的附注栏内，修正后的数据填入相应各栏中（表9-6）。这种方法不受管线交叉点标高图面大小的限制，但使用起来不如前一种方便。

（3）一部分管线交叉点用垂距简表绘在标高图上，对另一部分交叉点则进行编号，并将数据填入垂距表中。当道路交叉口的管线交叉点很多而无法在标高图中注清楚时，通常又用较大的比例（1：1000～1：500）把交叉口画在垂距表的第一栏内。采用此法时，往往把管线交叉点较多的交叉口，或者管线交叉点虽少但在竖向发生冲突的交叉口，列入垂距表中，见表9-6。

表9-6　　　　　　　　　　　　　　交叉管线垂距表

道路交叉口图	交叉口编号	管线交点编号	交点处的地面标高	上面				下面				附注
				名称	截面/m	管底标高	埋设深度/m	名称	截面/m	管底标高	埋设深度/m	垂直净距/m	
	20	1		给水				污水					
		2		给水				雨水					
		3		给水				雨水					
		4		雨水				污水					
		5		给水				污水					
		6		电信				污水					
	21	1		给水				污水					
		2		给水				雨水					
		3		给水				雨水					
		4		雨水				污水					
		5		给水				污水					
		6		雨水				污水					
		7		电信				给水					
		8		电信				雨水					
		1											
		2											

注　⊕—给水管；⊛—污水管；⊙—雨水管；⊘—电信管。

（4）不绘制交叉管线标高图，而将每个道路交叉口用较大的比例（1：1000－1：500）分别绘制，每个图中附有该交叉路口的垂距表。此法的优点是交叉口图的比例较大，比较清晰，使用起来也较灵活简便，缺点是绘制时较费工，如果要观察管线交叉点的全面情况，不如第一种方法方便。

（5）不采用管线交叉点垂距表的形式，而将管道直径、地面控制高程直接注在平面图上（1∶500）。然后将管线交叉点两管相邻的外壁高程用线分出，注于图纸空白处。这种方法适用于管线交叉点较多的交叉口，优点是能看到管线的全面情况，绘制时也较简便，使用灵活。见图9-3。表示管线交叉点标高的方法较多，采用何种方法应根据管线种类、数量，以及当地的具体情况而定。总之，管线交叉点标高图应简单明了、使用方便，不一定拘泥于某种表示方法，其内容可根据实际需要增减。

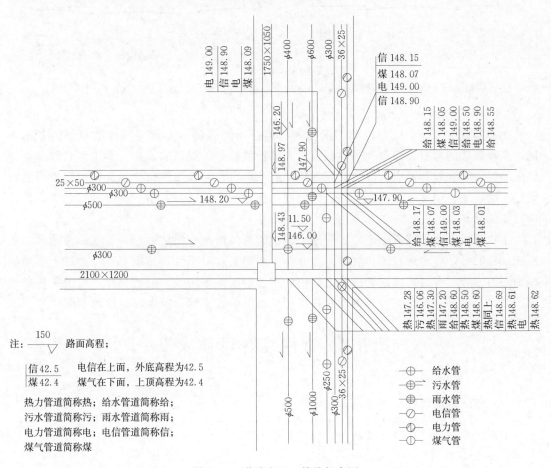

图9-3　道路交叉口管线标高图

3. 修订道路断面标准横断面图

工程管线综合详细规划时，有时由于管线的增加或调整规划所作的布置，需根据综合详细平面图，对原有配置在道路横断面中的管线位置进行补充修订。道路标准横断面的数量很多，通常是分别绘制，汇订成册。

图9-4为某道路横断面图。

在现状道路下配置管线时，一般应尽可能保留原有的路面，但需根据管线拥挤程度、路面质量、管线施工时对交通的影响以及近远期结合等情况作方案比较，然后确定各种管线的位置。同一道路的现状横断面和规划横断面均应在图中表示出来。表示的方法可采用不同的图例和文字注释绘在一个图中（图9-5），或将二者分上下两行绘制。

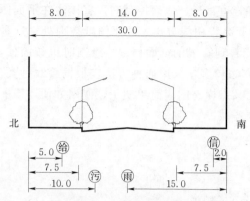

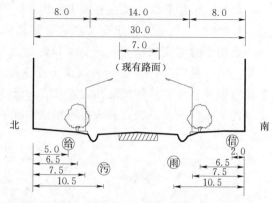

图 9-4　规划道路工程管线横断面图（单位：m）　　图 9-5　现状道路工程管线横断面图（单位：m）

4. 工程管线综合详细规划说明书

工程管线综合详细规划说明书的内容，包括所综合的各专业工程详细规划的基本布局，工程管线的布置，国家和当地城市对工程管线综合的规范和规定，本工程管线综合详细规划的原则和规划要点，以及必须叙述的有关事宜；对管线综合详细规划中所发现的目前还不能解决，但又不影响当前建设的问题提出处理意见，并提出下一阶段工程管线设计应注意的问题。

工程管线综合详细规划图，应根据小城镇的具体情况有所增减，如管线简单地段、图纸比例较大时，可将现状图和规划图合并在一张图上；对于管线情况复杂的地段，可增绘辅助平面图等。有时，根据管线在道路中的布置情况，采用较大的比例尺，按道路逐条绘制图纸。总之，应根据实际需要，并在保证质量的前提下尽量减少综合规划工作量。

第五节　管线综合设计成果

一、设计资料收集

工程管线综合设计阶段的基础资料需收集以下几类。

1. 设计范围内详细规划资料

（1）详细规划总平面图。

（2）道路规划图。

（3）竖向规划图。

（4）各专业工程详细规划图。

2. 设计范围内工程管线综合详细规划资料

（1）管线综合详细规划剖面图。

（2）道路标准横断面图。

（3）交叉口工程管线平面布置图。

3. 设计范围内道路工程设计资料

（1）道路设计平面图。

（2）道路桩号和控制点标高图。

（3）道路横断面布置图，以及横断面在平面图中的剖切位置。

（4）道路分段纵断面图，包括道路纵坡、坡度、坡向、起止点设计标高。

（5）路面结构图。

4. 设计范围内各专业工程管线设计资料

（1）给水管网设计图，内容包括设计范围内给水干管、支管、过路管的分布，水平位置、管径、管底标高；管径变化点的具体位置、管底标高；配水构筑物的设计详图以及与给水管网的衔接方式。

（2）雨水管网设计图，内容包括设计范围内各级雨水管道的分布，具体位置、管径、管底标高、坡度；变坡点位置和管底标高、管径；管径变化点的具体位置、管底标高；雨水泵站、窨井排水口的具体位置设计详图。

（3）浅层水管网设计图，内容包括设计范围内污水干管、支管、过路管网的分布、具体管径、管底标高、坡度；变坡点位置和管底标高、管径；管径变化点的具体位置、管底标高；污水检查井、污水泵站的具体位置、形式和设计样图；该范围内污水处理厂的设计详图及其与污水管网的衔接方式。

（4）燃气管网设计图，内容包括设计范围内燃气干管、支管、过路管的分布、具体管径、管底标高、坡度；变坡点位置和管底标高、管径；管径变化点的具体位置、管底标高；燃气站、燃气调压站的具体位置和设计详图。如果燃气管网办理送的是煤气，还应包括集水器的具体位置和详图。

（5）电力管网设计图，包括设计范围内电力管网的敷设方式；电力排管的分布、具体位置、孔数、截面尺寸、管底标高；共井的具体位置和设计详图；过路管的具体位置、孔数、截面尺寸；直埋电力电缆的分布、水平位置、回数、截面形式、电缆底部和缆顶部标高；该范围内各级电源、变配电设备的具体位置和设计详图。

（6）电话网络设计图，包括设计范围内电话管网的敷设方式；电话管道的分布、具体位置、孔数、截面尺寸、管底标高、标高；电话共井的具体位置和设计详图；直埋电话电缆的分布、水平位置、回数、截面形式、电缆底和电缆顶标高；电话局所、电话交换箱的具体位置、设计详图及其与管的衔接方式。

（7）供热管网设计图，包括设计范围内热力管道的敷设方式、分布、管径、管底标高、坡度；变坡点位置和管底标高；管径变化点的具体位置、管底标高；通行地沟位置和设计详图；抢修孔的数量、具体位置和设计详图。

二、综合设计成果

工程管线综合设计成果以图纸为主，辅以少量文字说明。工程管线综合设计图纸如下。

1. 设计平面图

此图表示综合设计范围内道路平面、道路交叉口中心线的坐标、路面标高、各类工程管线、泵站、井位、过路管、支管接口等具体平面位置。图纸比例通常为1：500，若设计范围过大，图纸比例也可采用1：1000。

2. 道路横断面图

此图为工程管线综合设计范围内，各条道路的标准横断面和控制点断面经综合协调确定后的各种工程管线水平和竖向排列图，各横断面图表示道路断面、各种工程管线的水平位置、管径、截面形式与尺寸、水平净距、地下工程管线的路段控制标高等。图纸比例通常为1∶50～1∶100。

3. 道路交叉口详图

该图为每个道路交叉口，或过路管密集地段的各种工程管线、各种井位综合布置平面图。图纸表示交叉口各种工程管线，各类井位的具体平面位置、尺寸，道路中心线交叉点路面标高，管线交叉点编号等。图纸比例一般为1∶200～1∶500。同时，配有交叉口管线竖向标高综合控制表。表中分别列出交叉口每个交叉点上下管线的种类、管径、管顶标高、管材等详尽的内容，以便在施工时控制。通常每个道路交叉口单独成图，并附有交叉口管线竖向标高综合控制表，图表一体。

4. 文字说明

工程管线综合设计通常只有简单说明，叙述综合设计范围、设计依据与原则，并在有关图纸上备注有关说明和必要的解释。

思 考 与 练 习

(1) 按工程管线的性质和用途分，小城镇工程管线可分为哪几类？

(2) 小城镇地下工程管线避让的原则有哪些？

(3) 小城镇综合管线工程规划在详细规划阶段应收集哪些方面的资料？

(4) 工程管线综合设计成果的包括哪些内容？

第十章 小城镇环境卫生设施工程规划

教学目的：城镇环境卫生设施规划作为城镇总体规划的重要内容，环境卫生设施虽然不产生直接经济效益，但却关系到整个城镇的环境质量和面貌。通过本章的学习，让学生了解城镇环境卫生设施规划的主要内容，掌握城镇固体废弃物规划的预测方法，熟悉城镇固体废弃物收运和处理方式及城镇环境卫生设施规划方面的知识。

教学重点：城市环境卫生设施规划的内容、城市固体废弃物规划、城市环境卫生设施规划。

教学难点：城市固体废弃物规划、城市环境卫生设施规划。

第一节 小城镇环境卫生工程规划的主要任务和内容

一、概述

小城镇环境卫生设施规划作为总体规划的一个重要部分，规划范围和期限都应和城镇总体规划一致。目前我国正处于快速城镇化的进程中，环境卫生设施的建设和城镇垃圾的处理问题日益突出，截至 2011 年年底，我国城镇生活垃圾清运量为 16395.3 万 t，无害化处理厂 677 座，无害化处理量 13089.6 万 t，生活垃圾无害化处理率 79.7%，见表 10-1。

表 10-1　　　　　　　**2011 年全国城镇各类垃圾产生量**　　　　　单位：万 t

一般工业固体废弃物产生量	322772.34	一般工业固体废物贮存量	60376.74	危险废物综合利用量	1773.05
一般工业固体废物综合利用量	195214.62	一般工业固体废物倾倒丢弃量	433.31	危险废物处置量	915.48
一般工业固体废物处置量	70465.34	危险废物产生量	3431.22	危险废物贮存量	823.54

二、小城镇环境卫生工程的构成与功能

小城镇环境卫生工程系统由垃圾处理厂、垃圾填埋场、垃圾收集站和转运站、车辆清洗场、公共厕所及环境卫生管理设施组成。环境卫生工程系统的功能是收集和处理城镇的废弃物，净化城镇环境。

三、小城镇环境卫生工程规划的主要任务

根据小城镇发展目标和城镇布局，合理预测城镇固体废弃物的总量；确定城镇环境卫生配置标准和垃圾集运、处理方式；合理确定主要环境卫生设施的数量、规模；科学布局垃圾处理场等各种环境卫生设施，制定环境卫生设施的隔离与防护措施；提出垃圾回收利用对策与措施。

四、小城镇环境卫生工程规划的主要内容

小城镇环境卫生设施规划分为总体规划阶段和详细规划阶段，有些省份编制了环境卫生专项规划编制大纲，根据各地实际情况编制环境卫生专项规划。

（一）总体规划阶段

1. 主要内容

（1）测算城镇固体废弃物产量，分析其组成和发展趋势，提出污染控制目标。

（2）确定城镇固体废弃物的收运方案。

（3）选择城镇固体废物处理和处置方法。

（4）布局各类环境卫生设施，确定服务范围、设置规模、设置标准、运作方式、用地指标等。

（5）进行可能的技术经济方案比较。

2. 规划成果要求

规划成果要求包括规划文本、图纸和说明书。

规划图纸包括：

（1）城镇环境卫生设施现状图。

（2）城镇环境卫生设施规划图。

（二）详细规划阶段

1. 主要内容

（1）分析环境卫生工程现状。

（2）预测垃圾排出总量。

（3）提出规划区的环境卫生控制要求。

（4）落实上层次规划确定的环境卫生工程设施用地。

（5）确定本规划区的垃圾中转站、公共厕所、垃圾投放点、垃圾收容器、废物箱、环境卫生保洁人员作息场所等设施数量、位置及用地面积和建筑面积。

2. 成果要求

环境卫生设施工程规划详细规划阶段图纸要求表示各种环卫设施的位置、用地规模和设施的布局。

（三）小城镇环境卫生专项规划的主要内容

小城镇总体规划编制完成后，有些城镇根据需要需进行环境卫生专项规划，进一步对环境卫生服务体系、垃圾处理设施、大型垃圾转运设施进行总体安排和布置，以指导控制性详细规划的编制和环卫设施建设。另外，针对当前有些城镇环卫设施建设中存在的一些

问题，亟需编制环卫设施的布局规划来规范和引导相关设施建设。当前新农村建设持续较快发展，镇村垃圾处理设施建设和垃圾收运体系建立亟待加强，环境卫生专项规划的编制能统筹考虑城乡一体化的发展需要。

1. 小城镇专项规划涵盖的内容

对城镇环卫的作业、管理、资金、用地、人才、技术、设施设备等发展中面临的问题加以分析，提出对策。对环卫部门负责的各类垃圾处理设施（包括生活垃圾、餐厨垃圾、粪便、建筑渣土及大件垃圾的处理处置设施，危险废物、工业固废和医疗废物的处理设施）进行布局，另外对垃圾收运过程中需要的各类收集转运设施（包括垃圾转运站、基层环卫机构、环卫车队和环卫工人作息场所）进行落位。

2. 小城镇环境卫生专项规划深度

对主要设施（垃圾处理厂、垃圾转运站、基层环卫机构和环卫车队）提出设置规模、设置数量、用地规模，还需对此类设施进行专项层面的空间布局和规划落位，并由区县总规、控规进一步予以落实；对环卫工人作息场所、公共厕所提出设施数量、设置标准以及建设标准，指导下一步控制性规划中环卫设施的具体落位。

图件部分：图件应包括城镇环卫设施现状分析图、城镇环卫设施规划图。

图纸标明下列内容：

(1) 城镇行政区划，建成区范围、规划建设用地范围，垃圾清运范围、环卫业务分区及清运范围。

(2) 公厕（公共厕所、公用厕所）。

(3) 垃圾中转站、转运站、垃圾码头。

(4) 垃圾无害化处理厂（场）、垃圾最终处置场。

(5) 贮粪池、粪便转运站（码头），粪便无害化处理厂（场）。

(6) 特种垃圾处置厂（场）。

(7) 废弃物综合利用工业用地。

(8) 进城车辆冲洗站，洒水（冲洗）车供水器。

(9) 环卫停车场、车辆保养场。

(10) 环卫工人作息点，环卫水上工作点。

(11) 环卫管理机构用地。

(12) 涉外环卫设施。

以上内容可根据实际情况增减，比例尺应与城镇总体规划图纸相同，图例参照《环境卫生设施与设备图形符号·设施图例》。

五、目前小城镇环境卫生存在的主要问题

(1) 目前小城镇环境卫生设施落后，有些小城镇缺乏基本的收集、运输与处理设施，无法满足环境卫生需求，特别是很多村镇环卫基础设施建设相当薄弱，环卫设施配套不完善。

(2) 生活垃圾处理量占生活垃圾清运量的比例小，生活垃圾无害化处理量占处理总量的比例更小。

（3）在生活垃圾无害处理方式方面，我国小城镇仍以卫生填埋为主，以 2007 年全国县城为例，卫生填埋场数量占处理厂（场）总数的 95.6%；卫生填埋场处理能力占无害化处理能力的 95.2%；卫生填埋量占无害化处理量的 91.2%。

（4）粪便无害化处理量占粪便清运量的比例小，且地区差别较大，公厕的数量远不能满足居民需求。

（5）环卫建设资金投入不足。长期以来，我国对环卫设施固定资产投资水平过低，加之历史欠账较多，垃圾处理费收缴率低，使得垃圾处理设施建设与运营无稳定、规范的投资渠道。

第二节　小城镇固体废物量的预测

一、小城镇固体废弃物种类与特点

固体废弃物指人们开发建设、生产经营、日常生活等活动中向外界环境排放、丢弃的固态的废弃物质。

固体废弃物按来源分可以分为工业固体废弃物、农业固体废弃物和城镇垃圾。城镇垃圾指城镇居民活动、商业活动、市政建设与维护、公共服务等过程中产生的固态废物。城镇市政中的环境卫生设施规划主要考虑城镇垃圾的收集、运送、处理与利用，同时要对城镇中产生的工业固体废弃物的收运和处理提出规划要求，减少对城镇和环境的危害。在城镇规划中所涉及的固体废弃物主要有以下四类。

1. 城镇生活垃圾

城镇生活垃圾指居民生活活动中所产生的固体废物，主要有居民生活垃圾、商业垃圾和清扫垃圾，另外还有粪便和污水处理厂污泥。居民生活垃圾来源于居民日常生活，主要有炊厨废物、废纸制品、织物、废塑料制品、废金属制品、废玻璃陶瓷、废家具和废电器、煤灰渣、灰土等；商业垃圾来源于商业和公共服务行业，主要有废旧的包装材料、废弃的蔬菜瓜果和主副食品、灰土等；清扫垃圾是小城镇公共场所，如街道、公园、体育场地、绿化带、水面的清扫物及公共垃圾箱中的固体废弃物，主要有枝叶、果皮、包装制品及灰土。

小城镇生活垃圾是小城镇固体废物主要的组成部分，其产量和成分随着小城镇燃料结构、居民消费习惯和消费结构、小城镇经济发展水平、季节与地域的不同而有所变化。从近年来我国小城镇生活垃圾的成分变化分析来看，无机物减少，有机物增加，可燃物增多。小城镇生活垃圾中除了易腐烂的有机物和炉灰、灰土外，其他各种废品基本上可以回收利用，小城镇生活垃圾是小城镇环卫工程规划的主要对象。

2. 建筑垃圾

建筑垃圾一般可分为普通建筑垃圾和基坑土两大类，其中基坑土一般在建筑工地之间直接回用，运往渣土受纳场填埋的部分则基本上为普通建筑垃圾。普通建筑指工地上拆建和新建过程中产生的固体废弃物，主要有砖瓦块、渣土、碎石、混凝土块、废管道等。近年来，随着我国小城镇建设量的大增，建筑垃圾产量也有较大的增长。

3. 一般工业固体废物

一般工业固体废物指工业生产过程中和工业加工过程中所产生的废渣、粉尘、碎屑、污泥等，主要有尾矿、煤矸石、粉煤灰、炉渣、冶炼废渣、化工废渣、食品工业废渣等。一般工业固体废物对环境产生的毒害比较小，基本上可以综合利用。

4. 危险固体废物

危险固体废物指具有腐蚀性、急性毒性、浸入浸出毒性及反应性、传染性、放射性等一种或一种以上危害特性的固体弃物，主要来源于冶炼、化工、制药等行业，以及医院、科研机构等。危险废物尽管占工业固体废物的 5% 以下，但其危害性很大，应有专门机构集中控制。

5. 其他

由于环境卫生工程学科尚处于发展阶段，环卫术语目前普遍存在定义混乱、概念不清的问题，不同环卫术语之间常发生概念交叉。为规范环境卫生术语使用，参考《市容环境卫生术语标准》（CJJ/T65—2004），定义相关环卫术语如表 10-2 所示。

表 10-2　　　　　　　　　　　环卫术语定义一览表

术语	定义
垃圾	人类在生存和发展中产生的固体废物
城镇垃圾	指在城镇内所产生的各种固体废物。按产生源的不同，城镇垃圾一般可分为生活垃圾、普通工业垃圾、建筑垃圾、城镇粪便、危险废物等
生活垃圾	人类在生活活动过程中产生的垃圾，是城镇垃圾的重要组成部分。按产生源的不同，生活垃圾可分为居民生活垃圾、道路清扫垃圾、商业垃圾、办公垃圾、交通运输垃圾和集贸市场垃圾等
厨余垃圾	家庭产生的易腐性垃圾，包括剩饭剩菜、果皮菜叶等
餐饮垃圾	饭店、酒楼、食堂等产生的易腐性垃圾
建筑垃圾	指对各种建筑物、构筑物、管网等进行建设、铺设、拆除、改造及对地基进行开挖等建筑过程中所产生的垃圾
危险废物	指列入国家危险废物名录或者根据国家规定的危险废物鉴别标准和鉴别方法认定的具有危险性的废物，主要包括工业源危险废物、医疗废物和焚烧飞灰等
有毒有害废物	垃圾中的废电池、油漆、灯管、过期药品等对人体健康或自然环境造成直接或潜在危害的物质。有毒有害废物一般属于危险废物
大件垃圾	指体积大、整体性强，需要拆分再处理的废物品，主要包括家具和家用电器等
原生垃圾	未经任何处理的原状态垃圾
低位热值	单位质量垃圾完全燃烧时，当燃烧产物回复到反应前垃圾所处温度、压力状况，并扣除其中水分汽化吸热量后，放出的热量
渗滤液	垃圾在分解过程中产生的液体以及渗出的地下水和渗入的地表水的总称
飞灰	经垃圾焚烧烟气净化系统处理后收集的固体颗粒

二、固体废物量的预测

（一）生活垃圾生产量

小城镇生活垃圾生产量的预测有人均指标法、增长率法、回归分析预测法，规划时可以根据具体情况采用多种方法并结合历史数据进行校核。

1. 人均指标法

生活垃圾产生量与城镇人口、人均生活垃圾产生量直接相关，人均指标法由人均垃圾产生量乘以规划预测人口数便可得到城镇生活垃圾的总量。

$$W = \delta nq/1000 \quad (t/d) \tag{10-1}$$

式中：W 为规划期末生活垃圾产生量，t/d；q 为人均生活垃圾产生量，$kg/$（人·d）；n 为规划期末的规划人口规模，人；δ 为生活垃圾产生量变化系数，按当地实际资料采用，若无资料时，一般采用 $1.13\sim1.40$。

其中，人口规模的影响集中体现为上式中 n，其数据比较容易获得，规划中采用常住人口作为预测依据。而人均生活垃圾产生量的影响因素较多，几乎涉及社会生活中的各个方面，包括经济发展水平、居民收入水平、社会消费水平、民用燃料结构、饮食习惯、气候条件、商品包装化、一次性商品销售以及废品回收水平等。因此，要准确预测计算生活垃圾产生量，关键在于准确地预测人均生活垃圾产生量 q。据相关数据统计，目前我国城镇人均生活垃圾日产量为 $0.6\sim1.2kg$，这个值的变化幅度较大，主要受城镇具体条件的影响。依照国外先进城市的发展经验，随着城市居民生活水平的逐步提高，人均生活垃圾产生量一般呈逐年增长趋势，但其增长幅度随经济总量的增大会逐步趋缓。我国城镇生活垃圾产生量的人均指标取 $0.9\sim1.2kg$ 为宜，并结合当地燃料结构、居民生活水平、消费习惯、消费结构变化、经济发展水平、季节和地域情况进行分析，比较后选定。

2. 增长率法

可根据现状垃圾产生量和历年平均增长率预测规划年的城镇生活垃圾总量，公式为

$$W_t = W_0 (1+i) \tag{10-2}$$

式中：W_t 为规划年小城镇生活垃圾产量；W_0 为基准年小城镇生活垃圾量；i 为年增长率；t 为预测年限。

该种方法要求根据历史数据和城镇发展的可能性，确定合理的增长率，它综合了人口增长、建成区扩张、经济发展状况等相关因素，但忽略了城镇发展过程中突变的因素。结合发达国家的经验，城镇垃圾产生量达到一定程度后，增加幅度会逐渐降低。规划时，对于近期、远期不同阶段可考虑选取不同的增长率。

3. 回归分析预测法

预测模型为

$$Q = ax + b$$

式中：Q 为预测年度的生活垃圾产生量；x 为预测年度；a、b 为根据历年垃圾产生量数据拟合所得的常数，根据历年数据可推算 a，b 数值，据此预测生活垃圾产生量。

（二）工业固体废物产生量

工业固体废物的产生量与城镇的产业性质与产业结构、生产管理水平等有关系。其预

测方法主要如下。

1. 单位产品法

单位产品法即根据各行业的统计数据，得出每单位原料或产品的产废量。如冶金行业每吨铁产生高炉渣 400～1000kg，每吨钢产生渣 150～250kg，每吨铁合金产生合金渣 2000～4000kg。有色金属工业中，每产生 1 吨有色金属排出 300～600kg 废渣。电力工业中，每烧一吨煤产生炉灰渣及粉煤灰 100～300kg。化学及石化工业中，每吨硫酸产品，排硫铁矿渣 500kg，每吨磷酸，排出磷石膏 4000～5000kg 等。规划时，若明确了工业性质和计划产量，则可预测出产生的工业固体废物。

2. 万元产值法

根据规划的工业产值乘以每万元的工业固体废物产生系数，则得出产量。参照我国部分城镇规划指标，可选用 0.04～0.1t/万元的指标。指标的选取应该根据历年的数据得出。

3. 增长率法

根据历年数据和城镇产业发展规划，确定增长率后计算，计算公式参考 $W_t = W_{0(1+i)}{}^t$。

第三节 小城镇垃圾的收运与处理

垃圾的收运与运输指生活垃圾产生后，由容器将其收集起来，集中收集后，用清运车辆运至转运站或者处理场。垃圾收运设施作为连接垃圾产生源和末端处理设施的重要环节，据估算，垃圾收运过程的费用约占总费用的 50% 以上。小城镇垃圾的收运系统应和城镇总体规划中的环境卫生规划相统一，与垃圾产生量及其源头分布和末端垃圾处理处置设施规划相适应。垃圾的收运与处理受城镇地理、气候、经济、建筑及居民生活习惯及文明程度的影响，收运及处理方式应结合城镇的具体情况，选择高效合理的方式。在城镇垃圾的收运过程中，应尽量封闭作业，以减少对环境的污染。建筑垃圾一般由建设单位自行运至处理场所或者由环卫部门代运，工业固体废物由生产企业负责收运。

一、小城镇生活垃圾的收集与运输

生活垃圾是人类在生活活动过程中产生的垃圾，是城镇垃圾的重要组成部分。按产生源的不同，生活垃圾可分为居民生活垃圾、道路清扫垃圾、商业垃圾、办公垃圾、交通运输垃圾和集贸市场垃圾等。

(一) 生活垃圾的收集

生活垃圾的收集主要有混合收集和分类收集两种。混合收集是指将产生的各种垃圾混合在一起，这种方式由于简单、方便、对设施和运输的要求比较低，是小城镇中通常采用的方法，但由于前端垃圾混合在一起，不便于后期对于不同成分的垃圾进行处理和资源的回收，同时也加大了对环境的负荷。分类收集是将城镇生活垃圾分为可回收垃圾、不可回收垃圾、有毒有害垃圾和其他垃圾四类（表 10-3），并在收集点设置不同的容器进行分类回收。可回收垃圾容器标志采用绿色，不可回收垃圾容器标志采用黄色，有毒有害垃圾容器采用红色标志。

表 10 - 3　　　　　　　　按垃圾产生源划分的垃圾分类收集方式

垃圾分类	可回收垃圾	不可回收垃圾		有毒有害垃圾	大件垃圾	纸类
		干垃圾	湿垃圾		指体积大、整体性强，需要拆分再处理的废物品，主要包括废旧家具家电等	
居住区垃圾分类	各种金属部件和容器、废纸、塑料、玻璃、布料等	去除厨余垃圾等湿垃圾后的其他不可回收垃圾	剩菜剩饭菜叶、皮等食物残渣及被打湿的纸类	废电池、废灯管、油漆容器、杀虫剂容器等		
商业办公区垃圾分类	各种金属部件和容器、塑料、玻璃、布料等	灰土、少量的食物残渣等当前不可回收的物料		废电池、废灯管、油漆容器、杀虫剂容器等	废旧办公家具、废旧办公家电等	该区垃圾中含纸量高，宜单独收集
餐厨垃圾分类	餐厨垃圾应作为单独的类别，进行专门的分类收集与处理					
道路清扫垃圾分类	各种金属部件和容器、废纸、塑料、玻璃、布料等	残枝落叶、灰土、少量的食物残渣等当前不可回收的物料				
普通工业区垃圾分类	纸张、塑料、金属、纺织物等	灰土、少量的食物残渣等当前不可回收的物料				

　　小城镇应逐步实现生活垃圾清运容器化、密闭化、机械化和处理无害化的环境卫生目标。垃圾收集方式通常有以下几种方式。

　　1. 垃圾箱（桶）收集

　　这是最常用的方式，垃圾箱可置于居住小区楼幢旁、街道、广场等处，用户自行就近向其中倾倒垃圾。垃圾箱采用不同的方式可以实现垃圾的分类收集。

　　2. 垃圾管道收集

　　在多层或高层建筑内设置垂直的管道，每层设倒口，底层垃圾间设垃圾容器。这种方式不必居民下楼倾倒垃圾，比较方便，但易产生管道堵塞、臭气、蚊蝇滋生的现象。

　　3. 袋装化上门收集

　　袋装化上门收集是指居民将袋装的垃圾放至固定地点（通常在单元入口旁，不必跑到较远的地方），由环卫工人定时将垃圾取走。它减少了散装垃圾的污染和散失，具有明显效益。

　　4. 厨房垃圾自行处理

　　厨房垃圾自行处理即采用厨房垃圾粉碎机，把废蔬菜、果皮、食物残渣、动物内脏、蛋壳等破碎成较小的颗粒冲入排水管，通过小城镇排水管道进入污水厂进行处理。这种方式在排水系统健全的情况下是有利的。

5．垃圾气动系统收集

利用压缩空气或真空作动力，通过敷设在住宅区或小城镇道路下的输送管道把垃圾送至集中点。这种收集方式其主要用于高层公寓楼和现代住宅密集区，具有自动化程度高、方便、卫生的优点，但一次性投资很高。目前在欧美和日本都有使用，长的可达15km，短的只限于居住区，只有1~2km。上海世博会园区垃圾收集系统就是采用的气力运输方式，主要应用在一轴四馆的核心区域，共设负压机5台，室外投放口150个，垃圾输传管道近万米。广州亚运会垃圾收集和运输也是采用的气动系统收集。这种收集方式对于人口密集区域有比较大的适用性。

（二）生活垃圾的运输

垃圾由家庭或其他产生地点进入垃圾收集设施（垃圾箱、垃圾桶、垃圾间、垃圾压缩站等）后需要清运，垃圾的运输也就是指从各垃圾收集点、站把垃圾装运到转运站、加工厂或处理（置）场的过程。垃圾清运要实现机械化，有专用车辆、船只等，应保证清运机械通达垃圾收集点。采用分类收集方式时，选用的车辆要有利于分类清运。清运车辆的配置数量根据垃圾产量、车辆荷载、收运次数、车辆的完好度等确定。一般大、中型（2t以上）环卫车辆按每5000人一辆估算。规划应包含清理车辆的配置数量、转运站的位置选址及清理路线的设计。

1．清理路线设计

清理路线设计是一个优化问题，它主要考虑如何便于收集车辆在收集区域内行程距离最小，应主要做到以下几点

（1）收集路线的出发点应尽可能接近停放车辆场。垃圾产量大和交通拥挤地区的收集点要在开始工作时清运，而离处置场或中转站近的收集点应最后收集；

（2）线路的开始与结束应邻近城镇主要道路，便于出入，并尽可能利用地形和自然疆界作为线路疆界；

（3）在陡峭地区应空车上坡，下坡收集，以节省燃料、减少车辆损耗；

（4）应使每日清运的垃圾量、运输路程、花费时间尽可能相同。

2．生活垃圾收运方式的模式

一般来说目前生活垃圾收运方式主要有下列三种模式，垃圾收运模式比较见表10-4。

（1）直接收运模式（图10-1）。部分城镇由于没有建设转运站，通过垃圾车（压缩）从垃圾桶收集，直接送至垃圾处理场。该收运方式主要适合于垃圾产量较大且相对集中的大型企事业单位或商贸集市产生的垃圾，而对居民区、小型企事业单位产生的垃圾由于垃圾产生量相对较小，某一产生源的垃圾不够装满一车，采用该运输方式会造成运输车辆运力的极大浪费，从而增加收运成本，因此该收运方式不适合于垃圾产生源分散的居民区或垃圾产量相对较小的小型企事业单位或商贸集市的垃圾收运。故将源头产生的垃圾直接运输至处理处置场的收运方式只能作为其他垃圾收运方式的一种补充，不可能大规模应用。

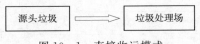

图10-1　直接收运模式

（2）小型转运站（压缩）收运模式（图 10-2）。该模式的垃圾收运过程如下：通过人力或小型机动车将门点、街道、居民或社区的垃圾运送至小型转运站，再由中小型的垃圾运输车将垃圾运至处理场。转运产生的污水排入污水贮存池，由吸污车运出或排入城镇污水管道至污水处理厂统一处理。转运站内设机械排风扇，对收集站进行换气。

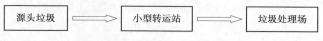

图 10-2　小型转运站收运模式

（3）小型转运站＋大型转运站收运模式（10-3）。该模式的垃圾收运过程是通过人力或小型机动车将门点、街道、居民或社区的垃圾运送至小型转运站，并将垃圾倒入置于小型转运站内的收集箱内，收集箱装满后，用垃圾车运输到大型转运站，垃圾经过压缩后用大型车厢可卸式垃圾车运输到垃圾处理场。小型转运站产生的污水排入污水储存池，由吸污车运出或排入城镇污水管道至污水处理厂统一处理。小型转运站内设机械排风扇进行换气。大型转运站设有压缩系统、通风换气系统及称重计量等设施。大型转运站内按功能划分为：垃圾收集车进出站区、中转作业区、转运车作业区、转运车进出站区、容器停放区和办公区。大型转运站产生的污水排入污水储存池，由吸污车运出或排入城镇污水管道至污水处理厂统一处理。转运站内产生的臭气收集后经臭气处理装置集中处理达标后高空排放。

图 10-3　小型转运站＋大型转运站收运模式

表 10-4　　　　　　　　　　垃圾收运模式比较表

比较项目	直接收运	小型转运站（压缩）收运	小型转运站＋大型转运站收运
技术水平	先进	先进	先进
适用条件	大型企事业单位或商贸集市	门点、街道、居民或社区	门点、街道、居民或社区
当前应用	较少	广泛应用	国内发达地区应用广泛
收运的方便性	随时收集，对垃圾源要求高	随时收集，对垃圾源要求不高，但一般服务范围较大，增加了清运的劳动强度	随时收集，对垃圾源要求不高，服务范围较小，降低了清运的劳动强度
环境保护	污染小、清洁、环保	需对转运站内产生的臭气、污水进行控制，较清洁、环保	需对转运站内产生的臭气、污水进行控制，较清洁、环保
对至垃圾场运距要求	不限	近（小于 10km）	较远（大于 10km）
投资费用	低	高	较低
运行成本	低	高	较高
当地接受程度	低	高	最高

小型转运站＋大型转运站收运模式，收集箱可以做到密闭，垃圾与垃圾渗滤液不泄漏，垃圾日产日清，因而大大改善了垃圾转运站周边环境；小型转运站服务半径较小，缩短了清运工人的运距，降低了清运工人的劳动强度，提高了清运效率；垃圾运输采用车厢可卸式垃圾车，节省了垃圾装车时间，提高了运输效率；收集过程机械化程度较高，降低了环卫工人的劳动强度，充分实现"以人为本"的理念；该收运模式的建设和运行成本均较低，对居民的作息时间和生活习惯不会造成较大的影响，易于被居民所接受。

二、小城镇固体废弃物处理和处置

固体废弃物的处理和处置是通过物理的、化学的或者生物的方法，使得固体废弃物减量化、资源化、无害化和安全化，加速其在自然环境中的再循环过程，减少对自然环境的影响。

（一）城镇固体废弃物处理和处置原则

1. 减量化原则

减量化是从小城镇垃圾产生的源头出发，在经济活动的源头注意节约资源和减少污染，同时加大宣传教育，从生产和消费过程预防和控制废弃物的产生。如减少产品的过度包装，净菜进城，减少一次性塑料制品的使用等措施。

2. 再利用原则

垃圾分类收集是使废物变成可再生资源、再循环利用的关键环节，减少垃圾运输、垃圾处理处置的工作量，同时减少对环境的污染，为垃圾的后续利用提供良好的条件。

3. 资源化原则

根据垃圾的组成特点选择不同的处理方式或者是堆肥、焚烧和填埋几种方式相结合的处理方式进行资源利用。例如可燃垃圾进行发电，回收热能，垃圾灰渣作为路基、堤坝、建筑材料等有用资源。

（二）固体废弃物的处理和处置方式

固体废弃物的处理和处置方式主要有以下几种基本方式。

1. 自然堆存

自然堆存指把垃圾倾卸在地面上或水体内，如弃置在荒地洼地或海洋中，不加防护措施，使之自然腐化发酵。这种方法是小城镇发展初期常用的方式，对环境污染极大，现在已被许多国家禁止。这种方式对于不溶或者极难溶、不飞散、不腐败变质、不产生毒害的废弃物，如废石、尾矿、部分建筑垃圾等，还是可以使用的。

2. 卫生填埋

卫生填埋指将固体废物填入规划确定的谷地、平地或废沙坑等，然后用机械压实后覆土。使其发生物理、化学、生物等变化，分解有机物质，达到减容化和无害化目的，它是一种最终处置办法。卫生填埋的缺点是垃圾减容效果差，需要占用大量土地，且产出的渗沥水容易对水体和环境造成污染，产生的沼气易爆炸或者燃烧，选址受到地理和水文地质条件的限制。填埋处理用地，尽量选用自然的或人工挖出的洼地，开发资源后的废黏土坑、废采石场、废矿坑等。将垃圾填埋于坑中，有利于恢复地貌，维持生态平衡，但假如在大面积的洼地、港湾、山谷等回填，则需考虑是否会破坏生态平衡。

卫生填埋工艺主要分三大部分：填埋作业（库区倾倒、摊平、压实、覆土等），渗滤液处理（库区渗滤液引排、预处理、处理），填埋气处理（库区填埋气导引、排放或发电利用）。

3. 堆肥

堆肥指在有控制的条件下，利用微生物将固体废物中的有机物质分解，使之转化成为稳定的腐殖质的有机肥料，这一过程可以灭活垃圾中的病菌和寄生虫卵。堆肥是一种无害化和资源化的过程。固体废弃物经过堆肥，体积可以减少到原来体积的 50％～70％。堆肥可以处理生活垃圾、粪便、污水污泥、农林废料、食品加工物等。堆肥处理的优点是投资较低，无害化程度较高，垃圾减量明显，且有肥料作为产品，取得一定的经济补偿。缺点是占地较大（相对焚烧技术），作业卫生条件差，运行费用较高，预处理困难且不能保证产品要求，产品肥效低且易含有毒有害杂物。

堆肥法因其技术上的不成熟，故在城市生活垃圾处理中所占比例较小，现有工艺主要为高温好氧堆肥，堆肥厂生产工艺可分为以下主要部分：预处理，一次发酵，二次发酵，后处理，储存，废水处理。

4. 焚烧

焚烧指通过高温燃烧使可燃固体废物氧化分解，转换成惰性残渣。焚烧可以灭菌消毒、回收能量，达到减容化、无害化和资源化的目的。焚烧可以处理城镇生活垃圾、工业固体废物、污泥、危险固体废物等。焚烧处理的优点是：能迅速而大幅度减少固体废物的体积，体积可减少 85％～95％，质量减少 70％～80％；可以有效的消除有害病菌和有害物质；所产生的热能可以供热、发电；另外焚烧法占用面积小，选址灵活。焚烧处理的局限性焚烧处理对垃圾低位热值有一定要求，不是任何垃圾都可以焚烧的。垃圾中可利用资源被销毁，是一种浪费资源的处理方法，即使回收热能也只能做到废物一次性再生的目的，无法实现资源的多次循环利用。焚烧产生的大量烟气，带走的热能又是一种很大的损失。产生的烟气必须净化，净化技术难度大、运行本钱高。焚烧产生的残渣还必须消化。焚烧设备一次性投资大，运行费用高，运行管理难度大。

垃圾焚烧厂的生产系统由以下主要部分组成：前处理系统（垃圾准备及预处理），垃圾焚烧系统，烟气处理系统，灰渣处理系统，废水处理系统以及助燃空气系统和自动控制系统。若为焚烧发电厂则配有发电系统，若有余热回收则还有余热利用系统。

5. 热解

热解指在缺氧的情况下，固体废物中的有机物受热分解，转化为液体燃料或气体燃料，并残留少量惰性固体。热解处理固体废弃物减容量能达到 60％～80％，这种处理方法的优点是污染小，能充分回收资源，适用处理城镇生活垃圾、污泥、工业废物、人畜粪便等，缺点是处理量小，投资运行费用高，工程应用尚处于起步阶段。是一种有前途的固体废物处理方式。

6. 回收及综合利用

回收及综合利用是指对生活垃圾进行回收、加工、循环利用或其他再利用等，它是实现生活垃圾资源化的最好手段。废物经过资源化技术可使之直接成为能供使用的产品或转化为可供再利用的二次原料。实行废物回收和综合利用，既可减少已产生的废物量，减轻其危害，同时还可减少能源资源的浪费，获取一定的经济效益。

近十多年来，发达国家大力推行垃圾的回收和综合利用，以实现垃圾减量化和资源化的目的。生活垃圾的回收及综合利用系统位于前端的收运系统和后端处理处置系统之间，其往往需要通过前端的收运系统的分类收集和运输来实现废物回收和综合利用，也有少数国家或地区通过建立专门的垃圾分类分选场地来实现废物回收及综合利用。

（三）一般工业固体废物处理利用

1. 工业垃圾的定义

工业垃圾分为普通工业垃圾和有害工业垃圾两种，普通工业垃圾为允许与生活垃圾混合清运处理的服装棉纺类、皮革类、塑料橡胶类和煤渣类工业废弃物，其余为有害工业垃圾。

2. 工业垃圾收运处理原则

（1）工业垃圾应从末端治理逐步转变到全面控制，以清洁生产、循环再生和污染控制为工业垃圾基本治理方式。

（2）普通工业垃圾由环卫部门负责处理，有害工业垃圾由市（县）环保局负责处理。

（3）工业垃圾以末端治理为主，并逐步开展全面治理工作，使工业垃圾产生量增长幅度减小。

3. 普通工业垃圾收运方式

普通工业垃圾一般由工厂自行收运或委托清运公司负责收运。但收运系统必须与垃圾处理系统配套，适应分类收集和分类处理的需要，以保证资源化水平的不断提高和采用适合的技术方式来处理工业垃圾。

4. 工业垃圾处理

采取材料回收和卫生填埋相结合的综合方式处理普通工业垃圾。不可回收普通工业垃圾填埋处理，完善处理工艺，同时增加相应设备，可回收普通工业垃圾由废品回收系统进行回收，有毒有害工业垃圾不得混入生活垃圾，集中送到危险废物和医疗废物处置中心处理。即根据每一类工业固体废物的特点考虑处理方法，尽可能地综合利用，化废为宝，成为二次资源。我国一些经济发达地区的综合利用率已达80%以上。

（四）危险废物的处理处置

1. 危险废物定义

危险废物包括工业危险废物、医疗废物等，具体可参考《国家危险废物名录》。医疗废物，是指列入《国家危险废物名录》和《国家医疗废物分类目录》的废物，工业危险废物，是指工业生产活动中产生的列入《国家危险废物名录》或者根据国家规定的危险废物鉴别标准和鉴别方法认定的具有危险特性的固体废物或液态废物。

2. 处置方式

危险废物的处理宜通过改变其物理、化学性质，达到减少或消除危险废物对环境的有害影响。常用方式有减少体积（如沉淀、干燥、分离）、有害成分固化（将其包容在密实的惰性基质中，使之稳定）、化学处理（利用化学反应，改变其化学性质）、焚烧去毒、生物处理等。常用处置手段有安全土地填埋、焚化、投海、地下或深井处置等，见图10-4。

3. 危险废物和医疗废物收集、运输的管理

（1）成立专门机构负责垃圾的收运和处理，根据"谁投资谁受益，有偿服务"的原

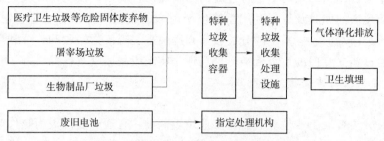

图 10-4 特种垃圾收运、处理规划示意

则，保证垃圾集中处理工作真正走上市场化运作的道路。

（2）由环保部门对垃圾处理单位进行监管，物价局核准收费标准。建立起主动依法安全转移垃圾，处理单位按规定收费、集中处理的良性机制。建立垃圾转移联单管理制度，对"转移联单"的填报、运作进行检查、指导和规范，加强对垃圾收集运输、焚烧处理单位的检查，规范集中处理和运营，从而有效地控制垃圾对环境的污染和危害。

（3）对装盛危险废物的容器和包装物以及收集、储存、运输、处置危险废物的设施、场所，必须设置危险废物识别标志。

（4）产生危险废物的单位，必须按照国家有关规定处置危险废物，不得擅自倾倒、堆放，不处置的，由所在地县级以上地方人民政府环境保护行政主管部门责令限期改正，逾期不处置或者处置不符合国家有关规定的，由所在地县级以上地方人民政府环境保护行政主管部门指定单位按照国家有关规定代为处置，处置费用由产生危险废物的单位承担。

（5）从事收集、储存、处置危险废物经营活动的单位，必须向县级以上人民政府环境保护行政主管部门申请领取经营许可证；从事利用危险废物经营活动的单位，必须向国务院环境保护行政主管部门或者省、自治区、直辖市人民政府环境保护行政主管部门申请领取经营许可证。

（6）转移危险废物的，必须按照国家有关规定填写危险废物转移联单，并向危险废物移出地设区的市级以上地方人民政府环境保护行政主管部门提出申请。移出地设区的市级以上地方人民政府环境保护行政主管部门应当经过接受地设区的市级以上地方人民政府环境保护行政主管部门同意后，方可批准转移该危险废物。未经批准的，不得转移。

（7）产生、收集、储存、运输、利用、处置危险废物的单位，应当制定意外事故的防范措施和应急预案，并向所在地县级以上地方人民政府环境保护行政主管部门备案，环境保护行政主管部门应当进行检查。

（8）在发生或者有证据证明可能发生危险废物严重污染环境、威胁居民生命财产安全时，县级以上地方人民政府环境保护行政主管部门或者其他固体废物污染环境防治工作的监督管理部门必须立即向本级人民政府和上一级人民政府有关行政主管部门报告，由人民政府采取防止或者减轻危害的有效措施。有关人民政府可以根据需要责令停止导致或者可能导致环境污染事故的作业。

（五）处理处置方式的选择

固体废物最终处置的目的就是通过各种手段，使之与生物圈隔离，减少对环境的污染，常用方式有焚烧、填埋、堆肥等。小城镇生活垃圾的处理方法选择是环卫工程规划重点考虑的问题，它涉及处理场所的选址和布局。各城镇的经济发展情况、垃圾性状自然条件、传统习惯等不同，其处理方法也不相同。

选择小城镇生活垃圾的处理工艺要考虑以下各种因素：工艺技术的可靠性、小城镇经济社会的发展水平、垃圾的性质与成分、场地选择的难易程度、环境污染的危险性、资源化价值及某些特殊的制约因素等。通常一个城镇的垃圾处理方式也不是单一的，而是一个综合系统。

小城镇生活垃圾处理目前主要采用卫生填埋方法处理。乡镇工业固体废物应根据不同类型特点来考虑处理方法，尽可能地综合利用，其中有害废物应采用安全土地填埋，并不得进入垃圾填埋场。危险废物应根据有关部门要求，采用焚烧、深埋等特殊处理方法。填埋、焚烧、堆肥三种处理方法比较见表 10－5。

表 10－5　　　　　　　　　　　填埋、焚烧、堆肥三种处理方法比较

比较项目		填埋	焚烧	堆肥
占地		大	小	中等
选址		较困难，尽量选用天然的或者人工挖出的洼地，防止水体受污染，要求回填地最低处的标高要高出地下水位 3m 以上，并且回填地的下部应有不透水的岩石或黏土层。一般远离市区，运输距离大于 20km	易，可靠近市区建设，运输距离小于 10km	较易，需避开住宅密集区，气味影响半径小于 200m，运输距离 10～20km
适用条件		适用范围广，对垃圾成分没有严格要求；对无机物含量大于 60%，填埋场地征地容易，气候干燥，少雨等地区较为适用	要求垃圾热值大于 4000kJ/kg；土地资源紧张，经济条件好的地区	垃圾中生物可降减有机物含量大于 40%；堆肥产品有较大的市场
最终处理		无	残渣需做处理，占初始量的 10%～20%	分选出的非堆肥物需做处理，占初始量的 25%～35%
资源利用		恢复土地利用或再生土地资源	垃圾分选可回收部分物资	作农肥和回收部分物资
自然环境污染	地面水污染	有可能，但可采取措施防止污染	残渣填埋时和填埋方法相仿	无
	地下水污染	有可能需采取防渗措施保护，但仍可能发生渗透	无	可能性小

续表

比较项目		填埋	焚烧	堆肥
自然环境污染	大气污染	可用导气、覆盖等措施控制	烟气处理不当时大气有一定污染	有轻微气味
	土壤污染	限于填埋区域	无	需控制堆肥有害物含量
管理水平		一般	较高	较高
投资运行费用		最低	最高	较高

　　国家环境保护总局、科技部、建设部关于发布《城市生活垃圾处理及污染防治技术政策》的通知中确定：卫生填埋、焚烧、堆肥、回收利用等垃圾处理技术及设备都有相应的适用条件，在坚持因地制宜、技术可行、设备可靠、适度规模、综合治理和利用的原则下，可以合理选择其中之一或适当组合，并进行多方案的比较择优选择。在具备卫生填埋场地资源和自然条件适宜的城镇，以卫生填埋作为垃圾处理的基本方案；在具备经济条件、垃圾热值条件和缺乏卫生填埋场地资源的城镇，可发展焚烧处理技术，积极发展适宜的生物处理技术，鼓励采用综合处理方式。禁止垃圾随意倾倒和无控制堆放，提倡分类收集，医院等特殊垃圾统一管理，集中收集，焚烧处理的技术政策。

三、城镇垃圾收运处理系统规划

　　（一）垃圾收运处理系统的定义

　　垃圾收运处理系统是指城镇垃圾，粪便、污泥、特种垃圾（主要是医疗卫生垃圾）、建筑垃圾、普通工业垃圾、有害工业垃圾、大件垃圾（主要是电子废弃物）从收集、中转、运输、处理、利用的全过程，见垃圾收集处理流程示意见图10-5。

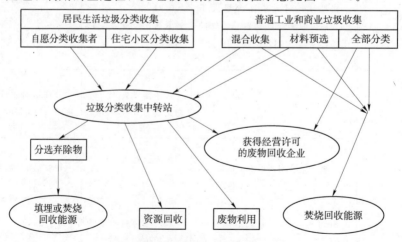

图 10-5　垃圾收集处理流程示意图

　　（二）垃圾收运处理系统规划

　　生活垃圾可以通过垃圾容器间收集，各城乡垃圾经保洁员收集至附近的垃圾转运站，再运至垃圾处理设施，见图10-6。小城镇其他建筑和余泥土方、工业垃圾、特种垃圾、大件垃圾经过分类后运往指定处理设施进行处理消纳。

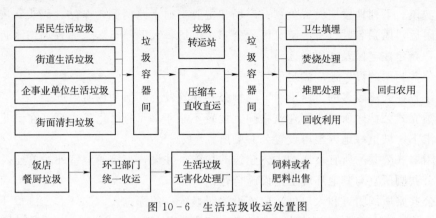

图10-6　生活垃圾收运处置图

第四节　城镇环境卫生设施规划

《城市环境卫生设施规划规范》（GB50337—2003）将城镇环境卫生设施分为环卫公共设施、环卫工程设施和其他环卫设施3大类。环卫公共设施包括公共厕所、废物箱、垃圾收集点等；环卫工程设施包括垃圾转运站、生活垃圾无害化处理厂、生活垃圾堆肥厂、生活垃圾焚烧厂等；其他环卫设施包括进城车辆清洗站、环境卫生车辆停放场地等。小城镇由于其规模相对要小，垃圾的处置方式相对单一，环卫设施种类也相对少，但一般城镇都设有垃圾收集设施、垃圾转运站等，其布局规划也有一定的通用性。

一、小城镇环卫公共设施规划

（一）公共厕所

公共厕所是市民反映最为敏感的环境卫生设施，公共厕所在一定程度上体现了一个城镇的经济发展水平和当地政府对市民出行的关注程度。一般来说，经济发达的城镇，公共厕所的设置密度和建设等级都要高。根据《城镇环境卫生设施设置标准》（CJJ27—2005）、《城镇公共厕所设计标准》（CJJ14—2005）和《城市环境卫生设施规划规范》（GB50337—2003）中关于公共厕所的设置标准，同时结合城镇的人口密度及不同的功能区域，确定公共厕所的设置密度及建设标准。

1. 设置数量

（1）根据城镇性质及人口密度，小城镇公共厕所平均设置密度应按照每平方公里规划建设3～5座，人均规划建设用地偏低、居住用地及公共设施用地指标偏高的城镇、旅游城镇宜偏上限选取。

（2）在镇区主要繁华街道，公共厕所之间距宜为400～500m，一般街道宜为800～1000m，新建的居民小区宜为450～550m，并宜建在商业网点附近，旱厕应逐步改造为水厕。没有卫生设施的住宅街道内，按照服务半径70～150m设置1座。旧镇区改造地区和新建住宅区1km²不少于3座。整个镇区可按常住人口2500～3000人设置1座。

2. 公共厕所的布局

在小城镇，下列地段应设置公厕：广场和主要交通干路两侧，车站、码头、展览馆等公共建筑附近，风景名胜、古迹游览区、公园、市场、大型停车场、体育场馆附近及其他公共场所，新建住宅区及老居民区。

此外公共厕所的设置还应满足下列要求：

（1）设置在人流较多的道路沿线，大型公共建筑及公共活动场所附近。

（2）独立式公共厕所与相邻建筑物间宜设置不小于 3m 的绿化隔离带，在满足环境及景观的要求下，城镇绿地内也可设置公共厕所。

（3）附属式公共厕所宜不影响主体建筑的功能，并设置直接通至室外的单独入口。

（4）公共厕所宜与其他环境卫生设施合建。

（5）公共厕所的附近和入口处，应该设置明显统一的标志。

（6）公共厕所的粪便严禁直接排入雨水管、河道或者水沟。在有污水管道的地区，应排入污水管道，没有污水管道的地区，须建立粪池或者贮粪池等排放设施，在采用合流制排水体制而没有污水处理设施的地区，水冲式公共厕所的粪便污水，应经化粪池后方可排入下水道。

3. 公共厕所的规划指标

公共厕所建筑面积应根据人口流动量因地制宜，统筹考虑。尽可能结合公建和居住生活区统一布置，建筑面积规划指标如表 10-6。

表 10-6　　　　　　　　　　小城镇公共厕所的建筑面积指标

分　类	建筑面积指标/（m^2·千人$^{-1}$）	分　类	建筑面积指标/（m^2·千人$^{-1}$）
居住小区	6～10	广场、街道	2～4
车站、码头、体育场（馆）	15～25	商业大街、购物中心	10～20

依据国家相关规范和标准，城区各类用地公共厕所的设置标准采用《城市环境卫生设施规划规范》（GB 50337—2003）中的规定，按表 10-7 控制。

表 10-7　　　　　　　　　　公共厕所建筑面积的规划指标

城镇用地类型	座/km^2	设置间距/m	建筑面积/（m^2·座$^{-1}$）	独立式公厕用地面积/（m^2·座$^{-1}$）	公厕规划控制用地面积/（m^2·座$^{-1}$）
居住用地	3～5	500～800	30～60	60～100	220
公共设施用地	4～11	300～500	50～120	80～170	260
工业仓储用地	1～2	800～1000	30	60	190

　注　1. 其他各类城镇用地的公共厕所设置可按：

（1）结合周边用地类别和道路类型综合考虑，若沿路设置，可按以下间距设置：主干道、次干道、有辅道的快速路 500～800m，支路、有人行道的快速路 800～1000m。

（2）公共厕所建筑面积按服务的人数确定。

（3）独立式公共厕所用地面积根据公共厕所建筑面积按相应比例确定。

　　2. 用地面积中不包含与相邻建筑物间的绿化隔离带用地。

（二）垃圾收集点

生活垃圾收集点主要是供居民放置生活垃圾，在垃圾收集点可放置垃圾容器或者建造垃圾容器间。

1. 垃圾收集点垃圾量预测

（1）生活垃圾收集点收集范围内的生活垃圾日排出重量

$$Q = A_1 \cdot A_2 \cdot R \cdot C \qquad (10-3)$$

式中：Q 为垃圾日排出重量，t/d；A_1 为垃圾日排出重量不均匀系数，$A_1 = 1.1 \sim 1.5$；A_2 为居民人口变动系数，$A_2 = 1.02 \sim 1.05$；R 为收集范围内规划人口数量，人；C 为预测的人均垃圾日排出重量，t/（人·d）。

（2）垃圾容器收集范围内的垃圾日排出体积应按下式计算

$$V_{ave} = Q/D_{ave} \cdot A_3 \qquad (10-4)$$
$$V_{max} = K \cdot V_{ave} \qquad (10-5)$$

式中：V_{ave} 为垃圾平均日排出体积，m³/d；A_3 为垃圾密度变动系数，$A_3 = 0.7 \sim 0.9$；D_{ave} 为垃圾平均密度，t/m³；K 为垃圾高峰时日排出体积的变动系数，$K = 1.5 \sim 1.8$；V_{max} 为垃圾高峰时日排出最大体积，m³/d。

（3）收集点所需设置的垃圾容器数量应按下式计算：

$$N_{ave} = V_{ave} A_4 / E \cdot B \qquad (10-6)$$
$$N_{max} = V_{max} A_4 / E \cdot B \qquad (10-7)$$

式中：N_{ave} 为平均所需设置的垃圾容器数量；E 为单只垃圾容器的容积，m³/只；B 为垃圾容器填充系数，$B = 0.75 \sim 0.9$；A_4 为垃圾清除周期，d/次；当每日清除 2 次时，$A_4 = 0.5$；每日清除 1 次时，$A_4 = 1$；每两日清除 1 次时，$A_4 = 2$，以此类推；N_{max} 为垃圾高峰时所需设置的垃圾容器数量。

2. 规划原则及要求

（1）生活垃圾收集点应满足日常生活和日常工作中产生的生活垃圾的分类收集要求，生活垃圾分类收集方式应与分类处理方式相适应。

（2）垃圾容器尽可能放置在垃圾容器间内，避免垃圾暴露，影响周围环境。

（3）垃圾收集容器一般设在居住区或其他用地内，并满足必要的交通运输条件；如果设置在支路边，应满足城市整体环境要求；原则上不宜在干路边设置垃圾容器间。

（4）垃圾容器间的位置要固定和定期清洗，既要方便居民使用，不影响城市卫生和景观环境，与周围建筑和景观相协调，又要便于垃圾分类投放和分类清运，有利于垃圾的收集和机械化清除。

（5）垃圾容器间的占地面积应根据其服务区内的居民及流动人口产生的垃圾量确定，一般占地面积为 $6 \sim 10 m^2$，以设置 $4 \sim 6$ 个垃圾容器为宜。

（6）垃圾容器间和集装箱垃圾站建筑面积应规范化，除满足混合垃圾收集容器的放置，还应留有垃圾分类收集容器的放置空间，以便于逐步开展垃圾分类收集，垃圾容器间内应设有通向污水窨井的排水沟。

（7）垃圾容器材料应阻燃、耐腐、防火、易清洗、可移动。

（8）医疗垃圾等危险废弃物必须单独收集、单独运输、单独处理。

3. 设置标准及布局

（1）垃圾容器是指储存垃圾的垃圾箱（桶），垃圾容器间是指存放垃圾容器的构筑物。

（2）垃圾容器间按收集半径 70m 左右设置一个，每平方公里设置 65 个左右；新建住宅区每四幢房屋设置一个。

（3）垃圾容器间应做到防雨、地坪平整、易清洗，并有通向下水道的排水沟。

（4）垃圾容器不得设置在主要交通道路及其人行道上；其他道路需要设置时，应经公安交通管理部门同意。

（三）废物箱

1．设置标准

废物箱是设置在公共场合，供行人丢弃垃圾的容器。布置在道路两侧及其他各类交通客运设施、公共设施、广场、社会停车场等出入口附近。废物箱的设置应该满足垃圾分类收集的要求，且垃圾的收集方式应该和垃圾的处理方式相适应。设置在道路两侧的废物箱，其间距按道路功能划分：

商业、金融业街道：50～100m；

主干路、次干路、有辅道的快速路：100～200m；

支路、有人行道的快速路：200～400m。

居住区内主要道路可按 100m 间距设置。车站、码头、广场、体育场、影剧院、风景区等公共场所应根据人流密度合理设置废物箱。

2．规划布局

（1）废物箱、果壳箱设置在道路两侧和路口处，在客运站、公共设施、广场、社会停车场等出入口应设置废物箱。

（2）废物箱的设置应便于废物的分类收集，分类废物箱应有明显标识并易于识别。

（3）废物箱应美观、卫生、耐用，同时具有防雨、抗老化、防腐和阻燃的功能。

废物箱的日常管理工作由市政道路清扫保洁的环卫工人负责。

（四）粪便污水前端处理设施

城镇污水管网和污水处理设施尚不完善的区域，可采用粪便污水前端处理设施，城镇污水管网和污水处理设施较为完善的区域，可不设置粪便污水前端处理设施，应将粪便污水纳入城镇污水处理厂统一处理。规划城镇污水处理设施规模及污水管网流量时应将粪便污水负荷计入其中。当粪便污水前端处理设施的出水排入环境水体、雨水系统或中水系统时，其出水水质必须达到相关标准的要求。

粪便污水前端处理设施距离取水构筑物不得小于 30m。离建筑物净距不宜小于 5m，粪便污水前端处理设施设置的位置应便于清掏和运输。粪便无害化处理设施（化粪池）周边应设宽不小于 10m 的绿化隔离带，并与住宅、公共设施等保持不小于 50m 的间距。小城镇在新城区建设中，新建的公厕、单位及住宅的粪池须建造三格化粪池，经初级分散处理后，接入城市污水管网，在局部没有污水管道的地区，应建造贮（化）粪池等排放设施。

二、环境卫生工程设施规划

（一）垃圾压缩站

采用垃圾袋装、垃圾上门收集的城镇，为了减少垃圾容量和垃圾容器的设置，集中设置具有压缩功能的垃圾收集点，称为垃圾压缩站。垃圾压缩站的服务半径以 500m 左右为宜。垃圾压缩站四周距离住宅至少 8～10m，压缩站应该设置在通畅道路旁，便于车辆进出掉头。具体指标见表 10-8。

表 10-8　　　　　　　　　　　小型垃圾压缩站用地指标

设计日处理能力/（t·d⁻¹）	建筑面积/m²	车辆运行场地/m²	总用地面积/m²
≤4	40～80	70	110～150

（二）小城镇生活垃圾转运站

1. 垃圾转运站选址及布局

（1）应符合城镇总体规划和环境卫生专项规划的要求。

（2）生活垃圾转运站选址应尽量靠近服务区域中心或者垃圾产生量最多且交通运输方便的地方，不宜设置在公共设施集中区域和靠近人流、车流集中地区。作业区宜布置在主导风向的下风向。当生活垃圾运输距离超过经济运距且运输量较大时，宜在城镇建成区以外设置二次转运站并可跨区域设置。

（3）垃圾转运站服务半径与收运方式有关，采用非机动方式收运，服务半径宜为0.4～1km，采用小型机动车收运，服务半径宜为 2～4km，采用大型机动车收运，服务半径可根据实际情况确定，转运站的总平面布局应结合小城镇实际情况，要求经济合理。

2. 垃圾转运站设置数量与规模

小城镇垃圾转运站的设置数量与规模取决于垃圾转运数量，收集范围和收集车辆类型等。其垃圾转运量应根据服务区域内垃圾高产月份平均日产量的实际数据确定，无实际数据时按下式计算。

$$Q = \&nq/1000$$

式中：Q 为转运站的日转运量，t/d；n 为服务区域的日转运量，t/d；q 为服务区域居民垃圾平均日产量，kg/（人·d），按当地实际资料采用［无当地实际资料时，人均垃圾日产量可采用 1.0～1.2kg/（人·d），气化率低的小城镇取高值，气化率高的地方取低值］；$\&$ 为垃圾产量变化系数（按当地实际资料采用，无实际资料时可采取 1.3～1.4）。

生活垃圾转运站设置标准应符合表 10-9 的规定。

表 10-9　　　　　　　　　　　垃圾转运站用地标准

转运量/（t·d⁻¹）	用地面积/m²	与相邻建筑间距/m	绿化隔离带宽度/m
<50	200～1000	≥8	≥3
50～150	800～3000	≥10	≥5
150～450	2500～10000	≥15	≥8
>450	>8000	>30	≥15

注　1. 表内用地面积不包括垃圾分类和垃圾堆放作业场地。

2. 用地面积中包括沿周边设置的绿化隔离带用地。

3. 二次转运站宜偏上限选取用地标准。

3. 垃圾转运站的设置要求

（1）小型垃圾转运站按 1～0.7km² 设置一座的标准设置，与周围建筑间距不小于 5m，规划用地面积宜为 200～1000m²/座。

（2）当其服务范围为 10～15km² 或垃圾运输距离超过 20km 时，需设大、中型垃圾转运站，其用地面积宜根据日转运量而定。

（3）转运站外形应美观，并与周边环境保持协调，操作应封闭、减容、压缩，设备力求先进，噪声、臭气、排水等指标应符合相关环境保护标准。

为了减少生活垃圾转运站在工作过程中散逸出来的臭味及产生的噪声对周边环境的影响，同时考虑到城镇景观的需求，在生活垃圾转运站周边设置绿化隔离带。绿化隔离带为 5m 时，可至少种植 2 排乔木，绿化隔离带为 5m 以上时，可至少种植 3 排乔木。

（三）水上环境卫生工程设施

水上环境卫生工程设施主要是指水上垃圾（粪便）转运设施，可以分为水上垃圾码头和粪便码头两种类型。

1. 水上码头

临近江河、湖泊、海洋和大型水面的小城镇，当水运条件优于陆运条件，可考虑设置以水上转运为主的垃圾码头和为保证码头正常运转所需的岸线。垃圾码头应设置在人流活动较少及距居住区、商业区和客运码头等人流密集区较远的地方，不应设置在城镇中心区域和用于旅游观光的主要水面，并注意与周围环境的协调。垃圾码头综合用地按每米岸线配备不少于 15～20m² 的陆上作业场地，周边还应设置宽度不小于 5m 的绿化隔离带。

2. 粪便码头

粪便码头综合用地的陆上作业场地可以参照垃圾码头的用地，即每米岸线配备不少于 15～20m² 的陆上作业场地，绿化隔离带宽度不得小于 10m，见表 10-10。

表 10-10　　　　　　　　　　垃圾、粪便码头岸线计算表

船只吨位/t	停泊档数	停泊岸线长度/m	附加岸线长度/m	岸线折算系数/（m·t⁻¹）
30	二	110	15～18	0.37
	三	90	15～18	0.30
	四	70	15～18	0.24
50	二	70	18～20	0.24
	三	50	18～20	0.17
	四	50	18～20	0.17

（四）生活垃圾卫生填埋厂

1. 选址原则

（1）生活垃圾卫生填埋厂设置应符合城镇总体规划要求，符合区域环境总体规划的要求，符合当地城镇环境卫生事业发展规划要求。

（2）填埋场对周围环境不应产生影响或对周边环境不超过国家相关现行标准的规定。

（3）填埋场应与当地的大气防护、水土资源保护、大自然保护及生态平衡要求相一致，生活垃圾选址应该避开以下区域：破坏性地震及活动构造区、活动中的坍塌、滑坡地

带，活动中的断裂带、废弃矿区的活动塌陷区以及其他危及填埋场安全的区域。

（4）填埋场应具备相应的库容，填埋场使用年限一般10年以上，特殊情况不应低于8年，城镇垃圾填埋场的库容应该考虑一定周边乡镇生活垃圾的处理。

（5）原则上应在城镇建成区外选址建设，距大、中城镇应大于5km，距小城镇规划建成区应大于2km，距离居民点应大于0.5km。场地应具有良好的地质条件，便于运输和取土，人口密度低，并且土地及地下水利用价值不高，不得在水源保护区内建设垃圾填埋场。生活垃圾卫生填埋场四周宜设置宽度不小于100m的防护绿地或生态绿地。生活垃圾填埋场污染物控制按照《生活垃圾填埋场污染控制标准》（GB 16889—2008）执行。

（6）填埋场选址应由建设部门、规划、环保、设计、国土管理、地质勘察等部门共同参加。

（7）填埋场的防洪要求，见表10-11。

表 10 - 11　　　　　　　　　　　　　　　填埋场的防洪要求

填埋场的容量/ $10^4 m^3$	防洪标准（重现期/年）	
	设计	校核
＞500	50	100
200～500	20	50

2. 选址程序

填埋场选址程序按以下顺序进行。

（1）场址初选。根据总体规划、区域地形、地质资料在图纸上初步确定几个候选场址。

（2）候选场址现场踏勘。对候选场址进行实地考察，并通过对场地的地形、地貌、植被、水文、气象、交通运输和人口分布等对比确定预选场址。

（3）预选方案比较。对2个以上预选场址方案进行比较，并对预选场址进行地形测量、初步勘探和初步工艺方案设计，完成选址报告，通过审查确定场址。

3. 面积及容量

卫生填埋场面积和容量与服务人口数量、垃圾的产量、废物填埋高度、垃圾与覆盖材料之比及填埋后的压实密度有关，其计算式如下

$$S = 365y / (Q_1/D_1 + Q_2/D_2) \cdot 1/Lck_1k_2$$

式中：S 为填埋场的用地面积，m^2，365 为一年的天数；y 为填埋场的使用年限，年；Q_1 为日处置垃圾重量，t/d；D_1 为垃圾平均密度，t/m^3；Q_2 为日覆土重量，t/d；D_2 为覆盖土的平均密度，t/m^3；L 为填埋场允许堆积（填埋）高度，m；c 为垃圾压实（自缩）系数，$c = 1.25～1.8$；k_1 为堆积（填）系数，与作业方式有关，$k_1 = 0.35～0.7$，平原地区取高值，山区取低值；k_2 为填埋场的利用系数，$k_2 = 0.75～0.9$。

（五）生活垃圾焚烧厂

当生活垃圾热值大于5000kJ/kg且生活垃圾卫生填埋场选址困难时宜设置生活垃圾焚烧厂。生活垃圾焚烧厂宜位于城镇规划建成区边缘或以外，生活垃圾焚烧厂综合用地指标

采用 $50\sim100m^2/$ （t·d），并不应小于 1ha，其中绿化隔离带宽度应不小于 10m 并沿周边设置，见表 10-12。

表 10-12 生活垃圾焚烧厂用地标准

类型	日处理规模/t	总用地面积/hm²
I	＞1200	4～6
II	600～1200	3～4
III	150～600	2～3
IV	50～150	1～2

注 总用地面积指标含上限值，不含下限值。

（六）生活垃圾堆肥厂

生活垃圾中可生物降解的有机物含量大于 40% 时，可考虑设置生活垃圾堆肥厂，生活垃圾堆肥厂应位于城镇规划建成区以外。生活垃圾堆肥厂综合用地指标采用 $85\sim300m^2/$（t·d），绿化隔离带宽度应不小于 10m 并沿周边设置，见表 10-13。

表 10-13 垃圾堆肥、焚烧处理场用地标准

垃圾处理方式	用地标准/（m²·t^{-1}）	垃圾处理方式	用地标准/（m²·t^{-1}）
静态堆肥	260～330	焚烧	90～120
动态堆肥	180～250		

三、小城镇其他环境卫生工作设施规划

1. 环境卫生基层机构

小城镇应设置卫生管理机构，负责辖区内的环境卫生管理工作，基层环境卫生机构的用地面积和建筑面积应根据辖区范围和居住人口数综合确定，具体数值可参照表 10-14。

表 10-14 环境卫生基层机构的用地指标

基层机构设置 /（个·万人$^{-1}$）	用地指标/（m²·万人$^{-1}$）		
	用地规模	建筑面积	修理工棚面积
1/1～5	310～470	160～240	120～170

注 表中"万人指标"指辖区内的居住人口数量；用地面积中，人口密度大的取下限，人口密度小的取上限。

2. 环境卫生保洁工人作息场所

在露天流动作业的环卫清扫、保洁人员工作区域内必须设置工人作息场所，以供工人休息、更衣、沐浴和停放小型车辆、工具等。其面积和设置数量应根据作业区域的大小和环卫工人的数量按表确定，而环卫工人的数量可按小城镇人口的 1.5%～2.5% 配备，见表 10-15。

表 10－15 小城镇环卫工人作息点规划指标

作息场所设置数量/（个·万人⁻¹）	环卫清扫、保洁工人平均 占有建筑面积/（m²·人⁻¹）	每处空地面积 /m²
1/0.8～1.2	3～4	20～30

3. 环境卫生车辆停放场

小城镇环卫管理机构应根据需要建设环卫汽车停车场，环境卫生车辆停车场应设置在环境卫生车辆的服务范围内并避开人口稠密和交通繁忙区域。其规模由服务范围及停放车辆确定。环境卫生车辆停车场的用地指标可按环境卫生作业车辆 150m²/辆选取，环境卫生车辆数量指标可采用 2.5 辆/万人。

4. 小城镇环卫车辆通道

小城镇固体废物的清运最终要实现机械化，其环境卫生车辆应按有关规定配置完善，道路规划必须保证环卫车辆通达各项环卫设施，并满足作业需要，通往环卫设施的环境卫生车辆通道应满足下列要求：

（1）新建小区和旧镇区改建时的相关道路应满足 5t 载重车的通行能力（旧城镇至少应满足 2t 载重车的通行能力）。

（2）生活垃圾转运站的通道应满足 8～15t 载重车的通行能力。

（3）机动车道宽度不得少于 4m，净高不得少于 4.5m，非机动车道宽度不得小于 2.5m，净高不得小于 3.5m。

（4）机动车回车场场地应保证有 12m×12m 的面积，非机动车回车场地不小于 4m× 4m 的面积，机动车单车道尽端式道路不应大于 30m。

各种环卫设施作业车辆吨位范围见表 10－16。

表 10－16 小城镇各种环卫设施作业车辆吨位表

设施名称	新建小区/t	旧城区/t	设施名称	新建小区/t	旧城区/t
化粪池	2～5	2～5	垃圾转运站	8～15	25
垃圾容器设置点	2～5	22	粪便转运站		25
垃圾管道	2～5	22			

思 考 与 练 习

（1）在小城镇不同规划阶段环境卫生设施规划的主要内容？

（2）小城镇固体废弃物的种类主要有哪些？预测方法有哪几种？

（3）城镇固体废弃物处理和处置的方法主要有哪些？

（4）城镇环境卫生设施主要有哪些？设置原则和标准？

（5）城镇环境卫生专项规划的主要内容？

第十一章　小城镇综合防灾系统规划

教学目的：通过本章的讲授，让学生了解城镇灾害的种类及特点，掌握城镇综合防灾体系规划方面的知识，充分认识到城镇的防灾减灾是一个综合体系。

教学重点：城镇灾害的种类及特点，城市综合防灾体系规划。

教学难点：城镇综合防灾体系规划。

我国地理气候条件复杂，是世界上自然灾害发生最为频繁、灾害造成损失较大的国家之一，尤其是近几年来，地震频发，极端天气等自然灾害给经济和人员带来了极大的损失。因此，防灾规划作为城市规划的一个重要议题，建立综合防灾体系，认真做好城镇综合防灾规划对于保障城镇的安全和健康协调发展具有十分重要的意义。大中城市由于其地位的重要性，大多已经编制了相应的防灾减灾规划，小城镇由于基础设施薄弱，防灾减灾所面临的困难更大，因此，为小城镇制定科学、合理、可行的防灾减灾规划，应作为小城镇总体规划的一项重要课题。

第一节　小城镇灾害的种类和特点

要编制城镇综合防灾规划，必须先了解城镇灾害的特点，随着城镇化进程的加快，城镇灾害的种类、构成以及危害程度也在发生变化，小城镇由于其数量庞大，所处的地理位置各异，城镇的基础设施建设相对落后，防灾工作和大中城市也有所不同，防灾工作难度也更大。

城镇灾害根据可根据不同的标准分类，根据灾害发生的原因，可以分为自然灾害和人为灾害；根据灾害发生的时序，可以分为主要灾害和次生灾害。

（一）自然灾害和人为灾害

1. 自然灾害

我国是世界上自然灾害种类较多的国家，对我国影响较大的自然灾害主要有以下几种：

（1）洪水灾害。是由于水圈层中大陆部分地表水体运动形成的灾害，是发生最为频繁的灾害之一。

（2）气象灾害。是由于大气圈物质运动和变异运动引发的灾害。气象灾害也有很多种类，如干旱、雨涝、寒潮、沙尘暴、冰雹和冻害等。

（3）地质与地震灾害。是由于岩石圈运动形成的灾害。这类灾害主要有泥石流、地震、地面沉降、滑坡、地面塌陷以及火山等，其中地震灾害由于其突发性强，释放的能量巨大，对城镇造成的危害和损失最为严重。

（4）海洋灾害。海洋灾害主要是由于水圈中水体运动形成的灾害，是发生最为频繁的灾害之一，如海啸、赤潮、风暴潮等。

除了以上几种常见的主要灾害外，自然灾害还包括天文灾害、农作物生物灾害（如蝗灾）、天文灾害（如陨石雨）和森林生物灾害等。

2. 人为灾害

人为灾害主要是人为影响为主因导致的灾害，人为灾害主要有以下几种：①战争；②火灾；③化学灾害；④交通事故；⑤流行传染病。

除了以上几种主要人为灾害外，城镇在发展过程中也会产生新的灾害类型，如光环境恶化，辐射等，都会影响小城镇的正常生产生活，阻碍其健康发展。

（二）主要灾害和次生灾害

城镇灾害由于其多灾种持续发生的特点，各个灾种间有一定的因果关系。根据灾害发生的时序，发生在前，造成较大损害的灾害称为主要灾害；发生在后，由主灾引起的一系列灾害称为次生灾害。主要灾害规模一般较大，如地震、洪水、战争等大灾害。次生灾害一般规模小，但灾种多，发生的频率高，作用机制复杂，发展速度快，有些次生灾害的最终破坏规模甚至超过主要灾害。

第二节　综合防灾系统规划的编制

一、城镇综合防灾规划的概念

《城市规划编制办法》将城镇防灾列为城镇总体规划的强制性内容，更加强调综合防灾，并注重公共安全保障体系的建立。综合防灾规划作为城镇规划中的一个专项规划，需在遵循城镇总体规划的同时，从硬件和软件上提出自己的要求，并与总体规划相互补充协调，保障城镇安全健康发展。综合防灾规划是抵御和减轻各种灾害对城镇居民生命财产造成危害的各种政策性措施和工程性措施，其含义包抱三个方面的内容：分析城镇可能发生的各种灾害，进行全面规划，制定综合对策；注重灾害的全过程规划，包括灾前预防及监测预报，灾时的应急反应、救援和疏散，灾后的防疫、恢复和重建，注重全社会的共同参与。

二、综合防灾规划存在的问题

1. 缺乏综合协调，没有形成防灾体系

当前所做的主要是防灾工程规划，重抗轻防，没有形成防、抗、避、救相结合的体系；而且各灾种规划缺乏综合协调，结果导致各专项职能部门以单位防抗为系统，各自为政，进行大量的重复建设。防灾规划作为城镇规划中的专项规划，没有与其他相关专项规划（如公共政策、空间布局、市政基础设施、园林绿地、道路交通）更好结合，甚至出现相互矛盾的状况。

2. 对城镇灾害考虑的种类较少

现行防灾规划所做的主要是抗震防灾、防洪、消防、人防四个部分（部分地区根据情况可能增加地质灾害、海洋灾害、气象灾害等），而对于其他自然灾害，如安全事故、恐怖袭击、传染病、恶劣天气、生命线系统灾害等，多数城镇都没有涉及，由于对这些灾种事先没有制定相应的预防措施，因此一旦灾害发生，必然会造成严重的后果。

3. 缺乏灾害评估内容

灾害评估包括城镇防灾能力评估、各种灾害的风险评估、防灾工程措施的经济性评估等。多数防灾规划都缺乏规划评估的内容，而规划评估是制定规划决策的依据和基础，只有进行相应的规划评估，规划决策才更具有科学性和可操作性。

4. 缺乏协调机制

我国的灾害管理体制采取的是政府统一领导，上下分级管理，部门分工负责，以地方为主、中央为辅的模式。这种"单灾种管理"的模式，必然造成各个专业、部门各自为政、权利分散、效率低下，一旦多种灾害同时发生或引起次生灾害，就将出现多头管理的混乱局面。对此，通常情况是成立由市领导挂帅的临时指挥部，但这毕竟不是长久之计，不利于综合防灾体制的长效建设。

三、小城镇综合防灾的主要任务和内容

（一）防灾的主要任务

随着城镇化进程的不断发展，人类对自然环境的改造也越来越严重，在城镇规划中，考虑的灾害类型有防洪、抗震、消防、人防和各种地质灾害。主要任务是根据城镇的自然条件和城镇地位，建立综合的防灾体系，确定防灾目标，提出防灾对策措施，布置安排各类防灾设施。综合考虑防灾设施和城镇常用设施的有机组合，制定防灾设施的统筹建设、综合利用、防护管理等对策和措施。

（二）综合防灾的主要内容及阶段

城镇综合防灾规划分为总体规划阶段中的防灾专项规划和城镇防灾专项规划两种类型，城镇总体规划中的防灾专项规划属于法定规划，对规划内容和深度都有明确的要求。详细规划阶段不必编制专门的防灾规划，但需对总体规划阶段确定的防灾内容，在详细规划阶段加以落实。城镇防灾专项规划属于非法定规划，对于规划的内容和深度没有确定的要求，一般根据城镇自身情况及需求编制。

1. 总体规划阶段

（1）论证确定小城镇各项综合防灾工程规划的设防等级、标准和范围。

（2）规划布局小城镇主要防灾设施，确定各项防灾设施的规模和等级，提出各类防灾设施的建设标准，预留各项防灾设施的用地面积。

（3）提出应对各项防灾的措施、对策。

（4）小城镇综合应该重点编制消防规划、防洪规划，其他如抗震规划、人防规划、抗风规划和抗地质灾害规划宜根据小城镇自身情况确定是否需要编制。

2. 详细规划阶段

详细规划阶段，主要是落实总体规划阶段确定的防灾内容。

（1）总体规划确定的防灾设施位置、用地。

（2）按照防灾要求合理布局建筑、道路，合理配置防灾基础设施。

3. 防灾专项规划

防灾专项规划主要是落实总体规划的内容，其规划范围及其规划期限应与总体规划相一致。规划内容比总体规划中防灾专项规划内容更加详尽，规划深度一般应达到详细规划的深度。防洪规划、抗震防灾、消防等专项规划中要进行灾害风险分析评估，要考虑防灾专业队伍建设和必要的器材装备的配置。

四、城镇综合防灾规划的编制流程

1. 第一阶段——现状研究

综合防灾规划首先要分析城镇现状灾情，其次提出城镇在防灾工作中现存的问题，最后设定城镇综合防灾规划的总体目标。具体工作要点如下：成立规划编制工作组，访问场地和踏勘区域环境，准备基本底图，分析区域与城镇的相关性、城镇交通条件、城镇避难场所的布局、现有的基础设施、城镇危险品储藏设施布局、环境污染源布局、城镇防灾管理制度、现有的法规框架、政策影响、城镇经济条件等问题。

2. 第二阶段——灾害风险评估

灾害风险分析的目的是确定出对规划区域影响严重的灾害，从而在制定防灾措施时可以做到对主要灾害进行重点防范，采用的方法是风险等级划分法。风险评估包括区域内灾害识别、财产易损性分析、灾害风险分析以及损失预测与风险区划等。

3. 第三阶段——规划对策

规划对策的编制步骤是：首先，初步确定各单项灾种的规划措施，包括工程性措施和非工程性措施；其次，对规划措施进行评估，包括投资经济性评估、生态影响评估、历史文化遗产保护影响评估等；再次，确定各单灾种规划措施的优先性；最后，制定各个防灾计划项目的实施与管理措施。

4. 第四阶段——实施更新

规划的实施与更新包括规划实施中政府各有关部门的责任，效果评估周期及规划的更新周期等。

第三节　城镇综合防灾体系规划

一、综合防灾体系规划的目标

城镇相对于乡村由于其建筑密度大，人口和财富相对集中，一旦发生灾害，损失巨大。在区域防灾的基础上，城镇防灾的重点应该是防止城镇灾害的发生及对城镇灾害的监测、预报、防御、救援和灾后重建等多方面工作的综合。

城镇的防灾模式见图 11-1。

二、防灾体系的组成

（一）城镇防灾工程体系的构成与功能

城镇防灾包括对灾害的监测、预报、防护、救援和灾害恢复重建工作。从时间顺序来

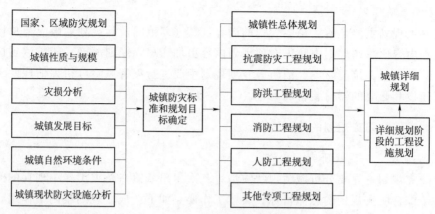

图 11-1　城镇防灾模式

说，可以分为以下 4 个部分。

1. 灾前防灾减灾

灾前规划包括灾害区划、灾害预防、防灾教育、预案制定和防灾工程设施建设等内容。从效果来看，灾前工作对于整个防灾工作的成败有着决定性影响。灾情未发生时，对城镇及周边地区已发生过的灾害进行调查研究，总结经验教训，建设设施，加强灾害的检测、预报等研究工作以及防灾预案的制定和防灾教育工作，为防御可能发生的灾害做好准备。

2. 应急性防灾

在预知灾情即将发生或即要影响城镇时，必须采取应急性防灾措施，比如成立临时防灾救灾指挥机构，进行灾害预告，疏散人员与物资，组织临时性救灾队伍等。

3. 抗灾救灾

灾害发生时抗救，主要是指抗御灾害和灾时救援，如防洪时的排险，地震发生时的人员救援，各种防灾设施、防灾队伍、防灾指挥机构在灾害发生时发挥重要作用。

4. 灾后工作

主要灾害发生后，应及时防止次生灾害的产生和蔓延，进行灾后救援及灾害评估与补偿，并积极重建防灾设施和损毁的城镇。

（二）防灾工程系统规划的子系统

防灾的措施可以分为两种：一种是政策性措施，另一种是工程性措施，两者相互依赖、相辅相成。城镇防灾系统主要由消防、防洪、抗震、防空等系统及救灾生命线工程系统组成。

1. 消防系统

城镇消防系统由消防站、消防供水、消防栓等设施组成，消防系统的功能是日常防范火灾、及时发现及扑灭火灾，避免或者减少火灾的损失。

2. 防洪系统

城镇防洪系统主要有防洪堤、截洪沟、泄洪沟、防洪闸、排涝泵站等设施，防洪系统的功能是采用避、拦、截、堵、导等方式，抗御洪水和潮汛的侵袭。

3. 抗震系统

抗震系统主要是加强建筑物、构筑物等抗震强度，合理布局避灾疏散场地和疏散通道。

4. 人防系统

人防系统包括空袭指挥中心、专业防空设施、地下建筑物、地下通道以及战时所需的医院、仓库、变电站等设施，人防工程在确保其自身安全的前提下，应尽可能为城镇日常生活服务。

5. 救灾生命线系统

城镇救灾生命线系统由急救中心、输运通道、给水、供电、通信等设施组成。救灾生命线系统的功能是城镇发生灾害时，提供医疗救护、运输以及供水、通信等物质供应。

思 考 与 练 习

（1）小城镇灾害的主要形式及危害是什么？

（2）小城镇综合防灾规划的主要内容是什么？

（3）试述小城镇综合防灾体系的构成。

第十二章　小城镇防洪工程规划

教学目的：通过本章的讲授，了解小城镇防洪规划的主要内容，掌握小城镇防洪标准的确定、防洪排涝的主要措施以及防洪排涝的主要设施及其规划要求，了解泥石流防治工程规划的主要内容及其措施。

教学重点：小城镇防洪排涝标准的确定，防洪排涝的主要措施及设施。

教学难点：防洪排涝的主要措施及设施的设置要求。

第一节　概　述

在我国常见的 10 多种自然灾害中，洪涝灾害最为严重，洪涝灾害发生频繁，影响范围广，造成的损失居各种自然灾害之首。随着社会经济的快速发展，城镇化进程的加快，加之各个城镇硬化工程建设，地表径流加速，造成城镇内涝严重。由于城镇建设区范围不断扩大，很多原来城区内的水系和湿地被填，加剧了内涝在各地的普遍发生。新中国成立以来，我国防洪规划与建设已取得很大的成就，先后对黄河、淮河、长江等流域进行了治理，但自然条件决定了我国防洪体系建设是一项长期而艰巨的任务。

目前我国防洪现状：

（1）现状防洪工程标准普遍较低。

（2）洪涝灾害损失惨重。

（3）城镇防洪建设缓慢，资金短缺。

（4）城镇防洪规划非工程措施不完善。

一、防洪规划的意义

防洪规划作为城镇总体规划的重要内容和组成部分，城镇防洪设施是城镇基础设施的重要组成部分。随着我国社会经济的迅速发展，城镇的数量也越来越多，一旦遭受洪涝灾害，会造成巨大的财产损失，防洪规划对于保障城镇安全，维护社会稳定健康发展具有十分重要的政治和经济意义。由于每个城镇的地理位置不同，受到洪水的危害程度也不一样，对于下列可能遭受洪水危害的城镇必须编制好防洪规划。

（1）城镇及工业区位于河流沿岸，且地面高程低于河道洪水位，洪水期可能造成城镇被淹。

（2）河流穿城而过，当发生洪水时，水位高于两岸地面，洪水直接威胁城区安全，且洪水对河岸的冲刷侵蚀作用，会造成河道坍塌，影响城区安全。

（3）位于山区前的城市，由于山地坡度陡，山沟众多，一遇暴雨、洪水由各沟口涌出，来势凶猛，常对城区及工业区的安全有较大影响。

（4）位于山区小沟道中的城镇，城镇临河依山，前有河水发生洪水的威胁，背有山洪发生的可能，也应编制好防洪规划。

（5）有些城镇虽然没有临近河流，但由于地理位置低，遇到暴雨天气，水流不畅，也会受到水淹，也需采取防洪排涝工程措施。

有些临海城镇，由于海水涨潮和台风对于城镇产生较大的影响，也需采取防潮措施，此外，凡受洪水威胁与侵蚀的城镇，均应该编制防洪规划。

二、小城镇防洪规划的编制

（1）小城镇防洪工程规划必须以小城镇总体规划和所在江河流域防洪规划为依据，并纳入小城镇总体规划之中。小城镇防洪工程规划的规划期限要与小城镇总体规划规划期限一致，一般为 20 年。

（2）小城镇防洪工程规划应遵循统筹兼顾、全面规划、综合治理，因地制宜、因害设防、防治结合、以防为主的原则。编制小城镇防洪规划除应向水利部门调查相关的基础资料外，还应结合小城镇现状与规划，了解与分析设计洪水位、设计潮位、历史洪水与暴雨等情况。

（3）小城镇防洪规划应该综合考虑其处于的实际情况及防洪特点，合理确定其防洪标准，制定防洪工程规划方案及防洪措施，区别对待超标准洪水，对于拟定的设计标准内的洪水要有正常的设施，使重点保护区避免发生灾害损失，对于超标准洪水要采取临时紧急措施，减少淹没损失，做到尽量避免人身伤亡和防止毁灭性灾害。一般制定两个以上防洪工程规划技术方案，以综合分析比较。

（4）防洪工程规划应尽可能与农业生产相结合，统筹小城镇各个部门的要求及所在河道水系流域防洪的相关要求，保护环境、美化城镇，做出全面规划。防洪工程规划要与防洪非工程措施结合，洪水的出现有很大的随机性，建设防洪系统受到经济技术条件的制约，防洪能达到的标准有一定的限度，因此不可能单独依靠工程措施来控制洪水灾害，只有与非工程措施相结合使用，才能有效提高防御洪水的能力。

（5）小城镇防洪规划要注意节约用地，要慎重研究河滩地的利用。

三、小城镇防洪规划内容、步骤与方法

（一）防洪规划的内容

（1）对历史防洪及现状防洪进行综合分析，确定小城镇防洪面临的主要问题及防洪重点；

（2）确定城镇防洪区域（即可能对城镇造成洪水威胁的水位或者附近山区汇水流域范围）；

（3）确定防洪标准，排涝规划标准；

（4）确定城镇用地防洪安全布局，明确防洪保护区和蓄滞洪区范围；

（5）提出防洪方案，确定防洪设施和防洪措施，提出技术可行经济合理的防洪工程治理措施。

（二）防洪规划的程序

城镇防洪规划既是江河流域治理的组成部分，也是城镇总体规划的专项内容。防洪规划分总体规划和详细规划两个阶段，防洪规划的编制内容和深度应该和总体规划一致。在总体规划阶段，防洪规划一般工作程序为：收集基础资料——确定防洪标准——拟定防洪方案——最终确定防洪方案。

基础资料收集的内容：

（1）城镇现状、总体规划图、历史上受淹没的记载资料及对防洪的要求。

（2）河道的断面、泄洪能力、历年的洪水水位、河道的地质地貌以及历史上受淹没的记载资料。

（3）水文气象资料：城镇所在地区的历年降雨量、河流水位、流速、流量、含沙量、冲刷深度、淤积厚度、风向、风速等资料。

（4）流域的自然地理及治理规模资料：城镇河流上游流域水系、地形、地质、地貌、土壤、植被、现有及规划水库的蓄水标高、库容、各种频率的下泄流量、水库与城镇的距离、流域内的其他水利工程设施等。

（三）防洪工程规划的成果要求

1. 规划说明书

（1）城市概况，主要说明城镇人口及发展预测、污水排放情况和历年洪水情况以及现状、自然条件等。

（2）防洪、排水设施现状。

（3）防洪工程规划的范围和任务。

（4）规划依据。

（5）城镇防洪工程规划的原则及内容：主要指防洪标准的选择；洪水量的计算方法，计算公式及洪水的计算成果；防洪工程主要措施，水力计算等。

（6）需要新建设的防洪工程设施与现有防洪工程设施的互相衔接的技术措施。

（7）存在问题及意见。

2. 规划图纸

城镇洪水防治区域规划图，主要反映防洪、排洪沟等设施的布局及长度、坡度等。

第二节　小城镇防洪标准

一、防洪标准

（一）防洪标准的定义

防洪标准是指防护对象防御洪水能力相应的洪水标准，以重现期表示。根据我国现行的《防洪标准》（GB50201—94）规定，各类防护对象的防洪标准，应根据防洪安全的要求，并考虑经济、政治、社会、环境等因素，综合论证确定。洪水的大小表现为洪峰流量的大小和相应水位高低。防洪工程设计是以洪峰流量和水位为依据的，而洪水的大小通常以某一频率的洪水量来表示。同一流域、同一城镇由于成因不同，形成的洪峰流量和水位也不同。在防洪工程中，洪水的这种变化和设防标准用洪水的发生频率或者重现期来表示。洪水的发生频率和重现期互为倒数，例如，重现期为50年，其频率为2%；重现期为100年得洪水，其频率为1%。显然，重现期越长，则设计标准就越高。洪水频率是依据历史洪水资料来综合确定的，采用统计分析方法进行分析计算，反映的是洪水发生的概率，而不是必然结果。如100年一遇的洪水，并不表示在100年中必然会发生一次或者必然发生一次。除了用频率或者重现期表示防洪标准外，有的城镇还用特定洪水位作为防洪标准。

（二）防洪标准的确定原则

防洪标准关系到防洪工程规模、投资及建设期限等问题，目前我国对城镇防洪标准是根据城镇具体情况，由设计部门提出意见，报有关部门审核批准。在确定城镇防洪工程设计标准时，除了考虑安全效益与工程造价以外，还应考虑以下因素：

（1）充分调查研究历次洪水的成因及灾害情况。

（2）根据防护对象在国民经济中的作用、受洪水威胁程度、洪水造成的损失、工程修复的难易程度以及人口的多少等。

（3）根据小城镇防洪建设的需要与投资的可能，全面规划，分期实施，对近远期工程分别制定不同的防洪标准。

（4）在同一城镇，也可根据市中心区、工业区、郊区等不同的防护对象的重要性，采用不同的防洪标准。

（5）对超过设计标准的洪水，应采取政策性措施，如分洪、滞洪、临时扒口、水库调洪等。

（6）与流域防洪规划相适应，不得低于流域防洪标准。

（三）设防标准

1．小城镇不同洪灾类型防洪标准

小城镇设防标准关系到小城镇的安全，也关系到工程造价和建设期限等，是防洪规划的最重要的环节。防洪标准的确定可依据《城市防洪工程设计规范》（CJJ50—1992）综合确定，再结合小城镇的重要程度和人口规模、社会经济发展、环境污染等因素综合确定，见表12-1。

表 12-1   **小城镇防洪标准**

小城镇防洪标准			
洪水类型 ＼ 防洪标准	河（江）洪、海潮	山洪	泥石流
重现期/年	50～20	10～5	20

对于重要工程规划设计，除按正常的设计标准外，还应考虑校核标准，即考虑在非常情况下，洪水不会浸淹坝顶、堤顶以及沟槽，因此，常需提高标准进行校核，校核标准可按表12-2执行。

表 12-2   小城镇防洪校核标准

小城镇防洪校核标准

设计标准频率	校核标准频率
2%（50 年一遇）	1%（100 年一遇）
5%～10%（10～20 年一遇）	2%～4%（50～25 年一遇）

2. 乡村防洪标准

以乡村为主的防护区，应该根据其防护人口和耕地面积分为四个等级，各个等级的防洪标准见表 12-3。

表 12-3   乡村防洪标准

等级	防护区人口/万人	防护区耕地面积/万亩	防洪标准（重现期）/年
I	≥150	≥300	50～100
II	150～50	100～300	30～50
III	50～20	30～100	20～30
IV	≤20	≤30	10～20

3. 文物古迹防洪标准

在城市规划和历史文化遗产保护规划中，常常涉及到文物古迹受洪水威胁，对于不耐淹的文物古迹必须加以设防，其防洪标准根据其等级和价值确定，对于特别重要的文物古迹，其防洪标准可适当提高，见表 12-4。

表 12-4   文物古迹等级及其防洪标准

等级	文物保护的等级	防洪标准（重现期）/年
I	国家级	≥100
II	省级	50～100
III	县（市）级	20～50

4. 旅游设施防洪标准

对于常受洪水威胁的旅游设施必须加以设防，其设防等级可根据其旅游价值、知名度和受淹损失程度确定，见表 12-5。

表 12-5   旅游设施等级及其防洪标准

等级	旅游价值、知名度和受淹损失程度	防洪标准（重现期）/年
I	国家景点，知名度高，受淹损失巨大	50～100
II	国家相关景点，知名度较高，受淹损失较大	30～50
III	一般旅游设施，知名度较低，受淹后损失小	10～30

5. 工矿企业防洪标准

冶金、煤炭、石油、化工、林业、建材、机械、轻工、纺织、商业等工矿企业，根据其规模分为四个等级，见表 12 - 6。

表 12 - 6　　　　　　　　　　工矿企业等级及其防洪标准

等级	工矿企业规模	防洪标准（重现期）/年
Ⅰ	特大型	100～200
Ⅱ	大型	50～100
Ⅲ	中型	20～50
Ⅳ	小型	10～20

6. 就地避洪安全设施

位于蓄滞洪区的村镇，当根据防洪规划需要修建围村埝（保庄圩）、安全庄台、避水台等就地避洪安全设施时，其位置应避开分洪口，主流顶冲和深水区，其安全超高应符合表 12 - 7 的规定。

表 12 - 7　　　　　　　　小城镇就地避洪安全设施的安全超高

安全设施	安置人口/人	安全超高/m
围村埝 （保庄圩）	地位重要，防护面大，人口≥10000 的密集区	>2.0
	≥10000	2.0～1.5
	≥100～10000	1.5～1.0
	<1000	1.0
安全庄台、避水台	≥1000	1.5～1.0
	<1000	1.0～1.5

注　安全超高是指在蓄、滞洪市的最高洪水以上，考虑水面等因数，避洪安全设施需要增加的富余高度。

二、排涝标准

在降雨期间，雨水不能及时排出，形成较长时间的积水，称为内涝。内涝主要发生在地形低平，地面高程与常遇洪水水位高差较小的地区，如河流的中下游地区和沿海地区，与城镇其他防灾工程类似，排涝工程难以也没有必要做到任何情况下都不发生内涝，需要在规划设计中确定一个适宜的排涝标准。

小城镇排涝取决于小城镇的排水能力，而小城镇的排水能力是由地形、气象和排水设施的排水能力所决定的，小城镇排涝设计标准可用可防御暴雨的重现期或出现频率来表示，小城镇排涝设计标准一般应以镇区发生一定重现期的暴雨时不受涝为前提，一般采用 $P=1～2$ 年。在确定排涝标准时，要根据受涝地区的重要性，受涝后损失大小和经济技术条件，合理选择降雨历时、重现期和雨水排除时间。

第三节　小城镇防洪排涝措施

洪水的防治，应该从区域的流域治理着手，洪水的防治以"上蓄水、中固堤、下利泄"的原则，一般防洪措施有以蓄为主和以排为主两种。江河湖泊沿岸小城镇防洪规划，上游应以蓄水分洪为主，中游应为筑堤防洪为主，下游以增强河流排泄能力为主。山洪地区小城镇应该根据山洪特点和沟槽发育规律对山洪沟进行分段治理，上游集水坡地以水土保持为主，中游应以小型拦蓄工程为主，河网地区宜采取分片封闭式防洪工程，与城镇相通的主河道应设防洪闸控制水位。

城镇防洪排涝需考虑的措施主要包括：防洪安全布局、防洪排涝工程措施和非工程措施。

一、防洪安全布局

防洪安全布局指在城镇规划中，根据不同地段洪涝灾害的差异，通过合理的城镇建设用地的选择和用地布局来提高城镇防洪排涝的安全程度。防洪安全布局的基本原则是：

（1）建设用地选址应避开洪涝、泥石流等灾害的高风险区域。

（2）城镇建设用地应根据洪涝灾害的差异性，合理布局。城镇建设用地类型多样，不同用地的重要程度、人员聚集程度不一，受灾害的损失程度也不同。通过合理的用地布局，将中心区、居住区、重要的工业区及公共设施布置在洪涝灾害风险相对较小的地段，将湿地、公园绿化、广场等重要设施少，便于人员疏散的用地布置在洪涝风险相对高的地段，既能减少损失，又尊重了自然规律，在城镇用地布局中需重视。

（3）在城镇建设中，应当根据防洪排涝的需求，为行洪和雨水调蓄预留出足够的用地。江河沿岸的城镇，上游汇水面积内的洪水需要足够的行洪通道，在用地布局中河道两岸须留出用地。在平原河网城镇，天然状态下通常水面较多，这些水面对雨水的调节有重要的作用，在城镇建设中应尽量保留。

二、防洪工程措施

防洪排涝措施可分为挡洪、泄洪、蓄滞洪、排涝等四类。

1. 以蓄为主的防洪措施

（1）水土保持。修筑谷坊、塘、植树造林以及改造坡地为梯田，在流域面积上控制径流和泥沙，不使其流失和进入河道，这是一种在大面积上保持水土的有效措施，即有利于防洪，又有利于农业。即使在小城镇周围，加强水土保持，对于小城镇防止山洪的威胁，也会取到积极作用。

（2）水库蓄洪和滞洪。在城镇防灾区上游河道适当位置利用湖泊、洼地修建水库拦蓄或滞蓄洪水，消减下游的洪峰流量，以减轻或者消除洪水对城镇的灾害，这种办法既可以调节枯水期径流，增加枯水期水流量，还能保证供水、航运及水产养殖等。

2. 以排为主的防洪措施

（1）修筑堤坝。筑堤可增加河道两岸高程提高河槽安全泄洪能力，有时也可以取到束水攻沙的作用，在平原地区的河流上多采用这种防洪措施。

（2）整治河道。对河道截弯取直及加深河床，使水流通畅，水位降低，可以大大提高泄洪能力，从而减少洪水的威胁。

（3）排洪沟渠。排洪沟渠是采用较为广泛的一种防洪工程设施，特别是在山区小镇和工业区应用较多，排洪沟渠按作用和位置可以分为截洪沟、分洪沟和排洪沟。

（4）填高被淹没用地。抬高被淹没用地指设计地坪标高是防止水淹的一项措施，它的采用条件是。

1）当采用其他方法不经济，而又不方便且有足够的土源时。

2）由于地质条件不适宜筑堤时。

3）小面积的洼地一旦积水影响环境卫生时。

采用填高低洼地的优点是可以根据建设需要进行填土，而且可以分期建设，节约开支，缺点是土方量大，总造价昂贵，某些填土地段在短期内不能用于修建。

三、防洪非工程措施

防洪非工程措施是指运用经济、法律、行政手段以及直接运用防洪工程以外的其他手段来减少洪涝自然灾害损失的措施。防洪非工程措施一般包括洪水预报、蓄滞洪区管理、行洪通道管理、超标准洪水防御措施、防洪排涝设施保护、灾后救济、洪水保险等。

1. 洪水预报和警报系统

在洪水到来之前，利用过去的资料和卫星、雷达、计算机遥测收集到的实时水文气象数据，进行综合处理，作出洪峰、洪量、洪水位、流速、洪水达到时间、洪水历时等洪水特征值的预报，及时提供给防汛指挥部门，必要时对洪泛区发出警报，组织抢救和居民撤离，以减少洪灾损失。

2. 行洪通道管理

行洪通道是否通畅、断面是否满足行洪要求，关系到洪水能否安全下泄。在城镇规划中确定的行洪通道及两侧一定陆域部分应划入蓝线范围进行保护和控制，在用地空间管制中属于限制建设用地。禁止在行洪通道内从事影响河势稳定、危害护岸安全、妨碍行洪的一切活动。

3. 蓄滞洪区管理

蓄滞洪区是分洪区、蓄洪区、滞洪区的统称。蓄滞洪区管理指通过政府颁发法令或条例，对蓄滞洪区土地开发利用、产业结构、工农业布局、人口等进行管理，为蓄滞洪区运用创造条件，制定撤离计划，就是事先建立救护组织，抢救设备，确定撤退路线、方式、次序以及安置等预案，并在蓄滞洪区内设立各类洪水标志。在紧急情况时，根据发布的洪水警报，将处于洪水威胁地区的人员和主要财产安全撤出。在城镇规划中，蓄滞洪区应作为限制建设区进行规划控制，限制人口和经济向蓄滞洪区集中。

4. 超标洪水应急措施

超标洪水应急措施包括防洪工程的应急排险、重要物资和人员转移。防洪工程的设防标准不可能无限度提高，一旦洪水超过设防标准，工程设施有可能遭到破坏，威胁保护区的安全。发生超标洪水时，一方面要严格检控防洪工程的变化，及时排险，另外要及时组织人员进行重要物质和人员的转移；在城镇规划中，要确定超标洪水发生时人员和物质转移的方向和场地。

5. 河道管理

根据有关法令、条例保障行洪通畅，依法对河道范围内修建建筑物、地面开挖、土石搬迁、土地利用等进行管理，对违反规定的，要按照"谁设障，谁清除"的原则处理。

6. 洪水保险和灾后救济

依靠社会筹措资金、国家拨款或国际援助对灾民进行救济。凡是参加洪水保险的要定期缴纳保险费，在遭受洪水灾害后按规定得到赔偿，以迅速恢复生产和保障正常生活。

7. 防洪排涝设施保护

城镇防洪排涝设施主要有防洪堤、截洪沟、排涝泵站等，是城镇重要的基础设施，在城镇规划中，应将这些基础设施划入城镇黄线范围，按照黄线管理办法进行控制和管理。此外植树绿化也是防洪中的一项重要工作，在城镇上游集水区域和城区植树，增强土壤下渗和滞水能力，降低和延缓洪峰。

第四节　小城镇防洪排涝设施规划

小城镇防洪、排涝设施主要由防洪堤、截流沟、排涝泵站、蓄洪滞洪水库、防洪闸等组成。

一、防洪堤

许多小城镇依水而建，当小城镇位置较低以及地处平原地区时，为了抵御历时较长、洪水较大的河流洪水，修建防洪堤是一种常用而有效的方法。防洪堤规划需要确定防洪堤的走向、堤型、堤距和堤顶标高。

1. 防洪堤走向

根据小城镇的具体情况，防洪堤的修建可能在河道一侧，也可能在河道两侧。防洪堤、墙的堤线选择就是确定堤防的修筑位置，它与小城镇总体规划有关，也与河道的情况有关。对小城镇而言，应按小城镇被保护的范围确定堤防总的走向，对河道而言，堤线就是河道的治导线。因此，堤线的选择应和小城镇总体规划和河流的治理规划协调进行。

堤线选择应注意以下几点：

（1）堤轴线应与洪水主流向大致平行，并与水中水位的水边线保持一定距离这样，可避免洪水对堤防的冲击和在平时不使堤防侵入水中。

（2）堤的起点应设在水流较平顺的地段，以避免产生严重的冲刷，堤端嵌入河岸3～5m。

（3）为将水引入河道，设于河滩的防洪堤的堤防首段可布置成"八字形"，这样还可以避免水流从堤外漫流和发生淘刷。

（4）堤的转弯的半径应尽可能大一些，避免急弯和折弯，一般为5～8倍的设计水面宽。

（5）堤线宜选择在较高的的地带上，不仅基础坚实，增强了堤身的稳定性，也可节省土方，减少工程量。

此外，堤线布置必须统筹兼顾上、下游和左、右岸，沿地势较高、房屋拆迁工作量较少的地方布置，并结合排涝工程、排污工程、交通闸、港口码头统一考虑，还应注意路堤结合、防汛抢险交通及城镇绿化美化的需要。堤线与岸边的距离以堤防工程外坡脚距岸边不小于 10m 为宜，且要求顺直。

2. 防洪堤的堤型

防洪堤的堤型主要受建设条件和水流速度的影响。在城郊区，为了节省工程造价，一般采用土堤；流速大，风浪冲击力强的堤段，可采用石堤或者土石混合堤，在建成区，为了节约用地，减少拆迁量，一般采用钢筋混凝土或者砂浆石防洪墙。

3. 防洪堤的堤距

防洪堤堤距，指河流两岸防洪堤的间距，受建设条件控制，同时将影响堤顶标高。在现状建设区内建设堤防，若河流两岸建筑密集，要扩大堤距往往很困难。而堤距过小，要保证行洪要求，必然要提高堤顶比标高，影响城市景观。防洪堤的堤距，应综合考虑行洪要求、建设条件和景观要求，进行多方案比较。

4. 堤顶标高

堤顶标高由设计洪水位和设计洪水位以上超高组成。设计洪水位根据防洪标准、相应洪峰流量、河道断面分析计算。设计洪水位以上超高包括风浪爬高和安全超高，风浪爬高根据风力资料分析计算，安全超高根据堤防级别选取。在城市建成区内，可采用在堤顶设置防浪墙的方式降低堤顶标高，但堤顶标高不应低于设计洪水位加 0.5m。

二、排洪沟

排洪沟是为了使山洪能顺利排入较大河流或河沟而设置的防洪设施，主要是对原有冲沟的整治，加大其排水断面，理顺沟道线形，使山洪排泄顺畅。

（1）排洪沟的布置应充分考虑周围的地形、地貌及地质情况，为了减少工程量，可充分利用天然沟道，但应避免穿越镇区。

（2）排洪沟的进出口宜设在地形、地质及水文条件良好的地段。

（3）排洪沟的纵坡应根据天然沟道的纵坡、地形条件、冲淤情况及护砌类型等因素确定。

（4）排洪沟的宽度改变时应设渐变段，平面上尽量减少弯道，使水流顺畅。

（5）一般情况下排洪沟应做成明沟，如需做成暗沟，其纵坡可适当加大。

（6）排洪沟的安全超高宜采用 0.5m 左右，弯道凹岸还需要考虑水流离心力作用所产生的超高。

（7）排洪沟内不得设置影响水流的障碍物。当排洪沟需穿越道路时，宜采用桥涵。桥涵的过水断面不应小于排洪沟的过水断面，且高、宽度应适宜。

三、截洪沟

截洪沟是排洪沟的一种特殊形式，兴建截洪沟的目的是为了阻止山洪进入城区，减轻城区排水压力，适宜于沿江地面标高低于一定洪水位，城区全部或部分雨水需要强排的城镇。位居山麓或土塬坡低的小城镇，既可在山坡上选择地形平缓、地质较好的地带，也可在坡脚修建洪沟，拦截地面水，在沟内积蓄或送入附近排洪沟中，以免危及小城镇安全。

（1）截洪沟的布置应结合地形及小城镇排水沟、道路边沟等统筹设置。

（2）为了多拦截一些地面水，截洪沟应均匀布设，沟的间距不宜过大，沟底应保持一定的坡度，使水流顺畅，避免发生淤积。

（3）山丘小城镇因建筑用地需要改缓坡为陡坡（切坡）的地段，为防止坍塌和滑坡，在用地的坡顶应修截洪沟，坡顶与截洪沟必须保持一定距离，其水平净距不小于 3～5m。当山坡质地良好或沟内进行铺砌时，距离可小一些，但不宜小于 2m，在湿陷性黄土区，沟边至坡顶的距离不应小于 10m。

（4）有一些小城镇的用地坡度比较大，遇暴雨即形成漫流，应在建筑群外围修截洪沟，将水迅速排走。

（5）较长的截洪沟因各段水量不同，其断面大小应满足排洪量的要求，不得溢流出槽。

（6）截洪沟的主要沟段及坡度较陡的沟段不宜采用土明沟，应以块石、混凝土铺砌或采用其他加固措施。

（7）截洪沟的选线应尽量与原有沟埂结合，一般应沿等高线开挖。

需要注意的是，不是城镇周围所有的山洪都需要通过截洪沟截留到城区以外，如果城镇的地形变化比较大，周围的山洪可以通过原有的水系从城区自流向外排出，保持原有的排水系统可能更安全，因为山洪从城镇周围长距离输送，同样会有较大的风险。

四、防洪闸

防洪闸指小城镇防洪工程中的挡洪闸、分洪闸、排洪闸和挡潮闸等。闸址选择应根据其功能和运用要求，综合考虑地形、地质、水流、泥沙、潮汐、航运、交通、施工和管理等因素，尽量选在被保护城镇上游、河岸基本稳定的弯道凹岸顶点稍偏下游处或直段，挡潮闸宜选在海岸稳定地区，以接近海口为宜。

五、排涝设施

当小城镇所处地势较低，在汛期排水发生困难并引起涝灾时，可以采取修建排水泵排水，或将低洼地填高的方法，使水能自由流出。在以下情形中可修建排涝泵排水：

（1）在镇区干流和支流两侧均筑有堤防，支流的水可以顺利排入河道，而堤内地面水在洪峰间排泄不畅时，可设置排水泵站排水。

（2）干流筑有堤防，支流上游建有水库，并可根据干流水位高低控制水库的蓄泄量时，镇区内临近干流地段内的地面积水可设排水泵站排水。

（3）干流筑有堤防，支流的洪水由截洪沟排入下游，其他地面水可设排水泵站排水。

（4）干流筑有堤防，支流的洪水在汛期由于受倒灌影响难以排入干流，但其流量很小，堤内有适当的蓄水坑或洼地时，可以在其附近设排水泵站排水。

排涝泵站是城镇排涝系统中的主要工程措施，其布局方案应该根据排水分区、雨水管渠布置、城镇水系格局等确定，排涝泵站规模根据排涝标准、服务面积和排水分区内调蓄水体调蓄能力确定。

排涝泵站是投资较大，维护费用较高的构成设施，为了降低泵站规模，排水分区内的水体应尽量保留，以增加调蓄能力，城市公园、广场、停车场等应尽量建成透水性良好的地面，以减少地面径流，城镇周边雨水也应该尽量控制，以减轻城镇排水压力。

第五节　小城镇泥石流防治工程规划

一、泥石流的概念

泥石流是指在山区或者其他沟谷深壑、地形险峻的地区，因为暴雨、暴雪或者其他自然灾害引发的山体滑坡并携带有大量泥沙以及石块的特殊洪流。泥石流具有突然性、流速快、流量大、物质容量大和破坏力强等特点，是山区常见、多发的自然灾害之一。

二、泥石流的预防规划

城镇总体规划中，防治泥石流是非常重要的一项工作，由于泥石流产生和运动过程的复杂性使得泥石流的防治有很大的难度，目前的治理工程，只能达到一定的防御标准，对于人口密集的城镇地区，仍然存在很大的潜在危险。在城镇总体规划中应该做好防治工作，如选择城镇发展方向时应该避开严重的泥石流沟，将存在潜在危害的区域规划为绿地、城市公园、运动场地等人口相对少的地区，泥石流沟道应该与街区用绿化带隔离开等。

（一）预防措施

预防措施是从上游区根治泥石流发生的有效方法，主要是从防止泥石流形成的必备条件出发。

1. 水土保持

针对泥石流的形成原因，防止土壤侵蚀和预防泥石流的措施是农业森林土壤改良。水土保持是泥石流的治本措施，其措施包括平整山坡、植树造林，保护植被等，从而维持较优化的生态平衡。

2. 导流水源

通过水工建筑物调整地表水和地下水水流，做好排水、降低坡面的汇流速度，即通过减少泥石流的水源条件来避免泥石流的发生。

3. 改造地形

将山高沟深、地形陡峭的坡面进行加固，使坡面保持稳定，必要时在滑坡、塌方处设置支挡构筑物，即通过改造泥石流形成的地形条件来预防泥石流的发生。

（二）拦挡措施

拦挡措施一般是在泥石流的中游区修建排水沟和急流槽使泥石流中的水顺利导流排走，并截留碎石屑使之沉积，通过控制泥石流的固体物质和洪水径流，削弱泥石流的流量、下泄量和能量，以减少泥石流对下游居住区、工业区的冲击和淤埋等危害。

（三）排泄措施

为防止泥石流淤积对工业、居住区造成危害，在泥石流流通区设置导流构筑物，使泥石流通畅下泄，可采取以下措施来解决。

（1）修建导流堤、陡槽，将泥石流地段河床固定，压缩水流断面，加大纵坡，改善泥石流流势，增大桥梁等构筑物的排泄能力，其作用是使泥石流按设计意图顺利排泄。

（2）改直河道，将沟道进行裁弯取直，局部缩短沟道宽度，使得纵坡增大，从而加大流速，使泥石流直线下泄。

（3）修建桥梁、涵洞从泥石流的上方跨越通过，也可修建隧道渡槽从泥石流的下方通过，从而跨越泥石流地区。

思 考 与 练 习

（1）试述防洪规划的意义。

（2）试述小城镇防洪规划的主要内容。

（3）试述小城镇防洪标准的确定。

（4）试述小城镇防洪排涝措施主要有哪些。

（5）试述小城镇防洪排涝设施及其规划要点。

第十三章 小城镇消防规划

教学目的：通过本章的讲授，让学生了解小城镇消防规划的主要内容，掌握小城镇消防安全布局的主要原则，消防站的布局、辖区范围、建设规模，掌握消防基础设施规划。

教学重点：小城镇消防安全布局、消防站规划、消防基础设施建设。

教学难点：消防基础设施规划。

第一节 概　述

城镇消防自古以来就是城镇防灾的重点，现代城镇火灾的发生表现出许多新的特点，比如化学危险品火灾事故多，高层建筑、大型建筑火灾扑救难度大，火灾造成的经济损失持续上升等。在城镇消防规划的编制中，主要包括对城镇各类用地及布局进行消防分类，确定城镇重点消防地区，定性评估城镇不同地区各类用地的火灾风险，合理调整城镇消防安全布局，合理划分消防站的服务区，合理确定消防站位置、用地面积和消防装备的具体配置。

一、小城镇消防规划主要任务

消防规划是根据城镇总体规划所确定的城镇发展目标、性质、规模和空间发展形态，按照城镇功能分区、用地分布、基础设施配备和地域特点，在分析城镇火灾事故现状和发展趋势的基础上对城镇火灾风险作出综合评估，确定城镇消防安全总体目标，对城镇消防安全布局、公共消防基础设施及消防装备建设等进行科学合理规划，提出具体建设目标和实施措施，为建立和完善城镇消防安全体系，提高全社会防灾、抗灾和救灾综合能力提供决策和依据。消防专项规划是城镇总体规划重要组成部分，也是城镇防灾体系建设的基础。

二、小城镇消防规划主要内容

城镇消防规划的主要内容包括城镇火灾风险评估、城镇消防安全布局、城镇消防站及消防装备、消防通信、消防供水、消防车通道等，具体包括：

（1）分析、确定城镇的火灾分布状况及趋势，评估可能的火灾风险。

（2）合理规划和调整各种危险化学物品生产、储存、运输、供应设施的布局、密度及周围环境，合理利用城镇道路和公共开敞空间（广场、绿地等）以控制消防隔离与避难疏散的场地和通道。

（3）合理布局城镇消防设施，划定消防责任区并规定消防装备配备要求。

（4）确定城镇消防用水总量并核定城镇给水系统的规模，合理布局城镇给水管网和消防取水设施，确定消防取水配水管的最小管径和最低水压，配置必要的消防水池，综合利用天然水源和其他人工消防水源。

（5）规定城镇消防车通道的规划建设要求。

三、消防规划的规划成果

规划成果包括规划文本、规划说明书和各类规划图纸。

规划文本主要包括规划编制的目的、规划依据、规划原则和指导思想、规划范围、规划时限、规划目标和重点等。

1. 消防规划说明书

规划说明包括：内容除应包括总纲（主要规划依据、规划期限、范围、指导思想、方针、原则等内容）及解释规划的文本外，还必须说明城镇的基本概况、消防设施现状、消防安全状况及几个难点的调查及综合分析、评价以及具体实施消防规划的措施整改、经费的规划和近期建设规划及实施措施。近期规划中的消防设施建设项目的数量、规模、形式及保证措施应做出具体说明，以便于政府在年度建设计划的编制、资金的落实上有依据。并分析实现规划目标的有利条件和不利因素，应形成一个完整的文字资料。要根据实现的可能性，按照轻重缓急，分期分批逐步建设的总体思路，提出消防规划近期、远期具体的实施意见，以此来落实消防规划。

2. 消防规划图纸

图纸包括：消防现状图和规划图。

现状图：消防站、消防安全布局现状图（图上标明消防站及责任区、危险化学品设施、燃气系统、石油液化系统、重点保护单位等）。

规划图：①消防站、消防安全布局图规划图（图上标明消防站及责任区、危险化学品设施、燃气系统、石油液化气系统、古建筑高层建筑、重点单位、工业区等规划）；②消防道路、供水规划图。（图上要标明道路系统、消防车通道、危险化学品运输路线、自来水厂、供水管网、市政消防栓、自然水体等）；③消防站选址的用地图，规划设计图的比例应与小城镇总体规划图比例一致。

第二节　小城镇消防安全布局

城镇消防安全布局指符合城镇公共安全需要的城镇各类易燃易爆危险化学品场所和设施、消防隔离、避难疏散场地及通道、地下空间综合利用等的安全布局和消防保障措施。

（1）明确消防安全布局的规划依据和原则。按照有关消防安全规定和消防技术标准的要求，确定小城镇危险化学品（可燃易燃物资仓库或堆场、石油库、天然气储配站、液化石油气供应基地、汽化站、混气站、汽车加油加气站等）生产、储存、装卸、供应场所以及输油、输气管道，高压电线（电缆）走廊。结合城镇广场、运动场、公园、绿地和其他公共敞开空间设置避难疏散场地，面积按照疏散人口设置，人均 $2m^2$。

（2）对现有的影响小城镇消防安全的危险化学品生产、储存、装卸、供应场所提出改造措施或迁移计划，对现有耐火等级低、消防通道不畅、消防水源不足的危旧房密集区提出改造措施、计划，对暂不能改造、迁移的，要提出相应的安全控制措施，提高自身防灾能力。

（3）在小城镇中合理布局消防站、消防栓、消防水池、消防给水管道等消防设施。小城镇新建区、扩建区的建筑物，应按不同性质和用途分别布置，旧区改造时应将易发生火灾的建筑物和场站调整至小城镇边缘布置。

第三节 小城镇消防站规划

消防站是指存放消防车辆和其他消防装备、器材的场所，也是供消防员执勤、训练和生活的场所，也是保护城镇消防安全的公共消防设施。

小城镇消防站规划主要包括：明确消防站的规划依据和原则，按照《城镇消防站建设标准》和各个城镇的消防规划的相关技术规定的要求，确定新建消防站的数量、位置、用地及规模和消防装备等。

一、消防站的选址

消防站有很多种类型，按照消防站责任区的地域类型，可分为陆上消防站、水上消防站和航空消防站；陆上消防站按照扑救火的类型可分为普通消防站和特勤消防站；普通消防站按照其规模可分为一级普通消防站和二级消防站。小城镇一般设置普通消防站，经济较好的县城可考虑设置特勤消防站。消防站的选择应满足以下条件：

（1）消防站选址应选择在责任区的适中位置，交通方便，利于消防车迅速出动，距道路交叉口不宜小于 30m。

（2）辖区内有生产、存储易燃易爆危险化学品单位的，消防站为确保自身安全应设置在常年主导风向的上风向或侧风向，消防站边界距液化石油气罐区、煤气站、氧气站不宜小于 200m。

（3）消防站应与医院、小学、幼托以及人流集中的其他公共建筑保持 50m 以上的距离，以避免相互干扰。

（4）消防站车库门应朝向城镇道路，至城市规划道路红线距离不宜小于 15m。

（5）消防站设置在综合性建筑物内时，应有独立的功能分区。

二、消防辖区

（1）普通消防站、兼有责任区消防任务的水上消防站和特勤消防站均有一定的辖区范围，辖区划分的原则是：在接警 5min 后消防队可到达责任区的边缘，消防站的责任区面积宜为 $4\sim7km^2$。

（2）1.5 万～5 万人的小城镇可设 1 处消防站，5 万人以上的小城镇可设 1～2 处。

（3）沿海、内河港口城镇应考虑设置水上消防站，水上消防站在接到火警后，按照正常行驶速度 30min 能到达辖区边缘。

（4）一些地处城镇边缘或外围的大、中型企业，消防队接警后难以在 5min 内赶到时应设专用消防站。

（5）易燃、易爆危险品生产运输量大的小城镇应设特种消防站，特勤消防站应根据特勤任务服务的主要灭火对象设置在交通方便的位置，宜靠近城镇服务区中心。

（6）消防站辖区的划分要结合城镇地形、水系、城镇道路布局，不宜跨大的河流、城镇快速路、铁路干线和高速公路。

三、消防站的建设标准

小城镇消防站的设置数量可按表13-1确定。

表13-1 　　　　　　　　　　　小城镇消防站的设置标准

小城镇人口	消防站数量/个
常住人口不到1.5万人，物资集中或水陆交通枢纽	1
常住人口1.5万～5万人的小城镇	1
常住人口5万人以上，工厂企业较多的小城镇	1～2

小城镇消防站一般由室外训练场、房屋建筑、装备和人员配备等组成。

（1）消防站的建筑面积指标应符合下列规定：

一级普通消防站 2300～3400m²。

二级普通消防站 1600～2300m²。

特勤消防站 3500～4900m²。

（2）各类消防站建设用地面积应符合下列规定：

一级普通消防站：3300～4800m²。

二级普通消防站：2000～3200m²。

特勤消防站：4900～6300m²。

注意：（1）上述指标应根据消防站建筑面积大小合理确定，面积大者取高限，面积小者取低限。

（2）上述指标未包含道路、绿化用地面积、各地在确定消防站建设用地总面积时，可按0.5～0.6的容积率进行测算。

（3）消防站建设用地紧张且难以达到标准的特大城市、可结合本地实际，集中建设训练场地或训练基地，以保障消防员开展正常的业务训练。

第四节　消防基础设施规划

消防基础设施主要包括消防供水、消防通信、消防车通道等。

一、消防供水

（一）消防供水系统

消防供水系统可以分为四种类型：

（1）生活用水和消防用水结合的给水系统。

（2）生产用水和消防用水合用的给水系统。

（3）生产用水、生活用水和消防水合用的给水系统。

（4）独立的消防供水系统。

采用生产用水、生活用水和消防用水合用的给水系统是较为常用的做法，局部区域的高压消防供水应该设置独立的消防供水管道，应该和生产、生活用水管道分开。

（二）消防水源

消防给水水源主要有城镇公共供水系统、自然水体和消防水池等。城镇给水系统是城镇的主要消防水源，在规划是应该保证城镇消防用水的需要。

目前我国小城镇消防供水基本现状为：城镇公共供水系统作为消防的主要水源，自然水体和消防水池作为消防供水的重要补充。为了应对城镇发生突发事件，防止城镇公共供水系统出现问题而影响城镇消防用水，每个消防辖区内至少应有一个消防水池或者自然水体取水点。在规划城镇消防供水时，宜根据不同的条件和当地具体情况，采用多水源供水方式，保证消防用水的需要。设置两个消防水源的条件见表 13-2。

表 13-2 设置两个消防水源的条件

名称	人数/万人	工业企业基地面积/hm²	附属于工业企业的居住区人数/万人
城镇	>2.5	—	—
独立居住区	>2.5	—	—
大型石油化工企业	—	>50	>1.0
其他工业企业	—	>100	>1.5

（三）消防供水量

在进行小城镇、小城镇居住小区及工业园区规划设计时需考虑消防供水系统，消防用水量应按同一时间内火灾次数和一次火灾所需要的用水量确定。此外，还应该满足以下要求：

（1）在冬季温度达到-10℃的小城镇，如采用消防水池作为消防水源时，必须采用必要的防冻保温措施，保证消防用水的可靠性。

（2）小城镇中的工厂、仓库、堆场等没有独立的消防给水系统时，其同一时间内火灾次数和一次消防用水量可分别计算。

（3）在小城镇公共供水系统规划设计中，供水管网宜布置成环状，并配置消防取水所需要的消防栓和消防水鹤，供水量和水压需满足消防供水要求。

（4）利用自然水体作为消防水源的区域，水体适当位置要设置取水码头，并有消防车通道连接。

（5）小城镇消防用水量一般可按同一时间内只发生一次火灾，一次灭火用水量为 10～35L/s，灭火时间不少于 3h 来确定，室外消防用水量按表 13-3 来确定。

表 13-3　　　　　　　　　　　　　　小城镇室外消防用水量

人口数/万人	同一时间发生火灾次数/次	一次灭火用水量/（L·s⁻¹）	
		全部为一、二层建筑	一、二层或二层以上建筑
＞1.0	1	10	10
1.0～2.5	1	10	15
2.5～5.0	2	20	25
5.0～10.0	2	25	35

（四）消防供水设施

城镇消防供水设施包括给水系统规划的水厂、给水管网、市政消防栓（或者消防水鹤）、消防水池、特定区域的消防独立供水设施、自然水体的消防取水点等。

1. 消火栓

（1）沿街道、道路设置室外消火栓，道路路宽不小于 60m 时，宜双侧设置消火栓，尽量靠近十字路口。消防栓距路边不应超过 2m，距房屋外墙不宜小于 5m。

（2）室外消火栓间距应不大于 120m。市政消防栓规划建设时，应该统一规格，一般设置地上式室外消防栓。对于城镇的主要街道、建筑物集中建筑密度大的区域，市政消防栓间距过大时，应该结合城镇给水管网的改造，适当增加室外消防栓，达到规定要求。

（3）消防栓的供水管径不得小于 75mm。

（4）室外消防栓的保护半径不应超过 150m，室外消防栓的数量应按室外消防用水量决定，每个室外消防栓的用水量应按照 10～15L/s 计算。

在布局消防栓时必须注意，由于我国多数小城镇水压不足，在扑灭火灾时仅仅依靠消火栓是不行的，必须让消防车进入灭火区域，因此不能以密设消火栓的方法来减低道路应有的供消防车通行的宽度要求。

2. 消防水鹤

在我国东北、西北地区，由于冬天天气比较寒冷，冰冻期比较长，考虑防冻问题，市政消防栓都是采用地下式消防栓的安装形式，一般设在道路旁，但由于道路经常被积雪覆盖，造成查找有一定的困难，且操作不便，给火灾扑灭带来影响。消防水鹤能够避免地下式消防栓的弊端，在北方寒冷地区可替代室外消防栓。消防水鹤的设置密度宜为每平方公里设置 1 个，消防水鹤的间距不应大于 700m。

3. 消防水池

城镇消防水池指城镇的公用消防水池、可供城镇使用的建筑物消防水池以及兼有消防功能的各种人工水池（水体）。城镇消防供水系统管网应布置成环状，有困难时符合下列情况之一的应该设置消防水池。

（1）无市政消防栓或者消防水鹤的区域。

（2）无消防车通道的区域。

（3）消防供水不足的区域，大面积建筑耐火等级低、大面积棚户区、历史文化街区、文物保护单位等也应设置消防水池。

二、消防通信规划

现代化的消防通信是城镇消防综合能力的主要标志之一，小城镇应逐渐建立现代化的消防通信系统。消防通信要充分利用有线和无线等多种通信手段，并与计算机网络相结合，建立适应消防安全的通信系统。城镇消防通信系统规划和建设应符合《消防通信指挥系统设计规范》（GB50313—2000）的相关规定。

小城镇火灾报警和消防通信指挥系统应满足以下要求：

（1）当发生火灾时，通过有线或者无线电话报警，小城镇火警接警与消防指挥中心能迅速处理火警，迅速调度。能实现接警、调度、通信、信息传递、消防出车、人员调度等程序自动化。

（2）小城镇电话端局、镇政府至消防指挥中心、火警接警中队的火警电话专线不少于2对，满足同时发生2处火灾可能的需要。

（3）消防指挥中心、火警接警中队与小城镇供水、供电、供气、急救、交通、环保、新闻等部门及消防重点单位应安装专门通信设施或者专线电话，确保报警、灭火救援工作顺利进行。

三、消防车通道规划

消防通道由各级城镇道路、居民区和企事业单位内部道路、建筑物之间的消防通道、与消防水池或者自然水体取水点相连的道路组成。

1. 道路消防要求

消防通道应该满足以下要求：

（1）小城镇道路应该考虑消防要求，其宽度不小于4m，以保证消防车辆顺利通行。

消防通道主要依靠城镇市政道路，城镇道路的布局形式和设计标准一般都能满足消防的通行需求。街区内供消防车通行的道路中心线间距不宜超过160m，当建筑沿街部分长度超过150m或总长超过220m时应设置穿过建筑的消防车道。在旧城改造中，进行规划和建设项目审查时，要把打通消防通道作为一项重要内容严格控制。

（2）沿街建筑应设连接街道和内院的通道，其间距不大于80m（可结合楼梯间设置）。

（3）建筑物内开设的消防车道，其净高与净宽均不小于4m。

（4）消防道路宽度不应小于3.5m，净空高度不应小于4m。

（5）消防通道转弯半径应不小于9m，尽端式消防道的回车场尺寸应不小于15m×15m。

（6）高层建筑宜设环形消防道，或沿两长边设消防车道。

（7）超过3000座的体育馆，超过2000座的会堂，占地面积超过3000m² 的展览馆、博物馆、商场，宜设环形消防车道。

（8）尽端式消防通道应设回车道或者回车场，回车场地面积不应小于12m×12m，高层民用建筑消防车回车场面积不宜小于15m×15m，供大型消防车使用的回车场面积不宜小于18m×18m。

（9）新建、改建和扩建各类建筑，应严格执行有关消防技术标准的规定，其周围应该设置环形消防车道，如有困难时，可沿建筑物的两个长边设置消防通道或设置可供消防车通行且宽度不小于 6m 的平坦空地。对旧城区不通的消防通道应予改造，小区开发建设时，应合理规划小区内部道路系统，消防主干道，消防干道上不得设置路障。

（10）消防车通道的坡度不应影响消防车的安全行驶、停靠、作业等，举高消防车停留作业场地的坡度不宜大于 3%。

2. 建筑物消防间距

建筑物间距的确定也是消防的一个重要方面，《城市居住区规划设计规范》（GB50180—93）（2002 年版）要求多层建筑与多层建筑的防火间距不小于 6m，高层建筑与多层建筑的防火间距不小于 9m，高层建筑与高层建筑防火建筑不小于 13m。

思 考 与 练 习

（1）试述消防规划的含义。

（2）试述小城镇消防规划的主要内容。

（3）试述小城镇消防安全布局的原则。

（4）试述消防站的选址原则及消防辖区的确定。

（5）试述消防站的建设数量和建设标准。

（6）试述消防基础设施规划的主要内容。

第十四章　小城镇抗震防灾规划

教学目的：通过本章的讲授，让学生了解小城镇抗震防灾规划的主要内容，掌握抗震规划的主要措施，掌握小城镇抗震防灾规划的设防标准。

教学重点：小城镇抗震防灾规划的主要措施，设防标准的确定。

教学难点：小城镇抗震防灾规划的主要措施

第一节　概　　述

一、地震强度与灾害形式

在众多的自然灾害中，地震由于其发生的突然性和损害的巨大性，成为群灾之首。我国地处世界上最强大的环太平洋地震带与欧亚地震带之间，构造复杂，地震活动频繁，是世界大陆地震最多的国家之一。衡量地震的大小主要有两个指标，一个是地震震级，共分为 10 级，反映的是地震过程中释放能量的大小，释放的能量越多，震级越高，强度也越大。二是地震烈度，共分为 12 度，是反映地震对地面和建筑物造成破坏的指标，烈度越高，破坏力越大。地震烈度与地质条件、距震源的距离、震源深度等因素有关。同一次地震主震震级只有一个，而烈度在空间上则显示出较大的差异。

根据历史资料，我国在 20 世纪 50 年代、70 年代、90 年代先后三次编制了全国地震烈度区划图，作为各地进行地震设防的基本烈度。2001 年编制了全国地震参数区划图。从地震区的分布来看，我国有 60％的国土处于地震烈度 6 度及以上地区。可见我国地震区分布之广，面临的地震形式也是非常严峻的。然而随着城乡经济的发展及小城镇的快速城镇化，目前我国的小城镇也具备了相当的规模，同样面临着地震产生的威胁。

强烈的地震不但会直接造成建筑物的损害、人员伤亡、财产损失，而且还可能引发其他一系列的次生灾害，如火灾、地质灾害、爆炸等。历史上有的地震，由于引发的次生灾害造成的损失甚至比地震直接造成的损失还要严重。

二、小城镇抗震防灾规划内容

1. 小城镇抗震防灾规划内容

城镇抗震防灾规划是全面防止和减轻城镇地震灾害的规划，按其内容和深度的不同，分为甲、乙、丙三种模式。国家和省重点抗震城市、特大城市、省会城市按甲类模式编制，大、中城市按乙类模式编制、小城市和小城镇应按丙类模式编制抗震防灾规划。

抗震防灾规划应该包括以下内容

（1）易损性分析和防灾能力评价、地震危害性分析、地震对城镇的影响及危害程度估计、不同程度地震下的危害预测等。

（2）抗震防灾的规划目标、抗震设防标准。

（3）建设用地评价与要求：根据地震危害性分析，划出对抗震有利和不利的区域范围，对不同分区提出用地布局要求和建设工程建设的抗震性能要求。

（4）抗震防灾措施。

（5）防止次生灾害规划。

（6）震前应急准备及震后抢险救灾规划。

（7）抗震防灾人才培训。

（8）抗震防灾规划中的抗震设防标准、建设用地评价与要求、抗震防灾措施应作为城镇总体规划的强制性内容，同时作为编制城镇详细规划的依据。

2．小城镇抗震防灾规划成果

（1）生命线工程及重要工程震害估计，主要利用抗震鉴定方法进行估计。

（2）潜在次生灾害源分布图（1∶1000～1∶5000）。

（3）抗震救灾组织机构、避震疏散道路及场地规划示意图（1∶1000～1∶5000）。

（4）抗震防灾规划报告。

第二节　小城镇抗震防灾设防标准和目标

我国城市抗震防灾的设防区为地震基本烈度六度及六度以上的地区（相应的地震动峰值加速度＞0.5g）。一般建设工程应按照基本烈度进行设防，重大建设工程和可能发生严重次生灾害的建设工程，必须进行地震安全性评价，并根据地震安全性评价结果确定抗震设防标准。

一、小城镇抗震设防烈度

小城镇抗震标准即为抗震设防烈度，应按国家规定权限所审批、颁发的文件（图件）确定，一般情况下可采用基本烈度。地震基本烈度指一个地区今后一段时期内，在一般场地条件下可能遭遇的最大地震烈度，见现行《中国地震烈度区划图》规定的烈度。

我国工程建设从地震基本烈度6度开始设防。抗震设防烈度有6、7、8、9、10等级（一般可以把"设防烈度为6度、7度…"简述为"6度、7度"）。6度及6度以下的城镇一般为非重点抗震防灾城镇，但并不是说这些城镇不需要考虑抗震问题。

二、城镇抗震防灾规划目标

城镇抗震防灾规划目标是：①当遭受多遇地震时（地震烈度低于基本烈度）城镇一般功能正常；②当遭受相当于设防烈度地震时，城镇一般功能及生命线工程基本正常，重要的工矿企业能正常或者很快恢复生产；③当遭受罕遇地震时（地震烈度高于基本烈度），城镇功能不瘫痪，要害系统和生命线工程不遭受破坏，不发生严重的次生灾害。

第三节　城镇抗震防灾规划的措施

在规划阶段，抗震防灾措施主要有用地布局、建筑物抗震设防、抗震防灾基础设施建设和防止次生灾害发生。

一、用地布局

地震烈度与空间距离、震源深度、地质条件有关，在城镇的规划区范围内，不同地段的地质构造、地形地貌、工程地质、水文地质也存在一定差别，发生地震时造成的破坏也存在差别。通过城镇用地布局避震减灾是最为有效和经济的抗震措施，小城镇用地抗震评价是城镇抗震防灾规划的一项重要内容，也是进行基础设施建设、城区建筑等各项抗震防灾规划的基础。城镇用地抗震评价是进行合理城镇用地布局的前提，在城镇布局中，主要采用以下几种方式来避震减灾。

（1）在编制规划时，前期应综合分析研究城镇的用地条件，尽量避开断裂带、溶洞区、液化土区等不良地带，尽量选择对抗震有利的地段进行建设，重要建筑物尽量避开对抗震不利的地段，容易发生次生灾害的危险化学物品生产、储存设施必须布置在独立的安全地带。

（2）进行建筑群规划时，应考虑保留必要的空间和建筑间距，使建筑物一旦倒塌，不致影响或者阻塞人员疏散通道，便于人员有紧急疏散的安全空间和场所。

（3）城镇布局要保证作为疏散通道的道路有足够的宽度，使之在灾害时仍能保持通畅，满足救灾和疏散的需要，同时，应充分利用城镇绿地、广场，作为震时临时疏散场所。

二、建筑物抗震设防

根据地震区划，我国 60％ 的国土处于设防 6 度及 6 度以上设防地区，不可能做到完全避开地震高烈度区域。因此，做好工程抗震设防是地震设防区必须采取的工程措施。抗震设防包括新建建筑的设防和原来设计之初未采取设防措施的建筑的抗震加固，编制规划时，不但要对新建建筑物提出设防要求，还必须对原有建筑进行详细的调查，对未采取设防措施的建筑提出加固和改造计划。

1. 建筑抗震处理

小城镇建、构筑物的抗震处理一般可按以下原则进行：

（1）尽量选择有利于抗震的场地和地基，并针对不同场地与基地，选择经济合理的抗震结构。

（2）建筑物平面布局的长、宽比例应适度，平面刚度应均匀，对建筑物应力集中的部位要在构造上加强。

（3）加强部件之间的联结，并使联结部位有较好的延性，尽量不做或少做地震时易倒塌脱落的构件。

（4）尽量降低建筑物重心位置，并减轻建筑物自重。

　　小城镇现有建筑物、构筑物和工程设施应依据现行国家有关标准进行鉴定，对不符合抗震要求的工程应结合改建、扩建进行加固或者改造，对无加固价值的工程应进行拆除或翻建。

　　2. 建筑抗震设计标准

　　建筑根据其重要性确定不同的抗震设防标准，根据建筑物的重要性将其分为甲、乙、丙、丁四类建筑。

　　(1) 甲类建筑：特殊设防类。指使用上有特殊设施，涉及国家公共安全的重大建筑工程和地震时可能发生严重次生灾害的，需要进行特殊设防的建筑。这类建筑设防标准应高于本地区抗震烈度要求，其应提高设防烈度一度设计值，应按照批准的地震安全性评价结果确定，当设防烈度为 6～8 度时应提高一度设计，当为 9 度时应符合比 9 度抗震设防更高的要求。

　　(2) 乙类建筑：重点设防类。重点设防类是指地震时使用功能不能中断或者需要尽快恢复的生命线相关建筑以及地震时可能发生重大人员伤亡等重大灾害后果，需要提高设防标准的建筑。这类建筑当设防烈度为 6～8 度时应提高一度设计，当为 9 度时应加强抗震措施。

　　(3) 丙类建筑：标准设防类。指大量的除了甲、乙类以外按标准进行设防的建筑，抗震设防标准采取本地区抗震设防烈度即基本烈度进行设计。

　　(4) 丁类建筑：适度设防类。指使用上人员稀少且地震不致产生次生灾害，允许在一定条件下适度降低要求的建筑。抗震措施可按本地区设防烈度降低一度设计，当为 6 度时不应降低。

三、抗震防灾基础设施规划

　　抗震防灾基础设施包括避震疏散场地、疏散通道和生命线工程。

　　(一) 避震疏散场地

　　地震是一种突发性强的灾害，强烈的地震可能造成大量建筑物损毁和人员伤亡，恢复重建工作将持续一段时间。避震疏散场地指用作地震时受灾人员疏散的场地和建筑，也称避难场所。对于小城镇来说，可以作为避震疏散场所的包括公园、广场、体育场、空地、各类绿地、防灾公园和防灾据点等。

　　1. 避震场所的布局设置原则

　　(1) 远离次生灾害危险源。

　　(2) 远离地质灾害区。选址区域应地势较高，不易积水，无崩塌、地裂或者滑坡危险。

　　(3) 便于设置生命线工程。避震疏散场所内应设有供水设施或者易于设置临时供水设施，并易于铺设临时供电和通信设施。

　　(4) 便于设置防火安全带，避震疏散场所内应划分避难区块，区块之间应该设置防火安全带，避震疏散场所应设置防火设施、防火器材、消防通道、安全通道。

　　2. 避震疏散场所的设置规模

　　不同烈度设防区域对疏散场地的要求也不同，人均避震疏散面积见表 14-1。

表 14 - 1　　　　　　　　　　　　　小城镇人均避震疏散面积

小城镇设防烈度/度	6	7	8	9
面积/m²	1.0	1.5	2	2.5

（1）每一处疏散场地不宜小于 4000m²。

（2）居民住宅区至疏散场地的距离不宜大于 800m。

（3）各类避震疏散场地可以是各自成片，也可以由比邻的多片用地构成，从防止次生火灾的角度出发，固定避震疏散场地宜选择短边 300m 以上、面积 10ha 以上的地域，避震疏散场地的总面积必须满足避震疏散的需求。

（4）小城镇的学校操场、公园、绿地等是主要规划的临时避震场地，这些场地规划除满足自身功能的需要和有关规范外，作为避震疏散场地还应该满足抗震防灾方面的要求。

（二）避震疏散通道

为保证发生地震后的救灾工作，中小城市的出入口不小于 4 个，与城镇出入口相连的主干道两侧应该保障建筑物一旦倒塌后不堵塞交通。避震疏散通道与疏散场地相连通，应考虑两侧建筑物垮塌堆积后仍有足够的可通行宽度。城镇内疏散通道的宽度不应小于 15m，一般为城镇主干路，通向镇内疏散场地和郊外旷地，或通向长途交通设施。为保证震时房屋倒塌不致影响其他房屋和人员疏散，规定震区城镇居住区与公建区的建筑间距，如表 14 - 2 所示。

表 14 - 2　　　　　　　　　　　　　小城镇房屋抗震间距要求

较高房屋高度 h/m	≤10	10～20	>20
最小房屋间距 d/m	12	$6+0.8h$	$14+h$

居住（小）区道路规划，在地震低于 6 度的地区，应考虑抗震设防的要求。地震设防地区，居住区的主要道路，宜采用柔性路面居住（小）区道路红线宽度不宜小于 20m，小区道路路面宽度 6～8m，建筑控制线之间的宽度，采暖区不宜小于 14m，非采暖区不宜小于 10m。

（三）生命线工程

生命线工程是指地震发生后，保证紧急救援所需要的供水、供电、交通运输、医疗救护设施、粮食、消防等部门，生命线系统是城镇的动脉，一旦震毁或者严重破坏，直接影响抢险救灾和生产、生活的正常秩序。生命线系统的抗震防灾规划，要在全面调查现状的基础上，根据震害预测结果，分析存在问题和抗震薄弱环节，制定相应的对策和措施。

（1）与抗震救灾相关的部门（供水、供电、交通运输、医疗救护设施、粮食、消防）应布局在建成区内受灾程度相对较低的地段，且需提高此类建筑物的抗震等级并有便利的联系通道。

（2）供水水源要有一个以上的备用水源，供水管道尽量与排水管道远离，以防止在两种管道同时被破坏时饮用水被污染。

（3）多地震地区不宜发展燃气管道网和区域性高压蒸汽供热，少用和不用高架能源线，尤其不能在高压输电线下建设建筑。

四、次生灾害的防治

次生灾害是地震过程中常见的灾害，编制抗震防灾规划，应该十分重视次生灾害的防治。有关设施首先要合理布局，降低次生灾害的风险，同时要加强抗震设防，提高抗震能力，还应该制定应急处理预案，有效处置可能发生的次生灾害。

思 考 与 练 习

（1）试述小城镇抗震防灾规划的主要内容。

（2）试述小城镇抗震设防标准如何确定。

（3）试述小城镇抗震防灾的规划措施。

（4）试述小城镇抗震防灾基础设施有哪些？各自的布局原则和标准是什么？

第十五章　小城镇人防工程规划

教学目的： 通过本章的讲授，让学生了解小城镇人防规划的主要内容，掌握人防规划的建设标准，掌握小城镇人防工程设施及其布局要求。

教学重点： 小城镇人防规划的建设标准，人防工程设施布局要求。

教学难点： 小城镇人防工程设施建设。

小城镇人防工程规划是根据城镇防御空袭和城镇发展规划进行的，既要满足人民防空的要求和目标，又要服务于城镇发展的要求和目标。《中华人民共和国人民防空法》中规定："人民防空实行长期准备、重点建设、平战结合的方针，贯彻于经济建设协调发展、与城市建设相结合"的原则。人防工程规划的规划年限应和城镇总体规划相一致，一般近期5年，远期20年，还要考虑一定时限的远景设想。

第一节　概　　述

一、人防工程规划的原则

（1）按照防护人口和防护等级要求，保证人防工程的数量与质量。

（2）突出人防工程的防护重点，适量选择一批重点防护目标，提高其防护等级，保障重要目标的安全。

（3）以就近分散掩蔽代替集中掩蔽，加强对常规武器直接命中的防护，以适应现代战争突发性强、打击精度高的特点。

（4）加强人防工事之间的连通，使其更有利于对战时次生灾害的防御，并便于平战结合和防御其他灾害。

（5）综合利用小城镇地下设施，将各类城镇地下空间纳入人防工程体系，研究平战功能与转换的措施和方法。

二、人防工程的规划条件

1. 小城镇的战略地位

编制人防工程总体规划的首要条件取决于城镇的战略地位，战略地位是由城镇所处的地理区位和城镇在未来反侵略战争中的作用、地形特征、政治、经济、交通等条件决定的。

人防工程规划应根据不同战略地位的城镇，分别设立设防要求。对于未来战争中可能成为敌人空袭目标的城镇，规划的重点应该放在反空袭和人员的掩蔽疏散上。

2. 地形、工程地质和水文地质条件

城镇的山丘地形常可作为防御或掩蔽的自然屏障，其工程规划应以山丘为重点，尽量向山里发展，平地则可构筑一定数量的地道作为掩蔽、疏散或者战斗动机之用。在确定人防工程位置、规模、走向、埋深、洞口位置时，要考虑该地区的雨量、风向、温度、湿度等气象条件。

3. 城镇现状

城镇现有地面建筑物的情况、地下各种管网现状、地面交通、人口密度、行政管理区划等，是编制人防工程规划的主要依据。如原有建筑物地下室、历史遗留下的各种防空工事、天然溶洞，是否需要建工程配合，均是编制人防工程规划的重要环节。

三、人防工程规划的内容

1. 城镇总体防护

（1）对城镇总体规模、布局、道路、建筑物密度、绿地、广场、水面等提出防护和控制要求，对城镇的经济目标提出防护要求。

（2）对城镇的供水、供电、供热、煤气、通信等基础设施提出防护要求。

（3）对生产储存危险、有害物质的工厂、仓库的选择、迁移、疏散方案提出要求，对降低次生灾害的应急措施提出要求。

（4）对城镇建成区、市际交通线路系统的选线、布局及防护、输运方案提出要求；对人防警报器的布局和选点提出要求。

2. 人防工程建设规划

（1）确定城镇人防工程的总体规模，防护等级和配套布局；确定人防指挥部、通信、人员掩蔽、医疗救护、物质储备、防空专业队伍、疏散干道等工程及其配套设施的规模和布局；确定居住小区人防工程建设规模；提出已建人防工程的改造和平时利用方案。

（2）估算规划期内人防工程建设的投资规模等。

3. 人防工程建设与地下空间开发利用相结合规划

（1）确定人防工程建设与地下空间开发利用相结合的主要方面和内容。

（2）确定规划期内相结合建设项目的性质、规模和总体布局。

（3）确定近期开发建设项目、并进行投资估算。

第二节　小城镇人防工程规划的要点

一、人防工程规模

我国城镇人防工程规模按照战时留城人口人均 $1 \sim 1.5 m^2$ 计算，战时留城人口约占城镇总人口的 30%～40%，可推算出小城镇所需的人防工程面积。在小城镇居住区规划中，按照有关标准，在成片居住区内按总建筑面积的 2%～4% 设置人防工程或按地面建筑总投资的 7% 左右进行安排。居住区防空地下室的战时用途应以居住掩蔽为主，规模较大的居住区的防空地下室应尽量保证项目配套齐全。专业人防工程的规模确要求见表 15-1。

表 15-1　　　　　　　　　　　　防空专业工程规模要求

项目名称		使用面积/m²	参考标准
医疗救护工程	中心医院	3000~3500	200~300 病床
	急救医院	2000~2500	100~150 病床
	救护站	1000~1300	10~30 病床
连队专业队工程	救护	600~700	8~10 台救护车
	消防	1000~1200	8~10 台消防车、1~2 台小车
	防化	1500~1600	15~18 台大车、8~10 台小车
	运输	1800~2000	25~30 台大车、2~3 台小车
	通信	800~1000	6~7 台大车、2~3 台小车
	治安	700~800	20~30 台摩托车、6~7 台小车
	抢险抢修	1300~1500	5~6 台大车、8~10 台施工机械

二、人防工程设施规划原则

（1）尽可能避开易遭到袭击的重要军事目标，如军事设施、机场、码头等。

（2）避开易爆易燃品生产储运单位和设施，其控制距离应大于 50m。

（3）避开有害液体和有毒气体贮罐，距离应大于 100m。

（4）人员掩蔽所距人员工作、生活地点不宜大于 200m。

（5）人防工程布局要注意面上分散、点上集中，应有重点地组成集团或群体。

（6）人防工程布局应便于开发利用，便于连通，单建式与附建式结合，地上、地下统一安排，注意人防工程经济效益的充分发挥。

三、人防工程设施分类及布局要求

1. 指挥通信设施

（1）根据人民防空部署，从便于保障指挥、通信联络顺畅的要求发出，综合比较，慎重选定工程布局，尽量可能避开火车站、飞机场、码头、电厂、广播电台等重要目标。

（2）充分利用地形、地物、地质条件，提高工程防护能力，对于地下水位较高的小城镇，宜建掘开式工事和结合地面建筑修建防空地下室。

（3）指挥通信设施宜靠近政府所在地建设，以便于战时转入地下指挥，街道指挥所宜结合小区建设。

2. 医疗救护工事

医疗救护设施包括救急医院和救护站，负责战时救护医疗工作，应该按人防分区配置。医疗救护工事规划布局应从本城镇所处的战略地位、预计敌人可能采取的袭击方式、城镇人口构成和分布情况、人员掩蔽条件以及现有地面医疗设施及其发展情况等因素进行综合分析，具体规划时应遵循以下原则：

（1）根据小城镇发展规划与地面新建医院结合修建。

（2）救护站应在满足平时使用需要的前提下尽量分散布置。

（3）急救医院、中心医院应避开战时敌人袭击的主要目标及容易发生次生灾害的地带。

（4）尽量设置在宽阔道路或广场等较开阔地带，以利于战时的交通运输，主要出入口应不致被堵塞，并设置明显的标志，便于辨认。

（5）尽量选在地势高、通风良好及有害气体和污水不易集聚的地方。

（6）尽量靠近小城镇人防干道并使之连通。

（7）避开河流堤岸或水库下游以及在战时遭到破坏时可能被淹没的地带。

各级医疗设施的服务范围，在无更可靠资料为依据时，可参考表 15-2 所示数据。

表 15-2　　　　　　　　　　　小城镇各级医疗设施服务范围

序号	设施类型	服务人口/万人	备注
1	救护站	0.5～1	均按平时小城镇人口计
2	急救医院	3～5	
3	中心医院	10 万人左右	

医疗设施的建筑形式应结合当地地形、工程地质和水文条件以及地面建筑布局等条件确定。与新建地面医疗设施结合或在地面建筑密度集区，宜采用附建式；在平原空旷地带，地下水位低、地质条件有利时，可采用单建式或地道式；在丘陵和山区可采用坑道式。

3. 专业队工事

专业队工事是为消防、抢修、救灾等各专业队提供掩蔽场所和物资基地。专业队工事中，车库的布局应遵循以下原则：

（1）各种地下专用车库应根据人防工程总体规划，形成一个以各级指挥所直属地下库为中心的、大体上均匀分布的地下车库网点并尽可能使能通行车辆的疏散机动干道在地下互通。

（2）各级指挥所直属的地下车库应布局在指挥所附近并能从地下互通，有条件时，车辆能开到指挥所门前。

（3）各级和各种地下专用车库应尽可能结合内容相同的现有车辆或者车队在其服务范围的中心位置，使各个方向的行车距离大致相等。

（4）地下公共小客车车库宜充分利用城镇的外用社会地下车库。

（5）地下公共载重车车库宜布置在城镇的边缘地区，特别应布置在通向其他省市的主要公路的终点附近，同时应与市内公共交通网联系起来并在地下或者地上附设生活服务设施，战时则可作为所在区或片的防空专业队的专业车库。

（6）地下车库宜设置在或者出露在地面以上的建筑物，如加油站、出入口、风厅等，其位置应与周围建筑物和其他易燃物、易爆设施保持必须的防火和防爆距离，具体要求见《汽车库建筑设计防火规范》及有关防爆规定。

（7）地车车库应选择在水文、水质条件比较有利的位置，避开地下水位过高或者地质构造特别复杂的地段。地下消防车车库的位置应尽可能选择有较充分地下水源的地段。

（8）地下车库的排风口位置应尽量避免对附近建筑物、广场、公园造成污染。

（9）地下车库的位置宜临近比较宽阔、不易被堵塞的道路并使出入口与道路直接相通，以保证战时车辆出入的方便。

4. 后勤保障工事

后勤保障工事包括物资仓库、车库、电站、给水设施等，为战时人防设施提供后勤保障，其布局原则为：

（1）粮食库工程应避开重度破坏区的重要目标，并结合地面粮库进行规划。

（2）食油库工程宜结合地面油库修建地下油库。

（3）水库工程宜结合自来水厂或城镇其他平时使用的给水水库进行建设，在可能情况下规划建设地下水池。

（4）燃油库工程应避开重点目标和重度破坏区。

（5）药品及医疗器械工程应结合地下医疗救护工程进行建设。

5. 人员掩蔽工事

人员掩蔽工事由多个防护单元组成，形成也多种多样，有各种单建或附建的地下室，坑道，隧道等，为平民和战斗人员提供掩蔽场所。其布局原则如下：

（1）其规划布局以镇区为主，根据人防工程技术，人口密度，预警时间，合理的服务半径，实现优化设置。

（2）结合小城镇建设，修建人员掩蔽工程，对地铁车站，区间段，地下商业街等市政工程作适当的转换处理，即可作为人员掩蔽工程。

（3）结合居住区，高层建筑，重点目标及大型建筑修建防空地下室，作为人员掩蔽工程，使人员就近掩蔽。

（4）通过地下通道加强各掩体之间的联系。

（5）使用地下连通道作为临时人员掩体。当遇到常规武器袭击时，应充分利用各类非等级人防附建式地下空间和单建式地下建筑的深层。

（6）专业队掩体应结合各类专业车库和指挥通信设施布置。

（7）以就地分散掩蔽为原则，尽量避开敌方重要袭击点，均匀布置人员掩体，避免过分集中。

6. 人防疏散通道

人防疏散通道包括公路隧道、人行地道、人防坑道、大型管道沟等，用于人员的隐蔽疏散和转移，负责各战斗人防片之间的交通联系。人防疏散干道应结合小城镇的居住小区建设，使各小区与人防工程体系联网，通过机动干道与小城镇进行整体连接。

思 考 与 练 习

（1）试述小城镇人防工程规划的主要内容。

（2）试述小城镇人防规划的建设标准。

（3）试述小城镇人防设施及其布局要求。

第十六章 小城镇市政工程常用软件介绍

教学目的：通过本章的介绍，了解市政工程常用软件的内容及使用，从而有针对性地在工程实践中进行运用。

教学重点：LOOP 软件使用；鸿业总规软件 HYCPS8 中市政工程规划的使用；鸿业市政管线 HY－SZGX 给水管网平差、雨水管网计算、污水管网计算；鸿业三维智能管线设计的使用；湘源控规软件中管网设计。

教学难点：鸿业总规软件 HYCPS8、鸿业市政管线 HY－SZGX、湘源控规软件中市政管线的设计如何与其他规划设计衔接，各个软件的局限性。

第一节 LOOP 软件简介

LOOP 是一个功能十分强大的管网水力平差计算程序，可以计算大、中、小型环状和枝状管网，计算速度快，较为适合我国许多小城镇的管网设计水力计算。

一、程序使用环境

硬件要求：任何 PC 微机配打印机。

软件平台：WINDOWSXP、WINDOWS7 系统（32 位）。

二、数据准备

在使用平差程序前，请准备好计算所需原始数据，包括总体数据、管段数据、节点数据、参考节点数据。

1. 总体数据

总体数据包括工程名称、管段总数、节点总数、高峰因子、最大水力坡度、最大流量修正值。

2. 管段数据

管段数据包括管段编号、起始节点编号、终到节点编号、管段长度、管段直径、管内壁粗糙系数。

3. 节点数据

（1）节点编号、节点流量给定方式（FIX）：通常为 0 表示节点流量不固定，1 表示节点流量固定。

（2）节点流量：流入节点流量为正值，流出节点流量为负值（与我国规定相反），单位：L/s。

1）本程序中节点流量的符号规定与我国相反，流入节点流量（如水厂供水）为正，流出节点流量（如用户用水）为负。

2）为了满足管网水力模型（方程组）的可解条件，管网中的管段和节点为分两类且两者必居其一。

3）管段分为"定流量管段"和"未定流量管段"。

定流量管段，即管段流量已知，管段水压降未知（通过平差计算确定），如管段上设有加压泵站，根据平差计算所得水压降可设计泵站扬程。本程序不能处理此类管段，必须将之删除，其流量转换成相连两节点的节点流量。

未定流量管段，即管段流量未知（通过平差计算确定），管段阻力已知。本程序只能处理此类管段。

4）节点分为"定水头节点"和"未定水头节点"。

定水头节点，又称参考节点，即节点水头已知，节点流量未知（通过平差计算确定），如清水池（库）、水塔（高位水池）所在节点（高程已定），通过平差计算可以确定流入（出）它们的流量。

管网中至少必须有一个参考节点，如没有，就取管网最不利点，其节点水头为地面标高加上自由水压高度（按国家有关规定取值）。

未定水头节点，即节点水头未知（通过平差计算确定），节点流量已知，如用户用水节点，用水流量已知，通过平差计算可以确定用户可以得到的水压。

节点地面高程，节点海拔标高，单位：米。

4. 参考节点（即水头已知、流量未知的节点数据）

节点编号：正整数，1～200。

节点水头：已知的节点水头海拔标高，单位：m。

三、程序启动

启动英文版程序：在 WINDOWSXP、WINDOWS7（32 位）系统中双击 LOOP. EXE 文件名。

四、主菜单

选择并键入字母：

C—创建新的数据文件；L—装入已有数据文件，可以经修改后进行平差；

H—帮助；D—列出磁盘文件目录；Q—退出。

五、输入或修改数据文件

输入或修改数据文件按屏幕提示（屏幕底部）进行操作。同时注意以下事项。

（1）对于定水头节点（参考节点），节点数据中，其节点流量必须输入 0。

（2）节点数据输入时，光标直接从第一列跳到第三列，要到第二列（FIX）必须用向左移动光标键（←）。

（3）每个数据输入完毕后，必须用回车键确认。

（4）管段或节点数据删除后，管段数和节点数将会自动调整，不必再输入。

（5）数据删除不能使用 DEL 键，只能用其他数据或空格覆盖。

（6）数据文件输入完成后不要忘记存盘（先按 ESC 进行菜单，并按 S 键存盘）。

六、平差计算与管径调整

本程序平差计算非常快捷，从数据文件按 ESC 进入菜单，按 R 键进行计算，很快就可得到计算结果。不过，为了慎重起见，先按 T 键复核总用水量可以发现节点流量输入错误。

计算结果可在屏幕上直接查看，或按 P 键打印。当管段流速偏低或水头损失偏高时，在相应数据旁给出"低"或"高"的提示。根据提示，设计者应适当地调速管径，然后重新计算，直到不再出现这些提示为止。

七、环状管网的计算举例

以本书第三章第六节给水环状计算为例，基本数据见环状网计算，以下为软件使用步骤。

1. 第一步，新建文件，输入总体数据

在系统中打开软件，建立新文件，点击 C，输入完总体数据后存盘，输入文件名，见图 16-1、图 16-2。

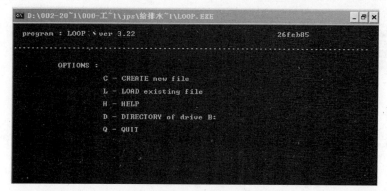

图 16-1　建立新文件

图 16-2　输入总体数据界面

（1）Title 标题工程名称，对管网工程的方案说明，不影响计算结果。

（2）PIPLES 管段数，最大值 250；NODES 节点数，最大值 200。

（3）PEAK FACTOR 高峰因子，即节点流量的缩放系数，一般为 1。如在事故工况计算时，可以用最大时工况的数据进行平差计算，只要将高峰因子设为 0.7，即按我国规定，事故时节点供水量可减少 30%，事故＋消防工况平差计算时，除高峰因子设为 0.7，发生火灾的节点流量给定方式（FIX）设为 1，并直接给出消防所需的节点流量。

（4）MAX HL/KM 最大水力坡度，即管段单位长度水头损失最大允许值，不影响计算结果，只是在计算结果中提出警告，一般取 5~8，单位：千分之一（‰）。

（5）MAX UNBALANCED 最大流量修正值，本程序采用的是节点平差算法，此为平差的最大允许误差，值越小则计算精度越高，一般可采用 0.01 或更小，单位：L/s。

2. 引导现有文件

如引导现有文件扩展名为 lop 的文件，则在主菜单中点击 L，同时按"SHIFT"和"＋"切换驱动盘符，找到现有文件所在驱动盘符即可，不必寻找详细路径，找到后点击该文件即可打开，见图 16-3、图 16-4。

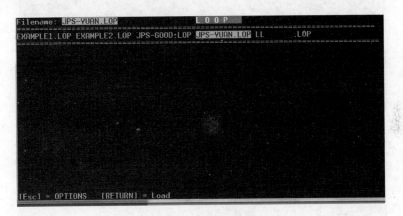

图 16-3　选择现有文件

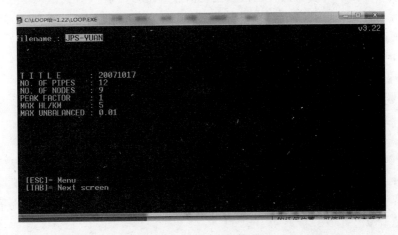

图 16-4　现有文件首界面

3. 输入管段数据

在输入总体数据后，按 TAB 键进入下一层菜单，输入管段基本数据，见图 16-5。
管段数据包括：

（1）管段编号——正整数，1～250。

（2）起始节点编号——正整数，1～200。

（3）终到节点编号——正整数，1～200。

（4）管段长度——正整数，单位：m。

（5）管段直径——正整数，单位：mm。

（6）管内壁粗糙系数——海曾·威廉公式中的 C 系数。

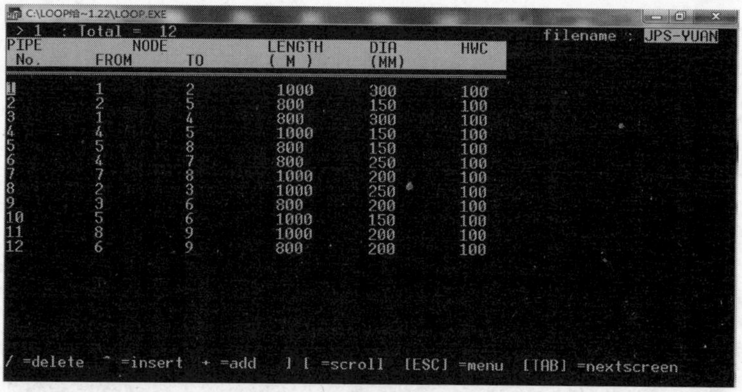

图 16-5　输入管段数据

4. 输入节点数据

按 TAB 键进入下一层菜单，输入节点数据。

节点编号——正整数，1～200。

节点流量给定方式（FIX）——通常为 0 表示节点流量不固定，1 表示节点流量固定。

节点流量——流入节点流量为正值，流出节点流量为负值（与我国规定相反），单位：L/s。

节点地面高程——节点海拔标高，单位：m。

5. 输入参考节数据

按 TAB 键进入下一层菜单，输入参考节点数据。

节点编号号——正整数，1～200；节点水头——已知的节点水头海拔标高，单位：m。

6. 返回基本数据首页

按 TAB 键返回到基本数据的首页，此时按 ESC 键进入主菜单，点击 S 键存盘。再按 ESC 键进入主菜单，此时按 R 键进行管网平差计算，（见图 16-6、图 16-7）。

结果的界面中有英文 RESULT，同时为 0.007，MAX　UNBAL 最大流量修正值小于先前假设值 0.01。

7. 检查环状网计算结果

见图 16-8、图 16-9。

图 16 - 6　主菜单

图 16 - 7　计算结果界面 1

图 16 - 8　计算结果界面 2

结果分析：管段 2—5、4—5 水头损失偏高，流速大造成，此时可将管径调低；管段 5—8、3—6、5—6 流速偏低，可将管径调小，然后存盘重新运算。

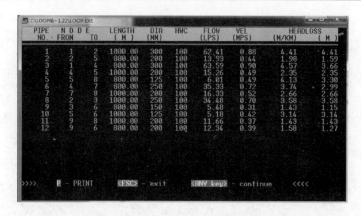

图 16-9　管径调整之后的计算结果界面

第二节　鸿业总规软件 HYCPS8

鸿业城市规划设计软件是鸿业公司研制的 CAD 系列软件之一，旨在为城市规划设计部门提供一套完整、智能化、自动化的解决方案，开发内容覆盖城市规划专业设计的各个层面。具有各种方便快捷的绘图、计算工具。能够辅助设计人员进行地形处理、土方计算、道路绘制、地块管理、分图图则、小区详规、管线综合、竖向布置等工作，该软件目前适用 Window7 及以下系统、CAD2008 及以下，此处仅与市政相关功能进行简要介绍。

一、地形

快速识别、定义自然等高线；处理由离散点形成的地形数据，自动识别和转换图上的标高文本数据，利用自然标高数据自动生成方形网格和三角网格曲面、三维地形模型，计算单点标高，生成等高线，绘制地形断面图，见图 16-10 三维地形。

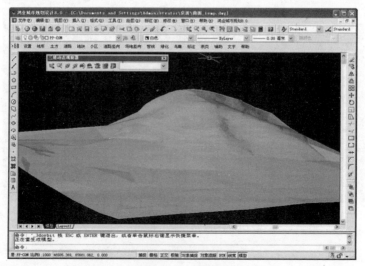

图 16-10　三维地形

二、土方计算

根据地形条件不同可选用网格法或断面法进行土方计算和优化计算，同一图中可设多个网格体系，自动提取各网格交点自然标高和设计标高，同时也可根据要求定义场地内任意点的设计高程，自动计算并统计、标注区域及边坡土方、标高，形成三维地形及绘制任意地形断面，断面图动态设计，自动更新工程量表。

三、道路设计

采用自定义对象技术，参数化绘制各类型道路，快速处理各种类型交叉口及弧线道路。方便且迅速修改已绘成道路的位置、板块宽度、左右建筑红线后退距离、道路名称等参数。道路自动交叉处理，倒角、倒弧处理，倒角半径修改，自动绘制、编辑车港，喇叭口，道路中心环岛，绿化带等道路配套设施。主要有以下特点：

（1）参数化绘制道路：绘制道路时可指定道路的名称、类型、级别、道路基本数据等信息，并可以绘制完成后方便地查询编辑。

（2）快速转化路网：在已经设计好路网中心线的基础上，可以智能化地快速把路线转换为所需板块类型的道路网。

（3）自动化的交叉处理：可以处理各种类型的道路交叉，并且在任意一条道路修改之后，交叉口可以自动更新。

（4）可自动更新的标注：道路相关标注与道路浑然一体，可随着道路的移动而移动，标注数据也可随道路数据的变化而自动更新。

（5）方便的统计查询：绘制道路时设置的所有道路信息以及道路面积，绿化面积等数据都可以在对象特性管理器中进行统计查询。

四、竖向设计

包括道路竖向与场地竖向。该软件对各种道路参数进行自动编辑、标注，快速形成道路系统分析图，自动搜索并标注各控制点坐标和自然、设计标高，自动计算并标注排水方向，生成设计等高线，简单快速地定义道路桩号、道路标高，自动生成横、纵断面结构及板块分析图，快速计算道路土方，并具备挡土护坡设计、自动沿道路布雨水口、雨水明沟计算等功能，见图 16-11。

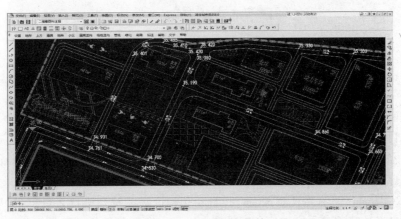

图 16-11　道路竖向设计

五、管线规划与管线综合

快速的绘制、查询编辑各种管线、管沟、管架、管枕等，自动进行管道空间碰撞间距检查，对管线交叉点的查询和标注，自动绘制标示任意管线断面图，见图16－12、图16－13。

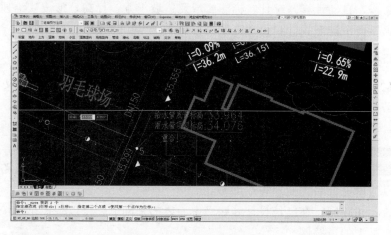

图16－12　管网碰撞检查

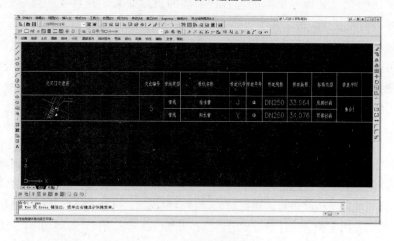

图16－13　管网节点示意

第三节　鸿业市政管线 HY－SZGX

该软件经过多年的扩充升级，最新版本为9.0版。目前在全国的市政设计单位得到广泛使用和认可。从地形处理到道路绘制，从平面设计到纵断面设计，从给水、污水、雨水设计到各类管线综合调整，从管网平差计算到污水雨水计算。软件基本涵盖了市政管线设计的全部内容。与工程实际理念相通，使用起来没有距离感。动态可视化纵断面设计，纵断设计结果自动返回平面，自动标注、设计调整图面标注自动更新，管道可采用 PLINE、LINE 和 ARC 表示，具有专业覆盖面广、自动化程度高、符合设计人员思维习惯等特点。软件深度和灵活性可满足全国不同地区设计人员施工图的要求。采用最新的标准图集和制图标准，保证设计的先进性。以下对其中部分功能进行简单介绍。

一、平面设计

（1）根据给水、污水、雨水管道各自的特点，结合道路的特征采用自动定线和交互定线相结合的方式，快速得到管道平面布置图。对于原来的规划图，还可以采用定义管线功能把规划图中的已有管线定义成给排水管线。对于没有道路的给水输水管线和向水体排放的雨污水管线，软件中引入管线桩号的概念，可以根据管道里程桩来进行设计。管线可以用 PLINE、LINE 或 ARC 表示。

（2）快速布置管线、井类、雨水口、预埋管道，可以识别用户自定义的雨水口，管道标高可由多种方式快速获得。

（3）对于布置好的管道，可以直接使用 CAD 命令或软件提供的专用命令进行编辑。排水管道直径、标高进行修改时，程序会自动对上下游相关管道进行修正。

（4）针对小区给排水设计的特点，智能进行进出户管的布置和室内外管道连接，按照小区路标高自动计算检查井设计地面标高。

（5）全自动方式节点自动编号，节点可以全部按照主节点编号，也可以将主线作为主节点，支线作为附节点进行编号。添加或删除节点时，其他节点编号自动调整更新。根据不同地区标准选择检查井规格和标准图号。

二、给水管网平差

（1）给水管网平差包括节点流量计算定义、管径计算定义、管网平差、平差结果标注等平差计算全过程。平差计算时，水源可以是定压力，也可以是水泵组合。可以计算任意多个水源，可以对最不利点校核、消防校核、反算水源点压力、事故校核、最大转输等多种工况进行计算。计算原始数据可以直接输入也可以从图面自动提取。计算规模达到千级管段，计算结果可以标注到图面上，也可以形成完整的平差计算书。可以显示水源供水区域，可以绘制管网等压线。

（2）自动绘制供水区域界线，根据各地块供水标准自动计算系统供水量，自动分配节点流量和预赋管道直径。

（3）记忆标注位置，一次调整，全工况适用，见图 16 - 14、图 16 - 15。

图 16 - 14 管网平差参数设置

图 16-15 管网平差数据填写

三、雨水管网计算

以下使用 HY-SZGX 市政管线软件进行雨水的计算。

（1）选择合适的暴雨公式，同时选择全适的单位 L/（s·hm²）或者其他，见图 16-16。

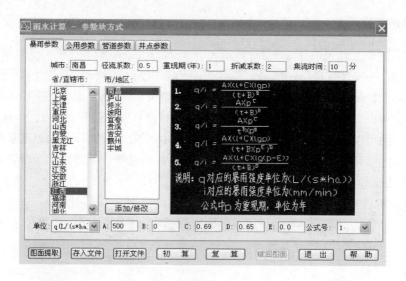

图 16-16 选择暴雨流量公式

（2）修改公用参数，见图 16-17。

（3）修改管道参数，见图 16-18。

（4）修改井点参数，见图 16-19。

（5）在参数块方式中，将汇流面积输入。在汇流面积输入时还要注意一个事项，每个井点的汇流面积就是直接流入本管段的面积，不包括上游转输面积，另外，此处输入单位是平方米。

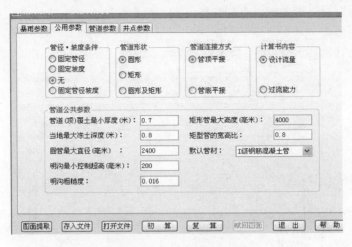

图 16‑17　公用参数选择

图 16‑18　管道参数选择

图 16‑19　修改井点参数

（6）以上表设置好后就可以直接计算，点击初算按键即可。要注意的是管道参数中的坡度及直径不必输入。

（7）在初步计算后，弹出以下菜单，见图 16-20。

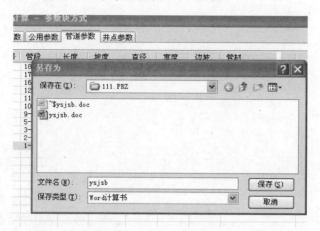

图 16-20　提示菜单 1

（8）选择所需要的文档，点确定按键，然后弹出以下窗口，见图 16-21。

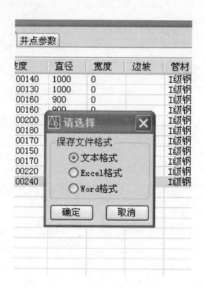

图 16-21　提示菜单 2

（9）自定文件名，点保存，然后出现以下窗口，注意上面红色的运行线，说明软件正在计算。

（10）计算完成后，软件提示是否查看计算书，点是键。计算结果显示见图 16-22。

（11）注意事项：

1）计算结果全为自动生成。

2）计算结果中的汇流面积则包括了转输面积。

3）如果对计算中的一些细节不清楚，可以直接查询菜单中的帮助功能。

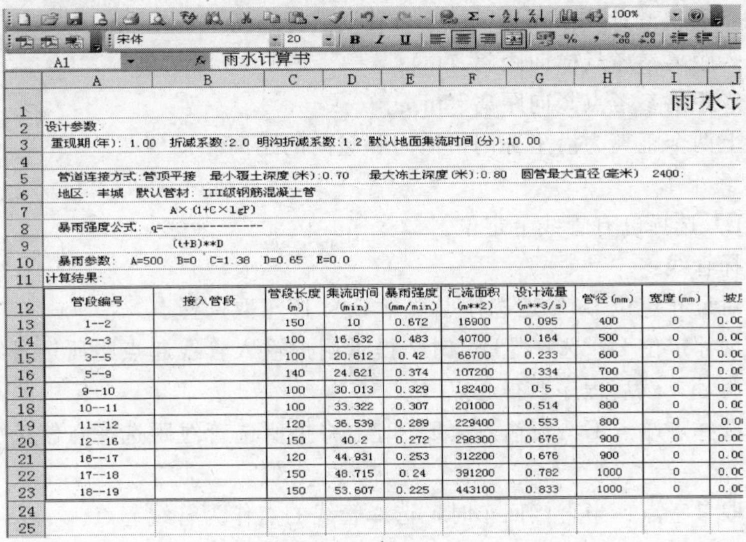

雨水计算书

管段编号	接入管段	管段长度 (m)	集流时间 (min)	暴雨强度 (mm/min)	汇流面积 (m**2)	设计流量 (m**3/s)	管径 (mm)	宽度 (mm)	坡度
1--2		150	10	0.672	18900	0.095	400	0	0.00
2--3		100	16.632	0.483	40700	0.164	500	0	0.00
3--5		100	20.612	0.42	66700	0.233	600	0	0.00
5--9		140	24.621	0.374	107200	0.334	700	0	0.00
9--10		100	30.013	0.329	182400	0.5	800	0	0.00
10--11		100	33.322	0.307	201000	0.514	800	0	0.00
11--12		120	36.539	0.289	229400	0.553	800	0	0.00
12--16		150	40.2	0.272	298300	0.676	900	0	0.00
16--17		120	44.931	0.253	312200	0.676	900	0	0.00
17--18		150	48.715	0.24	391200	0.782	1000	0	0.00
18--19		150	53.607	0.225	443100	0.833	1000	0	0.00

设计参数：

重现期(年)：1.00　折减系数：2.0　明沟折减系数：1.2　默认地面集流时间(分)：10.00

管道连接方式：管顶平接　最小覆土深度(米)：0.70　最大冻土深度(米)：0.80　圆管最大直径(毫米)：2400

地区：丰城　默认管材：III级钢筋混凝土管

暴雨强度公式：q=——————

$$q = \frac{A \times (1 + C \times 1gP)}{(t+B)^{**}D}$$

暴雨参数：A=500　B=0　C=1.38　D=0.65　E=0.0

计算结果：

图 16-22　雨水计算结果列表显示（局部）

四、污水管网计算

（一）布污水管

点取"布置管线"菜单项，首先提示输入管代号。如果是第一次绘制制定类型污水管线，程序还提示输入管线起点端最小覆土深度（单位为米）和管代号。功能和方法与布给水管相同。

当用鼠标点取"交互布管"菜单项时，出现如图 16-23 对话框。

管代号是用来区分某一区域或某一道路上的管线的，包括用来统计管材、标注、管线等。输入要设计给水管的代号后，再选择该管所用管材，点取"确认"按钮。

图 16-23　给水管布置

命令行提示：参考线 P/参考点 D/已有管线 L/坐标 Z/管线起点。

1. 参考线定位 P

输入"P"选择参考线定位。

提示：选择参考线：

提示：输入起点与参考线的距离（m）：

提示：定管线起点：

用鼠标在屏幕上定义管线起始位置，程序即由选择点向参考线引垂线并由垂点向选择点一侧换算所输入距离，得到管线起点。

2. 参考点定位 D

当输入"D"选择参考点定位时，出现以下情况。

提示：选择参考点［交叉点 int/线终点 end/线中点 mid/园中心（en）：

可以直接点取参考点或输入提示的字母辅助选择参考点。

提示：输入距离参考点横向距离（m）：

提示：输入距离参考点竖向距离（m）：

注意：以上两个距离为沿坐标网格横向和竖向的距离。

3. 已有管线上 L

当输入"L"选择已有管线上定位。

提示：选择管线：

提示：相对尺寸定位 D/靠近选择点端点 E/<回车取选择点>：

（1）相对尺寸定位 D：选择"D"时，提示用户输入管线起点距所选管线较近端点的距离，其单位为 m，然后程序取得起点。

（2）靠近选择点端点 E：当输入"E"时，将把所选管线距选择点较近一端作为管线起点。

（3）回车取参考点：当直接回车时，选择管线的点作为管线起点。

4. 坐标定位 Z

当输入"Z"选择坐标定位。

提示：输入横向坐标（m）：

提示：输入竖向坐标（m）：

5. 管线起点

用鼠标直接在屏幕上点取起点。确定管线起点后。

提示：回退 U/参考点 D/方向和距离 F/管线上 L/坐标 Z/到点：

（1）方向和距离定位 F：输入"F"选择方向和距离定位时，出现以下情况。

提示：选择方向：

可以移动鼠标动态观看由起点到出动态线的方向，在所需方向时按鼠标点取键。

提示：输入距离（m）：

（2）管线上 L：输入"L"选择已有管线作为到点时，出现以下情况。

提示：选择管线：

选择管线后，程序自动由起点向所选管线方向垂直引管线。

（3）参考点定位 D：选择"D"时，过程与管线起点定义相同。

（4）坐标 Z：输入"Z"采用坐标定位时，过程与管线起点定义相同。

（5）到点：也可以用鼠标在屏幕上点取管线到点。

（二）定义污水管

当总图上已有给水管线的图时，不必重新再布管线。这时，使用本菜单就省掉了多余的工作，它的功能就是将图上已有的 line 自动转换成软件识别的管线。

"点选且两端相连管线自动选择 d"的作用是：原图上的 line 本身相连接时，点选线上任何一点，向连接的 line 全部自动转换成所需管线。

（三）改管代号

用来修改已有管线的管代号，选择要改管代号的管线后，输入新的管代号即可。

（四）管线整理

同给水设计。对于布置好的管线，由于相互之间的连系，移动操作用 AutoCAD 命令做起来要保证与线仍然完好的连在一起是比较困难的，而且可能出现软件不能识别的现象，因此，当对管线进行偏移最好使用该命令。

点取"管线整理"菜单时

提示：管线修剪 T/管线移动 Y/管线连接 L/节点移动 D/＜回车退出＞。

1. 管线修剪

管线修剪是对两不平行管线之间进行的操作，其作用是把选择的管线进行处理，使靠近的端点连在一起，然后把多余的剪掉，没连接的连接。

2. 管线移动

如果要使某管线作一定距离的移动，可输入"Y"，管线移动方向只能是与管线平行的方向。

提示：回车或空选退出/＜选择管线＞：

选择要移动管线后

提示：回车重选/＜输入移动方向＞：

用鼠标点取要移动的方向

提示：输入移动距离（m）：

输入移动距离。

提示：是否移动和选择线相连且在一条直线上的管线（Y/N）？（Y）。

然后，程序将对要移动的管线按指定方向移动输入的距离。

3. 管线连接

管线连接是对一条直线方向上两段管线的连接，如果选择两管段之间有其他同类的管段，程序会把它们全部删除掉，即把选择的两条管线及它们之间的管线处理成一条管线。当输入"L"采用管线连接时

提示：回车或空选退出/＜选择第一条管线＞：

选择要连接管线中的一段

提示：回车重选第一条管线/＜选择第二条管线＞：

选择完第二条管线后，程序即把两条管线及其之间的管段弥合为一段管线。

4. 节点移动

节点移动用于对管网中某个节点进行位置上的移动操作，输入"D"选择节点移动时，

提示：回车或空选退出/＜选择节点＞：

选择完要移动的节点后

提示：回车重选/坐标 Z/参考点 D/线上移动 X/垂直线移动 V/＜到点＞：

这时，可以用鼠标在屏幕上直接取节点的位置，也可用提供的其他方式给定节点的位置。

（五）定井地面标高

功能和用法与给水管线相同，不再赘述。

该菜单项用来定义管线各端点的地面标高，即定义各节点标志的地面标高，它是定义管线标高及纵断图绘制等后续工作的基础。

点取"地面标高"菜单项时

提示：退出 E/成组选择定义 X/＜控制点定标高（枝状管网）K＞：

1. 控制点定标高

程序根据已知的数个标高点（折点），自动推算其余的节点标高。

2. 成组选择定义

当某些节点标高相同时，可一次定义全部地面标高。

（六）地面标高自动定义

功能和用法与给水管线相同，不再赘述。

所谓自动定义标高就是根据控制离散点来确定一片区域中的节点的地面标高，其具体步骤如下。

1. 控制点定标高

本步骤是对控制点进行标高定义。命令行提示：

回车退出/输入控制点：

输入控制点标高：＜0.000m＞

逐个输入各个控制点标高，控制点越多则随后的等高线绘制和节点标高的计算越精确。

2. 绘制等高线

命令行提示：输入等高距＜0.400m＞

此过程是根据上面的控制点标高来自动绘制等高线，输入间距越小则随后的节点标高计算越精确。

3. 自动定标高

由绘制的等高线根据内插法来确定搜索到的此区域中的节点的地面标高。如果节点没有在等高线范围以内则无法计算。

4. 标高查询

主要是查询节点地面标高值，也可以对等高线区域内的任何点进行标高查询。

5. 清除控制点

节点地面标高定以后，用此命令清除图中原有控制点。

6. 清除等高线

节点地面标高定义以后，用此命令清除图中自动绘制的等高线。

（七）节点编号

1. 主节点编号

针对排水系统均为枝状的特点，排水节点编号我们采用不同与给水的编号方法，它具有方便、快捷的特点，它只需点取要连续编号的一系列井的两个端点即可，点取"节点编号"菜单项时。

提示：选中已有编号节点时是否重编（Y/N）？（N）

此处是指在提取要编号井时，如果管线上的井有的已编过号是否重新编号。

提示：回车退出/＜选择起点井＞：

选择起点井后

提示：回车不选/＜选择终点井＞：

这时可以选择终点井，也可回车不选只对一个井编号。如果选择了终点井，程序自动搜索出沿途各井。

2. 附节点编号

当以一段管线为主干管时，其两侧的节点井则为附节点。这时先选附节点井，再选和该附线相交的主节点井即可。标注后的编号形式为：主管线代号-主节点井编号-附节点编号，如：W - 5 - 2。

3. 删除井分编号

本菜单项的功能是删除附节点的附节点编号的属性。上面的例子编号为 W - 5 - 2 的井，在删除井分编号后，标注的井编号则变为 W - 5 了。

（八）污水计算

注意：污水计算的前提是，管线上的井类须已有地面标高和井的编号。

1. 定井流量

它指的是直接汇入该井的流量，单位为 L/s。

在工程设计中，一般不希望频繁改变管径及坡度，为达到这个目的，利用程序计算时，可以把某些井的流量合计后，输入到上游的某个井上作为节点汇入流量，其他井不定义汇入流量，这样，这一组管道的管径和管坡就会一样了。

2. 定义排出口

进行计算时，如果数据从图面上提取，在图面上定义排出口比较直观。在软件进行的计算中，支持多个独立区域计算，也就是可以有多个排出口。

定义排出口是为了让程序知道水流方向和管网组织情况，不管是图面定义还是在界面中定义，它是一个在计算开始前必须要做的工作。

3. 污水计算

污水管道计算分为初算和复算两种功能，初算时程序根据初始数据计算管道直径、坡度和标高；复算则由程序校核过流能力。

（1）公用参数：计算中用到的公用参数见图 16 - 24。

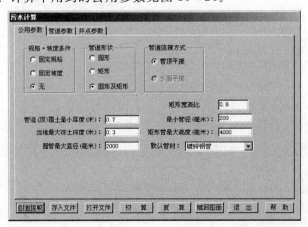

图 16 - 24 污水计算参数

管径、坡度条件：可以选择"固定管径"、"固定坡度"或"无"中任一种，固定管径指用户定义管道规格，由程序计算坡度及标高；固定坡度指用户定义坡度，由程序计算管道规格及标高；"无"则指管道规格、坡度及标高均由程序计算确定。

管道形状：可以选择圆管、矩形底沟或圆管与矩形底沟结合使用。

管道连接方式：根据需要点取。

管道（顶）覆土最小厚度：默认值为 0.7m，它用于校核所有管道起点和到点标高。

圆管最大直径：指本工程计算中可以利用的最大管径，如果计算时遇到需要的圆管直径大于该值，程序自动取矩形底沟。

矩形管最大高度：由于地形等限制，有时需要矩形底沟作为扁平形以节约标高，这时，提供该值，程序可以限制矩形底沟的最大高度，只在宽度上增加。

一般情况下，要求矩形底沟最大高度大于或等于圆管最大直径。

默认管材：用于在界面中添加管道时提供默认管材。

矩形管宽高比：默认值为 0.8。程序计算时，要把计算值向整数上靠，对于矩形管沟，不论宽度还是高度，当计算值＜1000 时，计算结果向 100 的整数倍上靠；计算值＜2000 时，计算结果向 200 的整数倍上靠；计算值＞2000 时，计算结果向 400 的倍数上靠。

（2）管道参数：管道参数如图 16-25 所示。

图 16-25 污水计算管道参数

管道编号"一"两端为管道两端井的编号，它们不要求有先后顺序，如果是附节点，节点编号表示方式为：主节点编号＋"."＋附节点编号。如 38.1 表示该节点为附属节点，其主节点编号为 38，附节点编号为 1。计算时不作为计算条件的数可以不输，即使输入了也不会有影响。

（3）节点参数：节点参数见图 16-26，附属节点编号表示为：主节点编号＋"."＋附节点编号。如：38.1 表示该节点为附属节点，其主节点编号为 38，附节点编号为 1。

如果那个井为排出口，把其"是否排出口处"设为"是"。

（4）图面提取：如果想从图面上提取管道参数及节点参数，点取"图面提取"按钮，从图面上选择管道及节点即可。

图 16 - 26　污水井节点参数

（5）赋回图面：如果计算数据是从图面上提取的，经过计算后，可以通过"赋回图面"功能把计算结果返回到图面上。

（6）存入文件、打开文件：在数据准备过程中，可以随时调用存入文件功能把数据保存起来，在需要时再打开使用。如果当前图形设置过工程名，文件的默认路径为工程名子目录，否则，为当前工作目录。

（7）计算书：计算完成时，会要求设计人员输入计算存放文件名，如果当前图形设置过工程名，计算书的默认存放位置为工程名所在子目录，否则，默认存放位置为当前工作目录，计算书格式见图 16 - 27。

管段编号	接入支管编号	管长(m)	设计流量(l/s)	管径(mm)	宽度(mm)	坡度	流速(m/s)	充满度(h/D)	起点地面高(m)	终点地面高(m)	起点管底高(m)	终点管底高
8-7		14.5	35.00	300	0	0.0034	0.79	0.600	100.000	100.000	93.000	98.96
7-6		21.9	35.00	300	0	0.0034	0.79	0.600	100.000	100.000	98.951	98.87
6-5		32.4	35.00	300	0	0.0034	0.79	0.600	100.000	100.000	98.876	98.80
5-4		24.4	35.00	300	0	0.0034	0.79	0.600	100.000	100.000	98.800	98.71
4-3		28.1	35.00	300	0	0.0034	0.79	0.600	100.000	100.000	98.717	98.62
3-2		2.9	35.00	300	0	0.0034	0.79	0.600	100.000	100.000	98.622	98.61
2-1		21.8	35.00	300	0	0.0034	0.79	0.600	100.000	100.000	98.612	98.53

图 16 - 27　污水计算书部分

（九）定义管径

功能和用法同给水管网部分。因给水管道比较简单，本软件给水部分管径的定义均采用自定的方法，用鼠标在屏幕菜单区点取"定义管径"菜单项后，命令行提示选择要定义管径的管线，注意一定要选择管材相同的管线，然后弹出图，直接选择管径即可。

（十）定义坡度

和定义管径相似，用户这时不需考虑坡度。

（十一）定义管高

如果不通过计算而直接定义管道标高，利用此菜单项时，管道连接采用管顶平接，若遇化粪池、水封井、沉淀池或隔油池等有标高局部变化的井时，程序将自动按标准图加以处理。

用鼠标在屏幕菜单区内点取此菜单项时

提示：选择：选择定义（根据管坡）X/控制点高定管高 K/＜回车自动定义＞：

自动定义是指由程序根据当地最大冰冻深度、起点最小覆土深度自动确定管高的过程。选择定义是由用户选择某些管段，定义其标高的过程。

1. 当输入"X"采用选择定义时

提示：选择起点井：

提示：选择终点井：

确定起止点井后，提示：定终点标高 E/＜定起点标高＞：

确定定义哪端标高后，按要求输入标高值，程序即把选择管段按管线坡度确定出标高，当中间遇到化粪池、隔油池等需增加跌水时，程序自动考虑。

2. 当回车采用自动定时

提示：回车退出/＜选择要定义枝状管线下游端＞：

选择后，提示：定下游高 E/＜回车自动定标高＞：

（1）定下游高指用户自定下游标高，由程序根据管道坡度自动算出上游管段标高。

（2）自动定标高指由程序根据管道起点最小覆土深度、最大冰冻深度等从起点推算出下游各点标高。

3. 控制点高定管高

在已知管线的边坡点的情况下，从上游向下游次序选择输入控制点高即可。

（十二）定落底井

根据需要自由确定那些检查井落底。

（十三）布预埋管

预埋管就是预留一些小区或建筑物接管点，布置预埋管时，先选择检查井，然后定管的方向，选择平行线 X/图面点取预埋管到点 D/输入管线布置方向；接下来依次输入预埋管的长度、直径、坡度（流入为正，流出为负）（‰）和连接处标高即可。

（十四）编辑标注

"编辑标注"部分主要用于平面管线、管径、管高的修改，标注及竖向检查等。

第四节　鸿业三维智能管线设计

鸿业三维智能管线设计系统（即 Pipingleader 管立得）是在鸿业市政管线软件基础上开发的管线设计系列软件，包括给排水管线设计软件、燃气管线设计软件、热力管网设计软件、电力管线设计软件、电信管线设计软件、管线综合设计软件，各专业管线设计可以单独安装，也可以任意组合安装。管线支持直埋、架空和管沟等埋设方式，电力电信等管道支持直埋、管沟、管块、排管等埋设方式。软件可进行地形图识别、管线平面智能设计、竖向可视化设计、自动标注、自动表格绘制和自动出图。平面、纵断、标注、表格联动更新。可自动识别和利用鸿业三维总图软件、鸿业三维道路软件路立得以及鸿业市政道路软件的成果，管线三维成果也可以与这些软件进行三维合成和碰撞检查，实现三维漫游和三维成果自执行文件格式汇报，满足规划设计、方案设计、施工图设计等不同设计阶段的需要。由于该软件新，以下仅对部分功能做简要介绍。

一、基本内容（表16-1）

表16-1　　　　　　　　　　　　三维智能软件内容

软件名称	功　　能
给排水管线设计	地形处理，给水、污水、雨水等给排水管线的平面、竖向设计，给水管网平差计算、雨污水计算，给水节点图设计，管线、节点、井管等标注，管道高程表、检查井表、材料表、管道土方表等
燃气管线设计	地形处理，燃气管线的平面、竖向设计，管线、节点、井管等标注，管道高程表、检查井表、材料表、管道土方表等
电力电信管线设计	地形处理，电力电信管线的平面、竖向设计，管线、节点、井管等标注，管道高程表、检查井表、材料表、管道土方表等
热力管线设计	地形处理，热力管线的平面、竖向设计，热力管网计算，热力节点详图绘制，管线、节点、井管等标注，管道高程表、检查井表、材料表、管道土方表等。
管线综合设计	专业间互提条件、双视口可视化标高调整、横断面设计、交叉垂距表绘制、交叉标注、平行管标注、管道间距标注

鸿业三维智能管线设计系统的 CAD 操作平台为美国 AutoDesk 公司的 Auto-CADR2008～2013。

二、三维特点

管线采用二维、三维一体化的设计方式，平面视图管线表现为二维方式，转换视角，管线表现为三维方式，可以直观查看管线与周围地形、地物、建构筑物的关系。

管道可采用直埋、架空、管沟等敷设方式，电力电信管线支持电缆直埋、管沟、管块、排管等敷设方式。

竖向设计完成后，可以将检查井、管道、阀门等转化为真实的三维形式，在三维基础上可以针对具体情况进一步细化设计，也可以直接绘制三维管线。

进行三维碰撞检查。与鸿业三维道路软件路立得、鸿业三维总图软件设计成果合成，由软件自带的三维查看和发布功能形成 EXE 格式自执行三维查看和录制 AVI 格式三维漫游文件。道路等可根据情况设置透明度，更好检查管线与地下构筑物、桥墩等的碰撞情况，见图16-28和图16-29）。

三、平面设计

根据管道各自的特点，结合道路的特征采用自动定线和交互定线相结合的方式，快速得到管道平面布置图。对于原来的规划图，还可以采用定义管线功能把规划图中的已有管线定义成各相应管线。对于没有道路的给水输水管线和向水体排放的雨污水管线，软件中引入管线桩号的概念，可以根据管道里程桩来进行设计。

图 16-28 道路、管线设计成果合成效果图（道路、桥梁半透明）

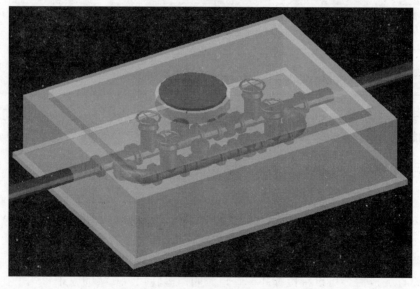

图 16-29 管沟及检查井效果图

快速布置管线主管、预埋管、井类、雨水口、路灯等，可以识别用户自定义的雨水口，管道标高可由多种方式快速获得。批量布置消火栓，自动躲避交叉口，消火栓组合方式多样。

雨水口与检查井、路灯与电力管线等自动连接。对于布置好的管道，可以直接使用CAD命令或软件提供的专用命令进行编辑。排水管道直径、标高进行修改时，程序会自动对上下游相关管道进行修正。井管位置调整时，已有标注自动调整。

针对小区管线设计的特点，智能进行进出户管的布置和室内外管道连接，按照小区路标高自动计算检查井设计地面标高。

全自动方式节点自动编号，节点可以全部按照主节点编号，也可以将主线作为主节点，支线作为附节点进行编号。添加或删除节点时，其他节点编号自动调整更新。

同时，软件可根据不同地区标准选择检查井规格和标准图号，见图 16－30 和图 16－31。

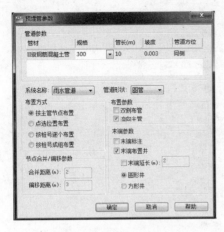

图 16－30　批量布置预埋管

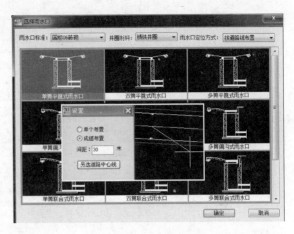

图 16－31　布置雨水口

四、管道计算

管道计算包括雨、污水系统计算和给排水管道专业计算器。雨水和污水管道计算时，设计人员可以设定自己的限制条件：固定管径算坡度、固定坡度算管径、固定管径和坡度、坡度和管径均由程序计算等。雨污水管道计算支持提升泵站和双管。计算均可以生成详尽的计算书（txt、excel、word 格式）。自动查找和计算汇水区域，汇水区域参数和检查井自动关联，根据汇水面积、人口密度、人均排水标准和总变化系数计算污水流量，每个汇水区域可以采用不同的径流系数。根据设计具体情况，将主干管、支管等设置不同的降雨重现期。

根据道路中心线、道路红线自动绘制汇水区域界线，自动根据供汇水界线布置计算参数块，自动根据给水或污水参数块按照供排水比例生成对应的污水或给水参数块。

管道土方计算支持共沟开挖，分层开挖支持设置不同边坡，见图 16－32～图 16－36。

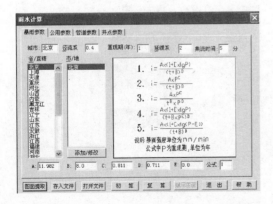

图 16－32　雨水计算

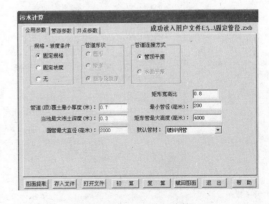

图 16－33　污水计算

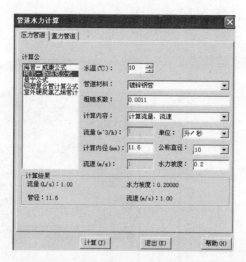

图 16-34　专业管道计算器

图 16-35　水泵计算

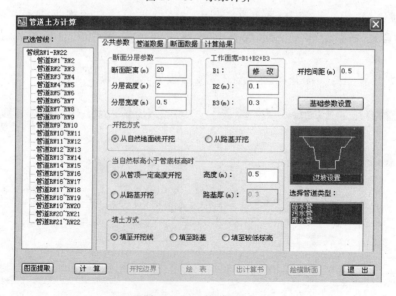

图 16-36　管道土方

五、竖向设计

根据设定的管道优先级、管顶覆土、管道净距、管道控制标高自动确定各种管道的标高。根据管顶平接、管底平接、最大充满度平接、管中平接等多种方式自动确定管道标高。根据鸿业总图或道路数字高程模型、道路标高文件、离散点等自动确定各管道节点地面标高。根据管顶覆土、管径自动选择管材。定义井盖与周围地坪的高差，真实表达设计意图，见图 16-37～图 16-39。

图 16-37　定义节点地面标高

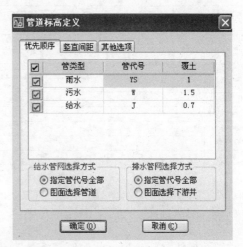

图 16-38　综合自动定管标高

图 16-39　覆土、管径选管材

六、纵断面图

可以通过平面图自动按照道路中心线长度、管道长度、管道在 X 方向的投影长度等绘制各种管道纵断面图。还可以绘制平纵统一的纵断面图、雨水和污水管道合在一起绘制雨水和污水管道合成的纵断面图。通过纵断面动态确定重力管道和非重力管道标高，标高调整时自动更新标题栏相应数据，管道标高自动更新平面管道参数，见图16－40 和图 16－41。

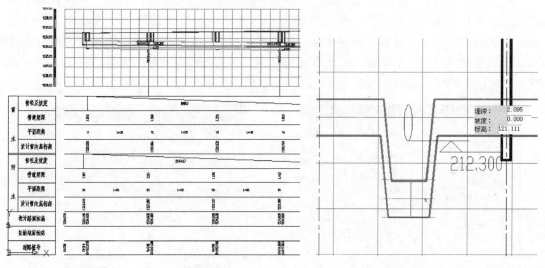

图 16－40　雨污中桩断面　　　　　图 16－41　给水纵断面动态设计

七、图面标注

图面标注包括坐标标注、管道标注、节点标注、井管标注，管线综合交叉标注等。以上标注均可以由程序自动完成，标注形式、方法多样，可以满足不同用户的需求。

图面标注内容会随着管道参数的编辑修改自动更新。标注采用夹点机制，可通过夹点灵活调整标注位置。

采用模板机制和标注样式机制，多模板和多标注样式共存，最大限度满足不同地区、不同设计单位的设计习惯。标注样式修改，图面标注自动更新，见图 16－42 和图 16－43。

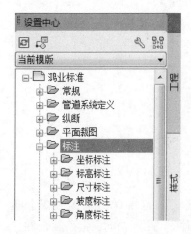

图 16－42　标注样式集合　　　　　图 16－43　井管标注形式选择和设置

八、管网平差

给水管网平差包括节点流量计算定义、管径计算定义、管网平差、平差结果标注等平差计算全过程。平差计算时，水源可以是定压力，也可以是水泵组合。可以计算任意多个水源，可以对最不利点校核、消防校核、反算水源点压力、事故校核、最大转输等多种工况进行计算。计算原始数据可以直接输入也可以从图面自动提取。计算规模达到千级管段，计算结果可以标注到图面上，也可以形成完整的平差计算书。可以显示水源供水区域，可以绘制管网等压线。

自动绘制供水区域界线，根据各地块供水标准自动计算系统供水量，自动分配节点流量和预赋管道直径。节点流量可以按照人口密度和用水标准、面积供水强度、卫生器具当量等进行计算，满足城市供水、居住小区供水和农水等供水管网的平差计算。

记忆标注位置，一次调整，全工况适用，见图 16-44～图 16-49。

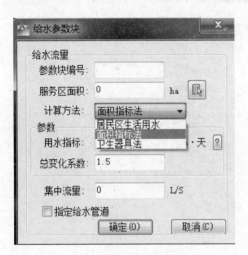

图 16-44　给水参数块定义

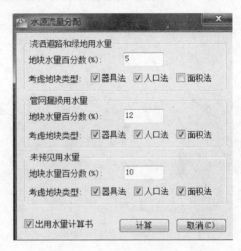

图 16-45　根据参数块分配节点流量

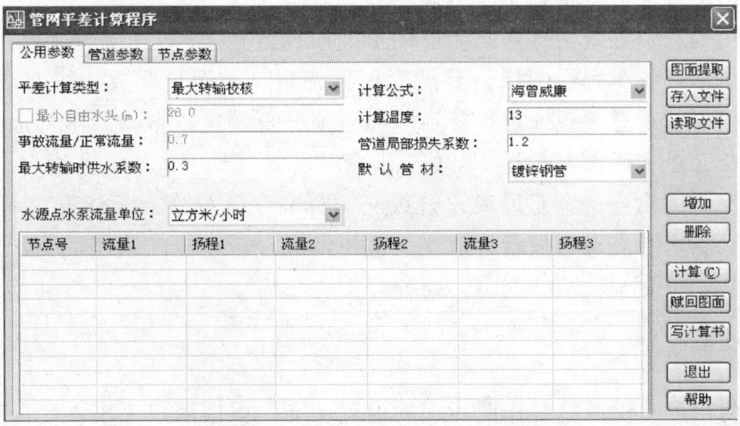

图 16-46　平差计算公用参数

图 16 - 47　平差计算管道参数

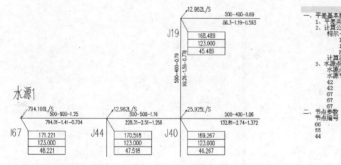

图 16 - 48　平差结果标注

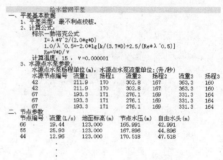

图 16 - 49　平差计算书

九、管线综合

管道、管沟、基础、构筑物全三维表示。

管线条件图提取，管线条件图与当前图形的对比合并。

管道设置灵活，各类管线图层、节点库种类齐全，对用户开放，快速绘制各种管道、管沟、管沟管线等，动态直观地进行管道竖向碰撞分析调整，自动绘制管道横断面图和交叉点垂距表，交叉点标注内容多样、清晰。

二维、三维碰撞检查。具有可视化管线交叉标高交互确定。管线交叉标高交互确定、交叉标注、交叉点垂距表直观显示管道交叉碰撞情况。管道标高调整，交叉标注、交叉点垂距表自动更新，见图 16 - 50～图 16 - 52。

十、智能定制

该软件能为用户提供最符合作图习惯的设置功能，根据用户要求，可以定制管道协同设计图层标准、管道规格库、管道、节点标注形式、井管标注形式、纵断表头表示形式、纵断面数据表示形式、材料表格式、图例表格式、图纸目录格式、图框综合设置、综合管线表示方式、交叉点垂距表格式等内容，见图 16－53～图 16－55。

交叉口示意图	交点编号	上面				下面				备注
		管道代号	管道规格	管道高程	管道标高类型	管道代号	管道规格	管道高程	管道标高类型	
1 4 7 2 5 8 3 6　9	1	DH	100	12.387	can	Y	400	10.844	bot	
	2	DH	100	12.351	can	Y	500	11.751	bot	
	3	DH	100	12.240	can	N	200	12.077	can	
	4	Y	400	10.888	bot	Y	400	10.829	bot	
	5	Y	500	11.740	bot	Y	400	10.884	bot	
	6	N	200	12.062	can	Y	400	10.986	bot	
	7	Y	500	11.766	bot	Y	400	10.813	bot	
	8	Y	500	11.777	bot	Y	500	11.729	bot	
	9	N	200	12.046	can	Y	500	11.845	bot	

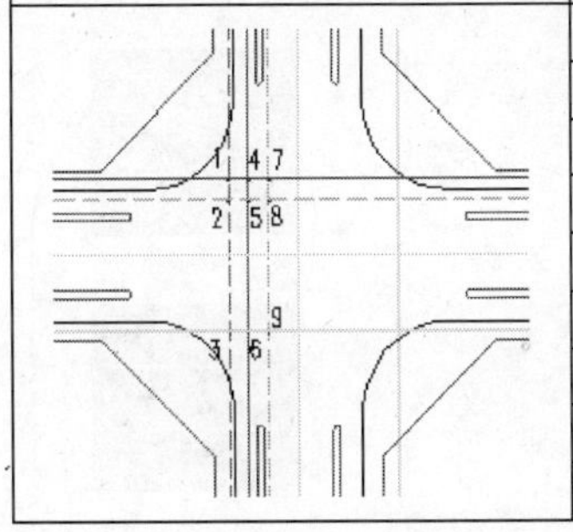

图 16－50　交叉点垂距表

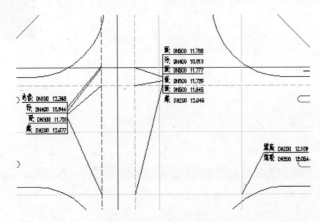

图 16－51　交叉点标注

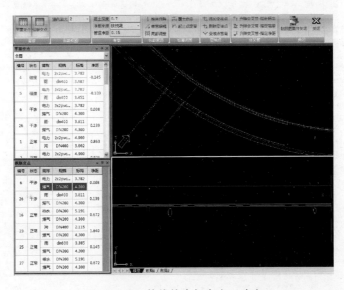

图 16－52　管线综合标高交互确定

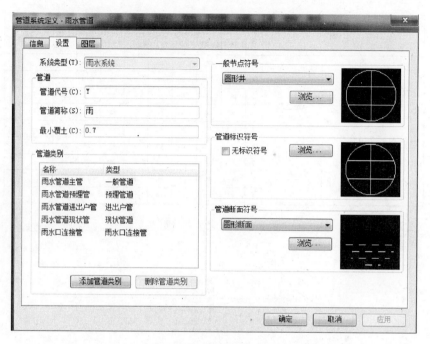

图 16-53 管道系统定义

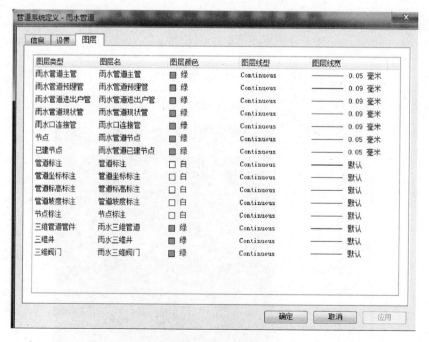

图 16-54 辅助图层管理

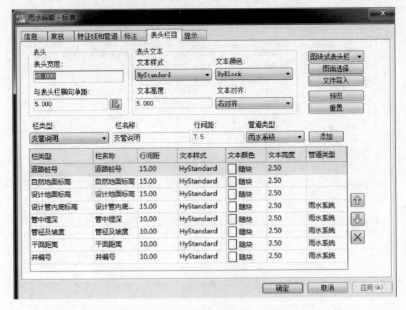

图 16-55 纵断表头设置

第五节 湘源控制性详细规划 CAD 系统软件

"湘源控制性详细规划 CAD 系统"是一套基于 AutoCAD 平台开发的城市控制性详细规划辅助设计软件。适用于城市分区规划、城市控制性详细规划的设计与管理，包括市政管网设计、日照分析、土方计算、现状地形分析、制作图则、专项设计等。它以 CAD2008—2012（32/64）为图形支撑平台，全面支持 Windows XP、Windows Vista、Windows 7 操作系统。其主要功能模块有：地形生成及分析、道路系统规划、用地规划、控制指标规划、市政管网设计、总平面图设计、园林绿化设计、土方计算、日照分析、制作图则等。以下仅对与市政设计相关功能进行介绍。

一、新增功能

该软件自动生成、自动统计、分析和审核功能强大。软件能帮助用户自动生成图纸、表格、文字等内容，并能自动添加辅助数据，以供图纸校审。例如：在用地图纸绘制过程中，只需绘制用地面，则用地代码、控制指标等全部自动生成，并自动统计各类数据表格。软件能自动计算指标中各类属性信息，并能查询、统计各属性数据，支持用户自定义统计表格，见图 16-56 和图 16-57。软件特点支持自动生成系统图，各系统图相互关联，任一修改，其他自动更改。软件可自动生成道路系统、用地、控制指标、给排水、电力、通讯、燃气、设施、开发强度等各类图纸，且系统图纸属性能相互关联，即在任何一个系统图中对地块属性进行修改，其他图纸自动修改。以下简单介绍给水规划命令。

二、地形分析

软件可自动对地形图进行坐标校正；可以输入等高线或批量转换等高线；能查询图中

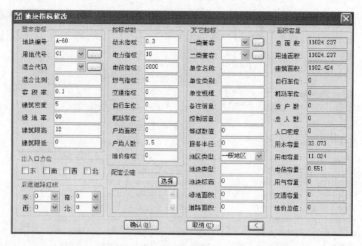

图 16-56 用户定义用地及市政等指标

地块编号	用地代码	用地名称	容积率	用地面积(㎡)	用水指标(万㎡/km²·d)	用水量(㎡/d)	电信容量(线)
A-00	R22	服务设施用地	1.20	9951.71	1.50	149.28	119
A-01	R2	二类居住用地	1.20	67839.74	2.00	1356.79	1017
A-02	C2		0.00	58935.38	0.00	0.00	0
A-03	R22	服务设施用地	1.20	4130.47	1.50	61.96	49
A-04	G2	防护绿地	0.00	365.30	0.10	0.37	0
A-05	G2	防护绿地	0.00	13196.13	0.10	13.20	6
A-06	C2		0.00	10741.61	0.00	0.00	0
A-07	R2	二类居住用地	1.20	65044.48	2.00	1300.89	975
A-08	C2		0.00	43138.16	0.00	0.00	0
A-09	G1	公园绿地	0.10	16780.10	0.30	50.34	0
A-10	U42		0.00	2424.21	0.00	0.00	0
A-100	R2	二类居住用地	1.20	118942.38	2.00	2378.85	1784
A-101	R2	二类居住用地	1.20	107897.52	2.00	2157.95	1618
A-102	R22	服务设施用地	1.20	4114.16	1.50	61.71	49
A-103	C2		0.00	56440.85	0.00	0.00	0
A-104	C2		0.00	48659.33	0.00	0.00	0

图 16-57 用地市政等指标统计

最高点位置、最低点位置；能利用离散点标高数据，计算任意点标高，能绘制任意地表剖面图，能生成三维地表模型、三维山体等，见图 16-58 和图 16-59。

图 16-58 三维地表模型

图 16-59 地形三维模拟

三、土方计算

软件能自动采集土方现状标高；依据规划设计标高自动采集土方设计标高；可计算土方填挖面积、土方填挖量，求零线位置；生成编号；统计总土方填挖面积、填挖量等。支持不规则地形，支持不规则用地红线，支持挡土墙，允许一个顶点两个标高，支持分区计算等。在土方计算中具有精细计算方法，见图 16-60。

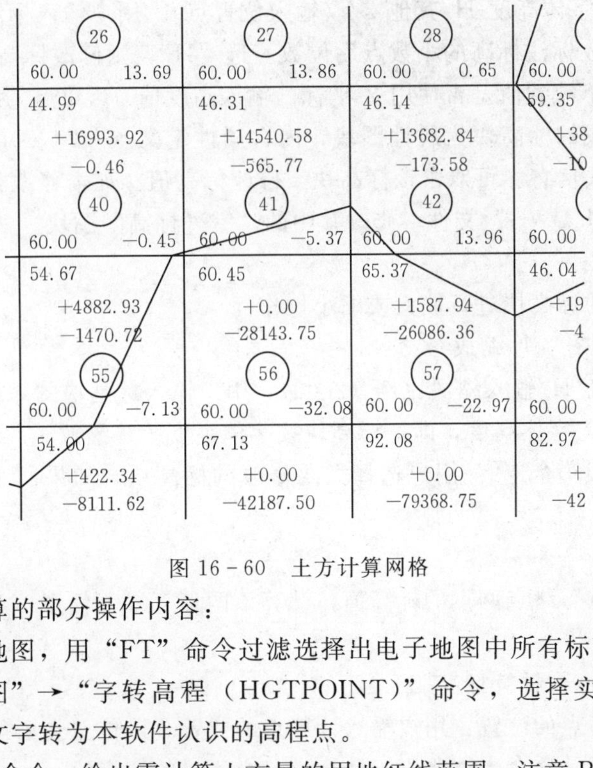

图 16-60 土方计算网格

以下为土方计算的部分操作内容：

（1）打开电子地图，用"FT"命令过滤选择出电子地图中所有标高文字。

（2）用"地形图"→"字转高程（HGTPOINT）"命令，选择实体时用"P"回答，把第一步所选标高文字转为本软件认识的高程点。

（3）用 PLINE 命令，绘出需计算土方量的用地红线范围，注意 PLINE 线须闭合。

（4）用"土方计算"→"生成方格（TFGRID）"命令，输入方格网宽度，选择（3）步生成的闭合多段线。

（5）用"土方计算"→"采集现高（AUTOGETXZ）"命令，自动生成方格网各顶点的现状标高。

（6）用"竖向图"→"标高标注（DIMOUTBG）"命令，根据设计总平面图的标高，标注场地各控制点的设计标高。

（7）用"土方计算"→"采集设高（AUTOGETSJ）"命令，自动生成方格网各顶点的设计标高。

（8）用"土方计算"→"计算土方（TFCAL）"命令，计算土方量。

（9）用"土方计算"→"土方统计（TFTJ）"命令，统计出土方量。统计表中最后一行为统计总数。

（10）根据土方计算结果，如需调整，则可直接修改各顶点设计标高或现状标高值，重复8和9步，直到结果满意。

四、竖向设计

竖向设计各种软件大同小异。以下仅介绍部分命令，其顺序一般也是设计顺序。

1."标高标注"命令

功能：标注道路交叉口、地面等标高。

菜单："竖向"→"标高标注"

说明：精度 P/字体高度 H/其他 Z/（输入位置点）：用户输入标注的位置点。

选"P"，则修改标注标高的小数点后位数。选"H"，则修改标高的文字高度值。

选"Z"，则提示缺省值是否使用 Z 坐标。输入高度值（0.00）：用户输入高度值。

使用该命令生成的标高块为属性图块，内含属性定义（ATTEDIT）实体，用户不能炸开它，否则会丢失信息。可双击该标高块，修改标高值。如需修改标高块的式样，可打开"DAT/SYSTEM. DWG"文件，修改其中的"室外标高"图块。

2."块缩放"命令

功能：对所选的标高块进行放大或缩小操作。

菜单："竖向"→"块 缩放"

说明：修改字高 H/输入缩放比例（2.00）：用户输入标高块的缩放比例。

选"H"，则输入字体高度，即把标高块按字体高度统一缩放。

选择标高块［回车全选］：用户选择需要修改的标高块，如果回车，则自动选择当前图形中所有标高块。

3."计算标高"命令

功能：根据起点、终点两点的标高值，计算该两点直线上任意一点的标高，并把标高值标注于图上。

菜单："竖向"→"计算标高"

说明：输入计算点的位置：用户输入计算点的位置，该位置点必须大约位于起点、终点两点决定直线附近。该命令主要用于计算道路交叉口的标高值。

4."道路坡度"命令

功能：生成道路坡度、坡长及方向。

菜单："竖向"→"道路坡度"

说明：选择第一标高块：用户选择道路上的第一个标高块。

选择第二标高块：用户选择道路上的第二个标高块。

输入距离：用户输入两个标高块之间的道路距离。程序自动根据距离及两个标高块的标高，生成道路坡度、坡长及方向。

5."坡度标注"命令

功能：标注坡度、坡长及方向。

菜单："竖向"→"坡度标注"

说明：参数 P/：用户输入第一点位置。选"P"，则选择标注的类型，提供选只标坡度、标坡度坡长、加前缀和上下标注等四种选择。第二点：用户输入第二点位置。

6."箭头反向"命令

功能：把生成的道路坡度箭头方向反向。

菜单："竖向"→"箭头反向"

说明：选择需反向的坡度箭头：用户选择需要反向的坡度箭头。

7."坡度缩放"命令

功能：把坡度标注缩放一定的比例。

菜单："竖向"→"坡度缩放"

说明：选择需缩放的坡度标注及箭头：输入缩放比例：用户选择缩放比例后确认即可。

8."修改标高"命令

功能：修改标高块中的标高值。

菜单："竖向"→"修改标高"

说明：选择标高块：用户选择需修改标高值的标高块。输入标高值：用户输入新的标高值。

用本命令修改值，能使坡长、坡度同步更新。

9."查询标高"命令

功能：依据图中所有设计标高块的位置及数值，计算任意点标高值。

菜单："竖向"→"查询标高"

说明：输入位置点：用户输入需要查询标高值的位置点。结果中"Z"坐标值为该点标高值。

10."字转标高"命令

功能：把普通文字转为标高，把现状高程点转为标高，把标高转为现状高程点。

菜单："竖向"→"字转标高"

说明：选择［0－标高转高程点 1－高程点转标高 2－数字转标高］：

用户选择转换类型：选"0"，则把标高转换为高程点。选"1"，则把高程点转换为标高。

选"2"，则把普通数字转换为标高。

五、给水管网设计

给水设计软件所用原理大同小异。以下仅介绍部分命令，其顺序一般也是设计顺序。

1. "绘给水管" 命令

功能：绘制给水管。

菜单："管线"→"给水管线"→"绘给水管"

说明：运行命令后，出现如下窗口：

管线名称：用户输入需要绘制给水管线的名称。

管线编号：用户输入给水管线的编号。

管线材料：用户选择给水管线的管材。不同的管材，其管径等级不同，管径标注的方式不同，水力计算的公式不同，公式系数也不一样。

粗糙系数：给水管水力计算主要使用海曾－威廉公式，因此粗糙系数是指海曾－威廉系数 C。

2. "采集标高" 命令

功能：自动采集给水管各节点的地面标高。

菜单："管线"→"给水管线"→"采集标高"

说明：图中必须要存在现状高程点。

选择给水管线：用户显选择给水管线。选择完后，回车，软件自动计算给水管线。

3. "修改管径" 命令

功能：修改给水管的管径。

菜单："管线"→"给水管线"→"修改管径"

说明：选择给水管径标注文字：用户选择给水管径标注文字，软件通过给水管径标注文字获取管段，以便指定修改哪一管段的管径。选择后，出现窗口，用户选择新的管径数值，按下"确定"后，管径即被修改。

4. "沿线流量" 命令

功能：设置所选管段的沿线流量。

菜单："管线"→"给水管线"→"沿线流量"

说明：选择输入方式［流量数值（0）/按长度比流量法（1）/按面积比流量法（2）］：用户选择输入沿线流量的方式。

0：直接输入沿线流量的数值。1：按长度比流量法，软件用长度比流量乘以管线长度，计算出沿线流量，然后输入数值。2：按面积比流量法，软件用面积比流量乘以面积，计算出沿线流量，然后输入数值。

5. "集中流量" 命令

功能：设置所选节点的集中流量。

菜单："管线"→"给水管线"→"集中流量"

说明：选择给水管径标注文字：用户选择给水管径标注文字，软件通过给水管径标注文字，获取管段编号。输入该管段的集中流量（升/秒）：用户输入该管段的集中流量。软件通过沿线流量、集中流量、及转输流量相加等到总流量，然后通过公式求出管径、流速、水头损失等。

6. "转输流量" 命令

功能：修改所选节点的转输流量。

菜单："管线"→"给水管线"→"转输流量"

说明：选择给水管径标注文字：用户选择给水管径标注文字，软件通过给水管径。

标注文字，获取管段编号。输入该管段的转输流量（升/秒）：用户输入该管段的转输流量。

软件通过沿线流量、集中流量、及转输流量相加等到总流量，然后通过公式求出管径、流速、水头损失等。该命令用于设置人工分配计算获得的转输流量。

7."节点参数"命令

功能：查询或修改节点的参数。

菜单："管线"→"给水管线"→"节点参数"

说明：选择给水管节点：用户选择给水管节点，选择后，出现如下窗口，用户可以设置该节点的相关参数。管道的大部分参数都记录在节点上。

8."管径初算"命令

功能：根据流量初步计算给水管径。

菜单："管线"→"给水管线"→"管径初算"

说明：选择给水管线：用户选择需要初步计算管径的给水管线。

使用该命令之前，必须先用"沿线流量"、"集中流量"、"转输流量"命令，设置好沿线流量、集中流量、及转输流量。然后才能自动计算出管径。管径的计算涉及经济流速。

9."纵断面图"命令

功能：显示纵断面图。

菜单："管线"→"给水管线"→"纵断面图"

说明：选择给水管线：用户选择给水管线。

选择是否显示纵断面图［否（0）/是（1）］：选择是否显示纵断面图。0：不显示纵断面图，1：显示纵断面图。给水管线为自定义对象，提供了纵断面图显示。在纵断面图显示状态也可以修改数据，能自动更新自定义对象。

10."管名信息"命令

功能：修改给水管名称、编号、备注等信息。

菜单："管线"→"给水管线"→"管名信息"

说明：选择修改［管线名称（0）/管线编号（1）/管线备注（2）/标注字串（3）］：用户输入 0、1、2、3。

0：修改管线名称。1：修改管线编号。2：修改管线备注。3：修改标注字串。

标注字串信息如下：［N］代表公称直径；［E］代表外径；［T］代表壁厚；

［L01］代表管线长度；中间数字为单位，0 为米，1 为毫米，第三位数字为精度。［L01］表示使用米为单位，精确小数点后 1 位，标注管线长度。［L12］表示使用毫米为单位，精确小数点后 2 位，标注管线长度。

［I01］代表坡度，中间数字为单位，0 为普通单位，1 为％，2 为‰，第三位数字为精度。［I01］表示精确小数点后 1 位，标注管线坡度。［I12］表示使用％为单位，精确小数点后 2 位，标注管线坡度。［I23］表示使用‰为单位，精确小数点后 3 位，标注管线坡度。

％％c 代表 φ 符号。假设外径为 200，壁厚为 25，管长为 50，坡度为 0.008 的管线，标注字串为"%%c［E］×［T］L=［L12］i=［I22］‰"则显示为"φ200×25 L=50.00 i=8.00‰"。

11. "管道材料"命令

功能：修改管道材料、粗糙系数等信息。

菜单："管线"→"给水管线"→"管道材料"

说明：选择给水管线：用户选择给水管线。

选择管材：用户选择新的管材。粗糙系数：用户输入粗糙系数。标注字串：用户输入标注字串。［N］代表公称直径；［E］代表外径；［T］代表壁厚；

［L01］代表管线长度；中间数字为单位，0 为米，1 为毫米，第三位数字为精度。［L01］表示使用米为单位，精确小数点后 1 位，标注管线长度。［L12］表示使用毫米为单位，精确小数点后 2 位，标注管线长度。

［I01］代表坡度，中间数字为单位，0 为普通单位，1 为%，2 为‰，第三位数字为精度。［I01］表示精确小数点后 1 位，标注管线坡度。［I12］表示使用%为单位，精确小数点后 2 位，标注管线坡度。［I23］表示使用‰为单位，精确小数点后 3 位，标注管线坡度。

%%c 代表 φ 符号。假设外径为 200，壁厚为 25，管长为 50，坡度为 0.008 的管线，标注字串为"%%c［E］×［T］L=［L12］i=［I22］‰"则显示为"φ200×25 L=50.00 i=8.00‰"。

使用"管材设置"命令可以添加或修改管材参数。

12. "计算工具"命令

功能：水力计算工具。

菜单："管线"→"给水管线"→"计算工具"

说明：运行命令后出现窗口：用户选择计算公式，然后输入系数，流量、管径及管长，程序计算出流速、水力坡降、水头损失等数据。

六、雨污合流管网设计

雨水与污水在鸿业软件中已介绍，不同软件的计算原理大同小异，只是深度上有所差异。以下仅介绍湘源软件的特色雨污合流部分命令，其顺序一般也是设计顺序。

1. "绘雨污管"命令

功能：绘制雨污合流管线。

菜单："管线"→"雨污管线"→"绘雨污管"

说明：运行命令后，出现窗口：

管线名称：用户输入需要绘制雨污合流管线的名称。

管线编号：用户输入雨污合流管线的编号。

管线类型：用户股选择管线的类型，分圆形管、方形管等。

管线材料：用户选择雨污管线的管材。不同的管材，其管径等级不同，管径标注的方式不同，水力计算的公式不同，公式系数也不一样。

粗糙系数：雨污管水力计算主要使用曼宁公式，因此粗糙系数是指曼宁系数 n。

管径：用户输入需要绘制雨污管线的管径。也可先用最小管径，最后通过"管径初算"命令自动计算出管径。

标注字串：用户输入管线标注的格式字串。

[N] 代表公称直径；[E] 代表外径；[T] 代表壁厚；

[L01] 代表管线长度；中间数字为单位，0 为米，1 为毫米，第三位数字为精度。[L01] 表示使用米为单位，精确小数点后 1 位，标注管线长度。[L12] 表示使用毫米为单位，精确小数点后 2 位，标注管线长度。

[I01] 代表坡度，中间数字为单位，0 为普通单位，1 为％，2 为‰，第三位数字为精度。[I01] 表示精确小数点后 1 位，标注管线坡度。[I12] 表示使用％为单位，精确小数点后 2 位，标注管线坡度。[I23] 表示使用‰为单位，精确小数点后 3 位，标注管线坡度。

％％c 代表 φ 符号。假设外径为 200，壁厚为 25，管长为 50，坡度为 0.008 的管线，标注字串为"％％c [E] × [T] L= [L12] i= [I22]‰"则显示为"φ200×25 L= 50.00 i=8.00‰"。

备注：用户输入管线的备注信息。

显示井号：选择是否显示节点井号。显示标注：选择是否显示管径标注。

现状管线：选择是否为现状管线。使用"管材设置"命令可以添加或修改管材参数。

2. "采集标高"命令

功能：自动采集雨污合流管的地面标高。

菜单："管线"→"雨污管线"→"采集标高"

说明：图中必须要存在现状高程点。选择雨污合流管线：用户显选择雨污合流管线。选择完后，回车，软件自动计算雨污合流管线各节点的地面标高。

3. "修改管径"命令

功能：修改雨污合流管的管径。

菜单："管线"→"雨污管线"→"修改管径"

说明：选择雨污合流管径标注文字：用户选择雨污合流管径标注文字，软件通过雨污合流管径标注文字获取管段，以便指定修改哪一管段的管径。

选择后，出现窗口：用户选择新的管径数值，按下"确定"后，管径即被修改。

管径的等级跟管材有关，用户可以使用"管道材料"命令，添加管径或新的管材。

4. "平均流量"命令

功能：设置所选检查井的本段平均流量。

菜单："管线"→"雨污管线"→"平均流量"

说明：选择输入方式 [流量数值（0）/按人口计算流量（1）/按用地计算流量（2）]：用户选择输入沿线流量的方式。

0：直接输入平均流量的数值。1：按人口计算流量，软件用人口密度乘以范围面积，再乘以污水定额，计算出平均流量，然后输入数值。2：按用地计算流量，软件用各类用地的面积比流量乘以面积，计算出平均流量，然后输入数值。

5. "转输流量"命令

功能：修改所选检查井的转输流量。

菜单："管线"→"雨污管线"→"转输流量"

说明：选择雨污合流管井：用户选择选择雨污合流管井。

输入该节点的转输流量（升/秒）：用户输入该节点的转输流量。

软件通过（平均流量＋转输流量）×总变化系数＋集中流量等到总流量，然后通过公式求出管径、流速、水头损失等。该命令用于设置人工分配计算获得的转输流量。

本转输流量是指非本管线的上游转输流量。本管线的转输流量会自动累加，无需设置。

6."管井参数"命令

功能：修改管井参数。

菜单："管线"→"雨污管线"→"管井参数"

说明：选择污水管井：用户选择雨污合流管井，选择后，出现如下窗口，用户可以设置该节点的相关参数。

管道的大部分参数都记录在节点上。检查井编号：修改该检查井的编号。

地面标高：通过该编辑框修改地面标高。管底标高（上）：修改该节点上游管段的管底标高。管底标高（下）：修改该节点下游管段的管底标高。管径（上）：修改该节点上游管段的管径。宽度（上）：修改该节点上游管段的方形管宽度。

本段平均流量：修改该节点的本段平均流量。本段集中流量：修改该节点的集中流量。

转输流量：修改该节点上游管线的经过本管线的转输流量。

本转输流量是指非本管线的上游转输流量。本管线的转输流量会自动累加，无需设置。

7."管径初算"命令

功能：初步计算水力，获取管径。

菜单："管线"→"雨污管线"→"管径初算"

说明：选择雨污合流管线：用户选择需要初步计算管径的污水管线。

使用该命令之前，应先用"平均流量"、"转输流量"或"管井参数"命令，设置好平均流量、转输流量、集流流量等参数。然后才能自动计算出管径。

8."水力查询"命令

功能：查询管段的水力计算结果。

菜单："管线"→"雨污管线"→"水力查询"

说明：选择雨污合流管线：用户选择要查询水力计算结果的雨污合流管线。出现窗口。

文件输出：把当前表格输出到 Microsoft Excel 文件或 Microsoft Word 文件中。

图中绘制：把当前表格绘制在当前图中。

9."纵断面图"命令

功能：修改是否显示纵断面图。

菜单："管线"→"雨污管线"→"纵断面图"

命令行：ViewDrainSect

说明：选择雨污合流管线：用户选择雨污合流管线。

选择是否显示纵断面图［否（0）/是（1）］：选择是否显示纵断面图。

0：不显示纵断面图。1：显示纵断面图。

雨污合流管线为自定义对象，提供了纵断面图显示。在纵断面图显示状态也可以修改数据，能自动更新自定义对象。

10. "修改标高"命令

功能：修改雨污合流管底标高。

菜单："管线"→"雨污管线"→"修改标高"

用户选择"0"

选择标高标注：用户选择管线节点标高标注，输入管底标高（m）＜－1.50＞：

用户选择"1"

选择雨污合流管径标注文字：用户选择管线管径坡度标注文字

输入管段起点的管底标高（m）＜－1.50＞：输入管段终点的管底标高（m）：

用户选择"2"

选择雨污合流管线：用户选择管线，输入起点管底标高（m）：输入管线坡度（千分之）：选择［管顶平接（0）/管底平接（1）］：

用户选择"3"

选择雨污合流管线：用户选择管线，输入起点管底标高（m）：输入终点管底标高（m）：选择［管顶平接（0）/管底平接（1）］：

11. "管名信息"命令

功能：修改雨污合流管名称、编号、备注等信息。

菜单："管线"→"雨污管线"→"管名信息"

说明：选择修改［管线名称（0）/管线编号（1）/管线备注（2）/标注字串（3）］：用户输入 0、1、2、3。

0：修改管线名称。1：修改管线编号。2：修改管线备注。3：修改标注字串。标注字串信息如下：

［N］代表公称直径；［E］代表外径；［T］代表壁厚；

［L01］代表管线长度；中间数字为单位，0 为米，1 为毫米，第三位数字为精度。［L01］表示使用米为单位，精确小数点后 1 位，标注管线长度。［L12］表示使用毫米为单位，精确小数点后 2 位，标注管线长度。

［I01］代表坡度，中间数字为单位，0 为普通单位，1 为％，2 为‰，第三位数字为精度。［I01］表示精确小数点后 1 位，标注管线坡度。［I12］表示使用％为单位，精确小数点后 2 位，标注管线坡度。［I23］表示使用‰为单位，精确小数点后 3 位，标注管线坡度。

％％c 代表 ϕ 符号。假设外径为 200，壁厚为 25，管长为 50，坡度为 0.008 的管线，标注字串为"％％c［E］×［T］L＝［L12］i＝［I22］‰"则显示为"ϕ200×25 L＝50.00 i＝8.00‰"。

12. "管道材料"命令

功能：修改管道材料、粗糙系数等信息。

菜单:"管线"→"雨污管线"→"管道材料"

说明:选择雨污合流管线:用户选择雨污合流管线。出现窗口。

选择管材:用户选择新的管材。粗糙系数:用户输入粗糙系数。

标注字串:用户输入标注字串。[N]代表公称直径;[E]代表外径;[T]代表壁厚;[L01]代表管线长度;中间数字为单位,0为米,1为毫米,第三位数字为精度。[L01]表示使用米为单位,精确小数点后1位,标注管线长度。[L12]表示使用毫米为单位,精确小数点后2位,标注管线长度。

[I01]代表坡度,中间数字为单位,0为普通单位,1为‰,2为‰,第三位数字为精度。[I01]表示精确小数点后1位,标注管线坡度。[I12]表示使用‰为单位,精确小数点后2位,标注管线坡度。[I23]表示使用‰为单位,精确小数点后3位,标注管线坡度。

‰‰c代表φ符号。假设外径为200,壁厚为25,管长为50,坡度为0.008的管线,标注字串为"‰‰c[E]×[T]L=[L12]i=[I22]‰"则显示为"φ200×25 L=50.00 i=8.00‰"。

使用"管材设置"命令可以添加或修改管材参数。

第六节 其他市政软件计算介绍

一、管道水力计算软件(图16-61)

该软件可进行雨水与污水的计算,也可以进行给水枝状网的计算。

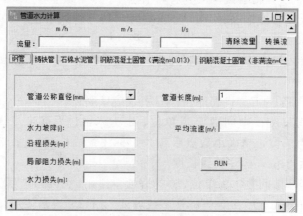

图16-61 水力计算软件主界面

二、燃气水力计算软件(见图16-62和图16-63)

以下两个软件,根据《城镇燃气设计规范》(GB 50028—2006)最新规范编制,可进行不同压力级制下各种燃气、各种材质燃气管道的水力计算,输出内容非常丰富。摩阻系数采用规范推荐的隐函数公式计算,各种参数均可根据自己的实际情况进行调整。

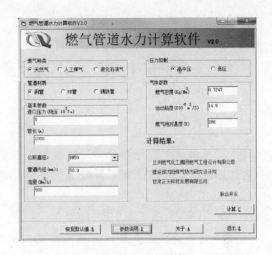

图 16-62　燃气软件 1　　　　　　　图 16-63　燃气软件 2

思 考 与 练 习

（1）不同市政软件之间如何实现 CAD 图共享？

（2）众智三维互动软件 CITYPLAN 软件、天正市政管线软件、飞时达 GPCADK 软件，可用在市政规划中的哪些方面？它们与本章介绍的软件有何区别？

知 识 点 拓 展

　　由本章可知，不同的软件在设计中侧重点不一致。Loop 软件仅用于给水管网平差计算，鸿业软件的优点则是专业覆盖面广，HYCPS8 可适用总规和控规层面的市政规划设计，但缺乏给水平差、雨水与污水的复杂计算，这些计算需要借用市政管线软件 HY-SZGX9。市政管线 HY-SZGX9 设计可从市政专业的方案设计一直深入到施工图设计，但鸿业总规软件 HYCPS8 与鸿业市政管线 HY-SZGX9 之间的兼容性上稍有欠缺。此外，湘源软件则更适用于总规与控规设计，该软件还具备雨污合流的计算，读者在使用时应稍加辨别，根据实际情况加以利用。目前市场上还有飞时达、天正等市政工程规划设计软件。随着市场竞争的加大，各软件之间在功能上逐渐趋向一致，也保留了自身的特点，读者在使用时需要结合当地的习惯"入乡随俗"，有针对性地选择相关软件进行学习。

　　此外，软件在发展的过程中，逐渐与 BIM 结合是一个趋势，软件使用过程中的形象与直观、简单与有效都有利于市政专业知识的大众化与普及化。

第十七章　小城镇市政工程规划案例

小城镇市政工程规划分为总体规划、控制性详细规划和修建性详细规划三个层面，以下为鄱阳湖生态经济区中某县城关镇控制性详细规划中市政工程规划的部分章节内容。

一、规划背景

1. 沿海产业转移及鄱阳湖生态经济区建设的机遇

近几年，随着沿海产业的转移以及促进中部地区崛起，2009年12月国务院正式批复《鄱阳湖生态经济区规划》，标志着建设鄱阳湖生态经济区正式上升为国家战略。某县是"环鄱阳湖生态经济区"38个县市之一，这一优势将进一步提升某县的经济发展。某县应该牢牢把握住这一机遇做好规划和配套，积极承接产业转移的分工协作。

2. 总体规划的重新编制及区域交通设施的改善

《某县城市总体规划（2008～2030年）》已编制完成，新的发展格局确定为"一带两心四区"，规划区在总体规划中确定为河西北部综合生活组团。

近年来某县区域交通设施不断的完善，随着济广高速公路景鹰段、昌德高速公路的建成通车，皖赣铁路复线建设及既有线电气化改造的即将启动，逐渐完善的交通条件使得某县具备了更为有利的发展条件。

3. 某县经济及城镇化步入快速发展时期的需求

某县经过这几年的快速发展，城区面积不断的扩大，城镇人口也在不断的增加，河东片区用地日趋紧张，同时某工业园区需要有更多的配套设施用地，因而有必要编制《某县城北片区控制性详细规划》，促进某县城北片区健康有序地发展，以便为具体开发建设活动提供指导。

二、地理位置与规划区范围

1. 地理位置

某县地处江西省东北部，乐安河下游，鄱阳湖东南岸，隶属上饶市。县境东西长约47km，南北宽约43km。县政府驻地位于县城陈营镇的中部。

某县按照公路距离，东距上饶市区90km，西距南昌市区114km，南距鹰潭市区76km，北距景德镇市区80km。皖赣铁路在某县境内南北向纵穿而过，某火车站在县城的东南部，属于三等站。某县境内公路主干线有206国道（烟台市至汕头市）、济广高速公路景鹰段（景德镇市至鹰潭市）、S101昌万公路（南昌市至某县）以及S206（珠城线）和S316（黄锦线）两条省道。其中206国道在县域西部基本呈南北向纵贯县域，途径石镇、汪家、青云等三个乡镇；济广高速公路在县域西部沿南北方向穿过，途径梓埠、湖云、齐埠三个乡镇，在齐埠镇设有立交互通口与昌万公路相通。县港口位于鄱阳湖重要支流乐安河石镇下游段，乐安河经鄱阳湖可直达长江。

2. 规划区范围

本规划区位于某县城的北部，邻珠溪河设置。规划区东以珠溪河为界，西至万盛大道及永安新村，南邻建业大街，北至外环路，整个规划区面积为 387.47hm²。

三、自然条件

（一）地质地貌

某县境内地层出露主要有中元古界双桥山群，其次为古生界泥盆系、石炭系、二叠系、中生界白垩系和新生界第四系。其中，中元古界双桥山群出露面积占总面积的66.07%，区域变质作用形成一套浅变质岩系，构成本区褶皱基地；泥盆系主要出露于大黄乡和石镇镇交汇处；石炭系主要出露于大源镇荷溪村至盘岭乡、裴梅镇武山、复源坎以及石镇镇朱砂桥及西山砂金矿底部；二叠系主要出露于湖云乡白马—石镇镇刘家—石镇镇区一带。白垩系主要出露于上坊乡—珠田乡一带及梓埠镇。

某县地势东南高、西北低，呈阶梯状由东南向西北倾斜，境内地貌类型以岗地、丘陵、低山为主，辅之以滨湖平原。东南部群山起伏，雄伟壮观，最高海拔 685m；中部丘陵起伏，间夹小块平原；西北部与鄱阳毗邻，系滨湖地区，湖塘众多，地势较低，最低点海拔 11.5m。东部高丘低山区包括裴梅、陈营、大源的盘岭一部分，面积 212.0 km²，占全县总面积的 18.6%，大部分农田海拔在 60～120m 之间；东部洼地丘陵，分布在大源东部，面积 36.5km²，占全县总面积的 3.2%；中部中低丘岗地包括陈营、上坊、珠田、苏桥、青云、汪家、石镇、齐埠等乡镇，面积 661.0km²，占全县总面积的 58%；西北部低丘滨湖区地处鄱阳、余干、乐平县边界，包括梓埠、湖云、石镇和齐埠的西北部，面积 230.2km²，占全县总面积的 20.2%。

（二）气候条件

某县属亚热带温润季风气候区，春暖、夏炎、秋爽、冬寒，气候平和，四季分明，干湿雨季明显，春多寒潮阴雨，夏多暴雨高温，伏秋易旱，冬少严寒，日照充足。多年平均气温 17.4℃，极端最高气温为 41.2℃，极端最低气温为 -12.8℃。多年平均日照时数1803.5h，年均太阳辐射总量为 108.7kcal/cm²，多年平均年无霜期 259 天，年均相对湿度为 82%。多年平均年降雨量 1808mm，年均雨日 178.7 天，年均年蒸发量 1382mm，占降水量的 76%，降水大于蒸发，空气潮湿。

（三）水文

某全境流域总体属长江流域的鄱阳湖水系，按《江西省水力资源利用》的流域分区原则分属 3 个级区：乐安河流域区、饶河尾闾区、信江流域区。按县境流域的局部特点，又可分为 4 个小流域区：珠溪河流域、某河流域、乐安河尾闾流域、大源河流域，各流域内水系发达，河网密布，湖塘众多。某县境内大小河流有 182 条，总长 806km，河网密度为0.707km/km²。

（四）现状建设情况

1. 道路系统不完善

现有道路系统不完善，除万盛大道、北环路、六0北路、建设路、建业大道这几条城市干道以外，其余道路均为小路或者村路，路面不平整、狭窄、弯曲、等级低、通达性差。村内道路衔接不畅，断头路比较多。道路附属的设施不尽齐全，无停车场设施。车辆进入区内后乱停乱放现象严重。

2. 居住环境质量差距较大

现状除了新建小区以及新建安置小区居住环境较好外，其余主要为自建房为主，建筑密度大，建筑质量一般，部分采光、通风条件差，配套设施不完善，居住环境不佳。

3. 公园绿地不足

现状公园绿地除了珠山公园绿化环境较好，其余公园绿地没有建设，需要规划布置，以达到优美的人居环境。

四、道路交通与竖向规划

（一）规划依据

（1）《城市道路工程设计规范》（CJJ 37—2012）。

（2）《城市道路交通规划设计规范》（GB 50220—95）。

（3）《城市桥梁设计规范》（CJJ 11—2011）。

（4）《道路工程制图标准》（GB 50162—95）。

（5）《城市公共交通站、场、厂设计规范》（CJJ 15—95）。

（6）《城市道路和建筑物无障碍设计规范》（JGJ 50—2001）。

（7）《城市用地竖向规划规范》（CJJ 83—99）。

（8）《某县城市总体规划》（2008～2030 年）。

（二）规划原则

（1）依据某县城市总体规划，服从其道路走向、红线宽度、功能定性，做到协调一致。

（2）考虑道路建设的近远期结合、分期发展，并留有余地。

（3）满足交通量在一定规划期限的发展要求，在调查研究的基础上，对交通量的发展变化情况作出比较准确的预测。

（4）明确规划区内道路等级，合理划定道路网络，形成等级分明的道路网络骨架。

（5）道路规划必须综合考虑道路的平面线形、纵断面的线形、横断面组合、道路交叉口，使之有机结合，布置协调，满足行人通告及各种车辆行驶的技术要求。

（三）道路规划目标

规划以万盛大道、北环路、六0北路、建设路、建业大道为依托，对接某县城市道路网架，本着"快速、顺畅、通达"的原则，建立以主次干路为骨架、支路健全的道路系统。

（四）对外交通规划

规划北环路红线宽度控制为45m，道路两侧各设置5m绿化带，以减少过境交通对城市的干扰。

规划万盛大道红线宽度控制为 60m，向北连接德昌高速公路，将成为某县城对外交通的重要通道。

（五）道路路网规划

规划区内城市道路分为三个等级：城市主干路、城市次干路、城市支路。各级道路根据不同的性质设计不同的断面形式，以满足不同功能的要求。

道路间距：城市主干路间距按 800～1200m 控制，城市次干路与城市主干路间距按 300～500m 控制，城市支路与城市次干路间距按 250m 左右控制。

规划本区道路网络呈方格网状的形式，规划区主干路共 4 条，红线宽度为 30～60m，以二、三块板为主。主干路形成"三横一纵"的道路格局，"三横"指锦丰路（30m）、建元大街（30m）、建设路（30m）；"一纵"指万盛大道（60m）。

规划区次干路共 7 条，红线宽度为 24～26m。主要有万丰路（26m）、建业大街（26m）、园丁路（24m）、六 0 北路（26m）、民安一路（26m）、学苑路（24m）、珠山路（24m）。

规划区城市支路遍布其间，红线宽度为 12～20m。

规划区内主要道路沿街建筑物长度超过 150m 应设不小于 4m×4m 的消防通道，人行出口距离不宜超过 80m，当建筑物长度超过 80m 时，应在底层加设人行通道。

（六）静态交通设施规划

1. 停车场

规划在本规划区设置 5 处公共停车场，以满足市区车辆及过境车辆的停放需要。各地块内均按标准配置一定数量的机动车与非机动车停车泊位，以满足规划区的车辆停放需要。规划用地中应按其用地性质配置适量的机动车停车泊位，禁止沿城市道路停车，每个停车位宜为 30m²。规划停车泊位控制指标见分区图则。

2. 道路交叉口设计

规划道路交叉口原则上采用平面交叉口的形式，道路交叉采用渠化处理和信号灯管理控制相组合。根据用地功能和道路交通组织，区内交叉口按宜大不宜小的原则进行控制用地范围，按道路缘石转弯半径和停车视距三角形双控制，见表 17-1。道路缘石转弯半径主干路按 30～60m 控制，次干路按 15～40m 控制，支路按 5～20m 控制，主干路停车视距为 30m，次干路为 20m，支路为 15m。

表 17-1　　　　　　　　　　交 叉 口 形 式

相交道路	主干路	次干路	支路
主干路	B	B、C	B、D
次干路		C、D	C、D
支路			D、E

注　B 为展宽式信号灯管理平面交叉口；C 为平面环形交叉口；D 为信号灯管理平面交叉口；E 为不设信号灯平面交叉口。

（七）公共交通规划

规划在锦丰路与北环路交汇处设置一处公共交通场站用地，占地面积 1.41hm²。随着规划区的开发建设，未来公共交通线路将在本区设置，规划具体线路走向符合城市公共交通规划，做到覆盖全区、交通畅通、通达。

（八）道路规划控制指标

规划本区道路与交通设施用地 73.94hm²，占总用地的 19.08%。其中城市道路用地 69.08hm²，占总用地的 17.83%；公共交通场站用地 1.41hm²，占总用地的 0.36%；社会停车场用地 3.45hm²，占总用地的 0.89%。主干路长度为 10.70km，道路网密度为 2.76km/km²，次干路长度为 9.03km，道路网密度为 2.33km/km²。

道路绿化率：道路红线宽度大于 50m 的道路绿化率大于 30%，道路红线宽度 40～50m 的道路绿化率大于 25%，道路红线宽度小于 40m 的道路绿化率大于 20%。

（九）竖向规划

1. 规划原则

（1）生态优先，与周围环境相协调。

（2）有利于地面水排放。

（3）满足各项管网布置要求。

（4）节省投资，尽可能减少土方量。

2. 场地整合

规划区现状地面高程大部分标高在 41.0～58.0m 之间，地势西高东低，较为平坦，大体向珠溪河倾斜。规划区根据现状标高，珠溪河洪水位标高，以及现有修建完成的道路和房屋建筑进行场地整合，以满足规划区用地要求。

3. 竖向规划

（1）道路中心线交叉点坐标确定：规划以某县城北区确定的坐标系统为依据，分别确定各道路中心线交叉点及转折点的坐标。

（2）道路中心线交叉点标高确定：规划以现有道路路面高程及珠溪河水位标高为参照点，根据地形条件，考虑土石方的平衡，合理确定其他各道路中心线交叉点高程。

（3）道路缘石半径：根据道路的走向、红线宽度，相应确定道路缘石转弯半径，本次规划控制在 10～30m 之间。

（4）室外地坪标高：根据地形地貌和建设的实际需要，应至少高出相近道路中心线 20cm，对较大的山体、水体予以保留，并与之相结合，满足地面水的排放要求。

（5）规划道路纵坡控制在 2‰～2.5‰之间，道路横坡控制在 1.5%～2%之间，人行道横坡控制在 1.5%以内。

（6）本规划采用北京坐标系、黄海高程。各道路中心线交叉点及转折点坐标、高程、道路坡度，详见图 17-1 道路竖向规划图。

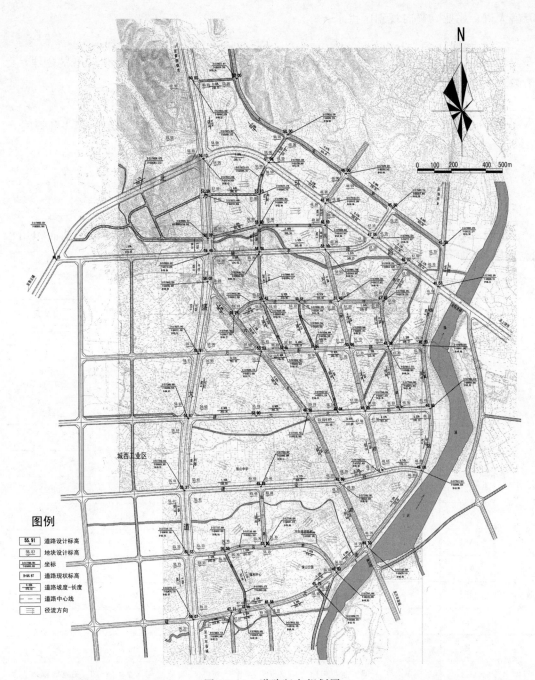

图 17-1 道路竖向规划图

五、公用设施规划

(一) 给水工程规划

1. 给水现状

规划区现状给水水源为现有某县水厂（3.5万 t/d），水源为地表水，沿六0北大道、万盛大道、建业大街向规划区供水。

2. 存在问题

规划区管道建设随着城市建设的逐步延伸，缺乏系统性规划，干管布局不尽合理，已渐渐地不适应城市快速发展的需要。

3. 供水规划

规划区给水采用集中统一供给系统，即生活给水、生产给水、消防给水合一套管网。

4. 供水水源

规划区给水水源由某县城区供水管网接入。

5. 用水量指标

（1）用水量指标确定：以下用水量指标已包括不可预见水量。

根据《城市给水工程规划规范》（GB50282—98）规划用水量采用单位用地面积用水指标法（也即分项加和法）进行预测，见表 17-2。

表 17-2　　　　　　　单位用地用水量预测表

序号	代码	用地性质	用水指标 /[$m^3/(hm^2 \cdot d)$]	用地面积 /hm^2	用水量 /（$m^3 \cdot d^{-1}$）
1	R	居住用地		140.52	
	R21	二类居住用地	100	137.41	13741.00
	R22	服务设施用地	50	3.11	155.50
2	A	公共管理与公共服务设施用地		33.64	
	A1	行政办公用地	50	4.54	227.00
	A22	文化活动用地	50	1.36	68.00
	A32	中等专业学校用地	100	10.49	1049.00
	A33	中小学用地	100	8.36	836.00
	A41	体育场馆用地	50	0.99	49.50
	A51	医院用地	100	2.36	236.00
	A6	社会福利用地	100	5.54	554.00
3	B	商业服务业设施用地		66.62	
	B11	零售商业用地	50	47.47	2373.50
	B12	批发市场用地	50	18.29	914.50
	B14	旅馆用地	100	0.43	43.00
	B41	加油加气站用地	50	0.43	21.50
4	S	道路与交通设施用地	20	73.94	1478.80
5	U	公用设施用地	30	1.51	45.30

续表

序号	代码	用地性质	用水指标 /[m³/(hm²·d)]	用地面积 /hm²	用水量 /(m³·d⁻¹)
6	G	绿地与广场用地		61.06	
	G1	公园绿地	10	57.49	574.90
	G2	防护绿地		1.92	
	G3	广场用地	10	1.62	16.20
总计					22383.70

则单位用地指标给水用水量为 22383.7m³/d。

（2）校核。参考《城市给水工程规划规范》（GB50282—98）的用水量标准，采用单位人口综合用水量进行校核。本区规划人口 3.8 万人，人均综合用水量取 0.45m³/d，则单位人口综合用水量为 1.7 万 m³/d。

比较单位用地和单位人口指标用水量，取平均值，则规划区用水量为 2 万 m³/d，日变化系数取 1.4。

6. 管网规划

根据城市给水工程规划，考虑现有供水管利用，充分考虑满足规划区远期建设用水要求，规划沿万盛大道、建业大街、建元大街、民安一路和锦丰路布置 DN300mm 供水干管。其他道路布置管径为 DN100～DN250mm 的配水管，考虑供水安全，管网经济合理，采取环状与枝状管网相结合的方式布置。详见图 17-2 给水工程规划图。

规划区给水管原则上埋设于城市道路南侧或者东侧人行道，非机动车道下。供、配水管最少覆土 0.7m，供、配水管与其他管线的水平距离及交叉时的竖向间距应满足管线综合规范要求。

当道路红线宽度超过 40m 或接户支管过多时，采用两侧敷设给水管。规划管网与规划道路同步建设，避免重复开挖。

（二）排水工程规划

1. 现状概况

（1）规划范围内多为现状村落，城市排水系统缺乏组织性，排水系统随意性较强。

（2）现状排水体制为雨污合流制，缺乏污水处理设施，污水未经任何处理即排入附近沟塘和河流里，对环境污染较为严重。

2. 规划原则

（1）全面规划，合理布置，综合利用，保护环境。采取"分区就近排水，分散排水"的原则规划排水系统。

（2）排水采取雨污分流制，生活污水需经化粪池预处理后方可排入市政污水管网，各企业生产污水和处理后的初期雨水达到《污水排入城镇下水道水质标准》（CJ343—2010）所允许的标准后，方能排入市政污水管道系统，统一排入污水处理厂。

3. 污水排放系统

（1）污水量计算。规划区内污水排放量按 80％用水量计，规划区平均日污水量为 1.3 万 m³/d。

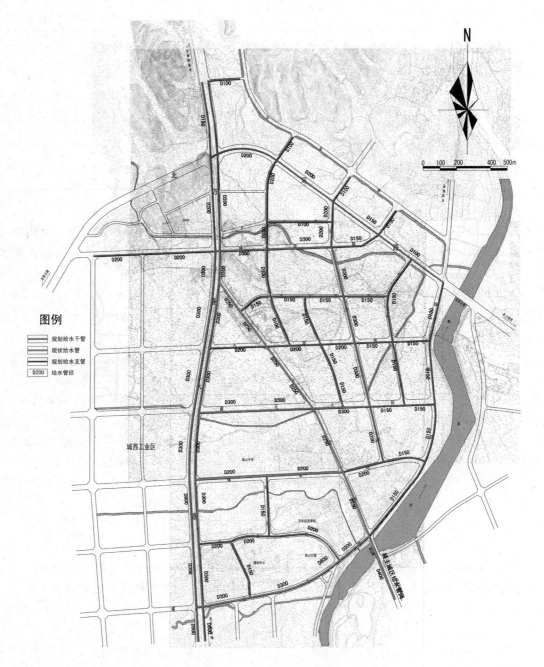

图 17-2　给水工程规划图

（2）污水管网规划。污水管设置在非人行道路或者机动车道下，规划沿建元大街和建业大街布置污水主干管，管径 DN500～DN1000mm，其他道路布置污水支管，污水管径为DN300～DN400mm。

当道路红线大于 45m 时，污水管道宜双侧布置，管道覆土均大于 0.7m。

4. 雨水排放系统

（1）雨水管流量计算采用暴雨强度公式：

$$q = 5043 \left(1 + 0.55 \lg p\right) / \left(t + 1.4\right)^{0.83} \left[\text{L/} \left(\text{s} \cdot \text{hm}^2\right)\right]$$

综合径流系数 Ψ 取 0.6，绿地径流系数 Ψ 取 0.15，设计降雨重现期取 1 年。

（2）雨水管网规划。规划雨水排放系统充分利用地形条件和自然河渠，采取分区、分散布置，就近排入水体的原则。

道路红线大于 45m 时，雨水管道宜双侧布置，管径 DN500～DN1600mm，最少覆土不小于 0.7m。规划雨水管道布置在非机动车道和人行道下。

图 17-3 为污水工程规划图，图 17-4 为雨水工程规划图。

图 17-3　污水工程规划图

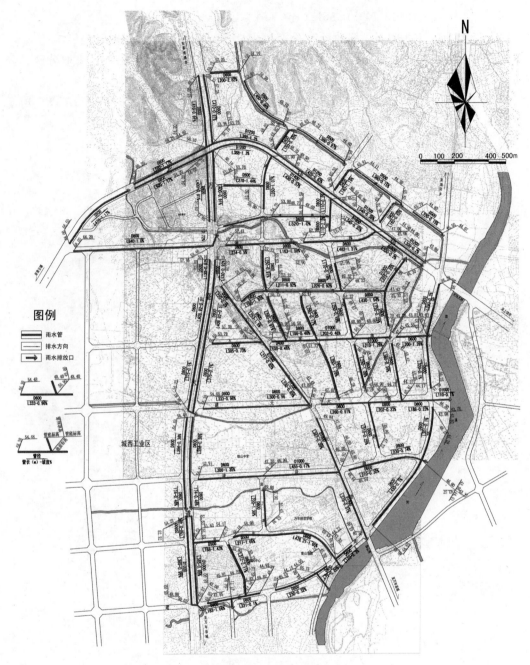

图 17-4　雨水工程规划图

（三）电力工程规划

1. 规划原则

（1）坚持"电力先行、适度超前"，供电电网安全、可靠、经济运行，保证供电质量，满足城市用电需求。

（2）简化电压等级，减少变压层次，简化变电站电气接线。

（3）采用中压伸入负荷中心的供电方式。

2. 用电负荷预测

根据《城市电力规划规范》（GB50293—1999）采用规划单位建设用地负荷指标法（也即分项加和法）预测。

表 17-3 规划用电负荷预测表

序号	代码	用地性质	用电指标 / (kW·hm⁻²)	用地面积 /hm²	用电负荷 /kW
1	R	居住用地		140.52	
	R21	二类居住用地	200	137.41	27482.0
	R22	服务设施用地	150	3.11	466.5
2	A	公共管理与公共服务设施用地		33.64	
	A1	行政办公用地	400	4.54	1816.0
	A22	文化活动用地	200	1.36	272.0
	A32	中等专业学校用地	200	10.49	2098.0
	A33	中小学用地	200	8.36	1672.0
	A41	体育场馆用地	150	0.99	148.5
	A51	医院用地	400	2.36	944.0
	A6	社会福利用地	200	5.54	1108.0
3	B	商业服务业设施用地		66.62	
	B11	零售商业用地	300	47.47	14241.0
	B12	批发市场用地	300	18.29	5487.0
	B14	旅馆用地	300	0.43	129.0
	B41	加油加气站用地	200	0.43	86.0
4	S	道路与交通设施用地	15	73.94	1109.1
5	U	公用设施用地	80	1.51	120.8
6	G	绿地与广场用地		61.06	
	G1	公园绿地	10	57.49	574.9
	G2	防护绿地		1.92	
	G3	广场用地	10	1.62	16.2
总计					57771.0

规划用电同时使用率取 0.7，预测规划区规划最大用电负荷为 40.5MW，见表 17-3。

3. 电网规划

(1) 供电电源。规划区用电由现状桥头 110kV 变电站供电。

(2) 开关站。为解决变电站出线开关间隔不足，提高供电可靠性，现状已有一处 10kV 开关站，在规划区增设 1 个 10kV 电力开关站，占地面积 300m²。开关站主要采用环网供电，根据地块负荷值及其分布组成环网，开环运行，开关站位置可根据实际情况灵活设置在负荷中心。

(3) 公用配电所。根据规划区用电负荷以及供电半径要求，规划区新建 24 处公用配电所，配电所位置宜接近负荷中心。当城市用地紧张、选址困难或因环境要求需要时，规划新建配电所可采用箱体移动式结构。

（4）电网规划。规划区 10kV 及以下均以电力电缆穿管埋地暗敷。电力电缆布置在道路人行道的东侧或南侧。

（5）路灯供电。规划区路灯采用独立的供电系统，线路采用直埋方式敷设。道路红线宽度 30m 以上，路灯采用双侧布置。

图 17-5 为电力工程规划图。

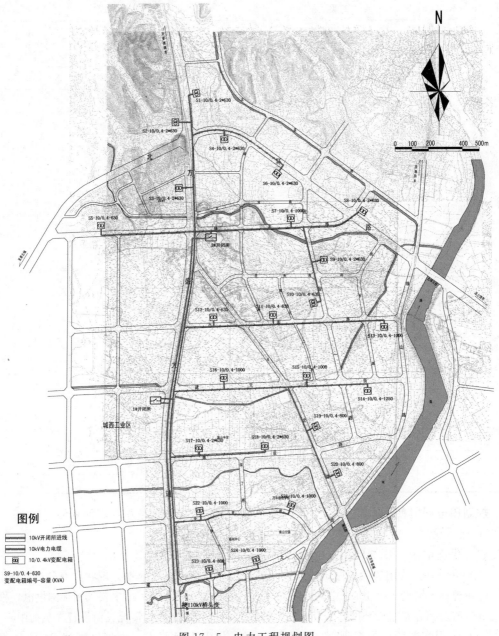

图 17-5　电力工程规划图

（四）通信工程规划

1. 电信工程规划

(1) 市话容量预测。市话容量采取单位用地指标法（也即分项加和法）预测，见表 17-4。

表 17-4　　　　　　　　　　　　规划电信容量预测表

序号	代码	用地性质	电话指标 / (线·hm⁻²)	用地面积 hm²	电话容量 /线
1	R	居住用地	110	137.41	15115
2	A	公共管理与公共服务设施用地		33.64	
	A1	行政办公用地	100	4.54	454
	A22	文化活动用地	80	1.36	109
	A32	中等专业学校用地	80	10.49	839
	A33	中小学用地	80	8.36	669
	A41	体育场馆用地	60	0.99	60
	A51	医院用地	80	2.36	189
	A6	社会福利用地	80	5.54	443
3	B	商业服务业设施用地	100	66.62	6662
4	U	公用设施用地	20	1.51	30
	总计				24570

$\qquad$考虑西边工业区范围内市话容量，取本规划区 30%，考虑主线备用率 1.1，则总市话容量 3.5 万门。

（2）规划原则。发展电话业务，非话新业务为主线，增强全网综合通信能力，提高网络技术水平为重点，提高通信网的运行效率为根本，坚持高起点，采用新技术的发展原则，大力发展综合业务电话网，移动通信网，数据网，智能网，加快电信支撑网的建设。

结合城市道路的建设，建设规划区内通信管网的同时，大力推广光纤接入网等电信新技术的应用。

（3）局所规划。规划区新建一处电信支局，位于建元大街，占地约 0.55hm²，远期装机容量 3.5 万门。

（4）通信线路规划。规划区电信电缆接自某县城区电信局，沿六 0 北路接入。

规划区广播电视电缆，由某县广播电视电缆干线直接接入，与弱电电缆同沟埋地敷设。通信电路均与电力电缆异侧埋地敷设。沿规划道路每隔 200~300m 设置一处 IC 卡公共电话亭和公共信筒。

为确保电信线路安全可靠，同时考虑到城市建设现状及景观，规划区内电信线路全部采用埋地敷设。严禁采用架空明线。

电信、移动通信、联通通信、有线电视网等电信电缆全部集中埋设于道路西侧或者北侧人行道下。

弱电电缆包括电信电缆、移动电缆、联通电缆、交警信号电缆和广播电视电缆等，实行同沟共井。

2. 邮政工程规划

(1) 现状。本规划区内无邮政局（所），群众用邮十分不方便，不能满足社会经济、城市建设的快速发展和人民群众用邮需求。

(2) 规划。规划在建元大街与民安一路交汇处设邮政支局一处，占地约 $0.55hm^2$。

邮政坚持"面向大市场，开拓新领域、发展大邮政"的主体思路，建立完善的邮政综合计算机网和邮政储蓄计算机网，在大力发展传统业务的同时，积极开拓新业务，不断提高服务质量，科学组织邮政运输网络，提高全网的综合能力，在营业、生产、管理等各个领域应用计算机处理系统，形成一个布局合理，技术先进、功能齐全，邮动快捷、服务优良的现代化邮政通信网络。以加快邮件传递时限为主线，以自主邮运能力为重点，实现网络科学化管理和规模经营，建成符合高效邮运网原则和技术要求的邮运网。

邮政通信在面向社会提供普通服务的同时，从提高企业经营效益的角度出发，充分发挥邮政通信点多面广的全网优势，以发展邮递类业务为基础，积极发展金融类、商品流通类等业务，并在不断提高科技含量的基础上，逐步发展信息类业务，向社会提供"迅速、准确、安全、方便"，覆盖面宽、业务种类多的邮政通信服务。

沿规划区道路 200～300m 置公共信筒（箱）一个，以满足人们投寄信件需求。

3. 广播电视工程规划

(1) 现状。本规划区内无完整的广播电视网络，群众收看收听广播电视节目不十分方便。

(2) 规划。

1) 规划原则。统一规划、统一标准、合理布局；稳步、协调、科学的发展。

2) 网络规划。大力推进技术创新和体制创新，建立适应新形势下社会主义市场经济和人民群众欢迎的广播电视可持续发展的运行机制，采用无线、有线、卫星转发、微波等多种技术手段，扩大广播电视在本规划区的覆盖率，广泛应用高新技术、发展效益高，可持续发展的新兴项目。

加速有线电视网建设，基本完成区内有线广播电视网的光缆光纤宽带网的建设，并与省、市有线广播电视网对接，开通多功能传输业务，实现区、市、省联网，成市、省、国家有线广播电视网的一部分，且与互联网及其他网络互通，加快"三网"融合的进程。网络全部建成双向传输宽带具有自愈能力的环形网络。建设数字信号广播电视，实现节目录制、编辑、播出、传输和接受的全数字化，实现高清晰度数字电视，数字声音广播的播出，全部实现计算机联管理，规划区内广播电视综合覆盖率达 100%，有线广播电视普及率达 100%。

图 17-6 为通信工程规划图。

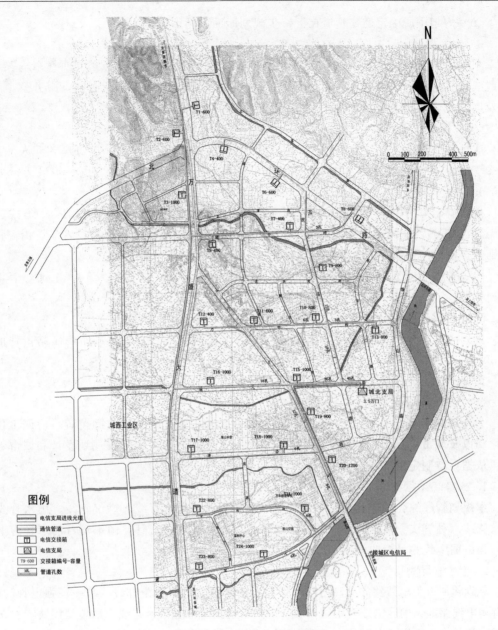

图 17-6 通信工程规划图

（五）燃气工程规划

1. 燃气现状

规划区现状无燃气管道。

2. 规划原则

（1）燃气规划与城区天然气联网。

（2）城市道路等市政设施建设中应同步实施燃气管网。

（3）新区建设必须一次性配套实施燃气管网系统。

（4）新建管道系统应考虑适应远期与天然气管道置换并网。

（5）规划中所确定燃气管道在下一步规划断面中预留管位。

3. 气源规划

根据《某县城市总体规划》及城区燃气工程专项规划的要求，国家"西气东输"工程忠武线项目余江至景德镇管道将于某县青云镇和石镇镇设置两处截断阀室，服务整个某县域及周边地区，故本规划区以该两处截断阀室作为天然气气源。

4. 供气量预测

居民用气标准为 0.24m³/户·d 净气计，规划总人口 3.8 万人，按每户 3.5 人计，共 1.09 万户，考虑公建用气与生活用气比例 0.3：1.0，则规划区总供气量为 0.34 万 m³/d。

5. 管网规划

规划管网采用中压—低压二级管网系统，布置形式采用环状和枝状相结合的方式。

燃气管道优先安排，安排在人行道下，应尽量避免在机动车道下敷设，禁止沿高压线走廊带、电缆沟道或建筑物下敷设燃气管道。

燃气管道埋设于道路的东侧或南侧人行道下，当道路红线宽度大于 45m 时，宜考虑双侧敷设。

6. 燃气调压站

规划区天然气中低压调压站共 5 座，服务半径为 500～700m，每座调压站占地面积约 300m²。

详见图 17-7 燃气工程规划图。

（六）管线综合规划

为合理利用城市用地，统筹安排工程管线在城市的地上和地下空间位置，协调工程管线之间以及城市工程管线与其他各项工程之间的关系，并为工程管线规划设计和城市管理提供依据，特制定以下规定：

1. 工程管线总类

本规划管线综合的内容有：电力管线、弱电管线、给水管线、燃气管线、雨水管线和污水管线六种管线。在这六种管线中，给水管、燃气管为压力管，雨水管、污水管为重力管，强、弱电线为易弯曲线缆。

2. 管线布置原则

规划将所有强电线路如：高压配电线路，低压配电电路，路灯线路统一在强电管沟内；所有弱电线路如：中国电信、中国移动、中国联通、网络通信、有线广播电视线路统一在唯一弱电管道内，这样可以避免由于重复建设带来的资金浪费，造成地下空间的浪费。

3. 管线综合规划

综合原则：在安排各种管线的空间位置时尽量在竖向上错开，避免管线在同一水平线上，特别是雨水、污水管在竖向上必须错开，不得在同一水平线上，雨水、污水主干管起端埋深适当加大，对于支管的接入有利，雨、污水管在其他管线之下。当管线发生交叉时，本着压力管线避让重力自流管线，易弯曲管线让不易弯曲管线，临时性管线避让永久性管线，工程量少的避让工程量大等原则。

当工程管线交叉时，应根据"压力管让重力管，可弯曲管线让不可弯曲管线，小管径让大管径"的原则进行处理，且管线之间在垂直方向间距应满足表 17-5 的要求。

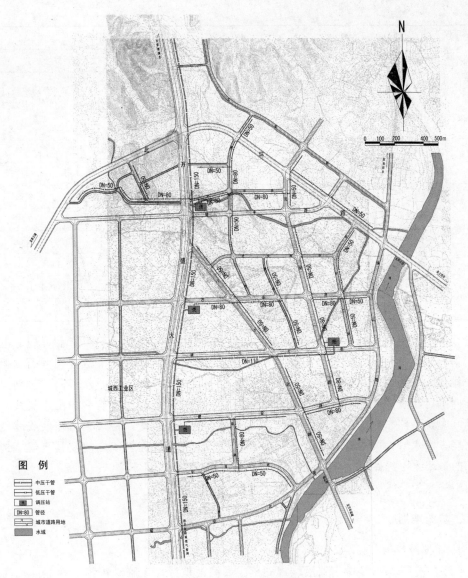

图 17-7　燃气工程规划图

表 17-5　　　　　　　　　　　　　工程管线交叉时的最小垂直净距　　　　　　　　　　单位：m

序号	下面的管线名称 净距 上面的管线名称	1 给水管线	2 污、雨水排水管线	3 燃气管线	4 通信管线 直埋	通信管线 管块	5 电力 直埋	电力 管沟
1	给水管	0.15						
2	污、雨水排水管	0.40	0.15					
3	燃气管线	0.15	0.15	0.15				

序号	下面的管线名称　　净距　　上面的管线名称		1 给水管线	2 污、雨水排水管线	3 燃气管线	4 通信管线		5 电力	
						直埋	管块	直埋	管沟
4	通信管线	直埋	0.50	0.50	0.50	0.25	0.25		
		管块	0.15	0.15	0.15	0.25	0.25		
5	电力管线	直埋	0.15	0.50	0.50	0.50	0.50	0.50	0.50
		管沟	0.15	0.50	0.15	0.50	0.50	0.50	0.50
6	沟渠（基础底）		0.50	0.50	0.50	0.50	0.50	0.50	0.50
7	涵洞（基础底）		0.15	0.15	0.15	0.20	0.25	0.50	0.50
8	电车（轨底）		1.00	1.00	1.00	1.00	1.00	1.00	1.00
9	铁路（轨底）		1.00	1.20	1.20	1.00	1.00	1.00	1.00

管线平面综合：雨水、污水管线安排在非机动车和机动车道下，给水管线、电力管线、通信管线、燃气管线安排在人行道和非机动车道下，路灯管线安放在路缘石内侧，路灯杆安排在人行道或绿化隔离带上。工程管线均与道路中心线平行，从道路红线向道路中心线方向平行布置的顺序：电力管线、通信管线、燃气管线、给水管线、雨水管线、污水管线。其中，道路东或南侧依次为通信电缆、燃气管、给水管，在规划道路西或北侧依次为电力线、污水管，雨水管一般沿道路中心线敷设。规定工程管线之间及其与建（构）筑物之间的最小水平净距见《城市工程管线综合规划规范》（GB50289—98）。

图 17-8 为管线综合断面图。

六、防灾规划

1. 防洪排涝规划

（1）现状分析。某县珠山路沿线规划范围属滨河地区，东临珠溪河，西北面均为丘陵地带，中间地势较平坦，区内有多处农田和排水沟渠。区内防洪堤、排涝站、消防站等防洪排涝与消防设施缺乏，抗御灾害能力较弱。

（2）规划原则。根据地形、水系分布和总体布局制定规划区防洪排涝、消防、工程地质灾害规划。防灾规划本着"以防为主、防治结合"的方针，结合政府、交通、通信、医疗卫生等部门加强灾害的监测、预报、应急救护措施，提高抗御灾害能力。

（3）防洪排涝标准。防洪标准为抗御五十年一遇洪水，排涝标准按二十年一遇一日暴雨排至不淹重要建筑物和重要地段为标准。

（4）防洪排涝规划。由于缺少规划区水文资料，规划建议水务部门尽快对区内珠溪河等水系湖泊进行洪水位等水文资料监测。根据监测数据，严格按照防洪治涝标准进行防洪堤、排涝站等设施建设。

（5）工程地质灾害防治。规划区地形较为复杂，在施工挖土时易造成水土流失，存在地基进水、塌方、泥石流等工程地质灾害的隐患，地势低平并且靠近珠溪河易受洪涝灾害威胁，规划加强防治，并采取以下措施：

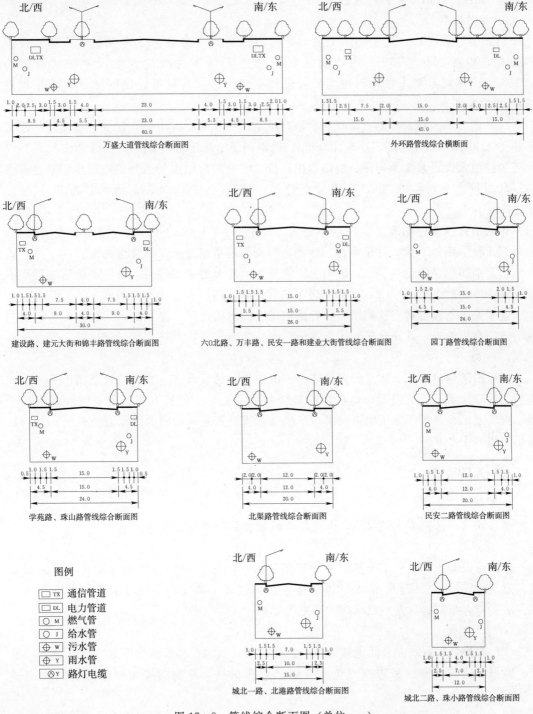

图 17-8　管线综合断面图（单位：m）

　　1) 加强地质灾害危险性评估，建立地质灾害监测、预警预报系统。

　　2) 保护生态环境，采取修建截洪沟、挡土墙、防洪堤工程以及植树造林、水土保持等措施，避免地质灾害的发生。

　　3) 加强提高地质灾害的应急救护能力，降低地质灾害造成的损失。

　　2. 消防规划

　　(1) 消防站规划。规划利用工业园区的消防站为本区服务，本规划区不单独设置消防站，以接到火警 5min 内消防队可以到达责任区边缘为原则，责任区面积约 5.19km²。按规范要求进行消防站的人员和车辆、通信器材等设施的配置，满足规划区的消防需要。

　　(2) 消防给水规划与消火栓布置。消防给水在给水规划时考虑，保证城市消防用水量不小于 110L/s，最小管径不小于 100mm，最不利点消防用水压力不小于 1kg/cm²。

　　消防给水管道系统为生活、消防合用系统，室外消防给水管道与道路同步配套建设并成环状布置，市政给水主管道的最小管径一般不小于 300mm，特殊情况下不得小于 200mm。

　　市政消火栓沿道路布置，间距不超过 120m，在居住区内按 150m 间距布置消火栓，室外消火栓采用地下式，并设明显的标志，且宜靠近道路交叉口布置消火栓。

　　(3) 消防通道与建筑消防。区内主要道路为消防车的主要通道，其他消防通道间距不大于 160m，宽度不小于 4m，消防车道下的管道和管沟应有承受大型消防车辆的能力。

　　规划要求新建各类建筑物严格执行国家颁布的防火规范，满足消防间距，配备必要的消防设施和出入口，新建建筑物耐火等级达到一级或二级，严格控制三级建筑，限制四级建筑。

　　(4) 消防通信规划。建立公安消防队，配备消防通信设备，远期设置以城市 119 火灾报警、受理火警、下达出警命令和调度增援力量为主要工能的有线通信系统和以火场增援、火场通信、火场图像传输以及消防车辆动态管理为主要功能的无线通信系统，并与某县消防指挥中心联网。

七、人防规划

　　1. 现状

　　某县城北片区现无人防设施，未建立人防报警系统和预警机制。

　　2. 规划原则

　　人防建设应贯彻中央军委新时期"积极防御"的军事战略方针和人民防空"长期准备、重点建设、平战结合"的方针，坚持与经济建设协调发展、与城市建设相结合的原则。应坚持人员防护与重点目标防护并重的原则。

　　3. 规划措施

　　(1) 在规划区行政办公用地建立人防指挥机构，同时在指挥机构下建立各自独立的通信、警报、疏散、掩蔽和防空专业队等组织指挥机构，有效指挥所辖范围内的防空袭斗争。

　　(2) 在各居住小区多层集中，结合地面建筑设计，修建开挖防空地下室等掩蔽工程。

（3）战时人口按照疏散与留城隐蔽相结合的原则，留城人口可按 60% 控制，留城人口为 2.3 万人左右。留城人员掩蔽以就地掩蔽为主，掩蔽工程人均使用面积 1m²，规划区掩蔽工程总面积约 2.3 万 m²。其中住宅建筑按 2% 建筑面积设置地下人防工程；行政办公建筑按 3% 建筑面积设置人防工程，可结合地下车库设置，且应考虑地下空间综合开发利用。

（4）确定交通主干道和次干道为疏散通道，街心花园、路边绿带、中小学操场及公园、绿地、广场等为疏散场地。

八、生命线系统规划

生命线系统主要为四大网络：交通运输系统、水供应系统、能源供应系统、信息情报系统，将生命线工程作为一个整体进行规划：

（1）生命线系统的设施按高标准设防。

（2）生命线系统地下化，使之不受地面火灾和强风的影响，减少战时受损程度。通信、能源、给水系统和管线的地下化，以提高其可靠度。

（3）生命线系统的一些节点如桥梁、电站等，要提高设防标准，进行重点防灾处理。

（4）保证生命线系统在灾区发生部分损毁时，有充足的备用设施，以其至少维持区内最低需求。

九、抗震规划

1. 现状

根据中国地震烈度区划图，本规划区属 6 度以下地震基本烈度区，现状无抗震设施。

2. 规划目标

贯彻"预防为主，防、抗、避、救相结合"的方针，结合实际、因地制宜、突出重点。加强规划区的工程建设场地地震安全性评价工作的管理，有效的防御和减轻地震对工程建设的破坏，确保各类工程抗震设防的科学、合理。规划区内新建民用建筑按 6 度地震烈度标准设防，重要工程、生命线工程按照 7 度防震要求设防。

3. 抗震防灾措施

（1）设置县、片区级避震通道、避震疏散场地（如绿地、广场等）和避难中心，采取人员疏散的措施。

（2）根据抗震要求对城市交通、通讯、给排水、燃气、电力、热力等生命线系统及消防、供油网络、医疗等重要设施进行规划布局。

（3）根据抗震要求对重要建（构）筑物，超高建（构）筑物和人员密集的教育、文化、体育等设施进行规划布局，控制其与周边建（构）筑物之间的间距并设置相应的外部通道。

（4）以万盛大道、建业大街、珠山路、六 0 北路、锦丰路、北环路等城市干路为主要疏散救援通道。各级疏散通道须设醒目标志。特别要注意保持房屋间距，规划区内主要疏散通道的两侧应保持较大的建筑后退距离，留有适当的疏散场地。

图 17-9 为防灾工程规划图。

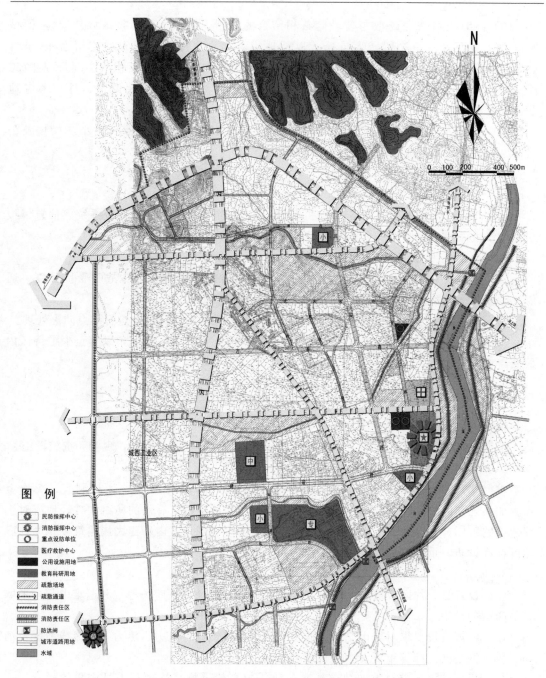

图 17-9　防灾工程规划图

十、环境保护及环卫设施规划

（一）环境保护规划

环境保护规划以《中华人民共和国环境保护法》为依据，以经济建设为中心，以城市生态理论和环境综合整治思想为指导，促进生态系统的良性循环，从而达到经济效益、社会效益和环境效益的统一。

1. 环境功能分区

环境功能分区是实施城市环境分区管理污染物总量控制的前提和基础，可使区域内的环境容量得以合理分布。某县城北片区可分为：居住文教区、商业混合区和交通干线两侧，共三个环境功能分区。

（1）大气环境功能分区。根据气象特征和国家大气环境质量的要求，将本规划区分为四大功能区，执行相应的大气质量标准。

规划区的居住文教区、商业混合区、工业集中区和交通干线两侧大气质量执行国家二级标准。

（2）水环境功能分区。规划区内地表水分Ⅳ类控制，水环境Ⅳ类功能区执行水环境Ⅳ类质量标准。

（3）声学环境功能分区。各声学环境功能分区执行国家标准中的相应噪声标准：居住文教区为 55dB（昼间）、45dB（夜间），商业混合区为 60dB（昼间）、50dB（夜间），工业集中区为 65dB（昼间）、55dB（夜间），交通干线两侧为 70dB（昼间）、55dB（夜间）。

2. 环境综合整治措施

环境综合整治就是以城市生态理论为指导，防治污染，改善生态结构，促进生态良性循环，以较少的劳动消耗，为居民创造清洁、卫生、舒适、优美的生活和劳动环境，以完整的"环境——经济"系统为基础，制定协调环境规划、治理措施，同时考虑经济技术条件和环境目标的要求，强调环境目标与经济目标的统一。

（1）大气污染防治。

1）合理进行城市布局，科学利用大气环境容量，根据大气自净规律，定量、定点、定时地向大气排放废气，并应达到排放标准后再排放。

2）实行清洁能源，改善能源结构，提高气化率，开发利用太阳能，控制污染物的排放量。

3）发展植物净化，城市绿地率大于 30％，绿化覆盖率大于 45％，把各类绿地组成点、线、面相结合的绿地系统，主要交通干道的绿地率应大于 30％，以阻滞和吸收降尘，居住区与工业区之间设立防护绿地，提高城市生态调节能力，减轻城市"热岛效应"。

4）大力发展环保型机动车辆，提高机动车尾气治理效率。规划区内大气环境应达到国家二级标准值。

（2）水体污染防治。严格划定各地表水污染防治控制区及污水排放标准，Ⅱ类水域为重点控制区，执行一级排放标准，有特殊污染的污水需自行处理后方可排入市政污水管道，同城市生活污水一起送至污水处理厂后排入天然水域。

（3）噪声污染防治。

1）社会生活噪声控制，合理布局居住区，控制居住区居住人口密度，商业娱乐餐饮业应采取有效的防噪声措施，符合相应的区域环境噪声标准，严禁噪音扰民。

2）交通噪声的控制：合理规划城区道路系统，保证交通便捷顺畅，修建低噪声路面即多孔隙沥青路面，降低轮胎与路面接触噪声，建立过境公路防护林带，限制过境货车进入城区,限制城区内汽车最高时速,居住区内减少行车路线,制定交通噪声违章收费制度,使交通管理系统化。

(4)固体废物污染控制规划。对固体废物进行减量化、资源化和无害化处理,是固体废物污染控制的主要内容。

1)固体废物减量化。建立固体废物最少量化体系,对生产的全过程进行管理和监控,最终向清洁生产过渡,改变资源使用的不合理价格体系,抑制粗放生产经营,实行固废排放和堆存的许可证制度,对固废产生总量进行控制,对固废排放征收排污费,促使企业重视固体废物的减量化措施以及由此产生的经济效益方面的正负影响。

2)固体废物资源化。固体废物综合整治的重点就是综合利用,综合利用可消除,固废污染并使其资源化,规划应发展企业间的横向联系,促使固体废物重新进入生产循环系统,将这一"放错地点的原料"重新资源化,并可利用国家环保总局开通的"绿色通道",使处置和利用能力在全国范围内得到调节。

3)固体废物的无害处理。固废处理是固废无害化的必经之路,应吸收最新技术,争取可用资金,扩大固废处理的覆盖面,通过"绿色通道"延伸处理途径,使甲地不能处理的固废有可能在乙地得到处理,对危险废物实行集中处理,以减少对环境的危害。

(二)环卫设施规划

建立某县城北片区垃圾清扫、收集、转运体系,加强环境卫生管理。

1. 垃圾收集与处理

垃圾筒和废物箱:规划垃圾收集方式以上门收集为主,要求垃圾袋装普及率达100%,沿街两旁和路口设置保洁废物箱,其间距按道路功能划分:废物箱间距在生活服务区干道和金融商业街道上50～80m一个,城市主干道200～400m一个,其他区域道路上为100～200m一个。

垃圾压缩站:规划垃圾压缩站以中小型为主,采用小型机动车收运方式,按服务半径2～4km设置一座。本区压缩站与环卫所集中布置。本规划区设置4座小型垃圾中转站。

2. 化粪池及公共厕所

新建公建及居住小区都应设置化粪池,粪便经化粪池处理后才能排入污水管道。规划新建居住小区按服务半径300～500m设置公厕,在车站、公园、市场等人流量集中的地区各设一座,本区共设12座公厕,均采用水冲式。

3. 垃圾集中运至垃圾处理厂进行无害化处理。

图17-10为环保环卫规划图。

十一、四线管制规划

城乡规划是保证社会公平、保障公众利益的重要公共政策,在经济社会发展中具有全局性、综合性、战略性的作线用。近年来,国家全面贯彻落实科学发展观,加强了对城乡规划工作的指导。全国各地城乡规划综合调控作用在进一步加强,城乡规划监管体制和机制也不断创新。"四线"指城市绿线、蓝线、黄线和紫线,由于本规划

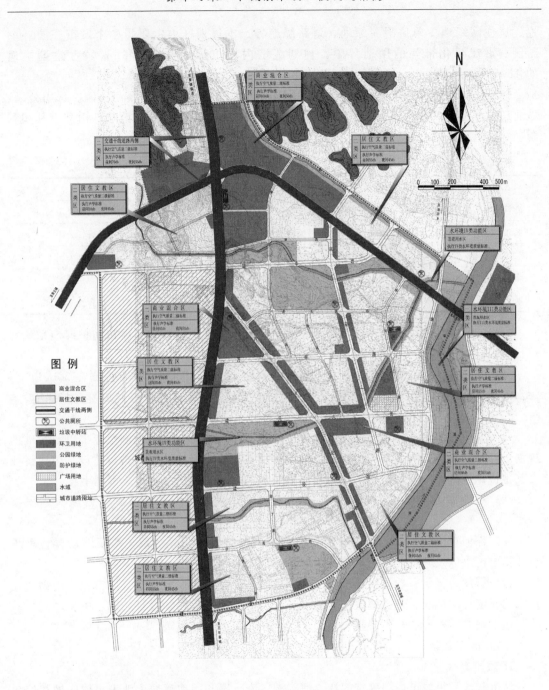

图 17-10　环保环卫规划图

区无紫线保护内容，依据《城市规划编制办法》仅对本规划区的城市绿线、蓝线、黄线提出管制规划。

（一）城市绿线

1. 城市绿线

城市绿线是指城市各类绿地范围的控制线。包括公园绿地、防护绿地、广场用地、居住区绿地、单位附属绿地、道路绿地等。本规划区内主要指各个城市公园、小游园、沿江绿化带等的用地界限。规划范围内城市绿地共 61.06hm²，占建设用地的 15.76%。

（1）公园绿地所需建设的内容包括：港口公园、城北公园、珠溪河公园、珠山公园、城北广场，见表 17-6。以河渠整治为重点，保留原有林地，建设和改造珠山烈士林园和游憩林荫道，沿河大道游憩绿地。

表 17-6　　　　　　　　　　　公园绿地规划

名称	面积/hm²	位 置	功能
港口公园	14.79	锦丰路以南、民安一路以西	综合性公园
城北公园	9.21	建元大街以南、万盛大道以东	综合性公园
珠溪河公园	25.25	珠溪河两侧	综合性公园
珠山公园	6.42	建业大街以北	纪念性公园
城北广场	1.60	建元大街以北	综合性广场

（2）防护绿地：结合城市高压走廊、河滨、堤岸等因地制宜构筑城市防护绿地系统并进行绿线划定。

万年县道路防护绿带控制宽度为：城市景观路 10～30m；河滨绿带控制在 30m 以上；污水处理厂周围控制在 50m 以上的卫生隔离防护带。北环路两侧设有 15m 宽防护绿地。

2. 城市绿线规划控制要求

（1）城市绿线内的用地，不得改作他用，不得违反法律法规、强制性标准以及批准的规划进行开发建设。有关部门不得违反规定，批准在城市绿线范围内进行建设。因建设或者其他特殊情况，需要临时占用城市绿线内用地的，必须依法办理相关审批手续。

（2）在城市绿线范围内，不符合规划要求的建筑物、构筑物及其他设施应当限期迁出。

（3）任何单位和个人不得在城市绿地范围内进行拦河截溪、取土采石、设置垃圾堆场、排放污水以及其他对生态环境构成破坏的活动。

（4）居住区绿化、单位绿化及各类建设项目的配套绿化都要达到《城市绿化规划建设指标的规定》的标准。各类建设工程要与其配套的绿化工程同步设计，同步施工，同步验收。达不到规定标准的，不得投入使用。

（二）城市蓝线

1. 城市蓝线

城市蓝线是指城市规划确定的江、河、湖、库、渠和湿地等城市地表水体保护和控制的地域界线；本规划区内主要指保留的池塘水系、河流等的用地界限，建设用地应退蓝线不少于 10m。

2. 城市蓝线规划控制要求

（1）城市蓝线一经批准，不得擅自调整。因城市发展和城市布局结构变化等原因，确实需要调整城市蓝线的，应当依法调整城市规划，并相应调整城市蓝线。调整后的城市蓝线，应当随调整后的城市规划一并报批。调整后的城市蓝线应当在报批前进行公示，但法律、法规规定不得公开的除外。

规划范围内水域面积共 10.18hm²，占规划总用地的 2.63%。

（2）在城市蓝线内禁止进行下列活动：违反城市蓝线保护和控制要求的建设活动；擅自填埋、占用城市蓝线内水域；影响水系安全的爆破、采石、取土；擅自建设各类排污设施；其他对城市水系保护构成破坏的活动。

（3）在城市蓝线内进行各项建设，必须符合经批准的城市规划。在城市蓝线内新建、改建、扩建各类建筑物、构筑物、道路、管线和其他工程设施，应当依法向建设主管部门（城乡规划主管部门）申请办理城市规划许可，并依照有关法律、法规办理相关手续。

（4）需要临时占用城市蓝线内的用地或水域的，应当报经万年县人民政府建设主管部门（城乡规划主管部门）同意，并依法办理相关审批手续；临时占用后，应当限期恢复。

（三）城市黄线

城市黄线是指对城市发展全局有影响的、城市规划中确定的必须控制的城市基础设施用地的控制界线。

本规划区的城市黄线所指城市基础设施包括以下内容：公共停车场、汽车站、环卫所、垃圾转运站、邮政支局、电信支局、加油站地等，见表 17-7。

表 17-7　　　　　　　　　市政与交通设施一览表

编号	设施类别	设施名称	用地面积/hm²	位　置
1	交通设施	停车场	1.52	万盛大道东侧
2	交通设施	停车场	0.47	民安路与锦丰路交叉口
3	交通设施	停车场	0.50	民安二路西侧
4	交通设施	停车场	0.46	万盛大街与万丰路交叉口
5	交通设施	停车场	0.51	珠山公园南侧
6	交通设施	公交首末站	1.41	北环路与锦丰路交叉口
7	邮政设施	邮政局	0.55	建元大街南侧
8	电信设施	电信局	0.55	建元大街南侧
9	环卫设施	环卫所	0.59	民安二路东侧

城市黄线规划控制要求如下。

（1）城市黄线经批准后，应当与城市规划一并由某县人民政府予以公布；但法律、法规规定不得公开的除外。

（2）城市黄线一经批准，不得擅自调整。因城市发展和城市功能、布局变化等，需要调整城市黄线的，应当组织专家论证，依法调整城市规划，并相应调整城市黄线。调整后的城市黄线，应当随调整后的城市规划一并报批。调整后的城市黄线应当在报批前进行公示，但法律、法规规定不得公开的除外。

（3）在城市黄线范围内禁止进行下列活动：违反城市规划要求，进行建筑物、构筑物及其他设施的建设；违反国家有关技术标准和规范进行建设；未经批准，改装、迁移或拆毁原有城市基础设施；其他损坏城市基础设施或影响城市基础设施安全和正常运转的行为。

（4）在城市黄线内进行建设，应当符合经批准的城市规划。在城市黄线内新建、改建、扩建各类建筑物、构筑物、道路、管线和其他工程设施，应当依法向建设主管部门（城乡规划主管部门）申请办理城市规划许可，并依据有关法律、法规办理相关手续。迁移、拆除城市黄线内城市基础设施的，应当依据有关法律、法规办理相关手续。因建设或其他特殊情况需要临时占用城市黄线内土地的，应当依法办理相关审批手续。

（四）城市紫线

本次规划区内无紫线管制内容。详见图 17-11 四线管制规划图。

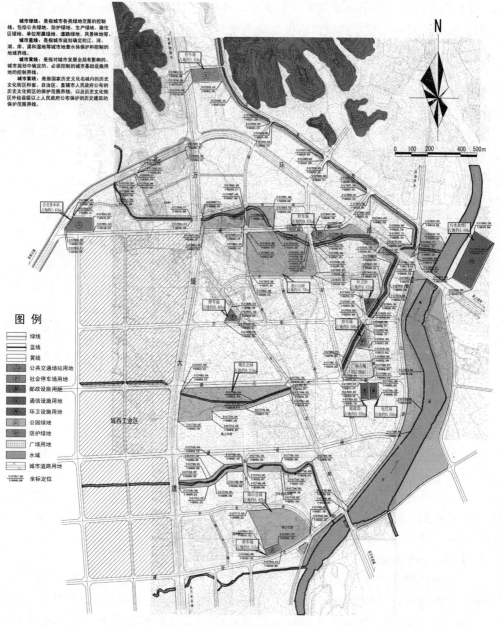

图 17-11 四线管制规划图

参 考 文 献

[1] 华中科技大学建筑城规学院，四川省城乡规划设计研究院. 城市规划资料集第三分册——小城镇规划. 北京：中国建筑工业出版社，2006.

[2] 中国城市规划设计研究院，沈阳城市规划设计研究院. 城市规划资料集——工程规划分册. 北京：中国建筑工业出版社，2005.

[3] 本书编委会. 城市发展规划设计及国家强制性标准实务全书. 北京：远方出版社，2004.

[4] 何国松. 中国小城镇规划与公用民用建筑模式设计. 北京：中国建筑工业出版社，2004.

[5] 黄新建，等. 环鄱阳湖城市群发展战略研究. 北京：社会科学文献出版社，2009.

[6] 文国玮. 城市交通与道路系统规划. 北京：清华大学出版社，2007.

[7] 朱家瑾. 居住区规划设计. 2版. 北京：中国建筑工业出版社，2007.

[8] 胡纹. 居住区规划原理与设计方法. 北京：中国建筑工业出版社，2007.

[9] 戴慎志. 城市基础设施工程规划手册. 北京：中国建筑工业出版社，2000.

[10] 戴慎志. 城市工程系统规划. 2版. 北京：中国建筑工业出版社，2009.

[11] 李强. 城市基础设施工程规划全书. 北京：中国大地出版社. 2001.

[12] 王炳坤. 城市规划中的工程规划. 2版. 天津：天津大学出版社，2001.

[13] 王炳坤. 城市规划中的工程规划. 天津：天津大学出版社，2011.

[14] 姚雨霖，任周宇，陈忠正，李天荣. 城市给水排水. 2版. 北京：中国建筑工业出版社，2002.

[15] 韩会玲，程武群，等. 小城镇给排水. 北京：科学出版社，2001.

[16] 李天荣. 城市工程管线系统. 重庆：重庆大学出版社，2002.

[17] 胡开林，等. 城市基础设施工程规划. 重庆：重庆大学出版社，1999.

[18] 刘兴昌. 市政工程规划. 北京：中国建筑工业出版社，2006.

[19] 全国城市规划执业制度管理委员会. 全国注册规划师执业考试参考用书——城市规划相关知识. 北京：中国计划出版社，2009.

[20] 万艳华. 小城镇市政工程规划. 北京：中国建筑工业出版社，2009.

[21] 中国城市规划设计研究院. 小城镇规划及相关技术标准研究. 北京：中国建筑工业出版社，2009.

[22] 汤铭潭. 小城镇市政工程规划. 北京：机械工业出版社，2010.

[23] 汤铭潭. 小城镇规划——研究标准、方法、实例. 北京：机械工业出版社，2009.

[24] 汤铭潭. 小城镇规划案例——技术应用示范. 北京：机械工业出版社，2010.

[25] 朱健达，苏群. 村镇基础设施规划与建设. 南京：东南大学出版社，2008.

[26] 朱健达，费忠民，等. 小城镇基础设施规划. 南京：东南大学出版社，2001.

[27] 孙慧修，郝以琼，龙腾锐. 排水工程（上册）. 4版. 北京：中国建筑工业出版社，1999.

[28] 王雨村，杨新海. 小城镇总体规划. 南京：东南大学出版社，2002.

[29] 金兆森，张晖，等. 村镇规划. 3版. 南京：东南大学出版社，2010.

[30] 王新哲，黄建中，城市市政基础设施规划手册. 北京：中国建筑工业出版社，2011.

[31] 金兆森，陆伟刚. 村镇规划. 南京：东南大学出版社，2010.